한국연구재단 학술명저번역총서 동양편 800

일본육군조전

조필군 옮김

박영사

일러두기

1. 본서의 저본은 서울대학교의 규장각에 소장(소장번호: 奎3710) 중인 『日本陸軍操典』(4책6권)으로 본서의 부록에 원문 자료를 수록하였다.
2. 가급적 원문의 표현을 살리도록 직역을 원칙으로 하였으며, 현대적 군사교리에 맞도록 용어를 사용하였다. 주석이 필요한 부분에 대해서는 역자가 본문에 부기하거나 각주를 통해 설명을 하였다.
   예) 조전(操典) → 훈련교범(訓練教範), 생병(生兵) → 신병(新兵)
3. 목차는 원문과의 대조를 용이하게 할 수 있도록 가급적 원문의 차례를 준하여 구성하였으며, 제5권(보병 신병훈련교범)의 목차는 본문에 기술된 목차를 기초로 구성하였다.
4. 그림 자료는 원문의 내용을 그대로 수록하였다.
5. 일본의 연호는 서기년도를 괄호 안에 병기하였다. 육십갑자(六十甲子)를 사용한 년도표기는 괄호 안에 서기년도를 표시하였다.
   예) 메이지 원년(1868년), 임신년(1872년)
6. 일본의 인명·지명 등 고유명사는 가급적 일본식 발음표기와 괄호 안에 한자를 병기하였다. 일본어 발음을 적을 때에는 국립국어원 외래어 표기법을 따랐다.
   예) 동경 → 도쿄(東京)

목차

해제

Ⅰ.

1881년 4월 초부터 윤(閏)7월까지 약 4개월에 걸쳐 일본의 문물제도를 시찰하기 위한 조선의 조사시찰단(朝士視察團, 일명 '紳士遊覽團')은 12명의 조사(朝士)와 27명의 수행원(隨員), 10명의 통역관, 13명의 하인, 그리고 2명의 일본인 통역 등 총 64명의 규모였다. 조사들은 당시 거세게 전개되었던 '위정척사운동'의 예봉을 피해 비밀리에 파견되었던 점에서 공식사절이 아닌 일종의 비공식 견외사절이었으며, 일종의 특사의 성격을 띠고 있었다고 할 수 있다. 이처럼 조선정부가 택한 비공식적인 행보는 공식적인 외교활동을 통해 얻는 제한적인 정보 외에 구체적이고도 실질적인 자료를 얻고자 하는 의지의 표현이었다. 조사들은 고종에게 복명시 일본을 시찰한 결과를 '문견사건(聞見事件)'이라는 제목의 서계(書啓)로 작성하였고, 출발에서부터 귀국에 이르는 여정을 부록 형태의 별단(別單)으로 작성하여 보고하였다. 이처럼 보고서는 서계에 해당하는 문견사건류 보고서와 별단에 해당하는 시찰기류로 구분할 수 있다.

『고종실록(1881.2.10.)』에 의하면, 메이지 정부의 각 성(省)의 업무 파악을 위해 떠난 조사들과는 달리 이원회(李元會)는 무기제조를 비롯한 총·포·선박을 살피는 일과 관련한 업무를 맡았다. 1881년 1월에 이원회는 암행어사로 명을 받았고 도중에 통리기무아문(統理機務衙門)의 참획관(參劃官) 임무로 변경되었지만 동년 2월 15일 경 참모관 이동인(李東仁)의 실종으로 인해 다시 조사신분으로 복귀하여 시찰단에 합류하였다. 군사제도와 무기 등 근대식 군대의 양성이 당시 조선정부의 최대 관심사였다는 점은 조사시찰단 귀국 후 12명의 조사들 중에서 8명이 통리기무아문의 당상으로 임명되었고, 이원회와 홍영식(洪英植)을 군무사(軍務司)의 당상에 임명하였다는 사실에서도 알 수 있다.

『일본육군조전(日本陸軍操典)』은 조선의 조사시찰단의 일원이었던 이원회가 시찰기로 정리하여 고종에게 보고한 4책 6권의 책자이다. 이 책은 보병, 기병, 포병, 공병, 치중병 등 5병의 병종별 단위부대 편성 방법과 신병훈련 방법, 병종별 전투대형과 전술 그리고 체조교련 등 일본의 근대적 부대편성과 훈련 및 전법에 관한 자료를 수행원과 일본측 통역관들의 도움을 받아 한문으로 번역하여 작성하였다. 이 책은 일본육군사관학교의 전신인 병학료(兵學寮)에서 1870년에 프랑스 군사교범을 번역하여 발간한『陸軍日典』과 이 책을 기초로 하여 프로이센과 네덜란드의 예를 참고하여 1872년에 편찬한『步兵內務書』, 그리고 육군성에서 발간한『步兵教範』등 여러 군사훈련교범을 참조하여 작성한 것으로 보이며, 이것은 근대 군제에 대한 한국 최초의 조사연구서라고 할 수 있다. 이 책자는 필사본으로 제1책에 제1·2권, 제2책에 제3·4권, 제3책에 제5권, 제4책에 제6권이 각각 실려 있고 현재 규장각에 소장되어 있다.

이 책의 저자인 이원회는 무관 출신으로 1864년(고종1년)부터 1868년까지 선전관·금위영천총, 승정원의 동부승지·좌부승지, 좌·우승지, 그리고 태안부사를 역임하였다. 1872년 전라우도수군절도사를 역임한 뒤 1881년 초 조선의 일본시찰단에 참획관으로 참가하였고, 동년 11월 통리기무아문의 군무사 당상경리사에 임명되어 조선 말기 근대식 군대의 기초를 마련하는 데 기여하였다.

이 책의 목차는 제1권 군제총론(軍制總論), 제2권 보병훈련교범 도설 및 도식(步兵操典圖說·圖式), 제3권 기병훈련교범(騎兵操典), 제4권 포병훈련교범·공병훈련교범·치중병편제(砲兵·工兵操典·輜重兵編制), 제5권 보병신병훈련교범(步兵生兵操典) 및 체조교련(體操教練), 제6권 기병신병 교련 및 포병신병 교련(騎兵·砲兵生兵教練) 순으로 구성되어 있다. 제1책 제1권(군제총론)에서는 근위국과 육관진대의 군제 및 삼비법식, 교도단·사관학교·유년학교·도야마학교 등 규칙, 보병·기병·포병·공병·치중병 등의 편성규칙, 군악대 규칙, 군용전신, 나팔 신호, 작은 피리 신호, 군기의 편성, 휘장, 기계, 개인 배낭 등을 수록하고 있다. 제1책 제2권(보병훈련교범 도설 및 도식)에서는 보병 소대로부터 대대까지의 제대 편성과 훈련에 대해 설명하고 있다. 제2책 제3권(기병훈련교범)에서는 기병소대로부터 대대까지의 편성과 훈련에 대해 설명하고 있으며, 제2책 제4권(포병훈련교범 · 공병훈련교범 · 치중병편제)에서는 포병소대를 중심으로 승마부대의 편성과 훈련에 대해 설명하고, 개인 참호로부터 갱도구축, 교량제작, 야전축성과 지뢰의 매설 및 운용, 토지측량 등 공병의 편성과 훈련에 대해서 설명한 후 치중병 편제는 간단히 소개하고 있다. 제3책 제5권(보병신병훈련교범 및 체조교련)에서는 보병신병 훈련에 관한 사항에 비중을 두고 일반규칙과 산개시 교련의 요령 및 체조교련에 대해 소개하고 있다. 제4책 제6권(기병신병 및 포병신병교련)에서는 보병신병에 준한 기병 · 포병의 신병훈련을 소개하고 있다.

이 책 『일본육군조전』은 홍영식의 『일본육군총제』와 함께 1881년 이후 추진한 일련의 근대적 군사조직과 군사정책 등 근대 군제사(軍制史) 연구에 소중한 자료라고 할 수 있다. 따라서 이 책은 한국군 군사교리의 발전과정을 연구하는 학술연구 자료로서 그 활용가치가 매우 크다고 할 수 있다.

Ⅱ.

1868년 메이지(明治) 유신 이후 일본이 국민국가로 형성되는 과정에서 일본군대는 결정적인 역할을 했다. 일본군대가 메이지 유신 이후 서구적 군사체제로 전환하게 된 데에는 초대 병부경을 역임하였던 야마가타 아리토모(山懸有朋)의 역할이 컸다. 그는 메이지 유신 직후 독일 등의 군사체제를 시찰하고 귀국 직후인 1873년에 구 사무라이 계급의 반발을 무릅쓰고 징병제를 강행했다. 이처럼 국민개병에 입각한 병역제도를 운영하고 전국을 6개의 군관구로 나누어 군관구별로 진대(鎭臺)를 설치하여 예하 부대를 관할하는 체계를 구비하였다. 징병령을 내려 국민들을 징집하고 육군유년학교와 육군사관학교 그리고 육군대학으로 이어지는 엘리트 코스를 거친 고위 군인들이 군부를 장악하여 제국주의의 야망을 실현하고자 했다. 1881년 당시 일본은 프로이센(Preussen)의 군제를 수용하여 전시 병력동원 체제를 갖추고, 사단, 여단, 연대, 대대, 중대, 소대로 편성되는 편제 형태를 수용하여 군대의 훈련과 장비 및 전법 면에서 근대적 군제의 면모를 갖추고 있었다. 또한 당시 일본 군대의 지휘체계는 육군성에서 전체적으로 주관하는 것이 아니라, 군정기관인 육군성과 군령기관인 참모본부, 군령집행기관인 감군본부로 분리되어 운영되는 3원적 체제였다. 1888년에 전통적 부대편제였던 진대제(鎭臺制)를 폐지하고 사단 편제를 채택하여 1894년 청일전쟁 직전까지 7개 사단, 14개 보병연대, 7개 포병연대 등 근대적 육군의 체제를 갖추었다.

한편 140년 전 당시 조선왕조는 서구 열강과 청 · 일의 침략에 직면하여 국가 존립의 새로운 방향을 모색하고자 했다. 당시 조선은 1879년 12월 21일 군무사와 군물사 등 12사를 거느린 통리기무아문을 설치하고 부국강병 정책을 추진하고자 하였다. 즉 국방력 강화를 위한 군제개혁의 모델과 무기의 도입선을 청국과 일본 양국 중에서 어느 쪽을 택할 것인가? 하는 점과 인천 개항에 따른 쌀 가격의 급등시 민란을 저지할 치안력을 어떻게 확보할 것인가? 그리고 통리기무아문을 운영할 인재와 포함(砲艦) 구입 등 부국강병에 소요되는 재원을 어떻게 조달할 것인가? 하는 문제를 해결하고자 하였다. 이에 따른 일련의 조치로서 고종과 개화정책 추진세력은 국방력과 치안력의 강화를 위해 조사시찰단을 일본에 파견하였고, 교련병대(속칭 '별기군')를 창설하여 일본교관에게 군사훈련을 위촉하게 하는 동시에 청국에 영선사를 파견하여 무기제조기술 등 군사기술을 배워 오게 하였다. 당시 일본 정부는 조선에 대한 군사적 영향력을 확대하려는 목적하에 조사시찰단의 활동에 적극적으로 협조하였다. 조사원들은 1881년 4월 11일(양력: 5월 8일) 쓰시마(對馬島)에 도착한 이후 윤 7월 1일 나가사끼(長崎)에서 귀국선에 오르기까지 약 4개월에 걸쳐 일본의 육군성, 참모본부, 감군본부, 육군진대, 사관학교, 유년학교 등 각종 군사편제 기구 및 군사시설과 각급 군사학교를 비롯하여 포병공창과 화약제조소, 조선소 등 군수산업시설 등을 폭넓게 조사하였다. 이처럼 조선정부는 일본에 1881년 조사시찰단을 파견함으로써 메이지 일본의 근대적 군사제도를 포함한 일련의 서구식 제도를 수용하고자 했다. 고종은 홍영식과 이원회에게 일본의 육군성 사무와 육군의 훈련체계에 대해 파악하도록 임무를 부여하고, 통리기무아문 산하에 설치된 군무사와 군물사 등 관련 부서의 운영에 필요한 자료를 수집하게 하였다. 당시 조선정부는 군제 근대화의 모델로 전통적인 군제를 유지하면서 서구의 무기만을 수용하는 중국식보다는 무기만이 아닌 군제 자체의 서구화를 도모하는 일본식 모델에 보다 큰 관심을 갖고 있었던 것으로 보인다.

Ⅲ.

조사시찰단의 일본 파견은 우리나라 개화운동사에서 획기적 의미를 갖는 역사적 사건이라고 할 수 있으며, 당시 일본의 정치 · 외교 · 군사 상황을 파악하고 이에 대응하고자 했던 조선정부의 입장을 이해할 수 있다.

조사시찰단이 남긴 문헌 중 일본의 군제에 관한 자료들은 첫 번째로 이원회의 『일본육군조전』과 홍영식의 『일본육군총제』이고, 두 번째로 이원회의 수행원인 송헌빈(宋憲斌)이 포병공창, 탄환제조소 등 군사시설의 시찰을 통해 군사기술 관련 정보를 수집하여 작성한 『동경일기』이다. 세 번째로는 박정양 · 엄세영 · 강문형 · 민종묵 · 조준영 · 심상학 등 조사들의 문견사건류의 보고서들이다. 이러한 조사시찰단의 보고 자료들은 조사시찰단에 관한 연구뿐만 아니라 1880년대 당시 조선왕조 위정자들이 일본과 일본의 실정 전반을 통해서 서구 문물에 대해 가졌던 인식을 파악하는데 중요한 사료라고 할 수 있다. 이러한 점에서 『일본육군조전』 역시 군사 분야에 대해 가졌던 당시 조선정부의 상황을 파악하는데 있어서 중요한 사료적 가치를 지니고 있다고 할 수 있다.

당시 조사시찰단원들에게 일본의 근대적 군제는 조선의 군제와 비교할 때 큰 차이가 있음을 절감했을 것이다. 조사들은 일본의 근대 군제의 시찰을 통해서 일본의 군제에 대해 긍정적인 평가를 내렸다고 생각되며, 메이지 정부의 성과에 고무되어 위로부터의 근대적 개혁을 구상하고 일본의 근대 군제를 조선 근대 군제개혁의 모델로 수용하고자 했다고 볼 수 있다. 그 예로 통리기무아문 산하 군무사(司) 밑에 총무국, 참모국, 교련국을 두었고, 각 국(局) 마다 색(色)을 예하에 두고 있었다는 점은 일본 육군성의 체제인 성(省) · 국(局) · 과(課)를 참작한 것으로 보인다. 이처럼 조사시찰단원들이 일본 시찰을 통해 입수한 지식과 정보는 견문기와 시찰기에 수록하고 있는데 이것들은 조선 정부의 군사정책과 추진에 결정적인 영향을 미쳤다고 할 수 있으며, 실제로 군제개혁을 하는 데 이원회와 홍영식은 각각 군무사의 당상경리사와 부경리사로 활약하였다. 그러나 조사시찰단의 일본 파견 결과로 촉발된 이러한 군제개혁의 노력은 임오군란과 갑신정변의 실패 이후 무산되어 근대적인 조선군제의 개혁은 수포로 돌아가고 말았던 것이다.

한편 이 책 『일본육군조전』은 대한제국에서 『보병조전』을 발간할 때 기초자료로 활용되었을 것으로 생각되며, 이 책은 대한제국시기와 그 이후 독립군으로부터 한국군에 이르기까지 군사훈련 내용을 비교하여 연구할 때 활용될 수 있을 것으로 보인다. 즉 대한제국시기에 발간한 『보병조전』과 신흥무관학교의 『신흥학우보』, 북로군정서의 『독립군간부 훈련교본』 그리고 임시정부 군무부에서 발간한 『보병조전초안』에 이르기까지 독립군의 군사교육훈련 교재와의 관련성과 창군 초기의 군사교범과의 연계성에 관한 비교연구를 하는데 있어서도 이 번역 책자가 유익하게 활용될 수 있을 것이다. 이런 점에서 『일본육군조전』은 최초의 근대 군제와 군사기술에 관한 조사보고서라는 가치뿐만 아니라 근현대에 이르는 한국군 군제사 연구에 있어서 매우 중요한 사료적 가치를 지니고 있다고 할 수 있다.

지금으로부터 140년 전 조사시찰단의 일원으로 군사 분야를 담당한 이원회와 그 일행들은 어떤 생각으로 일본을 갔을까? 일본의 군사서적 자료를 수집하여 필사하면서 어떤 생각을 가졌을까? 아마도 일본처럼 시급히 군사 분야를 마련하고자 하는 벅찬 꿈으로 가득차지 않았을까? 역사는 반복된다고 하지 않는가! 급변하는 오늘날의 한반도 주변 국제정세를 돌아볼 때 또다시 위기가 도래하지 않을 것이라는 낙관은 어디에서도 그 논리를 찾을 수 없다. 1881년 조선의 조사시찰단이 일본에 파견되기 바로 100여 년 전에 이미 실학자 이덕무(1741~1793)는 『청장관전서(靑莊館全書)(1795년)』를 통해서 일본이 네덜란드로부터 홍이포(紅夷砲)와 같은 무기를 도입해 강한 군사력으로 무장할 경우 또다시 전쟁을 일으킬 수 있다고 하면서 강한 이웃인 일본을 경고한 바 있다. '일본의 침략에 대비하라'는 이러한 18세기 말의 이덕무의 통찰력을 당시의 조사시찰단원들이 되새겼더라면 일본의 군사정책과 대외전략을 좀 더 깊이 파악하고 일본의 침략을 예측할 수 있지 않았을까? 하는 아쉬움이 남는다.

오랜 세월이 지난 지금에서야 이 책을 번역하게 된 것에 대해 많이 늦었다는 사실을 절감한다. 이 책의 번역은 사막에서 모래알만큼이나 작은 일이지만, 1세기 이전 한반도의 위기 상황에서 행해진 선각자들의 행보를 다시 한 번 돌아보고 미래를 준비하는 데 시금석(試金石)이 되기를 희망하며, 국군의 군사교리 변천 연구를 하는데 그 가치와 의의를 살릴 수 있기를 기대한다.

2021년 7월

옮긴이 씀

군제총론

(제1책 제1권)

I

군 제 총 론[1)]

1. 총론

군제(軍制)는 삼비(三備)와 오병(五兵)[2)]이 있다. 삼비란 상비(常備)군과 예비(豫備)군 그리고 후비(後備)군을 말하며, 오병이란 보병(步兵), 기병(騎兵), 포병(砲兵), 공병(工兵), 치중병(輜重兵)을 말한다.

근위(近衛)부터 진대(鎭臺)에 이르기까지 각 부분은 통제하여 구별하지 않을 수 없다. 그 군제는 서양의 큰 선박이 건너와 비로소 처음 열게 된 외교의 연혁(沿革)으로부터 다분히 유래하여 그 제도와 기예와 학술 등은 여러 서양의 방법을 취한다. 총포부대를 편성하게 되면서 활과 창을 사용하는 것을 모두 없앴다. 임신(壬申)년[3)]에 모든 번(藩)을 폐지하여 이를 부현(府縣)으로 고쳐 바꿔서 육군성(陸軍省)과 해군성(海軍省) 2개의 성에 병부(兵部)를 나누어 설치한다. 육군에 설치한 6개의 군관(六軍管)은 진대를 만들고 이에 거듭하여 근위(近衛)로 변경되었는데[4)], 그 군제

---

1) 이에 대한 상세 내용은 홍영식이 고종에게 보고한『日本陸軍總制』에 수록되어 있다. 즉『日本陸軍總制』의 제1권 중 총론, 육군성, 사관학교, 도야마(戶山)학교, 교도단, 근위국, 진대에 대한 내용과 제2권 중에서 사관학교, 도야마(戶山)학교, 교도단의 학술 내용 및 제3권 중에서 근위국, 교도단, 사관학교 편제와 전시편제에 대한 내용을 비교할 필요가 있다. 따라서『日本陸軍操典』의 번역과 함께 향후 이 책에 대한 번역이 요청된다.

2) 기존의 삼병체제(보병, 기병, 포병)가 1878년부터 오병체제로 확대가 되었음

3) 폐번치현(廢藩置縣)이 단행된 것은 1871년 8월 29일(음력 7월 14일)이므로, 원문의 임신년은 신미(辛未)년으로 수정되어야 맞다.(역자 주)

4) 일본 육군의 6개 진대가 모두 사단편제로 바뀐 것은 1888년 5월이다. 이는 독일의 초빙교관 맥켈 소령의 제안을 받아들여 1886년 최초로 도쿄(東京)진대가 평시 인원 1만 명 규모의 사단 편제로 바뀐 후 2년이 경과한 시점이다. 박영준,『명치시대 일본군대의 형성과 팽창』(서울: 국방군사연구소, 1997), pp.461-462.

는 도쿄생도(東京生徒)에 설치한 것을 교도단(教導團), 사관에 설치한 것을 도야마(戸山)학교라 한다. 평시 육군의 장교와 병은 43,229명이고, 말은 2,858필이다. 드디어 무인년(1878년)에 5병종에 대한 신병제도를 새롭게 설치하여 실시했다.

삼비제도의 다음 강구대책은 생도에 대해 가르치고 연습을 시키는 방안으로서 징병과 양병 제도, 무기 및 장비의 사용규칙의 설명에 대해 끊임없이 연구하는데 모두 함께 참여한다. 그럼으로써 군대의 통신과 전화선의 구비와 더불어 병영시설에 대한 적의 공습에 대한 방책에 이르기까지의 준비를 마치도록 하는 것이다.

상비 병력의 총계는 34,348명이며 이와 함께 말 몇 마리 정도가 항상 머무른다. 작은 부분은 매일매일의 일과로 기본훈련을 하는 것이고, 더 큰 부분은 연합으로 하는 방식으로서 월 단위로 연습을 통해 부지런함과 게으름을 살피고 서투름과 익숙한 정도를 검사하여 해마다 통제할 것을 선정하여 교련 정도에 대해 심판관이 잘된 점과 잘못된 점을 논하고 결정한다. 근위국과 교도단, 도쿄(東京)진대의 모든 담당부서의 장졸은 반드시 제대로 갖추어야 한다. 무기는 1년 12개월 동안 지속적으로 잘 헤아려 훈련장의 한 장소에 통합하여 설치한다. 다만 군제를 일으켜 나아갈지 혹은 멈출지에 관한 것은 대규모의 연습을 반복하여 행하고 나서 정하고, 각 진대도 이와 동일하게 시행한다. 관병의식(觀兵儀式)도 역시 이와 같이 시행한다.

2. 근위국(近衛局)의 군제[5)]

근위국 보병(步兵)은 2개 연대로 편성하고, 연대는 각 2개 대대로 편

5) 근위국 편제는 보병, 기병, 포병, 공병으로 편성하고 있다. 1874년 1월에는 근위대를 보병 2개 연대, 기병 1개 대대, 포병 2개 소대, 공병 1개 소대 등으로 개편했다. 성희엽, 『조용한 혁명: 메이지유신과 일본의 건국』(서울: 소명출판, 2018), p.584.

성된다. 대대는 4개 중대로 편성한다. 근위국의 기병(騎兵)은 4개 소대로 구성된 1개 중대를 둔다. 포병(砲兵)은 2개 중대로 구성되는 1개 대대로 하며, 각 중대는 3개 소대로 이루어진다. 공병(工兵)은 4개 소대로 구성된 1개 중대를 둔다.

잘 단련된 편제상의 근위국 총 인원은 3,929명이고, 말은 360마리(匹)이다. 장교는 사관학교에서, 하사관(下士官)[6]은 교도단에서 배출한다. 보병은 매년 8월에 지원자 중에서 발탁한다. 각 진대의 신병은 3개월간의 훈련을 마친 자 중에서 기예(技藝)가 민첩하고 신체가 건장한 자를 편입한다. 이때 각 진대의 부족한 인원은 징병할 당시 남겨 두었던 보충병 중에서 추첨하여 그 수를 채운다. 포병과 공병은 매년 9월에, 기병은 매년 10월에 보병과 동일한 선발 규칙을 적용한다. 포병과 공병은 음력 4월 초일에, 기병은 음력 5월 초일에 이르러 즉시 연습이 이루어지지만 보병은 그러하지 못하다. 매번 병종별로 인원을 발탁하여 편입할 경우 각 병종별로 본대 인원 중에서 재차 복무하기를 희망하는 자가 있을 경우에는 새롭게 편입할 인원수는 줄어들게 된다.

각 진대의 병졸 중에서 이적을 원하는 사람도 함께 활용하여 삼분의 일 정도는 2~3년 동안 두 번째 복무를 또다시 할 수 있게 하거나 혹은 중간에 각 병종에서 도망자가 발생하는 경우에도 각 진대의 병졸 중에서 가려 뽑아서 보충해 주어 상비역(常備役)으로 3년을 복무하게 한다. 그리고 나서 예비역(豫備役)으로 3년을 복무한 후에 후비역(後備役)으로 편입하여 각 진대의 병으로 복귀시켜 합친다. 그러므로 근위병(近衛兵)은 곧 예비와 후비가 없는 편성이다. 다른 부대의 병사들과 비교할 때 근위병이 강제로 3~5개월 정도 좀 더 병역을 하는 것에 대해 왈가왈부하는 것에 대해서는 급료(餼料[7])를 조금은 더 주어 그만큼 더 근무하게 한다.

6) 현재 한국군의 '하사관'의 명칭은 '부사관(副士官)'으로 칭하고 있으나, 일본육군의 훈련 내용을 담고 있는 이 책의 성격상 그대로 '하사관'으로 명칭을 사용한다.(역자주)

7) 희료(餼料)는 일한 대가로 주는 보수를 말한다.

3. 육관 진대(六管 鎭臺)의 군제

신미년(1871년)에 번(藩)을 폐하고 1873년 1월에 이르러 부현(府縣)에 6관 진대를 설치하였다(밑줄은 역자가 표시).[8] 여섯 개의 진대라 함은 곧 도쿄(東京), 센다이(仙臺), 나고야(名古屋), 오사카(大坂), 히로시마(廣島), 구마모토(熊本)를 말한다. 도쿄(東京)의 사쿠라(佐倉)와 다카사키(高崎) 지역, 센다이(仙臺)의 아오모리(靑森) 지역, 나고야(名古屋)의 가네자와(金澤) 지역, 오사카(大阪)의 오오쓰(大津), 히메지(姬路) 지역, 히로시마(廣島)의 마루메가(丸龜) 지역, 구마모토(熊本)의 오쿠라(大倉) 지역에 보병 14개 연대[9]를 나누어 관리하는 기관을 둔다. 보병(步兵) 각 연대는 3개 대대로 각각 편성하고, 대대마다 각각 4개 중대로 편성한다.

영소(營所)[10] 55개는 사쿠라(佐倉) 지역의 우츠노미야(宇都宮)와 다카사

---

8) 유신정부는 1873년 1월 전국을 6개 군관구로 나누고 군관구 아래에 진대를 두었다. 제1군관구는 도쿄(東京)에 두고 도쿄, 사쿠라(佐倉), 니이가타(新瀉) 지역을, 제2관구는 센다이(仙台)에 두고 센다이 아오모리(靑森) 지역을, 제3관구는 나고야(名古屋)에 두고 나고야 가네자와(金澤) 지역을, 제4관구는 오사카(大阪)에 두고 오사카, 오오쓰(大津), 히메지(姬路) 지역을, 제5관구는 히로시마(廣島)에 두고 히로시마, 마루메가(丸龜) 지역을, 제6관구는 구마모토(熊本)에 두고 구마모토, 오쿠라(大倉) 지역을 각각 관할하게 하였다. 성희엽, 『조용한 혁명: 메이지유신과 일본의 건국』(서울: 소명출판, 2018), p.584.; 1871년에 일본 정부는 사쓰마(현재의 가소사마현), 조슈(현재의 야마구치현), 도사(현재의 고치현), 히젠(현재의 나가사키현과 사가현에 해당) 등에서 번병(藩兵)을 차출시켜 중앙군인 '어친병(御親兵)'을 만드는 한편, 지방의 치안 담당을 위해 번병을 재편성한 뒤 도쿄(東京), 오사카(大阪), 친제이(鎭西, 소재지는 구마모토(熊本)), 도호쿠(東北, 소재지는 센다이(仙台))의 4개 진대를 설치했다. 이듬해 어친병은 '근위병(近衛兵)'으로 개칭되었고, 1873년에는 나고야(名古屋)와 히로시마(廣島)에도 진대가 설치되어 6개의 진대가 되었다. 윤현명(역), 『일본, 군비확장의 역사(軍備擴張の近代史)』(서울: 어문학사, 2014), 야마다아키라(山田朗), pp.14-15.

9) 1873년 징병제가 시행되면서 1874년에 육군의 기간(基幹)이 되는 9개의 보병연대가 최초로 편성되었고, 1875년에는 14개 연대로, 1875년에는 15개로 확장되었다. 1884년에 3개, 1885년에 4개, 1886년에 5개, 1887년에 1개 연대가 추가되어 모두 28개 연개로 확장되었다. 육군은 1886년에 병제를 프랑스식에서 독일식으로 전환하고, 1888년에는 기존의 6진대를 폐지하고 6개 사단으로 개편함으로써 단순한 명칭의 변경이 아닌 군사적 성격이 변화되었음을 알 수 있다. 윤현명(역), 『일본, 군비확장의 역사(軍備擴張の近代史)』(서울: 어문학사, 2014), 야마다아키라(山田朗), pp.14-15.

10) 영소(營所)는 군대가 주둔해 있는 병영시설(역자 주)

키(高崎) 지역의 시바타(新發田), 오오쓰(大津) 지역의 후시미즈(伏水)[11], 히로시마(廣島) 지역의 야마구찌(山口), 마루메가(丸龜) 지역의 마쓰야마(松山), 고쿠라(小倉) 지역의 후쿠오카(福崗)와 오키나와(沖繩) 등 7개 장소에 각각 연대의 병영을 나누어 설치한다. 보병 1개 대대는 고쿠라 지역의 오키나와에 후쿠오카 1개 중대를 함께 내보낸다.

보병 14개 연대가 설치한 영소의 합계는 21개소이며 모두 실제 병력을 운영한다. 그 외 34개의 영소는 예비 및 후비군 병력의 보충을 고려하여저마다의 지역별로 각각 퇴직한 예비군 및 후비군들이 지내기 위한 병영으로 영소를 설치한다. 전쟁과 농사가 서로 근본이 되는 것은 예나 지금이나 마찬가지로 단지 설치되지 않았을 뿐 영소의 명칭은 만들어져 있었다.

3부(府) 중 도쿄(東京)와 오사카(大坂)는 자체적으로 진대(鎭臺)를 보유하고, 사이쿄(西京)[12]는 후시미즈(伏水)[13]를 포함한다. 36개 현의 영소에서는 전쟁이 발생하지 않으면 실제로 군대를 설치하지 않는다. 각 영소는 소속된 현 내에서 예비병과 후비병을 불러 모아 방어하고 병사들이 도착하여 집합하면 이에 대해 업무를 관장하는 진대(鎭臺)에 보고한다. 이처럼 군대의 설치 유무에 관한 것은 국가 차원의 대사(大事)였다.

기병(騎兵) 1개 대대는 2개 중대가 합하여 이루어진다. 중대는 4개 소대로 구성한다. 야포병(野砲兵) 1개 대대는 2개 중대가 합쳐서 구성되고, 중대는 3개 소대로 이루어진다. 공병(工兵) 1개 대대는 2개 중대가 합하여 이루어지며, 중대는 4개 소대로 구성한다. 치중병(輜重兵) 1개 중대는

---

11) 원문에는 '伏水'로 표기되어 있으나, '伏水'를 오기(誤記)한 것으로 생각된다.(역자 주)

12) 일본은 무로마치 시대에 야마구찌(山口)를 교토(京都)와 비교하여 서쪽의 교토라는 의미로 사이쿄(西京)이라고 불렀다. 메이지 유신 이후에 도쿄로 수도를 옮긴 이후 도쿄와 비교하여 교토를 잠시 사이쿄(西京)라고 부르기도 했다. 도쿄(東京)은 일본의 교토에서 동쪽에 있다는 의미이다. 이 내용이 작성된 시기는 메이지 시대이므로 여기서 사이쿄는 곧 교토(京都)를 의미한다고 본다.(역자 주)

13) 교토의 남쪽 후시미는 옛 지명을 '후시미즈(伏水)'라 했을 정도로 명수(明水)가 나는 동네다. 예부터 물맛이 좋아 유서 깊은 술도가가 많았다. 후시미의 물을 일컫는 '후시미즈(伏水)'는 지하수의 일종인 복류수(伏流水)로, 하천 바닥 아래 모래 · 자갈층을 흐르는 깨끗한 물이다. (http://www.travie.com)

2개 소대가 합하여 이루어진다. 오사카(大阪)와 구마모토(熊本)에는 각각 기병이 없으며, 포병과 공병을 둔다. 마찬가지로 도쿄(東京)에는 치중병 1개 소대, 센다이(仙臺)에는 기병 1개 대대, 산포병(山砲兵) 1개 대대, 공병 1개 중대, 치중병 1개 소대를 둔다. 나고야(名古屋)와 히로시마(廣島)에는 각기 산포병 1개 대대와 공병 1개 중대, 치중병 1개 소대를 둔다. 각 진대 해안포(海岸砲)는 9개소를 두는데, 병졸 80명으로 1개 부대를 편성한다. 즉 시나가와(品川), 요코하마(橫濱), 니카타(新瀉) 등 3개 부대는 도쿄 영소의 소속이고, 하코다테(函館)의 1개 부대는 센다이(仙臺) 영소에 속한다. 가와구치(川口)와 효고(兵庫)현[14]의 2개 부대는 오사카 영소의 소속이고, 시모노세키(下關)의 1개 부대는 히로시마 영소의 소속이며, 가고시마(鹿兒島)와 나가사키(長崎)의 2개 부대는 구마모토(熊本) 영소의 소속이다.

무인년(1878년)에 이르러 하코다테(函館)를 혁파하여 도쿄의 가나가와(神奈川)현, 오사카의 효고(兵庫)현, 구마모토의 나가사키(長崎)현 등 3개소는 본영 소속의 포병 중에서 1개 소대가 파견되어 배치되었고, 기타 5개 임시장소는 아직 준비가 되지 않아 가나가와(神奈川)와 요코하마(者橫濱)의 지역에 있었다. 각 진대의 평시 상비군의 합계는 31,100명이고, 말은 2,183마리이다. 전시에는 예비군 병력이 증원되는데 그 수는 11,250명 내외로 임시로 증감을 한다.

4. 삼비군 체제

6관 진대 소속의 각 병력은 무인년(1878년)부터 설치한 삼비군에 편입한다. 매년 5월 통합하는 삼비군의 병력 수는 상비군과 예비군 및 후비군 병력의 각 3분의 1씩을 합한 전체 숫자이다. 삼비군 각각의 기관은 55개의 관영소(官營所)의 3개 부(府)와 37개의 현(縣)이다.

14) 효고(兵庫)현은 서울에서 가까운 지역(近畿) 서부에 있는 현(縣)

신병훈련은 화사족(華士族)[15] 평민 중에서 형제가 있고 상중(喪中)에 있지 않은(不孤子) 자 중에서 미혼인 건장한 20세를 선발하여 6월 초에 마치게 한다. 해마다 10월 1일 검열사(檢閱使)를 파견하고, 각 진대에 국한하여 11월 30일 훈련의 상태를 살펴서 훈련의 숙달 정도에 따라서 미숙한 자는 집으로 돌려보낸다. 훈련의 상태가 숙달된 신병은 상비역(常備役)에 편입하여 3년을 복무토록 하며, 23세가 되는 5월에 농업과 상업으로 복귀하도록 하여 결혼을 할 수 있게 한다.[16]

예비군(豫備軍)의 편성은 매년 3월 대대적인 훈련시 15일간 입대하여 훈련에 참가한다. 26세가 되는 5월까지 3년 동안을 예비군으로 복무하도록 한다. 후비군(後備軍)은 매년 한 번씩 소집되어 편한 장소에서 기예를 반복하여 익힌다. 후비군은 30세가 되는 5월까지 4년 동안에 해당된다. 국민군(國民軍)은 40세에 달할 때까지 국가에 뜻밖의 비상사태 발생시 즉각 소집하고, 40세 이후에는 비록 국가에 큰 전쟁(大亂)이 있더라도 참여하지 않는다. 소집하여도 그 기혈이 쇠하기 때문이다. 대란이 발생하면 전국의 17세부터 40세에 해당하는 남자 병적자가 입대를 한다.

무인년(1878년)에 정식으로 병력(상비, 예비, 후비군)을 소집하게 되면, 삼분의 일 규모로 편입하는 병력 중 숙영하는 병사를 고려할 때, 1년 중 첫 번째로 퇴역할 병력과 이와 비교하여 기묘년(1879년)과 경진년(1880년)에 그대로 잔류하여 복무하는 병력의 숫자를 살펴야 한다. 즉 신사년(1881년) 5월에 이르면 무인년 당시 편입한 병력의 삼분의 일이 예비역으로 전환되기 때문이다. 이와 같은 규칙에 따르면 10년간의 예비군과 후

15) 메이지 정부는 1869년은 봉환판적(奉還版籍)정책을 시행했는데, 공경(公卿: 高官의 총칭)의 관진(關鎭: 국경을 지키던 군영)은 모두 화족(華族)으로 통칭하고, 사무라이들은 사족(士族)이라 불렀다. 1871년에는 부현(府縣)제도를 만들고 결국 봉건영주의 통치권을 모두 없앴다. 그 결과 일본은 3부 72현으로 나누어졌으며, 중앙에서 임명한 부현의 지사들이 이들을 관리했다. 이로써 중앙 집권적인 국가 통치체제가 마련되었다. 또한 메이지 정부는 정치적으로 덴노(天皇)를 신격화시켜 절대 권력을 수립하고, 특권계급 양성을 위해 유신에서 공을 세운 신하들과 재벌들을 '화족'으로 편입시켰다.(역자 주)

16) 상비역은 20세~23세까지 3년, 예비역은 23세~25세까지 3년, 후비역은 26세에서 30세까지 4년, 국민군은 30~40세까지 10년으로 상비군에서 국민군까지의 복무기간은 총 20년이다.(역자 주)

비군의 인원수는 2배에 이른다. 상비군 병력의 수는 34,348명이며, 10년 동안 국민군(國民軍)의 숫자는 3배에 달한다. 상비군에서 국민군까지 복무하는 기간의 총합은 20년이다. 20세를 시작으로 하는 상비군으로부터 40세까지의 국민군까지 인원을 합하면 20만 6,080명인데, 우수하고 강한 군사(精兵)가 되기 위해서는 훈련 후에나 가능하다. 이상에서 설명한 것은 어떻게 하면 병력을 충분히 할 것인가. 논하기 위한 것이다.

5. 교도단(教導團) 규칙

교도단은 도쿄(東京)에 설치하며, 전국 육군부대의 하사(下士)를 보충하기 위해 교육하는 기관이다. 교도단장 1명과 교관 10명이 연구에 매진하여 생도의 학술을 담당한다. 교도단은 보병 1개 대대, 기병과 포병과 공병 각 1개 중대, 군악 1개 대(隊)[17]로 편제된다.

교도단의 입단은 대부분 근위국과 진대에 복무중인 병사 중 입단을 지원하는 자와 화사족, 평민 중에서 교도단에 입단을 지원할 수 있도록 하여 잘 가려 뽑을 수 있도록 계획한다. 육군 출신은 18세-25세인 자에 대해 검사관이 합격자를 정하고, 보병과 기병은 12개월간, 포병은 18개월간 교도단에서 학술을 연마하고 교육을 받은 후 졸업하면 오장(伍長)이 된다. 근위국과 6진대로 이적하여 하사로 7년간 복무 후 귀가하며, 귀가 후 3년간은 후비군원(後備軍員)이라고 칭하고 또한 이들은 전쟁이 발생하면 전쟁터로 나가야 한다. 교도단 졸업시 학술이 빼어나게 우수하고 품행이 바른 자를 선발하여 사관학교에 전입하게 하고, 이들을 보병부대 장교로 임명한다.

나팔병 3명을 도쿄(東京)진대로 옮겨 2개의 선도대가 훈련장의 출입을 직접 담당하도록 하는 것이 좋다. 교도단 내에서 나팔을 불 때 기병과 포병 및 공병 부대는 각각 나팔 생도 2명을 두어 교대로 식사를 하게 한

17) 대(隊)는 중대(中隊)와 대대(大隊)의 중간 규모의 제대임(역자 주)

다. 교도단의 합계 인원은 1,276명이고 말은 213마리이다.

6. 사관학교 및 부설 유년학교의 규칙

사관학교(士官學校)는 장교를 교육하기 위한 기관으로 도쿄(東京)에 설치되며, 학교장 1명, 부교장 1명, 교관 18명이 교관의 관리와 교육에 관련한 사무를 관장한다. 보병, 기병, 공병을 합하여 3개 중대로 구성된 1개 대대를 둔다. 생도는 각 부(府)와 현(縣)의 화사족(華士族) 및 평민 중에서 육군사관이 되기 위해 지원하도록 하며, 지원자 중 검사 후 16세~22세 중에서 합격자를 소집한다. 하사 혹은 교도단을 합격한 자 중에서 22세가 넘은 자와 유년학교 재학생 중에서 성적이 우수한 자가 지원할 수 있으며, 각 진대의 하사도 지원할 수 있다. 이처럼 교도단으로부터 이적을 위해 육군 부대 전체에 대해 정신교육을 하는 것이 최고로 어려운 일이다. 보통 각 병사의 체력과 사격 능력을 설정하고 각종 학과목의 등급을 구분한다.

보병과 기병은 3년 동안 교육을 실시하고, 포병과 공병은 5년 동안 교육을 실시한다. 졸업 후에는 각 진대 소위(少尉)로 임관하며 3년 후에는 중위(中尉)가 된다. 또한 몇 년 후에는 대위(大尉)로 승진하고, 소령, 중령, 대령의 계급을 부여하게 된다. 나팔병 6명은 각 진대에서 옮긴 후 1년 내 졸업하여 나팔장 하사가 된다.

사관학교는 자격을 갖춘 교도단 출신자에게도 사관과 하사를 양성하도록 허락한다. 전시가 되면 부족한 수효(數爻)를 위해 이처럼 양쪽으로 임관을 추진한다. 이는 적의 동정을 정찰하고 아군의 안전을 보호하거나 아군 진출로상의 위험정도 혹은 아군 퇴로의 넓고 좁음 등을 추구하기 위한 것이다. 통상 대오(隊伍)를 방어하는 일과 병행하여 경계임무를 수행한다. 사관학교의 교육을 위한 전체 인원은 336명이고, 말은 102마리이다. 근위국에서 각 진대에 연대별로 장교 5명과 하사관 5명, 그리고

나팔병 각 1명을 제공하여 합계 인원은 사관 80명, 하사관 80명, 나팔병 16명이 된다.[18]

매년 9월에 유년학교(幼年學校) 학생 중 학업성적이 우수하고 신체가 건장한 인원 중에서 가려 뽑아 사관학교에 입교시켜 연구에 매진하게 한다. 사격과 체조 등 전술학(術業)에 대해서도 경지에 이르고, 공격과 방어 전투에 대해서는 경험을 축적하여 군대의 전투기술(技藝)을 넓히는데 온 힘을 다한다. 이렇게 하여 7개월 후 새로운 근무지로 돌려보낸다. 또 차례로 돌아가며 맡는 임무(番)[19]를 위해 결원이 발생할 경우에도 이를 보충하지 않는다. 1개 분대는 4명으로, 1개 소대는 16명으로 구성하고 1개 중대는 장교와 하사 각 1명으로 구성한다. 교장 1명, 부교장 1명, 교관 28명이 교수의 근무성적을 보고하도록 권장한다. 육군 도야마(戸山)학교도 이와 같은 형태를 취한다.

7. 보병(步兵) 부대의 편성 규칙

가. 분대

분대는 2명이 1개 오(伍)를 이루고, 5개의 오가 1개 분대를 만든다. 앞 열과 뒤 열이 겹쳐 서면 분대장은 앞 열의 우측 선두 끝에 위치한다.

나. 반소대

반소대는 제1분대, 제2분대가 우측 반소대를 이루고, 앞 열과 뒤 열 횡간 각 1, 3, 5, 7, 9는 홀수(〈그림 2-1〉 독립소대도에서 보면 빗금 친 부분: 역자 주)가 되고, 2, 4, 6, 8, 10은 짝수(〈그림 2-1〉 독립소대도에서 빈칸 부분:

18) 당시 14개 연대로 편성되었음을 고려할 때 인원수가 어느 정도 일치한다.(역자 주)

19) 차례로 임무를 맡는 일(當番)

역자 주)가 된다. 제1분대의 경우 앞 열에 3번의 홀수(1, 3, 5)인원과 뒤 열에 2번의 짝수(2, 4)인원이 있고, 제2분대의 경우는 앞 열에는 3번의 짝수(6, 8, 10)인원과 2번의 홀수(5, 7)인원으로 편성된다. 즉 제1분대는 앞 열의 1, 2, 3, 4, 5번 인원과 뒤 열의 1, 2, 3, 4, 5번 인원 10명이 1개 분대를 구성하고, 제2분대는 앞 열의 6, 7, 8, 9, 10번 인원과 뒤 열의 6, 7, 8, 9, 10번 인원으로 구성된다. 즉 서 있는 위치의 번호 순서대로 홀수와 짝수가 되어 제1분대 및 제3분대는 홀수번호 인원으로 시작되고, 제2분대와 제4분대는 짝수번호 인원으로 시작하게 된다. 각 분대의 첫 번째가 분대장이므로 제1분대장은 홀수가, 제2분대장은 짝수가 된다.

우 반소대장은 분대장의 우측에 위치하며, 좌 반소대장은 제3분대와 제4분대의 중앙 후미[20]에 위치한다.

다. 소대

소대는 좌·우 반소대가 하나로 합쳐서 1개 소대를 이룬다. 전령병(鍬卒)[21]은 2명을 두며, 좌 반소대 전·후열 좌측 끝에 위치(〈그림 2-2〉 중대횡대도를 참조: 역자 주) 한다. 소대장은 좌·우 반소대 후미의 중간지점에 위치에 한다. 근위국의 경우는 총병(銃卒) 2명과 전령병 2명이 추가된다.

라. 중대

제1소대, 제2소대, 제3소대, 제4소대가 합해서 1개 중대를 이루고, 중대장 이하 사관과 각급 하사관의 실제 인원수는 제2도(〈그림 2-2〉)의 설명을 보면 된다. 근위국의 경우는 총병(銃卒) 8명이 추가된다.

20) 〈그림 2-1〉 독립소대도에서 보면, 좌반소대 뒤편 중앙의 4보 뒤에 위치함(역자 주)

21) 반소대당 1명씩 운영하는 전령병(傳令兵)(역자주)

마. 대대

제1중대, 제2중대, 제3중대, 제4중대를 합하여 1개 대대를 구성한다. 대대는 대대장 1명, 부관, 하(下)부관, 서한괘(書翰掛[22]), 계관(計官[23]), 대대부속 전령장(鍬兵長), 무기관, 서기, 병실(病室)관, 나팔장, 의관(醫官), 부의관, 간병인 등 각 1명씩을 두고, 간호병 3명, 총기 수리병(銃工) 2명, 군복 수선병(縫工) 및 군화 수리병(靴工) 각 1명 등을 합하여 대대의 총 인원은 757명이고, 말은 2마리이다.

근위국의 경우, 대대장 이하 군화 수리병에 이르기까지 대대의 실제 인원수는 진대(鎭臺)와 동일하며, 4개 중대에 총병을 각 8명씩 배치하여 32명이 증가되게 되므로 대대의 총 인원은 789명, 말의 수는 동일하게 2마리이다.

바. 연대[24]

연대는 제1대대, 제2대대, 제3대대가 합하여 연대를 이룬다. 연대장 1명과 부관, 전령사령(鍬兵司令)[25], 기수(旗手), 계관, 연대부속 무기관, 서기, 나팔장, 의관, 부의관, 간병인, 총기수리장(銃工長) 등 각 1명씩 둔다. 연대의 총 인원[26]은 2,285명이고, 말은 94마리이다.

근위국의 경우, 제1대대와 제2대대가 제1연대를 이루고, 제3대대와 제4대대가 제2연대를 이룬다. 각 연대장 이하 총기수리장(銃工長)에 이르기까지 실제의 인원수는 진대(鎭臺)와 동일하다. 합계인원[27]은 1,592명이

---

22) 괘(掛)는 관리직책을 의미함(역자 주)

23) 금전(金錢)의 출납(出納)에 관한 사무를 보는 사람. 경리관, 회계관 등(역자 주)

24) 진대는 3개 대대로 1개 연대를 근위국은 2개 대대로 1개 연대를 편성함(역자 주)

25) 사령(司令)은 연대급 이상의 부대에서 책임을 맡은 장교를 말함(역자 주)

26) 진대의 1개 대대 총인원이 757명이므로 연대의 총인원은 2,271명(757명 × 3개 대대)으로 2,285명에 가깝다.(역자 주)

27) 근위국의 경우, 1개 연대는 2개 대대로 편성하므로 789 × 2=1,578명으로서 1,592명에 가깝다.(역자 주)

고, 말은 74마리이다.

8. 기병(騎兵) 부대의 편성 규칙

가. 반분대

반분대(半分隊)는 앞 열의 1, 2, 3, 4번 기병으로 구성된다. 1, 3번 기병은 홀수, 2, 4번 기병이 짝수이며, 뒤 열도 이와 동일하고 반분대장은 두지 않는다.

나. 분대

분대는 전·후 열 각 1, 2, 3, 4번 기병을 합하여 4개 기병을 1개의 분대로 구성하며, 분대장은 이 8명의 기병 안에 위치한다.

다. 반소대

제1분대와 제2분대로 제1반소대(半小隊)를 구성하고, 제3분대와 제4분대가 제2반소대를 이루고, 반소대장은 소대 뒤에 위치한 향도가 되고 압오와 동일하게 부여한다.

라. 소대

소대는 제1반소대와 제2반소대가 합하여 이루어진다. 따로따로 나누어 설 때에는 좌측에서부터 우측으로 앞 열과 뒤 열이 각각 16기씩 선다. 제1반소대 앞뒤 열 우측의 첫 번째 홀수와 제2반소대 앞뒤 열 좌측 4번째 짝수는 앞뒤 열 날개를 이룬다. 품계가 있는 병사(階兵) 중에서 숙련병 1명을 뽑아 세운다.

앞 열 제8번 기병을 중심병(中心兵)으로 하고 소대장은 향도 앞에 있는 이 중심병의 위치에 선다. 제1반소대장은 향도와 동일하게 소대장의 좌측에 위치하고, 제2반소대장은 뒤 열의 뒤 압오열의 중앙에 위치한다. 통상적인 훈련을 할 경우에는 간이 편성에 따르지만, 3개의 분대로 구성한 24명의 기병으로 편성할 때에는 앞 열의 제6기병이 소대의 중심병이 된다.

마. 중대

제1소대, 제2소대, 제3소대, 제4소대를 합하여 1개의 중대를 편성한다. 중대장 1명, 제1 · 2 · 3 · 4소대장이 각각 1명씩, 부중대장(小隊副長) 1명, 반소대장 8명, 급양관 1명, 말 담당관(廄掛[28]) 1명, 분대장이 16명, 취사관 1명, 기마병 108명, 나팔병 4명으로 합계 인원은 140명이고 말은 130마리이다.

근위국 측은 단지 1개 중대만 보유하므로 사관(士官) 이하 인원을 명목상 여기에 더해 준비한다. 즉 하부관, 무기관, 서기, 병실관, 나팔장, 의관, 마의(馬醫)관, 계관, 간호병 각 1명(합계 9명), 말편자 수리병(蹄鐵工) 4명, 총기 수리병 1명, 말안장 수리병 1명, 군복 수선병 1명, 군화 수리병 1명(합계 4명), 그리고 기병 30명을 합하여 총인원은 191명이고, 말은 161마리이다.

바. 대대

대대는 제1중대, 제2중대가 합하여 이루어진다. 대대장 1명, 부관, 하부관, 계관, 부속 무기관, 서기, 병실관, 나팔장, 의관, 부의관, 마의관, 간병인 각 1명(합계 11명), 간호병 3명, 말 편자 수리병 8명, 총기 수리병 1명, 말안장 수리병 2명, 군복 수선병 1명, 군화 수리병 1명, 합계

28) 구괘(廄掛): 말에 관한 일을 관장하던 벼슬

인원은 319명이고 말은 273마리이다. 대대장은 향도(嚮導)의 중앙의 앞에 위치하고, 나팔병은 대대장의 좌측에 위치한다.

9. 포병(砲兵) 부대의 편성 규칙

가. 소대

전·후열 각 1, 2, 3, 4번이 합쳐져 8명이 1개 분대가 된다. 제1분대와 제2분대가 우반대(右半隊, 16명)를 이루고, 제3분대와 제4분대가 좌반대(左半隊, 16명)를 이룬다. 이 우·좌 반대가 1개의 소대를 편성하며, 통상 전·후열 16오(伍)의 32명이 1개 소대 편성이다. 훈련(操鍊)[29]시에는 간이 편성을 하지만, 24명의 기병편제는 기병 3개 분대의 규례와 동일하다. 손익과 무관하게 기병(騎兵) 편성의 규칙을 참조한다.

포(砲) 2문을 좌·우의 반대에 각각 1문씩 나누어 배치한다. 좌·우의 반대는 즉시 증감이 불가하므로 전·후열 각 1, 2, 3번이 1개 분대를 이루는 것이 옳다. 이렇게 12오(24명)가 1개의 소대가 되는 것이다. 기병 승마도식(圖式)에서 1, 2, 3, 4의 숫자는 포대를 말하는데, 숫자를 기록하지 않으면 육(六)인지 팔(八)인지 그 차이를 쉽게 분별하기 어렵기 때문이다. 우반대 앞뒤 열의 선두와 좌반대 앞뒤 열 후미의 각 1오는 전후 열의 날개로서 고참병(高級兵) 중 숙련된 병사 1명을 선발하여 세운다. 앞 열의 우측에서 좌측으로 6번째 기병(혹은 8번째 기병)이 중앙병사가 된다. 소대장은 중앙병의 앞에 위치하여 향도가 된다. 포차의 지휘자(長)는 2명, 탄약차의 지휘자는 2명, 조준수는 2명, 군화 수리병이 2명, 포병이 13명, 역졸(驛卒)은 22명이며, 말은 26마리이다. 행진연습을 할 때 역시 산포병(山砲)과 마찬가지로 걸어가는 도보부대를 편성한다. 다만 짐을 싣고 나

29) 조련(操鍊)은 "전투에 적응하도록 이론이나 기술 따위를 가르치는 기본 훈련"을 의미하는 교련(敎鍊)을 의미하며, 조련(調練)의 의미로도 해석할 수 있음. 따라서 여기서는 일반적으로 사용되는 용어인 '훈련(訓練)'으로 표기함(역자 주)

르는 말(駄馬)은 중대에서 정한 규칙을 따른다.

나. 중대

중대는 좌우 및 중앙 소대 등 3개 소대가 합쳐져 1개 중대를 이룬다. 중대장 1명, 좌우 및 중앙 소대장 각 1명, 부중대장(小隊副將) 1명, 포차의 장 6명, 무기관 1명, 급양관 1명, 군화수리 하장(靴工下長) 1명, 탄약차의 장 6명, 승마를 병행하는 조준수 6명, 취사관 1명, 군화수리병 6명, 포병 39명, 역졸(驛卒) 68명, 나팔병 4명, 승마용 및 견인용(挽車馬)[30] 말이 56마리, 합계인원은 144명, 말이 80마리이다.

산포(山砲) 중대의 인원은 야포(野砲) 중대와 동일하게 주어진다. 다만 탄약차의 지휘자는 없으며, 중대장 1명, 좌우 및 중앙 소대장이 각 1명(합계 3명), 나팔 일등병 1명, 승마와 군수품 적재하는 말(駄馬)을 겸할 수 있는 말이 21마리이다. 근위국의 야포 중대는 군화수리병 2명과 포병 7명 그리고 역졸 4명을 추가하고, 말의 숫자는 동일(56마리: 역자 주)하다.

다. 대대

대대는 제1중대와 제2중대를 합해서 1개 대대를 이룬다. 대대장 1명, 부관, 무기관, 하부관, 계관, 부속서기, 병실관, 나팔장, 대장공 하장(鍛工[31]下長), 목공하장(木工下長), 말안장 수리하장(鞍工下長) 등 각 1명, 단공병, 목공병, 말안장 수리병 각 2명, 계관, 의관, 부의관, 마의관, 간병인 각 1명, 간호병 3명, 말 편자 수리병 4명, 군복 수선병 1명, 군화 수리병 1명, 합계인원은 319명, 말이 173마리이며, 13마리의 말은 대대본부 부속 부서의 승마용이다.

산포대대의 실제 인원수는 야포대대와 동일하나 말 편자 수리병 1명

30) 만마(輓馬): 끄는 말

31) 금속을 단련(鍛鍊)하는 일을 하는 직공, 대장(大匠)장이(역자 주)

과 탄약차의 장이 없으며, 중대는 동일하다. 합계인원이 306명이고 말은 57마리이다. 이 중 5마리의 말은 산포대대의 대대본부 부속 부서의 승마용이다. 근위국의 대대장이하 실제 인원수는 진대(鎭臺)와 동일하고, 단지 대장공하장과 목공하장 및 말안장 수리하장이 없으며 말의 숫자는 동일하다.

10. 공병(工兵) 부대의 편성 규칙

가. 소대[32)]

소대는 좌우반소대가 1개 소대를 구성한다. 소대장 1명, 반소대장 2명, 분대장이 4명이고, 2명이 1개 오(伍), 5개 오로 1개 분대(10명)를 이룬다. 앞뒤 열이 중첩해서 서면, 분대장은 앞 열의 우측 선두에 위치한다.

제1분대와 제2분대는 우반소대를, 제3분대와 제4분대는 좌반소대를 이룬다. 홀수와 짝수를 분별하기 위해 번호를 부여한다. 보병편성 규칙과 동일하다. 병사들마다 목공과 말편자 수리공의 일을 보고 배우도록 하여 제대의 내부에서 보충을 준비한다.

나. 중대

중대는 1·2·3·4소대가 합하여 이루어진다. 중대장 1명, 1·2·3소대장 각 1명, 부소대장 1명, 반소대장 8명, 급양관과 무기관 각 1명, 분대장 16명, 취사관 1명, 공병 104명, 역졸 12명, 나팔병 4명, 합계인원이 153명이고, 말은 12마리이다. 이 중 말 1마리는 중대장 승마용이고, 11마리는 군수품 운반용 말(駄馬)이다. 소대의 경우는 5개 오(10명)의 4개 분대 편제이고, 4개 소대가 1개 중대로 합쳐지는 경우는 그때그때의 형편에 따라 병

32) 우반소대 20명, 좌반소대 20명, 우반소대장, 좌반소대장, 소대장 각 1명을 합하여 43명임(역자 주)

력을 3오(6명) 혹은 4오(8명)로 나누어 배치하도록 정하는 것이 어렵다.

보병의 좌우이동 및 전진과 정지, 총검의 사용이 일제히 시행되는 것이 항상 마땅하다. 공계 5부(工械 五部)[33]의 역할은 총검을 풀고, 짐 싣는 말을 갖추는 것으로 부역(赴役)의 임무를 마치면 본대로 다시 복귀한다.

근위국 측은 단지 1개 중대만 보유하므로 사관 이하 인원을 명목상 여기에 더해 구비한다. 서기, 병실관, 역졸장, 나팔장 각 1명씩(합계 4명)과 공병 병사 134명, 계관, 의관, 마의관, 간병병 등 각 1명씩(합계 4명), 편자 수리병 2명, 총기수리병, 안장 수리병, 군복 수선병, 군화 수리병 등 각 1명씩(합계 4명)을 포함하여 중대의 총인원은 197명이고, 말의 숫자는 진대의 공병중대와 동일하게 12마리이다.

다. 대대

대대는 1 · 2 중대가 합하여 1개 대대를 편성한다. 대대장 1명, 부관, 하부관, 무기담당관, 계관부속 역졸장, 서기, 병실담당관, 나팔장, 계관, 의관, 부의관, 마의관, 간병인 등 각 1명 씩, 간호병 3명, 말 편자 수리병 2명, 총기 수리병 · 말안장 수리병 · 군복 수선병 · 군화 수리병 각 1명씩, 합계인원은 329명이고, 말은 26마리이다. 말 2마리는 대대장과 부관이 타는 것이고, 24마리가 2개 중대에 소속된다.

11. 치중병(輜重兵) 부대의 편성 규칙

가. 소대

기병 병사 56명과 오장(伍長) 8명을 합해 64명이 1개 소대를 편성한다. 기병 병사 8명당 오장 1명으로, 오는 전 · 후열 각 4개의 기병으로 지

33) 5부(五部)는 서울(京)을 동서남북 및 중부 등 5개로 나눈 구획이나 관아를 칭함(역자 주)

형에 따라 좁은 지역에서는 종대로 넓은 지역에서는 횡대로 선다. 소대장 1명, 중위 1명, 소위 2명, 조장(曹長)[34] 1명, 군조(軍曹)[35] 4명, 급양담당관, 말담당관, 취사담당관, 병실담당관, 나팔장이 각 1명, 나팔병이 4명, 의관, 마의관, 계관 각 1명으로 소대의 총인원은 85명이고, 말도 85마리이다.

나. 중대

중대는 2개 소대로 편성되며, 중대장 1명, 급양담당관과 말담당관, 취사담당관, 병실담당관, 나팔장, 의관, 마의관, 계관 각 1명을 구비하여 총 인원이 161명이고, 말은 161마리를 편성한다.

12. 군악대(軍樂隊)의 편성 규칙

근위국과 각 진대에 군악대 1개 제대를 배치하기 위하여 군악대 편성규칙에 따라 미설치 군악대 인원을 우선 마련하여 교도단 내에 편제하여 소속시킨다. 부대의 편성은 곧 군악병 16명을 분대 2열로 중첩하여 전후 각 8명씩 세운다. 군악대장(樂長) 1명, 부군악대장 1명, 악사(樂師)[36]와 악수(樂手)[37]가 각각 12명(합계 24명)으로 편성하며 총 인원은 42명(군악병 16, 군악대장과 부대장, 악사 12, 악수 12)이다. 다만 관병식이나 연회 시에는 훈련에 참가하지 않는다. 전투장소가 만약 군단일 경우 곧바로 여러 악기가 참가하는데 즉 관악기, 타악기 등은 각각의 악기가 내는 소리는 글로 쓸 수 있는데 서양악기의 소리는 한문으로 번역하기가 어렵다.

---

34) 일본군 하사관 계급의 하나. 군조(軍曹)의 위로서 지금의 상사(上士) 계급에 해당한다.
35) 오장(伍長)의 위, 조장(曹長)의 아래로 지금의 중사(中士) 계급에 해당한다.
36) 악사장(樂師長): 음악(音樂)을 가르치고 연주(演奏)하는 일을 맡았음
37) 군악수(軍樂手): 군악대(軍樂隊)에서 군악(軍樂)을 연주(演奏)하는 사람

13. 군용 통신(電信)

통신부대를 별도로 설치하며 건축은 자체적으로 한다. 본대에 소규모로 편성된 기술병(技手)[38]은 공병부(工部)에 소속한다. 항시 기술업무를 익히고 기계와 기구에 관한 수리(修理) 기술을 익히고, 그 기계와 기구를 다루는 방법과 절차를 숙달한다.

전쟁에 나갈 때를 대비하여 물자의 수송 왕래에 대해 평시에 대규모로 훈련을 실시한다. 건축할 시기에 도로(道路)[39]의 멀고 가까운 상태를 헤아리거나, 혹은 오십 보 혹은 육십 보 간격으로 서로 연결되도록 기둥을 세우는 것이 적절하다. 통신기를 설치하는 것은 적에 대한 정황을 살피기 위한 자산이다. 5병종 즉 보병, 포병, 기병, 공병, 치중병이 보유하고 있는 통신부대는 서로 그 운용방법이 다르지만 실제의 수를 결정하는 것이 합당하다.

14. 나팔 신호(喇叭號)

보통 군대가 전진하고 후퇴할 때에 징과 북(金鼓)[40] 등을 항상 사용하지는 않는다. 다만 나팔을 허리에 휴대하고 있다가 전투 활동시 활발하게 팔다리와 몸을 유연하게 하기 위한 것이다. 각 병종의 보행속도는 음성으로 짧고 힘차게 구령해야 한다.

각 병사를 차렷시키고자 할 때는 소리를 길게 늘려 구령한다. 각 병사의 전투 활동을 재촉하기 위해 나팔을 분다. 각 병사의 신속한 행동이

---

38) 기사(技師) 아래 속하던 기술 관리의 하나로 여기서는 전신기수(電信技手); 기사(技師)는 관청(官廳)이나 회사 등에서 전문지식을 요하는 특별한 기술업무를 맡아보는 사람

39) 본래 로(路)는 수레의 길이 3개, 도(道)는 수레의 길이 2개 넓이의 길. 1궤(軌: 수레 두 바퀴 사이의 간격)는 8자(尺)이니 로(路)는 24자(7.2미터), 도(道)는 16자(4.8미터)의 넓이. 전국한자교육추진총연합회, 『월간 한글+漢字문화』(2019년 7월호), p.95.

40) 금고(金鼓)는 군중(軍中)에서 지휘하는 신호로 사용하던 징과 북으로 전진할 때는 북을 치며 후퇴할 때는 징을 친다.(역자 주)

필요할 때는 한 군데로 집결시킨다. 또 기병 및 포병 전투부대가 승마하거나 말에서 내릴 필요가 있을 때에는 일부러 사격을 하거나 사격을 중지하기 위한 곡조의 나팔을 분다. 관아(衙門) 안쪽으로 몸을 돌릴 경우는 한 사람만이 나팔을 분다. 순서대로 식사를 교대하고자 할 경우에는 종대로 행진하여 선두부대의 앞에 위치하고, 횡대로 행진하여 후방에 위치한다. 측면으로 행진시 사각형태의 진(方陣)으로 먼저 나아갈 경우 그 3가지 곡을 조절하여 한 번은 길게, 두 번은 짧게 한다.

갓끈을 어깨에 매다는 것은 편하게 사용기 위한 것이고, 또한 총검을 갖춘 상태로 나팔을 사용할 때에는 총을 내려 배낭(背囊)의 상단에 위치시킨다. 서양의 방식 이후 군악대가 생겼다. 임시 진지의 경우는 군단(軍團)측에서 군악대를 가지고 있는 것과 같이 단지 나팔만을 사용한다.

15. 작은 피리 신호(小笛號)

행군시 조용히 명령을 내리는 것이 옳기 때문에 근본은 빈 소리를 내지 않도록 해야 한다. 행군시 중대장은 다음과 같이 사전에 정한 것을 지켜야 한다. 즉 '아무개 소리는 어떤 것을 의미한다.'는 약속된 소리를 분별하여 적으로 하여금 아군의 명령을 알지 못하도록 한다. 그 통제는 길게 두 마디(寸), 위의 원(圓)을 표시하는 경우는 작은 피리를 2분 동안 불고, 아래 원(圓)을 표시하는 경우는 5분 내외 동안 피리를 분다. 피리의 각 구멍은 중간 이상 높은 바람소리를 낸다. 이 넓고 밝은 소리는 8리 내지 9리(里)[41] 정도에서 들을 수 있다. 낮은 피리소리는 마치 종소리(鏞[42])와 같이 그 차이가 미미한 정도이다.

41) 1리(里)는 약 0.4킬로미터

42) 원문에는 구(口) + 庸(용)의 합자로 표기하고 있으나, 문맥상 鏞(종 용) 자가 맞을 것으로 본다.(역자 주)

16. 군기의 편성(旗制)

보병 제1대대의 기(旗)는 산 글자 모양으로 백색 바탕에 중앙은 붉은 색이다. 제2대대의 기는 산 글자 모양으로 백색 바탕에 위는 붉은 색이고 아래는 검은색으로 짝을 이룬다. 제3대대의 기는 역시 산 글자 모양으로 백색 바탕에 상하는 붉은 색, 중간은 흑색으로 3등분이 되어 있다. 기의 길이와 폭은 각 1자(尺) 크기로 만들며, 기의 자루(旗桿[43])은 2자로 하고 상하로 창과 가래(槍錇)[44]를 사용하지 않는다.

제2제대 급양(給養)은 부대를 표시하기 위해 혹은 선로(線路)를 정돈하기 위해 가래를 총구에 건다. 연대의 기(旗)는 백색 바탕으로 중앙원에 붉은 색의 점 4개를 모두 동일하게 사방(四正)[45]으로 유지한다. 각각 붉은 색을 3회 그리면 통상 합계가 16획이 된다. 이와 같은 방식으로 연대 기의 길이와 폭은 2자(尺)가 되고, 기의 자루는 5자가 되며 아래에는 가래(錇)가 있고 위에는 창이 없다. 소위(少尉) 1명을 별도로 정하여 연대의 기수(旗手)로 세운다. 제2대대 제2중대의 좌 측방은 연대의 임무와 함께 이름과 기호를 표시토록 한다. 1개 연대의 사무는 근위국과 6진대와 동일한 방식이다.

진대 기병의 기는 순홍색으로 폭의 길이와 폭은 1자이고 기의 자루는 3자이다. 위에는 창이 없고 아래에는 가래를 사용한다. 기병의 신병 훈련 시에는 훈련 장소에 기를 꽂아서 합동훈련(合操)과 구분한다. 각 병은 즉시 하사 중에서 기수 1명을 정하여 내보낸다. 기를 손에 쥐고 말을 타는 것은 기병의 번호를 표시하는 것으로 소대, 중대, 대대가 동일하다. 근위 기병의 기폭(旗幅)은 2자, 기의 길이는 4자이다. 바탕은 위에는 붉은 색이고 아래는 흰색이다. 붉은색과 흰색이 서로 요철(凹凸)을 만들어 산 글자 모양과 같다. 흰색이 세 개의 모서리이며, 붉은 색은 두 개의 모서리이고 가장자리(半稜)는 붙인다. 기의 자루 상하 끄트머리에는 제비꼬리

43) 간(桿)은 간(杆)의 속자(俗子)임

44) 원문에는 金+倉의 합자로 표기하고 있음(역자 주)

45) 사정(四正)은 자(子), 오(午), 묘(卯), 유(酉)의 네 방위로 동서남북을 뜻함(역자 주)

를 만든다. 기의 자루 길이는 상부의 창과 하부의 가래까지 5자이다.

각 병사는 기를 잡고 승마하고, 검을 패용하지만 소총은 휴대하지 않는다. 단독 연습 시에는 훈련장에 기를 꽂아서 합동훈련과는 구분한다. 귀인을 모시고 지킬 때에도 손으로 기를 잡는다. 포병과 공병 및 치중병의 기는 백색을 바탕으로 하여 붉은 색의 원에 직경이 3마디(寸) 길이의 한 점이다. 중앙 좌우로 가로질러 둥근 점 아래의 두 끝에 이른다. 그 방식은 길이와 넓이가 1자이고, 기의 자루는 2자이며, 상하의 창과 가래는 사용하지 않는다. 통상 훈련을 할 때에는 수레의 뒤쪽에 꽂아 소대, 중대, 대대 등 부대를 표시한다. 근위국의 포병과 공병도 이에 준한다.

17. 휘장(徽章)[46]

보통 각 병사의 옷 위에는 흉장을 단다. 정복(正服)[47]을 착용할 때 다섯 번 횡으로 장식한 융단의 색상은 보병의 경우는 붉은 색이고, 기병은 청색, 포병은 황색, 공병은 백색, 치중병은 자주색이다. 정복을 착용할 때에는 정모(正帽)[48]를 착용한다. 가죽으로 만든 모자는 고운 비단으로 만든 투구(冑)와 같다. 창 위에 백색의 말갈기 털을 묶어 아래로 드리운다.

18. 기계(器械)[49]

사관만이 쇠로 만든 칼집(劍鞘)을 찬다. 하사관은 각 병사에게 검을

---

46) 휘장(徽章)은 신분, 직무, 명예를 나타내기 위해 옷이나 모자에 붙이는 표장(標章)이며, 약장(略章)은 훈장(勳章), 기장, 문장(文章) 따위의 약식으로 된 휘장임(역자 주)

47) 정복(正服)은 의식을 할 때 입는 정식의 복장을 말함(역자 주)

48) 정모(正帽)는 정복 착용시 갖추어 쓰는 모자임(역자 주)

49) 기계(器械)는 무기 및 장비를 의미(역자 주)

차고 총을 지니도록 하여 총에 검을 꽂아 장식하게 한다. 사격을 할 때에는 검을 풀어서 칼집에 넣는다. 가죽으로 만든 총검용 칼집도 이와 동일하다. 이런 방식으로 기병은 검을 차고, 검을 꽂지 않은 짧은 총을 휴대하여 사용한다. 보병, 포병, 공병, 치중병 모두 배낭(背囊)을 갖춘다. 기병은 말안장을 매달고 통(筒)을 받아서 배낭과 동일하게 각자가 갖추도록 비용을 지출한다.

19. 개인 배낭(背囊)

옷가지는 베로 곱게 짠 자루(布袋絨)에 넣는다. 쇄모자(刷毛子)[50] 1개, 마쇄모자(磨刷毛子)[51] 1개, 화쇄모자(靴刷毛子)[52] 1개, 검게 칠하는 도구(塗墨器) 1개(具), 습식 연마용 숫돌(磨汴)[53]과 연지통(煉脂)[54] 1개, 쇠로 만든 2종류의 꽂을대, 가위(剪刀) 1개와 실을 감는 실패(線牌) 1개를 부드러운 가죽으로 만들어진 제비 입 모양의 자루 속에 넣는다. 바늘(針) 1개와 송곳(錐) 1개는 자루의 위 부분에다 잘 끼워서 넣어 둔다. 머리 참빗(眞梳) 1개, 물건을 물려서 고정하는 도구(萬力) 1개, 총 분해용 도구(銃螺絲針) 1개, 자루제작용 나무궤짝(木櫃)은 위 아래로 구분하여 의류대[55]로부터 제비 입모양의 자루(燕口袋)는 함께 자루의 아래쪽에 넣는다. 이어 사용할 탄환을 배낭의 위쪽에 넣는다.

(제1책 제1권 끝)

50) 옷의 먼지를 털어내는 용도(拂衣所用)임. 쇄모기(刷毛機)는 원통에 털이나 나무의 섬유를 붙여서 직물에 묻은 먼지를 털고 또 보풀을 세우거나 누이고 또는 광택이 나게 하는 기계를 말함

51) 옷의 이물질을 씻어내는 용도(濯衣所用)임

52) 옷의 먼지나 이물질을 씻어내기 위한 가죽모자(兼刷革具)임

53) 汴: 땅의 이름 변, 물 이름 판. 擯垢(빈구): 물때를 없앰(擯 물리칠 빈, 垢 티끌 구)

54) 동결방지용 기름(凍油)

55) 군대 따위에서 옷을 나르는 용도로 사용하는 큰 가방이나 자루(衣類袋; duffle bag)

보병 훈련교범 도설 및 도식

(제1책 제2권)

Ⅱ

보병 훈련교범 도설 및 도식

1. 보병 훈련교범 도설(圖說)

가. 보병중대

◗ 제1항(독립소대도)[56]

보병중대의 훈련교범(中隊操典)[57]은 모든 제대, 즉 독립중대 혹은 대대에 예속된 모든 중대를 위한 것으로, 중대의 훈련교범에는 중대의 전투기술과 방법에 관한 동작 및 교수법에 관한 내용을 수록하고 있다.

보병소대는 보병중대의 일부로 설치되므로 소대에 관한 교육을 충분히 해야 한다. 다음에서 보듯이 소대와 중대의 목표는 교수의 규칙을 충족해야 한다. 단, 표시한 층(소대 혹은 중대)의 숫자가 대략 3백보나 4백보 정도로 광활한 지역을 행진할 때에는 즉시 잘못된 보행 속도를 바꾸어야 한다. 가까운 지역에 바위, 가옥, 나무, 수풀이 보이면 형편에 따라 이어서 행진하기 위하여 20~30보의 간격에 선정한 길을 표시해 두고 세로 · 가로 · 돌아 · 굽어 가기, 빗겨 · 옆으로 · 정면으로 · 곧바로 가기(縱 · 橫 · 轉 · 曲 · 斜 · 側 · 正 · 直) 등 지면의 상태에 따라서 한 가지 방법을 따른다. 이것은 길은 안내하는 사람인 향도(嚮導)가 귀담아야 할 주의사항으로서 이 그림(보병훈련교범 도식 제1도, 즉 〈그림 2-1〉 독립소대도: 역자 주)에

---

56) 제1항부터 제15항까지의 각 항의 제목은 '보병 훈련교범 도식'의 각 항의 제목과 같이 독자의 이해를 돕기 위해 역자가 괄호 안에 추가한 것임. 즉 원문에서는 '제1항'으로 표기하고 있는데, 이를 '제1항(독립소대도)'과 같이 각 항별로 제목을 명기하였음(역자 주)

57) 조(操)는 '훈련하다'는 의미로 조련(操鍊)은 교련(敎鍊) 혹은 훈련(訓練)과 같은 의미이다. 따라서 조전(操典)은 '훈련교범'을 말함(역자 주)

포함되어 있다. 행진소대장은 먼저 도달하여 각 병사의 전방에서 큰 목소리로 지정된 방향(目標)으로 직행하도록 명령을 내리고 목적지에서 돌아선다. 이것이 선로(線路)의 끝부분이다. 다시 명령을 내려 우반소대장은 곧바로 나아가 소대의 중앙 뒤편 8보에 도달하여 제대 전체의 보행속도가 잘 맞는지를 주의 깊게 지켜본다. 좌반소대장은 제2열의 후방 4보 거리 지점의 압오열(押伍列)에 위치하여 다시 도달하고자 하는 제2의 목표로 나아가는데 이때 역시 앞에서 설명한 행진 규칙을 따르면 된다.(〈그림 2-1〉 독립소대도 설명 내용을 참조: 역자 주)

◗ 제2항(중대 횡대도)

중대라는 것은 4개의 소대가 합쳐진 제대를 말한다. 전령은 본래 소대원 중에서 2명으로 충당하며, 분대에서는 차출하지 않는다. 제1도(보병훈련교범 도식 제1도, 즉 〈그림2-1〉 독립소대도: 역자 주)에서 보듯이 홀수와 짝수의 지정된 목적지(信地)[58]는 교대로 섞여 있다. 분대장은 1개 분대의 군사적 임무를 전적으로 책임지고 관리한다.

전령은 1개 소대의 사역, 즉 소대로부터 중대에 이르기까지의 일에 대해 임무를 나누어 맡아 처리한 후 비로소 본진에 합류시키게 되므로 전령의 임무를 맡게 되는 병사는 자격을 잘 구비하도록 한다. 부중대장에게는 급양관과 취사관, 나팔병 8명을 부여한다.

편제의 총 인원은 184명이다. 이 중 사관은 5명, 하사관은 19명, 병이 160명이다. 하사관 19명에는 예비(挨次) 하사관[59] 8명 포함되어 있다. 분대내의 나팔병은 분대의 실제 숫자 외에 별도로 둔다. 중대장, 소대장, 부중대장만이 검을 차고, 그 외의 병사는 총검과 적에 대응할 것을 구비하는데 총검의 사용과 장전, 신속한 사격 방법을 포함한다. 목적지에 있는 나팔 병은 그림(제1도)에서 보듯이 차출하지 않는다. 제4소대 중앙 후방 압오열은 그림과 같다.(〈그림 2-2〉 중대횡대도 설명 내용을 참조할 것: 역자 주)

---

58) 신지(信地)는 정해진 위치로 이동하고자 하는 목적지임(역자 주)

59) 애차(挨次) 하사관은 곧 하사관이 될 예정자임(역자 주)

◗ 제3항(중대 일렬횡대도: 排開 橫隊圖)

횡열내 편제의 기본은 훈련장소 내에서 약속된 행진이다. 2개의 층(層)은 각 병사로 하여금 일렬로 차례차례 사다리꼴 형태의 전투대형 편성 요령을 익히도록 한다. 중대장은 중대의 후방에 먼저 옮겨 가 서 있으면서 각 소대로 하여금 목표를 따라 직진하는 형세의 운동을 실시한다. 만약 앞으로 나아가다가 비스듬하게 가거나 혹은 뒤로 물러나거나, 무릎을 꿇고 엎드리게 되어 병사가 행진간 방향 변환을 정지하거나 혹은 좌우로 연속하여 변하거나, 측면으로 가다가 정면을 향하거나 혹은 지휘명령에 따라 날개 측에 대하여 축을 중심으로 돌거나 하는 것들이 행진간 대형의 양쪽에 모두 영향을 미치게 된다. 회전축에서는 잠깐 그 걸음을 길게 한다. 걸음을 짧게 하여 좌우방향으로 연달아 바꿀 경우에는 향도가 1자 길이의 지점에 위치하고, 활모양의 날개에 대해 선회할 경우에는 향도가 2자 길이의 지점에 위치하여 실시한다.(〈그림 2-3〉 중대 일렬횡대도 설명내용을 참조할 것: 역자 주)

◗ 제4항(횡대에서 종대로 변환)

한 방향으로 행군을 하다가 갑자기 적을 만날 경우, 이에 따라 진영을 벌리는 것은 군대의 당연한 이치이다. 만약 적이 전방의 좁은 길 전면에 있다면 즉시 수평으로 나란히 서 있는 병사로 하여금 머물고 있는 자리의 형태를 층층이 겹치도록 분할하여 뜻한 바대로 순조롭게 부대를 횡대에서 종대로 변환한다.[60] 제2소대와 제1소대가 제1소대와 제2소대로 빠르게 변환한다.[61] 제3소대와 제4소대가 차례로 발자국을 따라 움직인다.

제1소대는 처음 아래로 온 다음 첫 번째 홀수와 짝수가 먼저 아래로 한 걸음 디딘 다음 몸을 좌로 돌린다. 틈새에 꽃을 꽂는 것과 같은 방법

60) 이것은 마치 물의 근원이 땅에 있어서 물의 흐름을 땅이 제어하듯이(若水之二五因地) 부대를 횡대에서 종대로 변환하는 것이다. 원문에서 '二五'는 음양(陰陽)과 오행(五行)을 통틀어 이르는 말로 이는 곧 만사형통(萬事亨通)하도록 한다는 것(역자 주)

61) 즉 제2소대는 제자리에서 제1소대가 되고, 제1소대가 제2소대가 된다는 것임(역자 주)

인 간화법(間花法)으로 위와 아래 번호의 홀수병사는 또 한 걸음을 빗겨 걸어서 짝수 병사의 위치에 선다. 좌우를 바꾸어 4열로 홀수와 짝수 병사를 짝을 지어 세운다. 5층(層)은 좌로 비스듬히 다시 돌고 우로 비스듬하게 3번째로 거듭하여 돈다. 4열 5층으로 직행하여 제2층의 목적지에 비스듬하게 위로 도착할 때 최초 아래로 내려올 때의 방법인 간화법으로 홀수와 짝수가 열을 나누어 선다. 목적지에서 제1소대의 거리와 간격은 정면으로 6보를 부여한다.

제3소대는 제1소대를 모방하여 아래로 도는데 다만 우에서 좌로 도는 것은 동일하지 않다. 제3소대장과 제4소대장은 본래 후방에 위치하는데 아래로 돌 때 반소대장은 잠깐 분대장의 뒤에 위치하여 소대장의 향도가 앞으로 이동시 통로를 돌아서 목적지에 옮겨 서 있게 된다.

통상 줄은 간화법을 사용하여 종에서 횡으로 행진한다. 예로 나팔수는 신속한 위치전환이 요구될 때 실시한다. 각 소대는 오와 열의 움직임을 누른 후에 비로소 새로운 정면에 나타난 적에 대해 사격을 개시한다. 전투시 행군 역시 이와 동일하다. 평평하고 넓은 지역에서 종대로 열을 지은 후에 만약 사방에서 적과 마주치게 될 경우, 중대장은 신속하게 위치를 전환하도록 나팔수에게 특별히 명령을 내리면 즉시 제2소대는 우측으로 몸을 돌리고, 제3소대는 좌측으로 몸을 돌려 일시에 사각형 모양의 대열(方陣)을 변환한다. 또 혹시 횡대로 방진을 바꾸면 곧 제1소대는 몸을 좌측 아래로 돌려 우측 소대가 되고, 제2소대는 새로운 목적지에 위치하여 전방 소대(즉 제1소대: 역자 주)가 된다.

제3소대는 우측 아래로 몸을 돌려 좌측 소대가 된다. 제4소대는 우측 아래로 몸을 돌려 후방 소대가 되어 사각형 모양의 대열을 이루어 총검 사격을 편하게 한다. 이것이 바로 임기응변[62]의 이치이다. 그러므로 사각형 모양의 대열을 이루는 방법은 비록 그림에는 나타내지 않을지라도 가로와 세로에 있어서 둥근 대형(圓陣)이 되지 않는다. 거의 방진에 가깝게 함으로

62) 원문의 수기응변(隨機應變)은 곧 임기응변(臨機應變)과 같은 말로 그때그때 처한 뜻밖의 일을 재빨리 그 자리에서 알맞게 대처하는 것을 의미함(역자 주)

써 사격을 할 때 조금도 방해가 없도록 한다. 중대장은 사방을 지휘하는데 대응할 수 있도록 방진에 위치하여 곧바로 중앙의 안쪽으로 옮겨 선다.(〈그림 2-4〉 횡대에서 종대로의 변환도 설명 내용을 참조할 것: 역자 주)

◗ 제5항(횡대에서 2열 중복종대로 변환)

적이 정면에 있을 때에는 곧바로 횡대로 있는 병사는 2개의 층으로 변환하여 정면을 향한다. 앞뒤로 적을 마주치게 되면 곧바로 아래의 층은 뒤로 돌아서서 적을 향한다. 중대장은 2개의 층 중앙에 위치한다.(〈그림 2-5〉 횡대에서 2열(層) 중복종대로의 변환도 설명 내용을 참조할 것: 역자 주)

◗ 제6항(2열 종대에서 4열 종대로 변환)

군사를 훈련할 때 좌로 혹은 우로 또는 횡으로 종으로 나누었다가 합치는 것을 가르친다. 좌측이 빠르면 곧 우측을 당기고, 우측이 빠르면 좌측을 당긴다. 즉 머리(앞)를 쳐서 곧 꼬리(뒤)가 되게 하고 꼬리를 쳐서 곧 머리가 되게 하여 뒤섞여 어수선하지 않도록 평시에 체조(體操)를 통한 체력단련을 열심히 하도록 한다. 그러므로 〈제5도〉보다 〈제6도〉에서 좌우의 2개 층의 뒤쪽(즉 제2소대와 제4소대: 역자 주)이 앞쪽 우에서 좌로 있는 적을 향한다. 2개의 층(즉 제2소대와 제4소대: 역자 주)이 빠르게 내려와 뒤를 당겨 채우는 계획이다.(〈그림 2-6〉 2열(層)종대에서 4열종대로 변환도 설명 내용을 참조할 것: 역자 주)

◗ 제7항(4열 종대에서 2열 종대로 분열)

적이 먼저 전면의 우측을 보면 아군은 뒤를 당겨서 다시 전면의 좌측을 향한다. 또한 2개의 소대를 뒤로 당겨서 〈제6도〉의 제3소대와 제4소대의 원래 위치로 돌아오게 하여 함께 공격을 할 수 있도록 좌우로 2개의 층(2층 종대: 역자 주)으로 나누어 선다.(〈그림 2-7〉 4열 종대에서 2열(層) 종대로의 분열도 설명 내용을 참조할 것: 역자 주)

◗ 제8항(중대종대에서 중대횡대로 변환)

적이 평평하고 넓은 전면의 길 위에 있어서 곧바로 4층 종대에서 좌우로 일렬횡대로 변환할 경우, 우선 각 병사는 정돈을 할 필요가 있다. 그러므로 향도(嚮導)와 같은 걸음의 속도로 향도가 가는 길을 뒤따라 정밀하게 직행한다.(〈그림 2-8〉 중대종대에서 중대횡대로의 변환도 설명 내용을 참조할 것: 역자 주)

◗ 제9항(중대종대가 우측으로 돌아 중대종대로 방향 변환)

대형을 우측 방향으로 옮길 때 중대장은 우선 그 목적지의 위치를 정해야 한다. 그러면 각 소대장은 지면의 모양을 고려하여 '옆으로 비껴 가(横斜)'를 먼저 구령한다. 각 오의 우측면은 머리를 가지런히 정돈한 후 제1소대가 걸음을 옮겨 축을 중심으로 돌아 정해진 목적지에 이를 때, 우반소대장은 현재의 위치에서 즉시 정해진 목적지로 걸음을 옮겨 몸을 돌려 정면을 향한다. 제2·3·4소대의 향도는 축을 중심으로 돌아 정해진 목적지에 도달한다. 각 병사는 즉시 몸을 돌려 4층 종대로 방향을 변환한다. 소대간 서로 6보의 거리를 띄운다.(〈그림 2-9〉 중대종대의 우측으로 돌아 중대종대로의 변환도 설명 내용을 참조할 것: 역자 주)

◗ 제10항(중대종대의 좌측으로 돌아 중대종대로 방향 변환)

〈제9도〉의 우로 돌아 변환으로부터 〈제10도〉 좌로 돌아 변환을 변형하여 만드는데 휘어서 돌기 위해 개인 간의 거리는 아주 조금만 띄운다. 그러므로 먼저 처음 도는 지점을 제1목적지로 한다. 각 병사로 하여금 도착 후 가지런히 정돈을 한 후 또다시 두 번째로 도는 지점을 제1목적지로 설정하여 목적지의 대형으로 옮기도록 한다. 이 중간에 서 있는 지점은 자유롭게 설정한다.

각 소대장은 각 오의 정돈선의 앞으로 가서 그 행진이 대략 활처럼 굽은 형태로 평행하도록 집중하여 지휘한다. 행진의 날개 측에 위치한 중대장은 걸음걸이(步法)를 지도하여 좌측은 넓게 우측은 좁게 함으로써 둥근 고리형태를 그리면서 움직이도록 이끈다. 소대로 하여금 무엇보다도 행진을 쉽게 할 수 있게 집중하도록 한다. 제1소대는 곧바로 움직여 축을 중심으로 돌아 한 번은 늘리고 한 번은 좁혀가면서 회전하는 면에 도달한다.

제2·3·4소대는 제1소대의 보법에 준하고 그 다음 향도가 정지 또는 정돈하는 것에 따라 행진하고 명령에 의해 방향변환을 실시한다. 둥근 모양으로 종대를 편성한 후 그 다음 두 번째 회전은 처음과 같은 방법으로 한다. 축차적으로 행진하여 목적지에 이르면 정면으로 종대를 유지한다. 각 소대는 6보 간격을 띄우고 정돈할 위치를 정하여 행진시 대검을 총 위에 꽂게 되므로 정돈 후에는 대검을 풀고 총은 적을 향한다.(〈그림 2-10〉 중대종대에서 좌측으로 돌아 중대종대로의 변환도 설명 내용을 참조할 것: 역자 주)

◗ 제11항(중대횡대에서 좌측으로 돌아 중대종대로 변환)

〈제4도: 그림 2-4〉는 중대의 횡대를 곧바로 내려가면서 중대의 종대로 변환한 것이다. 이 중대의 횡에서 종으로 변환은 좌로 돌아 방향변환을 한다. 중대장은 좌로 돌도록 소대장에게 명령하여 목표를 손가락으로 가리킨다. 그러면 즉시 소대장은 사선 방향으로 나아가 정돈을 감시하고 그 다음 이어서 우반소대장에게 명령한다. 우반소대장은 현 위치에서 즉시 목적지로 이동하여 선다.

제1분대의 제1,2번 홀수와 짝수 병사는 그 자리에서 즉시 좌로 몸을 돌려 목적지 정면에 선다. 제3,4번 홀수와 짝수 병사는 걷는 속도(步度)[63] 에 차이를 둔다. 좌반소대 제4분대 맨 끝의 짝수 병사는 활시위 모양으로 열어서 표준에 인접한 병사의 걷는 속도에 주의한다. 이어서 비늘모양의 측면으로 비스듬히 행진을 하여 제1소대가 변환하는 방면의 목적지에 도달한다. 제2·3·4소대는 제1소대의 운동법에 따라 차례대로 행진하여 목적지에 도달하여 방향을 변환한다.(〈그림 2-11〉 중대횡대에서 좌측으

63) 사람이나 말이 행군할 때, 보폭, 보속, 보조 등 걸음의 빠르기와 폭의 기준(역자 주)

로 돌아 중대종대로 변환도와 〈그림 2-4〉 횡대에서 종대로의 변환도 설명 내용을 참조할 것: 역자 주)

◗ 제12항(중대종대에서 우측으로 돌아 중대횡대로 변환)

〈제8도〉는 아래층으로부터 위층으로 종에서 횡으로 변환하는 것이다. 이 중대의 변환은 종대에서 횡대로 벌려 활시위처럼 나아가는 것이다. 횡대의 목적지에 주의하여 중앙의 표시선(標線)에 도착한다.

각 병사는 비늘 모양을 따라 행진하여 한 무리는 향도 우측으로 돈다. 기타 운동의 행진속도는 비록 〈제11도식〉과 서로 같을 지라도 방향 변환의 규칙을 따른다. 목적지에 도착한 각 소대는 앞뒤 면을 일렬로 벌려 일제히 나아간다. 이어서 그때그때의 형편에 따라 기회를 보아 행진을 할 경우 독립적인 이 중대는 도상(途上)에 별도로 있게 된다.

종대의 열중에 있는 병사는 각자의 임의적 판단에 따라 침묵하고 어깨에 총을 걸어 메고 동일한 속도로 스스로 걸음을 옮긴다. 제2열에 있는 병사는 비로소 자신의 걸음속도를 줄여서 오(伍)의 선두와 약 69센티미터(二尺三寸)[64] 간격을 띄우거나 혹은 신병훈련교범(生兵操典)의 사례처럼 총을 배낭의 옆에다 매달거나 혹은 오른쪽 어깨에 총을 메고 걸음의 속도를 맞추고 열(列) 간의 거리를 39센티미터(一尺三寸)로 간격을 좁혀 걸음의 속도를 줄인다. 다시 길 걸음을 취하고 지휘에 따르는 것은 도식하여 기재하지 않는다.(〈그림 2-12〉 중대종대에서 우측으로 돌아 중대횡대로 변환도와 〈그림 2-8〉 중대종대에서 중대횡대로의 변환도 설명 내용을 참조할 것: 역자 주)

◗ 제13항(중대 4열 종대에서 8열 종대로 변환)

가는 도중 도로가 전방이 좁아지는 곳에 다다르면, 각 소대는 8개의 반소대로 분해하여 종대를 이룬다. 이처럼 특별한 때에는 사다리꼴 모양의 대형을 만드는 방법을 활용한다. 소대장은 선두에서 반소대의 길을

64) 1척(一尺)은 30센티미터, 1촌(一寸)은 3센티미터로 2척 3촌은 약 69센티미터(역자 주)

인도할 때 우측의 2보 지점에 위치하여 감시하는 것이 일반적이다. 반소대장은 먼저 이동하여 반소대의 우측 중앙 앞에 위치한다.

제1반소대장은 목표지점에 준하여 곧바로 길을 인도한다. 제1분대와 제2분대의 병사들은 제2반소대가 이동하여 위치할 지점을 헤아려 그 공간을 지나 연속적으로 곧바르게 행진하여 첫 번째 목적지인 제1층에 도달한다. 이때 제1반소대장은 이동하여 제1분대의 우측에 선다. 제2반소대장은 제1반소대의 발걸음을 자세히 보면서 제2층 지점의 뒤쪽 목표지점에 준하여 비스듬하게 길을 인도한다. 제3분대와 제4분대의 병사들은 몸을 좌측으로 돌려서 빗겨 행진을 하여 목적지인 제2층에 도달한 다음 우측으로 돌아선다. 이때 제2반소대장은 이동하여 제3분대의 우측에 선다.

제3·4·5·6·7·8반소대장은 이와 같은 방법을 좇아 빗겨 행진을 하여 연속적으로 움직여 각각의 목적지로 나아간다. 만약 도로가 점점 더 좁아지는 곳에 이르면 즉시 1개 분대를 4열 혹은 2열의 종대로 편성한다.(〈그림 2-13〉 중대 4열 종대에서 중대 8열 종대 변환도 설명 내용을 참조할 것: 역자 주)

▶ 제14항(중대 8열 종대에서 4열 종대로 변환)

좁은 길을 행군하다가 다시 전방이 넓은 곳에 이르면, 중대를 4층 종대로 만들기 위해 곧바로 소대장은 각각 차지할 위치로 나아간다. 제1층 소대장은 제2반소대장으로 하여금 각 병사를 측면으로 비스듬하게 행진하게 하여 제1층의 우측 변에 이르도록 하여 제1소대를 편성한다. 제4·5·6·7·8반소대는 차례차례 축차적으로 행진하여 등거리 종대로 합쳐 좌우반소대로 변환하여 선다.[65]

갑자기 기병이 사방에서 돌격을 당하면 나팔병은 신속하게 위치를 바꾸고 즉시 제2소대는 우측으로 돌고, 제3소대는 좌측으로 돈다. 제1소대와 제4소대는 좌우로 공간을 이격하고 모두 바깥을 향하여 네모형태의

65) 즉 제4반소대는 제2소대로 합성, 제6반소대는 제3소대로 합성, 제8반소대는 제4소대로 합성하여 선다.(역자 주)

대형(四方陣)을 취한다. 중대장, 소대장, 하사와 나팔병은 부대의 안쪽으로 들어오고 모든 병사는 심혈을 기울여 침착하게 총을 사용하여 일제히 사격을 하여 기병을 방어하고 적을 격퇴한다. 그 후에는 제2소대와 제3소대는 다시목적지 편성 전의 종대대형으로 복귀한다.(〈그림 2-14〉 중대 8열 종대에서 중대 4열 종대로 변환도 설명 내용을 참조할 것: 역자 주)

◗ 제15항(중대 전투배치도)

산길에서 경계부대를 우연히 만나면 우선적으로 제1소대가 전투를 한다. 제1소대는 부대를 산개하여 소대 내에서 우선 몇 개의 오(4~5명)를 수색병으로 전방의 길목에 파견하여 병사들을 산과 계곡에 벌여놓아 조준사격을 행한다. 또한 제2소대를 파견하여 병력을 증강하고 좌우로 반소대를 나눈 다음 절벽(斷崖)에 줄지어 도착시켜 배치하고 삼림에 겹겹이 숨게 하여 전투의 기세에 따라 전투를 보조한다. 제3소대는 마을부락에 의탁하면서 제2층(즉 제2소대: 역자 주)을 지원한다.

이 1개 중대가 독립전투를 하는 요령은 대대가 전투를 할 때 예하 중대에 부여하는 통제와 동일하다. 대대가 행군을 할 경우 제1중대의 제1소대 우반소대의 제1분대 6명은 비스듬하게 행진을 하고 좌우의 각 3명이 첨병(尖兵)이 되어 1명은 전방에 위치하고 잔여 첨병은 제1층(즉 제1소대: 역자 주) 지점의 우반소대 제2분대가 된다. 좌반소대의 제3분대와 제4분대는 종대를 이루어 첨병의 전위(前衛)[66]가 되어 제2층(즉 제2소대: 역자 주) 지역에 위치한다. 제2·3·4소대는 종대를 이루어 제3층에 위치한 부대의 전위가 되며, 제2·3·4중대는 종대를 이루어 지휘부의 전위가 되어 제4층 지역에 위치한다. 중대 행군의 조절통제 역시 이 사례와 동일하다. 연대가 행군을 하게 되면 즉시 제1대대의 제2·3·4중대는 종대를 이루어 전위부대가 되며, 제1중대의 제2·3·4소대는 종대를 이루어 전위첨병이 된다. 제1소대는 첨병의 목적지에 위치하여 측방으로 첨병을

66) 전위(前衛)부대는 부대이동 시 중단 없는 전진을 보장하기 위하여 본대의 맨 앞에서 경계 및 수색 임무와 아울러 진로를 방해하는 장애물을 제거하는 임무를 맡은 부대임

파견한다.

제2·3·4대대는 양층 종대(즉 중복종대: 역자 주)를 이루어 지휘부대의 전위부대가 된다. 또한 1개 중대의 행군이 정지를 할 경우에는 즉시 좌우측로 제1소대와 제2소대를 나누어 벌려서 좌우의 소초(小哨)가 된다. 각 소초는 목적지 내로 1개 분대를 파견하여 전방으로 분산 배치하여 보초(步哨)[67]가 된다. 제3소대와 제4소대는 뒤에 위치하여 2개의 층을 만들어 대초(大哨)가 된다. 대초 내로 1개 분대를 좁은 길목에 파견하여 분견초(分遣哨)를 이룬다. 나팔수는 대초 내에 위치한다. 대대의 정지 또한 이와 동일하다. 연대가 정지할 경우 즉시 제1대대를 나누어 좌우에 소초를 만든다. 제2대대와 제3대대는 대초가 된다. 좁은 길의 분견초는 곧 대대, 연대도 역시 중대의 경우와 동일하다.

여단, 사단, 군단의 많은 병사가 전투를 할 경우, 행군과 정지의 방법은 곧 통상적인 임시수단과 방법 및 조절하는 방법 면에서 대략 중대의 경우와 서로 비슷하다. 그 증감의 차이는 실제로 존재한다는 점을 깊이 생각하고 그때그때마다 적절히 조치를 해야 한다. 그러므로 이것은 중대의 모든 도식(제1도부터 제15도: 역자 주)에 하나에서부터 만 가지의 뜻이 담겨 있다. 이것으로부터 크고 작음, 많고 적음, 위와 아래, 일의 시작과 끝 등 모든 것을 끊임없이 반복적으로 체득할 수 있다. 제1도의 독립소대라는 것은 그 많은 도식 중에서 아주 작은 일부분에 해당되는 것이며, 이 〈제15도〉에 이르러서야 비로소 작은 것으로부터 큰 것을 미루어 추정할 수가 있으므로 대대, 연대 그리고 3단(즉 여단, 사단, 군단)의 이치에 대해 논할 수 있는 것이다.(〈그림 2-15〉 중대 전투배치도 설명 내용을 참조할 것: 역자 주)

나. 보병대대

◗ 제1항((중대 간격을 없앤) 대대 일렬횡대도)[68]

---

67) 약 100명이 1개의 초(哨)를 이룸(역자 주)

68) 중대 도설과 마찬가지로 독자의 이해를 돕기 위해 대대의 도설 부분도 대대 도식의 항목 표기에 의거하여 역자가 괄호 안에 각 항의 제목을 추가로 명기한 것임(역자 주)

보병대대란 4개의 보병중대가 합쳐진 것을 말한다. 대대의 전투동작의 지휘는 모든 부대의 행동거지를 위한 것이다. 연습의 목적은 전후좌우의 제대를 종대 혹은 횡대의 부대로 세로 혹은 가로로 변환하는 것이다. 이와 함께 군총의 사용과 검을 총에 꽂는 행위 등이 있다. 대대장은 명령을 내리거나 혹은 부하를 잘 교육하여 지도한다.

각 중대장은 많은 병사들을 구분하여 즉시 병사와 막힘없이 통하는 것이 어렵기 때문에 부관과 하부관 중에서 골라 성음(聲音)사관을 별도로 배치한다. 병사 중에서 전령(혹은 표정병[69]) 1~2명을 선정하여 이를 보조하도록 하고 또한 기수 1명을 선정한다. 제2중대의 급양관은 부대의 번호(隊號)[70]를 표시하거나 길을 정돈한다. 그림(제1도)[71]에서 보듯이 평시 훈련시에는 북치는 병사 대신에 불편함을 덜기 위해 나팔수를 대신 사용한다. 혹시 병력이 부족한 경우는 1개 중대를 2개 소대로 간주하여 시행한다. 대대의 실제 총 인원은 757명인데, 이 중에서 사관은 경리관(計官), 군의관(醫官), 부의관 각 1명(합계 3명)이고, 하사관은 문서통제관(書翰官), 경리관, 부속 전령장(鍬兵長), 무기관리관, 서기, 병실관, 간병인, 나팔장 각 1명(합계 8명), 간호병 3명, 총기 수리병 2명, 군복 수선병, 군화 수리병이 각 1명이다. 이상 합계 인원 18명이 편제되며, 평시의 훈련에는 참석하지 않는다.

대대가 합쳐 연대를 이루게 되는데 각 진대(鎭臺)는 3개 대대가 합쳐져서 1개 연대가 되고, 근위(近衛)는 2개 대대가 합쳐져서 1개 연대가 된다. 여단(旅團)은 3개 연대나 2개 연대로 구성하여 여단이 되고, 사단(師團)은 3개 여단이나 2개 여단으로 구성하여 사단이 된다. 군단(軍團)은 3개 사단이나 2개 사단으로 구성하여 군단이 되고, 군단이 모여 2군, 3군 등으로 칭하는 1개의 군(軍)이 된다. 대장, 중장, 소장의 순서는 보병, 기병, 포병, 공병, 치중병과 예비 증원병 및 각 부의 모든 사관과 아울러

---

69) 표정(標定)은 표적물의 위치를 도표 또는 지도 위에 표시하는 일을 뜻함(역자 주)

70) 한 부대의 정식 이름 대신으로 쓰는 부대의 번호나 암호(역자 주)

71) 〈그림 2-16〉 (중대간격 없는) 대대 일렬횡대도(역자 주)

본영에 소속한 인원들을 합하여 차례대로 지휘사령관(司令)이 된다. 다만 여단인 경우에는 오로지 보병의 편제를 사용한다. 근위의 각 부대는 별도로 1개 사단을 편성하는데, 이것은 전시에 편제하는 개략적인 규칙이다. 대대 제1도(배개횡대도)를 시작으로 여기에다 중대 제15도(전투시 중대 배치도)까지를 통틀어 종합해 볼 때 그 연합부대인 여단, 사단, 군단의 3개 집단의 설명은 그 군에 속하는 것으로서 크고 작은 군신의 도리를 말하는 것이다.(〈그림 2-16〉 대대일렬횡대도를 참조할 것: 역자 주)

◗ 제2항(대대횡대도)

횡 열의 4개 중대로서 각 중대는 종대로 변하여 4열 횡대로 합성한다. 각 중대횡대가 종대로 바뀔 때 제2소대는 목적지에 위치하고, 제1소대 좌측면과 제3·4소대 우측면은 중대 제4도(횡대에서 종대로 변환)에서와 동일하게 행진한다. 제2중대는 종대로 변환한 후 새로운 목적지에 위치한다. 제1중대는 종대로 변환한 후 좌측방향으로 나아가고, 제2중대의 우측에 제3·4중대가 종대로 변환한 후 우측 방향으로 나아가. 제2중대의 좌측과는 24보 간격을 유지하고 제4중대가 가지런히 정렬하여 서게 되면 대대장은 중앙에 위치한다.(〈그림 2-17〉 대대횡대도 설명 내용을 참조할 것: 역자 주)

◗ 제3항(대대종대도)

대대 4열 횡대를 1개의 종대로 편성을 한 후 대대장은 측방으로부터 15보 이격한 중앙의 지점에 위치한다. 향도는 일제히 앞으로 나아가고, 제1중대 제1소대는 앞으로 먼저 나아간 향도의 길을 따른다. 그 다음에 제2·3·4소대가 차례차례로 향도가 헤아려 결정한 정면의 목적지로 행진한다. 제2·3·4중대도 축차적으로 종대 대형으로 위치하며, 이때 중대간의 간격은 6보의 거리를 둔다.(〈그림 2-18〉 대대종대도 설명 내용을 참조할 것: 역자 주)

◗ 제4항(대대중복종대도)

대대종대에서 2열의 종대로 변환하는 즉시 대대장은 측방의 선두부대와 10보 지점에 위치한다. 좌우 선점한 부대는 서로 6보의 간격을 이격하여 취하고 향도에게 명령을 내려 차례대로 각각 목적지로 나아간다. 제1중대는 제2중대의 바로 위쪽의 목적지에 위치하고, 제1중대의 끝과 간격은 6보이다. 제3 · 4중대는 좌측으로 향해 앞으로 나아가 좌열의 아래는 다시 축차적으로 바로 위와 합하여 중복종대(重複縱隊)를 이룬다. 하부관은 제2중대의 제4소대의 우측 6보 지점에 위치하여 명령을 내릴 때 보조한다.(〈그림 2-19〉 대대중복종대도 설명 내용을 참조할 것: 역자 주)

◗ 제5항(등거리 종대도)

대대종대는 제3도식(대대종대도)의 규칙과 같다. 서로 다른 점은 제3도식에서는 중대 간 6보의 간격을 유지하지만, 이 대형도에서는 16개 소대가 펼쳐진 상태로 소대간의 간격은 각 2보를 유지한다. 소대의 정면이 서로 연결되는 규칙의 이 등거리 종대 대형은 특별히 야전근무에서 실시한다. 나팔수는 선두부대의 전방 20보에 위치하여 선두에서 행진한다. 각 소대장은 향도와 함께 4보 전방으로 나아간다. 맨 위의 제1중대를 기준하여 제2 · 3 · 4중대도 축차적으로 행진하여 목적지에 이르며 각 소대는 2보 간격을 적절히 유지한다.(〈그림 2-20〉 등거리 종대도 설명 내용을 참조할 것: 역자 주)

◗ 제6항(대대횡대에서 대대종대로 변환)

대대횡대가 대대종대로 변환하면, 소대는 상호 6보의 간격을 이격한다. 제2중대는 새로운 목적지로 이동하여 제1중대가 된다.

제1 · 3 · 4중대는 좌우의 아래로 종대 내 목적지로 돌아들어가는 것은 중대대형의 제4도(횡대에서 종대로 변환)의 규칙과 대략 서로 비슷하지만 좌우 아래로 선으로 표시된 빈 공간이 있는 것이 다르고 또한 제1중대의 전방에 표시된 선이 똑같지 않다. 대략 이 부대의 병사 대부분의 위치는 그러하다. 대대장, 부관, 하부관과 나팔수 등 6명은 이미 제1항에서 제5항에 의거하여 허락했으므로 별도로 도식하지 않는다.(〈그림 2-21〉 대대횡대에서 대대종대로 변환도 설명 내용을 참조할 것: 역자 주)

◗ 제7항(대대횡대에서 대대중복종대로 변환)

대대횡대에서 중복종대 대형으로 다시 편성하는 것은 〈제4도〉와 같다. 차이점은 우선 제2중대가 좌측 표시선에 곧바로 서 있고 양쪽 열이 움직이도록 미리 명령하는 것에 주의하는 것이며, 그 다음은 제3중대가 우측 간격을 6보로 줄여 아래 층 향도의 목적지를 세로에서 가로로 벌렸다가 좁히는 것을 그때그때의 상황에 따라 맞게 하는 것이다. 제2중대가 제1중대로, 제1중대가 제2중대로 바뀌는 명령은 제6도[72]와 동일하다.(〈그림 2-22〉 대대횡대에서 대대중복종대로 변환도 설명 내용을 참조할 것: 역자 주)

◗ 제8항(대대 4열 횡대에서 대대 4층 종대로 변환)

4열 횡대에서 종대로 변환하여 편성할 때 축익(軸翼)으로 돌아 옮기는 규칙은 중대대형 〈제9도〉와 동일하다. 다만 각 제대간의 거리는 26보이며, 제4 · 3 · 2 · 1중대가 제1 · 2 · 3 · 4중대로 변환하여 선다. 이때 변환은 그 상황에 맞게 좌에서 우로 신속하게 움직인다.(〈그림 2-23〉 대대 4열 횡대에서 대대 4층 종대로 변환도 설명 내용을 참조할 것: 역자 주)

◗ 제9항(대대종대에서 대대중복종대로 변환)

대대종대에서 대대중복종대로 변환하여 편성할 때는 제7도(대대횡대에서 대대중복종대로의 변환)의 운동과 같이 맨 앞에 설치하는 중앙의 직선 화살표는 동일함에 유의한다. 제2중대는 바로 위로 향하고, 제3 · 4중대는 좌로 향하다가 다시 직상한다. 이것은 제3도(대대종대도)에서 제4도(대

---

72) 원문에는 제6도로 기재되어 있으나 제7도(대대횡대에서 대대중복종대로 변환)가 맞는 것으로 생각됨(역자 주)

대중복종대도)로 변환하는 것과 동일하다.(〈그림 2-24〉 대대종대에서 대대중복종대로의 변환도 설명 내용을 참조할 것: 역자 주)

▶ 제10항(대대일렬횡대)

4열 대대종대를 대대일렬횡대로 바꾸려면, 먼저 선로 상에 화살표로 구분하고 아울러 작은 기를 든 기수를 선로 상에 세운다. 두 눈 중간의 조준선표에 하사를 두고 그 뒤의 부관과 하부관은 각각 각 제대의 전면의 통과 간격에 위치한다. 나팔수는 제2중대와 제3중대가 통과하는 간격에 두고, 모든 병사는 신속하게 새로운 장소에 위치하고 작은 기를 든 기수는 앞 열로 나간다. 대대장이 칼을 들어서 운동을 실시하도록 명령을 내릴 경우, 급양하사는 총을 개머리가 위로 가게 뒤집어 든다. 향도를 우선 운용하여 향도를 좇아 각 병사는 제1도(대대 일렬 횡대도)에서와 같이 동일한 선상위에 나란히 1열로 벌린다. 각 중대장은 각기 해당 중대의 중앙에 위치한다. 예비 부관(挨次副官)[73]과 하부관은 1열로 정돈이 되고나면 한 바퀴 돌면서 점검하고 좌우열의 끝에 선다. 명목뿐인 장교(名目士官)[74] 역시 제10도에서 제시한 목적지(이때 목적지는 동일하거나 다르게 구분)로 나아간다.(〈그림 2-25〉 대대일렬횡대도 설명 내용을 참조: 역자 주)

▶ 제11항(종대중대 4열 횡대)

종대중대의 각 중대가 대대 4열 횡대로 편성하는 것은 제2도식(대대횡대도)과 동일하다. 그 향도의 운동절차는 서로 유사하지 않음을 고려할 때 그 향도가 이동할 곳은 1열로 벌린 횡대(排開橫隊)의 이전 목적지가 아니다. 각 중대의 급양하사 4명은 총을 거꾸로 하여 개머리의 끝이 위로 가게 하여 위로 들어올린다.

각 중대의 제1소대의 위치는 제1중대를 본보기로 하여 목표방면에서 정돈한다. 선상의 각 중대장은 이것에 의해 향도의 행진운동과 대조하여

---

73) 아직 임용되지 않은 훈련 중인 부관을 의미(역자주)

74) 아직 임용되지 않은 훈련 중인 사관을 의미(역자주)

그 목적지를 짐작하여 헤아린다. 기타의 소대장들은 축차적으로 앞 소대의 행동을 따라하며 거리는 6보를 유지하여 열을 정돈하고 대대장의 명령이 있은 후에 휴식을 한다. 각 병사는 총을 묶어서 세우고 배낭과 무기를 해체하여 각기 둔다. 총은 옆으로 휴대하고 열을 흩어서 휴식하는 것은 나팔수이고 또한 한데 모일 때에는 즉시 각 병사는 일시에 일제히 가지런히 도착한다. 최초에 정한 선상의 위치에 장비를 들고 병렬로 정돈한다. 만약 비상시기를 당하는 경우에는 각 병사는 오로지 명령에 따라 산개와 집합을 한다. 그러나 사격은 항상 반드시 즉각적으로 실시해야 한다.

제2중대로부터 먼저 시작하여 작은 기를 든 기수가 앞 열에 나아가서 도달지점의 우측 2열이 된다. 중대장은 앞쪽으로 옮겨 선다. 각 제대 우측 위쪽의 각 소대장은 뒤쪽으로 옮겨 선다. 각 제대의 왼쪽 방향에 대대장이 옮겨 선다. 통상 중대 앞의 각 사졸의 전후 방향으로의 진퇴와 회전 및 정지 등의 변환은 지휘에 따라 적절하게 한다.(〈그림 2-26〉 종대중대 4열 횡대도 설명 내용을 참조할 것: 역자 주)

◗ 제12항(대대 4열 횡대에서 4층 종대로 변환)

대대 4열 횡대에서 대대 4층 종대로의 변환 편성은 앞쪽으로 휘어져 돌아서 직진하는데 반드시 긴 표시선(長標線)을 먼저 정해야 한다. 그 다음에는 제2중대의 제1소대 우측 방향에 짧은 표시선(短標線)을 정한다. 제1중대의 제1소대와 제3 · 4중대의 제4소대가 우측방향으로 옮겨서는 목적지 전면은 표시선을 긋지 않는다. 우측이 마땅히 다시 돌아서는 것은 제13도(대대 4층 종대에서 대대 4열 횡대로 변환)에서 회전한 것과 결국 형세가 같고 그 이후 앞으로 나아간다. 각 중대의 제1소대장은 선두에 위치하여 제자리에서 회전하면서 안쪽의 병사를 이끈다. 각 소대장은 회전축을 따라 걷다가 마치 활같이 굽은 모양의 날개 측을 중심으로 간격을 유지하고 짧은 표시선을 따라 연속으로 행진한다.(〈그림 2-27〉 대대 4열 횡대에서 4층 종대로의 변환도 설명 내용을 참조할 것: 역자 주)

◗ 제13항(대대 4층 종대에서 4열 횡대로 변환)

대대 4층 종대가 4열 횡대로 변환할 때에는 우선 장표시선을 제2중대 제1소대의 좌측 상단에 정하고 그 다음에 짧은 표시선을 각 중대가 회전하여 이동하는 빈 공간의 중앙 앞으로 정하고 이것을 향도로 한다. 각 중대의 제1소대가 제4소대로 위치를 바꾸는 규칙에 따라 제2·3소대도 연속적으로 이와 같이 따라서 걸어 회전하는 축이 단표시선의 빈 위치까지 이르면 곧바로 정면 위로 행진하여 목적지에 도달한다.(〈그림 2-28〉 대대 4층 종대에서 4열 횡대로 변환도 설명 내용을 참조할 것: 역자 주)

◗ 제14항(대대 4열 횡대에서 돌아 빗겨서기 방향 변환)

행진 혹은 정지 중인 대대횡대에서 방향 변환을 할 때 회전하는 길의 형세는 마치 활이 서 있는 것과 같다. 경사진 목적지의 위치는 층계 사다리 형태와 비슷하고 그 움직임은 중대 제10도(중대 좌로 돌아 종대로 서기)와 같고, 중간의 표시선은 화살표이다. 차이점은 병졸에게 조밀하게 하는 것이 어려움을 알리고 깨우쳐야 하므로 병졸 중 표병(標兵) 2명을 선정하여 사선에 각각 세워둔다. 제1중대 제1소대 목적지의 좌우 끝단의 선을 따라 곧바른 방향으로 부관을 사선에 세운다. 제4중대 제1소대의 목적지 좌측은 상하 한계를 구분하는 경계가 된다. 각 중대는 축을 중심으로 돌아서 행진하여 간격을 넓히거나 좁히면서 사선의 측면에 이르러서 정돈한다. 제1중대의 좌측 길에는 점선 표시가 추가되어 있고, 제2·3·4소대는 앞으로 나아가고 정지하는 제1중대의 예를 따라서 한다.(〈그림 2-29〉 대대 4열 횡대에서 돌아 빗겨서기 방향 변환도 설명 내용을 참조할 것: 역자 주)

◗ 제15항(대대 4층 종대에서 열 벌려 돌아 4층 종대로 빗겨서기 방향 변환)

목적지의 사선은 제14도(〈그림 2-29〉: 역자 주)와 같다. 다만 4열과 4층의 종횡이 같지 않다(제14도에서의 대대횡대는 4층 중대대형의 대대횡대이고, 제15도에서 대대횡대는 4열 종대 중대대형의 대대횡대임: 역자 주). 우선 제1중대 좌측인 4소대는 넓혀주고, 우측인 1소대는 좁혀서 돈다(左伸右縮). 그 다음 이어서 제2 · 3 · 4중대가 이와 같은 요령으로 축을 중심으로 돌아서 행진하여 멈추고 사선측면과 좌측면을 아우르면서 정돈하여 4층 종대로 변환을 한다. 제1중대의 좌측에 점선이 없는 것은 측면이 열리는 것으로 제14도와 같다. 차이점은 직진하는 것이다. 꽃모양으로 벌려 사선으로 이동하여 설 경우 종대를 이루어 나누어 서는 것은 중대 제4도(〈그림 2-4〉: 역자 주)와 상호 대조하여 본다.(〈그림 2-30〉 대대 4층 종대에서 열 벌려 돌아 4층 종대로 빗겨서기 방향 변환도 설명 내용을 참조할 것: 역자 주)

◗ 제16항(중대종대 4열 횡대로 변환)

제1중대의 제1 · 2 · 3 · 4소대 각 오(伍)의 우측면 선두는 다함께 좌로 돌아 점선을 따라 목적지에 이르러 제자리에서 몸을 돌려 4열종대로 방향을 변환한다. 이것은 중대 제9도(중대 우로 돌아 종대로 서기)와 동일하다. 다만 중대장은 제1열 선두의 좌측에 위치하고 향도는 제1열의 선두 앞 좌측의 직선에 선다. 제2 · 3 · 4중대도 축차적으로 이를 따라 행하여 차례차례로 목적지에 도착하여 4열 횡대로 합성한다. 표병이 있는 곳이 회전하는 지점이다. 부관, 하부관, 기수, 나팔수의 목적지는 아래의 그림과 같으며, 이미 허락하였으므로 도식하여 표시하지 않았다.(〈그림 2-31〉 대대 횡대에서 중대종대 대형의 4층 대대 종대로 변환도 설명 내용을 참조할 것: 역자 주)

◗ 제17항(중대종대 4층 종대로 변환)

제16도가 우로 도는 것과 다르게 제17도는 좌로 돈다. 선회하는 규칙은 제16도는 중대 제9도와 제17도는 중대 제10도와 각각 동일하다. 다만 다수 병졸의 모양은 끝으로 갈수록 넓어지므로, 먼저 설치하는 2개의 빈 공간(제9도와 10도에서의 점선 부분: 역자 주)은 중간부분이고 또한 목표지점의 선은 비늘이 이어진 모양으로 표시된 곳(즉 굽어진 곳: 역자 주)에 설치된다. 향도는 앞 그림 제16도에서의 횡대가 이 그림 제17도에서의 횡대가 되고, 앞 그림 제16도에서의 종대가 이 그림 제17도에서의 종대가 되는데 방향 변환 역시 서로 같지 않다.(〈그림 2-32〉 중대종대 대형의 대대

횡대에서 대대 4층 종대로 변환도 설명 내용을 참조할 것: 역자 주)

◗ 제18항(좌측으로 돌아 중복종대로 방향 변환)

제18도(〈그림 2-33〉)에서 보듯이 우변의 중복종대는 좌로 돌아 방향을 변환하여 중복종대가 되는데, 다수의 병졸로 하여금 걸음의 속도를 잘 조절하여 맞추도록 해야 한다. 제3·4중대 각 제1·2·3·4소대의 각 오는 좌측면으로 한 바퀴 돌고, 목표로의 우측면으로 재차 돈다. 회전하는 축을 좌측은 넓히고 우측은 좁히면서 행진하여 목적지에 도달하자마자 제자리에서 몸을 좌로 돌려 정면을 향한다. 제3·4중대에 이어서 제1·2중대가 축차적으로 제3·4중대가 하는 것을 따라서 행하여 목적지에 도달하여 중복종대로 합성한다. 만약 갑작스럽게 적 기병의 공격을 받게 되어 즉각적으로 사격을 할 때에는 중대 제14도(〈그림 2-14〉)의 사각형 모양 대형(方陣)의 독립중대 편성과는 차이가 있다. 이 때 병사의 간격은 지나치게 밀집되어 사격시 서로 방해가 된다. 그러므로 이러한 경우 적에 대응하기 위한 대책으로 특별히 급히 산개를 명령할 것을 수시로 고려한다. 대대의 마지막 도식(〈그림 2-33〉)은 마땅히 제1도에 설명되어 있는 내용을 함께 생각한다. 다만 적 기병의 규모와 상태가 어떠한지 등은 교범에서 제시한 내용과 같다.(〈그림 2-33〉 좌로 돌아 대대 중복종대로 방향 변환도 설명 내용을 참조할 것: 역자 주)

2. 보병 훈련교범 도식(圖式)

가. 보병중대

◗ 제1항: 독립소대도(單設小隊圖)

〈그림 2-1〉에 있는 것처럼 2열(層) 직선형태의 소대는 우·좌 반소대로 이루어져 있고 제1·2·3·4분대를 나타낸다. 매 분대마다 각각 5개의 오(伍)로 구성한다. 우반소대는 제1·2분대로 전후열의 1·3·5·7·9번 병사는 홀수(奇)를, 2·4·6·8·10번 병사는 짝수(偶)이다.

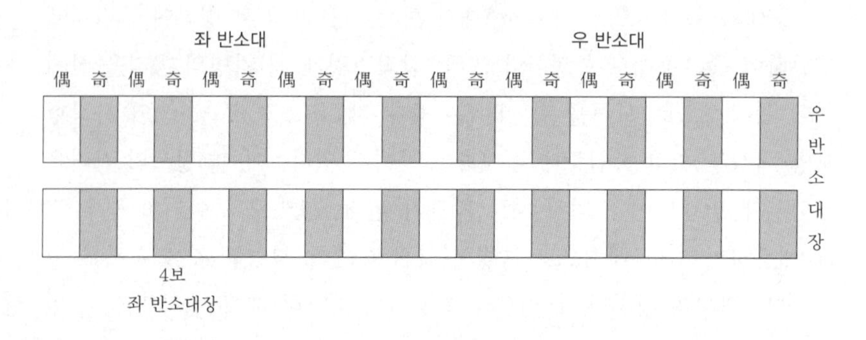

그림 2-1 독립소대도(제1도)

그림에서 흑색으로 채운 부분은 홀수번의 병사를 표시하고 짝수번의 병사는 빈 공간으로 표시하고 있다. 좌반소대의 구성도 우반소대와 동일하다.

소대장은 그림의 표시와 같이 우반소대장의 직 후방에 위치하며, 우반소대장은 제1분대장의 우측에 위치한다. 좌반소대장은 제3·4분대의 뒤편 중앙(좌반소대 4보 뒤: 역자 주)에 위치한다. 분대장의 지시에 의해 2열로 표시한 기준병(準兵)이 직행하여 5개의 오(10명)로 열을 이룬다. 이때 분대장은 소대장의 명령을 받은 반소대장의 인도에 따라 동작을 실시한다.

◗ 제2항: 중대 횡대도

아래의 〈그림 2-2〉에서 우측 열은 제1반대(半隊)로서, 제1 · 2소대가 있고 매 소대마다 각각 우 · 좌반소대가 있다. 즉 제1 · 2 · 3 · 4분대가 좌우로 나란히 선다. 제2반대는 제3 · 4소대로서 제1반대와 동일하다.

중 대(中隊)			
제 2 반대(半隊)		제 1 반대(半隊)	
제 4소대	제 3소대	제 2소대	제 1소대
좌반소대 / 우반소대	좌반소대 / 우반소대	좌반소대 / 우반소대	좌반소대 / 우반소대
초졸 2명 / 분대장 / 분대장 / 분대장 / 분대장 / 우반소대장	초졸 2명 / 분대장 / 분대장 / 분대장 / 분대장 / 우반소대장	초졸 2명 / 분대장 / 분대장 / 분대장 / 분대장 / 우반소대장	초졸 2명 / 분대장 / 분대장 / 분대장 / 분대장 / 우반소대장 / 중대장
제4분대 / 제3분대 / 제2분대 / 제1분대	제4분대 / 제3분대 / 제2분대 / 제1분대	제4분대 / 제3분대 / 제2분대 / 제1분대	제4분대 / 제3분대 / 제2분대 / 제1분대
급양관 / 좌반소대장 / 4소대장	좌반소대장 / 3소대장	좌반소대장 / 3소대장	좌반소대장 / 3소대장 / 소대부장 / 취사관

그림 2-2 중대 횡대도(제2도)

중대 횡대시 전 · 후면은 각 80명씩으로 분대장은 각 제대 안의 우측 선두에 위치한다. 중대장은 제1소대 우측에 위치하고, 각 소대장은 우 · 좌 반소대의 뒤편 중앙에 위치하며 반소대장의 우측편이다.

소대부장(부중대장: 역자 주)은 제1소대의 우반소대 제1분대의 우측 뒤편에 위치한다. 목적지에 있는 좌반소대장은 제1도(독립소대도: 역자 주)에서와 동일한 위치를 부여한다. 급양관은 제4소대 좌반소대의 제4분대 좌측 뒤편에 위치하고, 취사관은 · 부중대장의 우측에 위치한다. 소대별로 전령은 각 2명을 둔다.

◗ 제3항: (소대간의 간격을 없앰: 역자 주) 중대 일렬 횡대도

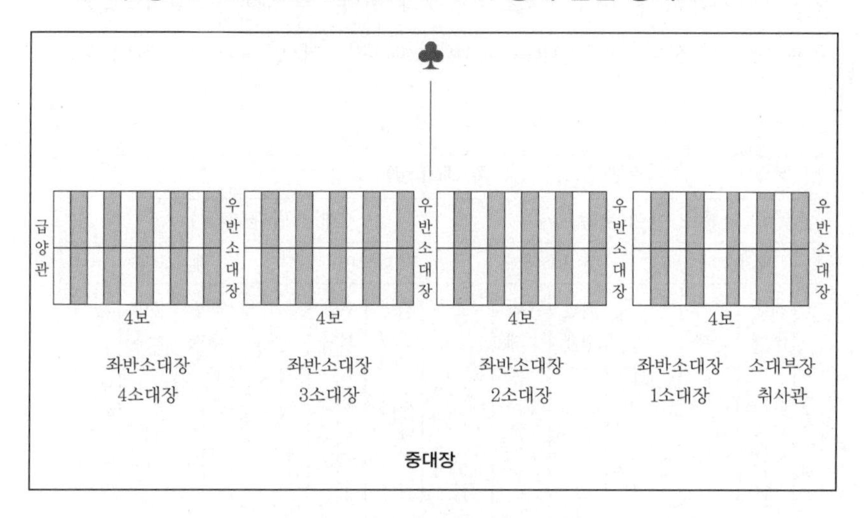

그림 2-3 중대 일렬횡대도(제3도)

〈그림 2-3〉과 같이 중앙 전방 우에서 좌로 제1소대, 제2소대, 제3소대, 제4소대가 횡으로 선다. 중대장은 대열 뒤쪽의 중앙에 위치하고, 각 소대장은 각 소대의 뒤쪽으로 4보 이격하여 위치한다.

◗ 제4항: 횡대에서 종대로 변환도

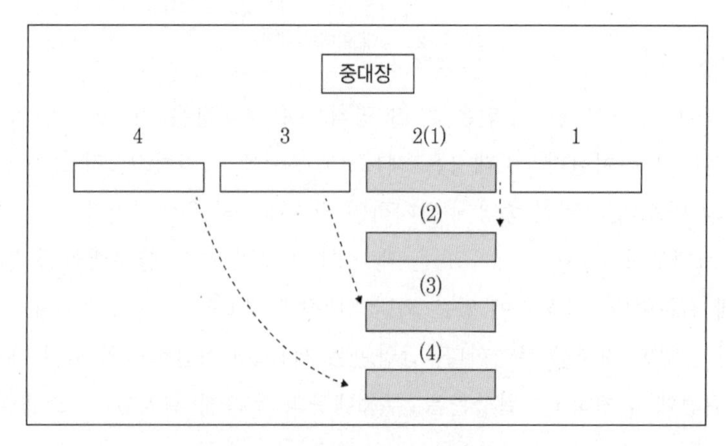

그림 2-4 횡대에서 종대로 변환도(제4도)

제2소대는 목적지에 그대로 위치하며, 선두 제1열(層)의 제1소대 되며, 기존의 제1소대가 좌로 돌아 아래로 이동한다. 제3소대와 제4소대는 우로 돌아 아래로 이동하여 각각 제3열과 제4열을 이룬다. 중대장은 이동한 제1소대의 전방에 위치한다. 따라서 기존의 횡대 열의 제1 · 3 · 4소대의 자리는 빈 공간이 된다.

◗ 제5항: 횡대에서 2열 중복종대로 변환도

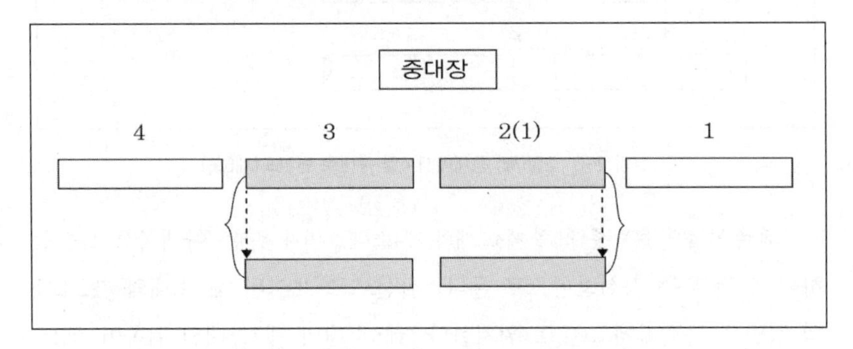

그림 2-5 횡대에서 2열 중복종대로 변환도(제5도)

제2소대와 제3소대는 그대로 목적지에 위치한다. 즉 목적지에 있는 제2소대가 제1소대가 되고, 제3소대는 그대로 제3소대가 된다. 제1소대와 제4소대가 각각 좌우 아래로 돌아 대형을 이룬다. 즉 제1소대가 제2소대 우측의 아래로 이동하고, 제4소대가 제3소대 좌측의 아래로 이동한다. 이때 중대장은 제1소대의 전방에 위치하고, 기존의 횡대 열의 제1소대와 제4소대의 자리는 빈 공간이 된다.

◗ 제6항: 2열(層) 종대에서 4열 종대로 변환도

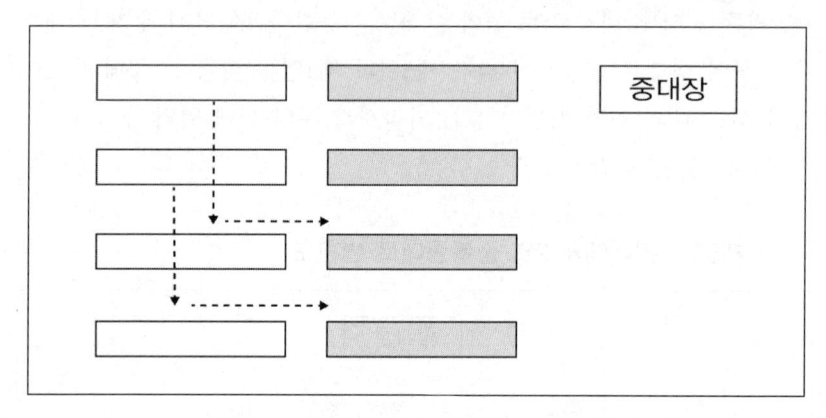

그림 2-6 2열(層) 종대에서 4열 종대로 변환도(제6도)

좌측의 2열(層) 종대(즉 제3소대와 제4소대 ; 역자 주)는 아래쪽으로 이동하여 각각 우측 직선방향으로 돈다. 실선으로 표시된 제1소대와 제2소대의 정면은 목적지에 그대로 위치한다. 제3소대와 제4소대의 뒤쪽이 제2소대의 아래 근방에 이르면 우측으로 직진한다. 제3소대와 제4소대가 목적지에 도달하면 정면을 향해 몸을 돌린다. 이때 중대장은 제1소대의 우측에 위치한다. 좌측에 있던 제3소대와 제4소대의 원래 자리는 빈 공간이 된다.

◗ 제7항: 4열 종대에서 2열(層) 종대로 분열도

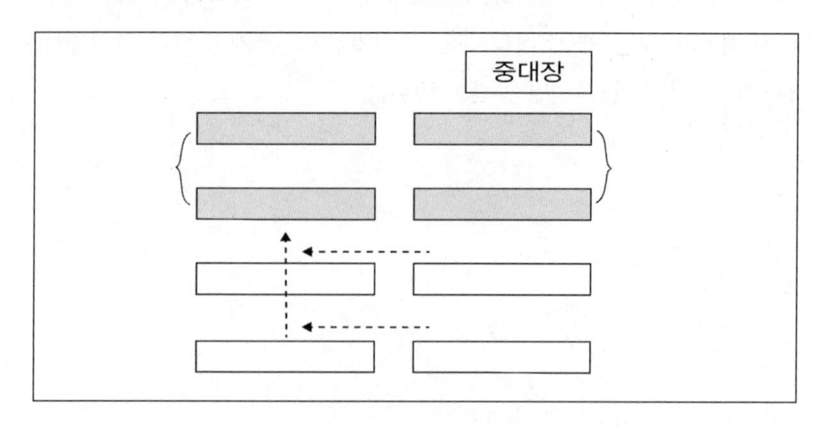

그림 2-7 4열 종대에서 2열(層) 종대로 분열도(제7도)

제1소대와 제2소대는 목적지에 그대로 위치한다. 우측 아래 2열 종대 즉 제3소대와 제4소대는 좌측의 빈 공간위치로 직선 이동하여 제2소대의 후방 좌측에 도달하는 즉시 바로 그 위 방향으로 방향을 전환하고 이동하여 제3소대와 제4소대의 목적지에 다다르면 정면을 향해 선다. 이때 중대장은 제1소대의 전방 우측에 위치한다. 뒤쪽에 있던 제3소대와 제4소대의 원래의 자리는 빈공간이 된다.

◗ 제8항: 중대종대에서 중대횡대로 변환도

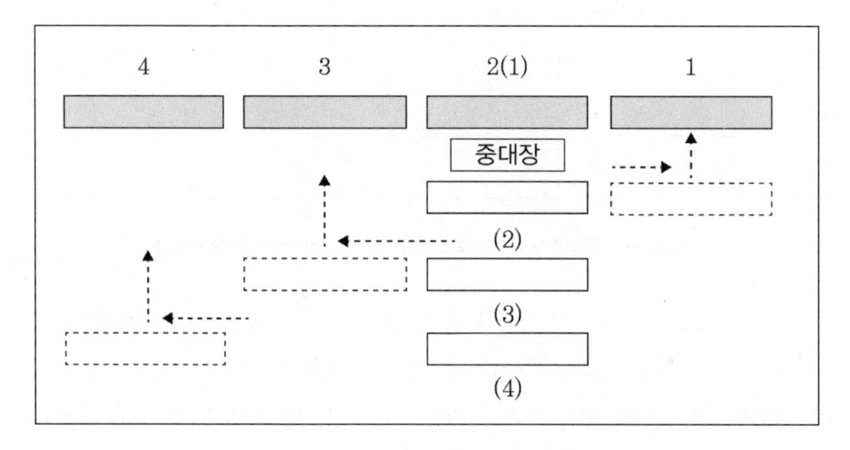

그림 2-8 중대종대에서 중대횡대로 변환도(제8도)

중앙에 직선 화살표로 표시한 제1소대가 새로운 목적지의 제2소대가 된다. 제2소대가 우측면으로 표시된 점선을 따라 직진하여 정돈한 후 좌측면으로 돌아 위쪽으로 이동하여 제1소대가 된다. 제3소대와 제4소대는 좌측면으로 점선을 따라 직진하여 정돈한 후 우측면으로 돌아 위로 직진하여 제3소대와 제4소대를 이룬다. 이때 중대장은 제2소대의 뒤쪽 중앙 아래에 위치한다. 기존의 3개의 열인 제2 · 3 · 4소대의 원래 위치는 빈 공간이 된다. 좌우로 굽어 도는 지점과 빈 공간 위에 표시된 화살표 직선은 목표지점으로 가는 길을 표시한다.

◗ 제9항: 중대종대에서 우측으로 돌아 중대종대로 변환도

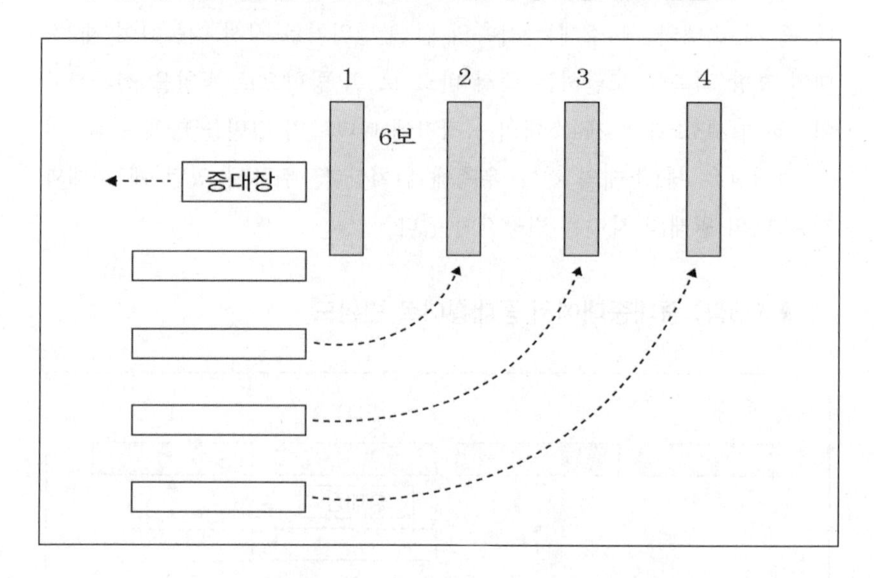

그림 2-9 중대종대에서 우측으로 돌아 중대종대로 변환도(제9도)

실선으로 표시된 제1소대가 축을 중심으로 우측면으로 선회하여 목적지로 이동한다. 이와 마찬가지로 제2·3·4소대는 각각 축을 중심으로 선회하여 목적지에 도달한다. 이때 중대장은 제1소대의 전방에 위치하고, 각 소대의 간격은 6보를 유지한다.

◗ 제10항: 중대종대에서 좌측으로 돌아 중대종대로 방향 변환도

제1소대 선두 좌우로 원래의 빈 공간으로 점선이 그어져 있다. 중앙의 직선 화살표로 표시된 제1소대가 중심이 되어 회전하면, 제2·3·4소대도 이어서 축차적으로 수행하여 종대대형으로 목적지에 도달한다. 이때 중대장은 1소대의 중앙 전방에 위치한다.

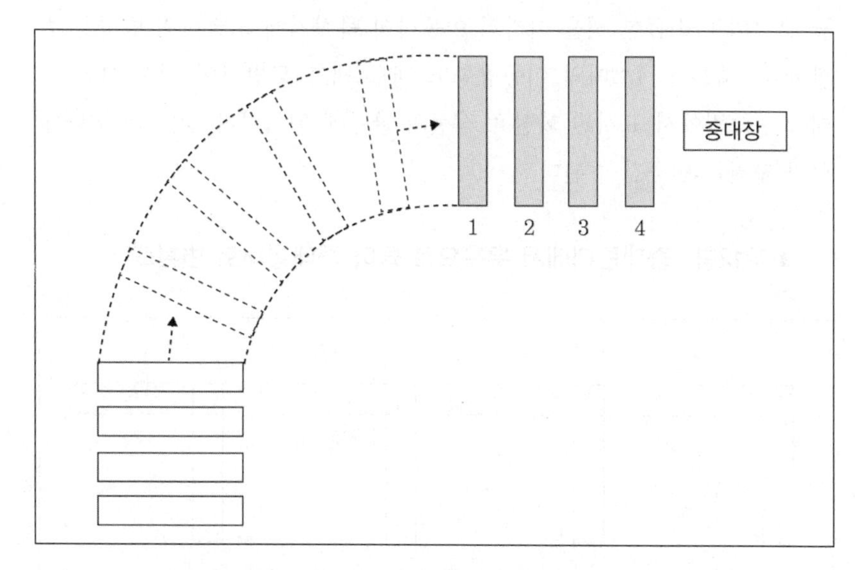

그림 2-10 중대종대에서 좌측으로 돌아 중대종대로 방향 변환도(제10도)

제11항: 중대횡대에서 좌측으로 돌아 중대종대로 변환도

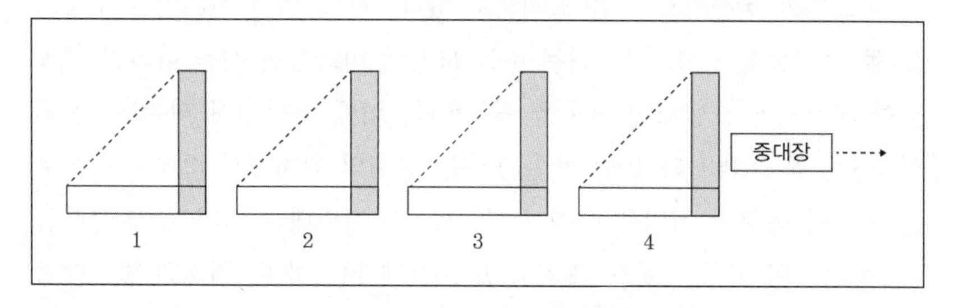

그림 2-11 중대횡대에서 좌측으로 돌아 중대종대로 변환도(제11도)

중앙 앞의 직선 화살표시가 이동할 목적지이다. 4열에 활시위 모양의 비스듬한 점선(弦斜線)으로 길을 표시하고 있다. 제1소대의 우반소대 제1분대 1번 홀수 병사와 2번 짝수 병사는 현재의 위치에서 즉시 좌로 돌아 몸을 정면으로 향한다. 3번 홀수 병사와 4번 짝수 병사 그리고 나머지 인원이 이동하는 거리는 앞 열이 2보 앞으로 전진하고 뒤 열은 4보가 될 때까지 앞으로 전진한다. 좌반소대의 제4분대의 끝인 짝수인원은 비늘 모양의 비스듬한 선을 따라서 이동하여 목적지에 도달하면 방향을 변환한다. 제2 · 3 · 4소대의 이동방향도 제1소대를 모방하여 실시한다. 중대장은 그림에서 표시된 화살표 직선의 끝단에 위치한다. 기존의 횡대대형의 자리는 빈공간이 된다.

◗ 제12항 : 중대종대에서 우측으로 돌아 중대횡대로 변환도

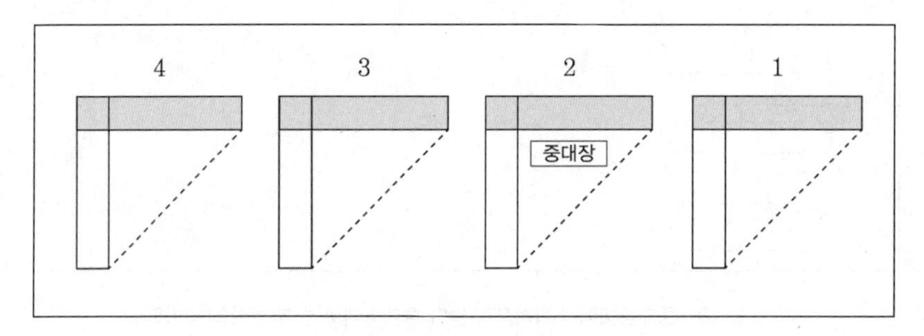

그림 2-12 중대종대에서 우측으로 돌아 중대횡대로 변환도(제12도)

중앙 앞의 직선 화살표시가 이동할 목적지이다. 4열에 활시위 모양의 비스듬한 점선으로 길을 표시하고 있다. 제1소대의 전후열은 우측으로 돌려 이동하고, 그 나머지는 비늘 모양의 비스듬한 선을 따라서 이동하여 목적지에 도달하면 방향을 변환한다. 이때 좌반소대 제4분대 전후열의 9번 홀수 병사와 10번 짝수 병사는 현재의 위치에서 즉시 우측으로 몸을 돌려 목적지 정면을 향해 선다. 제2 · 3 · 4소대도 이와 같이 실시한다. 중대장의 위치는 제2소대의 후방 중간에 위치하며, 원래의 종대대형의 자리는 빈공간이 된다.

◗ 제13항: 중대 4열 종대에서 8열 종대로 변환도

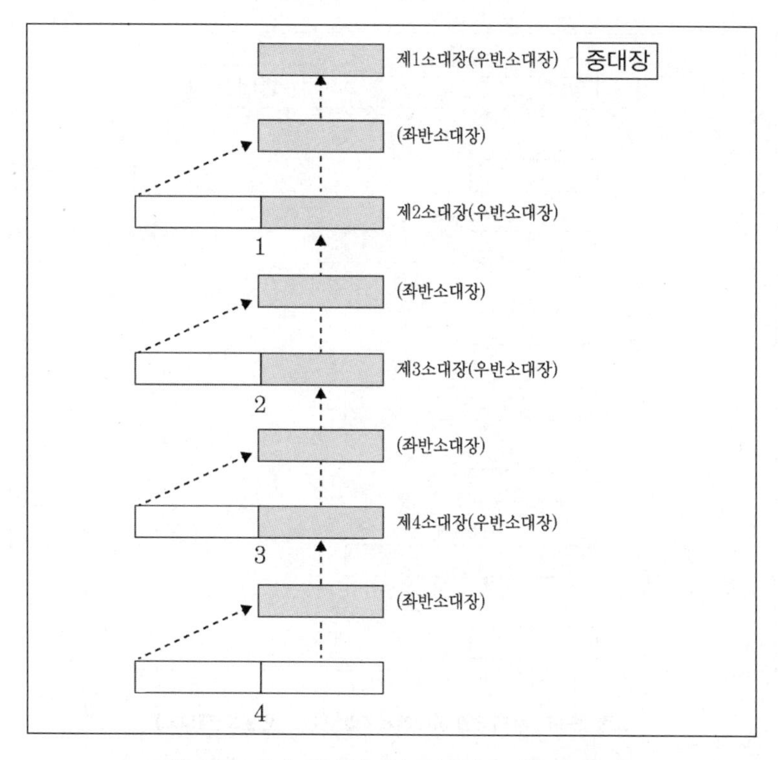

그림 2-13 중대 4열 종대에서 8열 종대로 변환도(제13도)

제1소대를 좌우의 반소대로 나누어서 우반소대가 제1열이 되어 좌반소대 바로 위에 위치한다. 이어서 좌반소대가 비늘모양으로 좌로 비스듬히 돌아서 목적지에 도달하면, 우로 돌아 제2열이 된다. 제2·3·4소대도 이와 같은 요령으로 반소대로 나누어 실시한다. 즉 반소대가 제3·4·5·6·7·8열이 되도록 제1소대와 같은 요령으로 우반소대는 직진방향으로 행진하고, 좌반소대는 비스듬히 행진한다. 이때 반소대장은 각각 반소대의 우측에 위치(우반소대장이 위쪽, 좌반소대장은 그 뒤에 위치: 역자 주)하고, 소대장은 제1·3·5·7열 반소대장(즉 우반소대장: 역자 주)의 우측에 위치하며, 중대장은 제1열 소대장의 우측에 위치한다. 기존의 1·2·3소대의 좌반소대가 있던 자리와 제4소대의 좌우반소대가 있던 자리는 빈공간이 된다.

◗ 제14항: 중대 8열 종대에서 4열 종대로 변환도

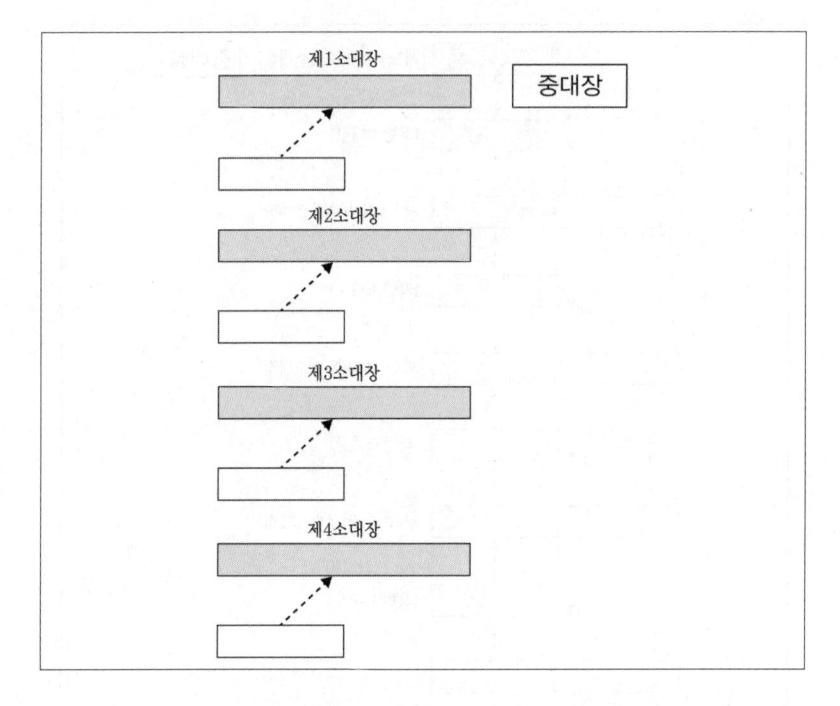

그림 2-14 중대 8열 종대에서 4열 종대로 변환도(제14도)

제2 반소대는 표시된 선을 따라 측면으로 비스듬히 나아가 제1열의 우측면으로 전환하여 우반소대가 됨으로써 제1소대가 된다. 이어서 제4·6·8 반소대는 제2 반소대와 같은 요령으로 차례대로 앞으로 행진하여 각각 제2·3·4소대를 이룬다. 이때 중대장은 제1소대의 우측에 위치하고, 각 소대장은 해당 소대의 중앙 전방에 위치한다. 기존의 제2·4·6·8 반소대의 자리는 경사표시선이 보여주듯이 빈 공간이 된다.

◗ 제15항: 중대 전투배치도

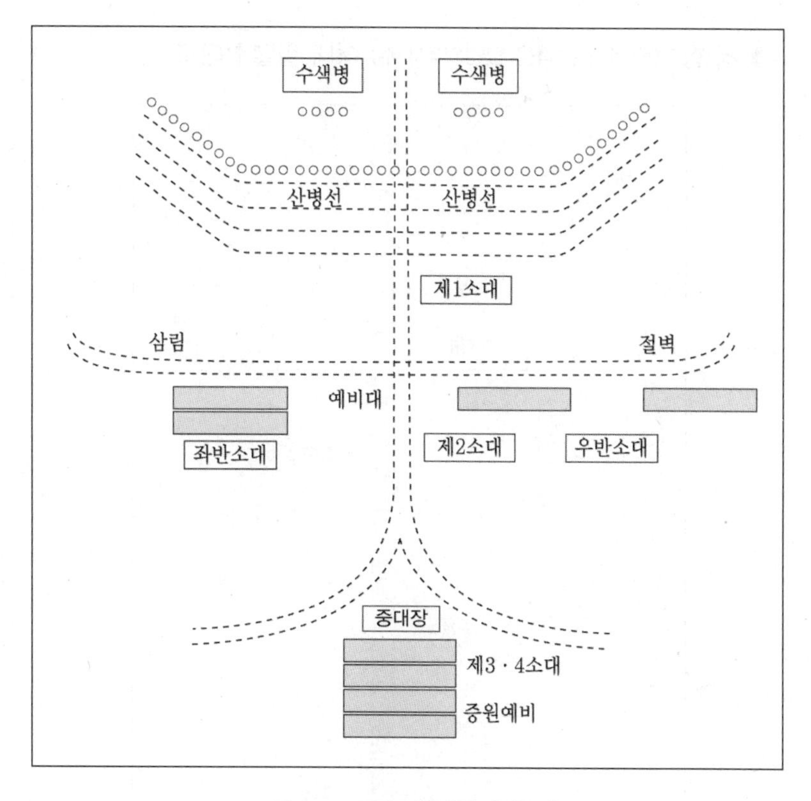

그림 2-15 중대 전투배치도(제15도)

제1소대는 전방에 위치하며, 8명을 도로를 양분하여 양쪽 방향으로 각 4명씩을 수색병을 배치하고, 좁은 도로나 강이나 하천 등 양쪽 기슭에 분산 배치한다. 제2소대의 우반소대는 절벽 쪽의 끝단에 줄을 지어 차례대로 도착하고, 좌반소대는 우거진 수풀 속에 분대 단위로 중첩하여 숨어 있도록 하여 좌우측 모두 예비대 역할을 한다. 제3소대와 제4소대는 민가에 의탁하면서 각 소대별로 분대 횡대대형으로 2개 소대가 2열 종대로 유지하면서 증원부대의 역할을 한다. 중대장은 증원부대의 전방에 위치하고, 나팔병은 중대장의 뒤에 위치한다. 증원부대는 각 분대가 횡대를 유지한 상태에서 4열의 소대종대 대형으로 산병선(散兵線)의 뒤쪽 좌우의 언덕 빈곳으로 병력을 전진시킨다.

나. 보병대대

◗ 제1항: (중대간 간격을 없앤: 역자 주) 대대 일렬횡대도

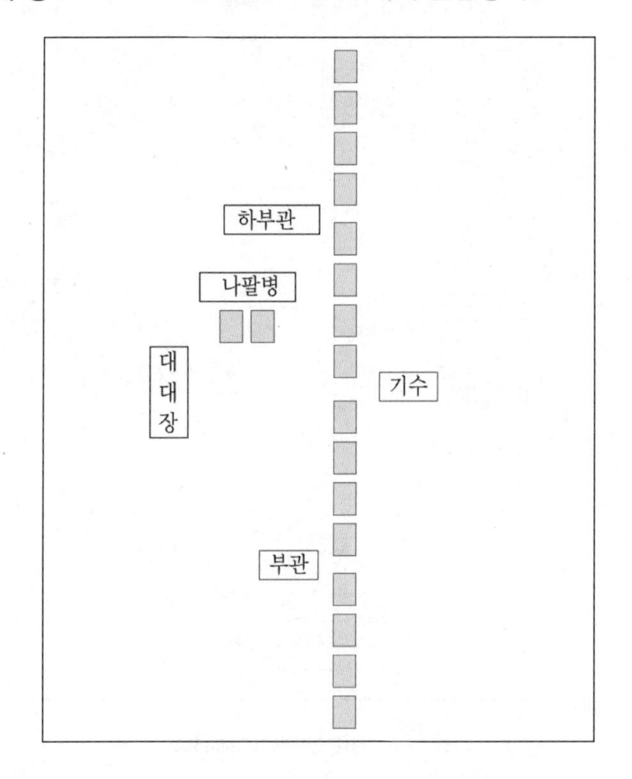

그림 2-16 (중대간 간격을 없앤) 대대 일렬횡대도(제1도)

대대의 일렬횡대는 4개 중대가 나란히 차례대로 정돈하고, 이때 중대편성은 4개의 소대이다. 각 중대 병사의 정해진 위치는 독립중대의 횡대대형과 동일하다. 우측의 제1열이 제1중대가 되며, 중대는 제1 · 2 · 3 · 4소대 순이다. 제2열이 제2중대가 되고, 좌측의 2개열이 각각 제3중대, 제4중대가 된다. 이때 대대장은 대형의 중앙 뒤편에 위치하고, 부관은 제1중대와 제2중대의 중앙 뒤편에 위치하며, 하부관(下副官)은 제3중대와 제4중대의 중앙 뒤편에 위치한다. 기수는 제2중대 제4소대 마지막 오의 앞 열 좌측에 위치하며, 나팔수 32명은 제3중대의 중앙 뒤편 압오열에 전후 2개의 열로 중첩되게 위치한다.

◗ 제2항 :대대 횡대도

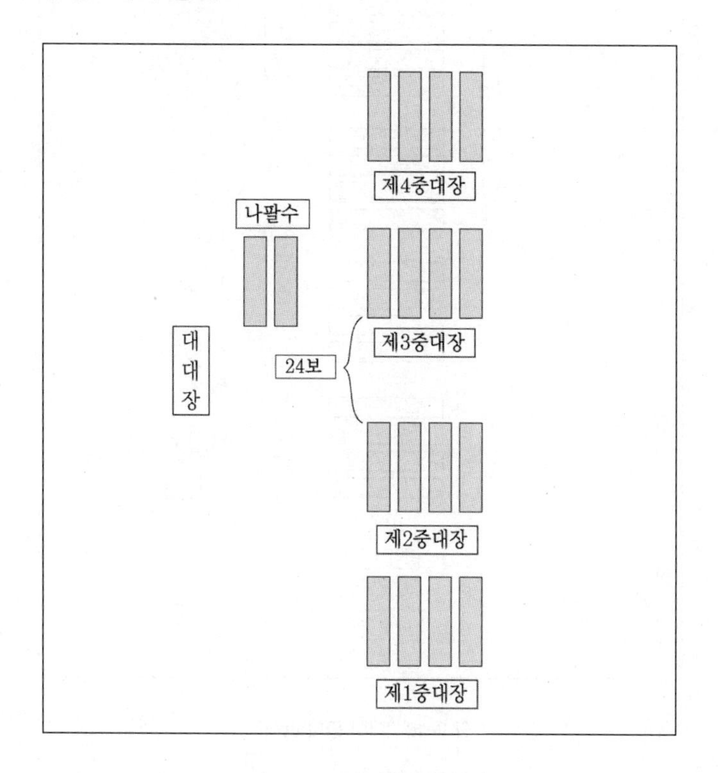

그림 2-17 대대 횡대도(제2도)

각 중대는 4열 종대를 이루고[75], 제2 · 3 · 4중대 간의 간격은 24보이다. 대대장은 중앙 뒤편에 위치하고, 중대장의 위치는 각각 해중대의 제1소대의 우측이다. 부관 이하(하부관, 기수, 나팔 수 등: 역자 주)의 정해진 위치는 앞의 그림(대대 일렬 횡대도)과 동일하다.

---

75) 각 중대는 4개 소대를 종대대형으로 편성(역자 주)

◗ 제3항: 대대 종대도

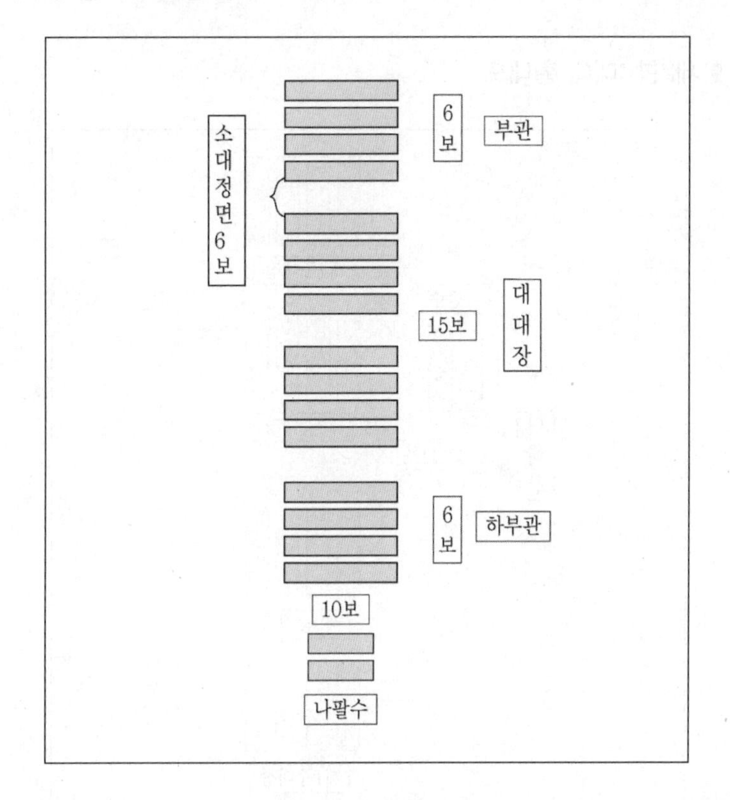

그림 2–18 대대 종대도(제3도)

대대는 제1 · 2 · 3 · 4중대 순으로 4열로 층을 이루고, 각 중대는 4열 소대종대를 이룬다. 중대간격은 소대 정면으로부터 6보(소대간격은 2보: 역자 주)이다. 대대장은 우측 중앙에 위치하며 15보의 거리를 이격하여 위치한다. 대대 부관은 제1중대 제1소대의 우측 6보의 거리에 위치한다. 하부관은 제4중대 제4소대의 우측 6보의 거리에 위치한다. 나팔수는 제4중대의 뒤편 10보의 거리에 위치한다.

◗ 제4항: 대대 중복종대도

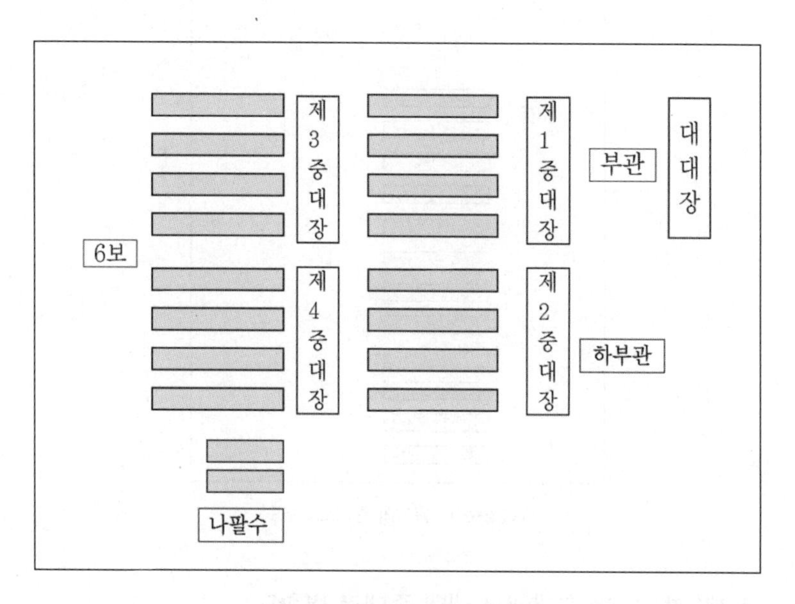

그림 2-19 대대 중복종대도(제4도)

제1중대와 제2중대는 우측 열이고, 제3중대와 제4중대는 좌측 열이다. 좌우 열 간의 간격은 6보이고, 대대장은 제1중대장의 우측에 위치한다. 대대부관은 대대장의 전방 좌측에 위치하고, 하부관은 제2중대의 제4소대의 우측에 위치한다. 각 중대장은 중대의 제1소대의 우측에 위치하고, 나팔수는 제4중대의 뒤편 10보에 위치한다.

◗ 제5항: 등거리 종대도(全距離縱隊圖)[76]

제1 · 2 · 3 · 4중대는 각각 제1 · 2 · 3 · 4소대를 이루면서 소대 간 상호 2보를 띄우고 연이어 정렬한다. 대대장 이하의 사관은 제3도와 같이 정해진 곳에 위치한다. 나팔수는 제1중대 전방표시선의 뒤편에 위치한다.

76) 각 중대를 구분 없이 등거리 간격으로 소대 단위 일렬 종대(역자 주)

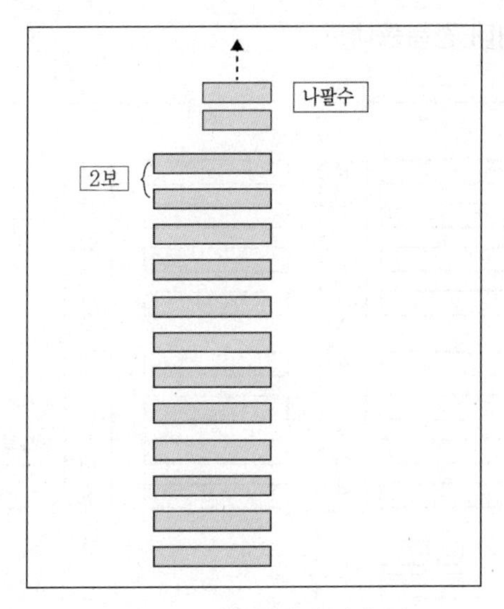

그림 2-20 등거리 종대도(제5도)

◗ 제6항: 대대 횡대에서 대대 종대로 변환도

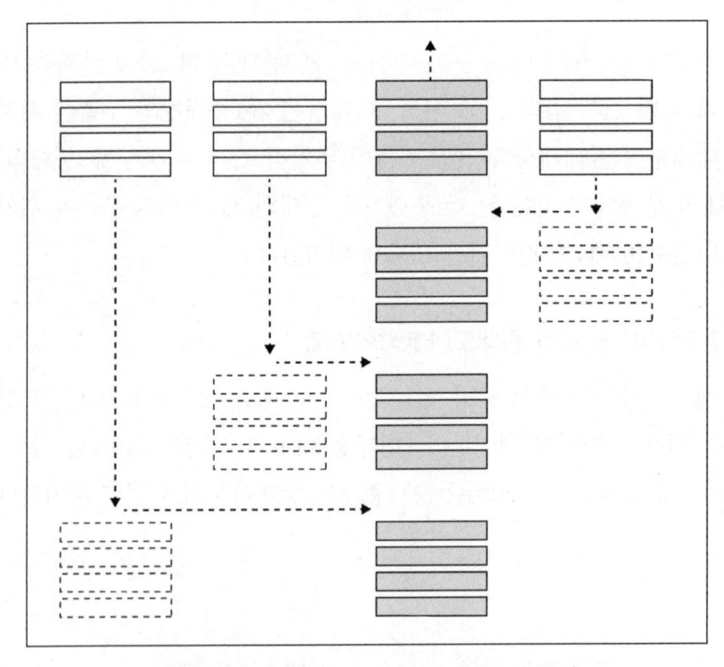

그림 2-21 대대횡대에서 대대종대로 변환도(제6도)

제2중대는 제1중대가 있는 화살표 방향이 새로운 목적지가 된다. 제1중대는 부관이 이동해 서있는 목적지로 이동하여 제2중대가 된다. 제1중대는 점선 화살표 표시를 따라서 바로 아래의 빈 공간으로 이동한 후 방향을 변경하여 제2열의 목적지에 들어간다. 이어서 제3 · 4중대가 차례로 표시된 점선을 따라 바로 아래의 빈 공간으로 이동한 후 각각 새로운 목적지로 가서 종대대형을 갖춘다. 기존의 제1 · 3 · 4중대의 원래 자리는 빈 공간이 된다. 이때 좌우 아래로 표시한 점선은 빈 공간의 위치를 나타내고, 좌우 빈 공간의 회전 화살표 직선은 이동하는 길을 표시한다.

◗ 제7항: 대대 횡대에서 대대 중복종대로 변환도(重複縱隊圖)[77]

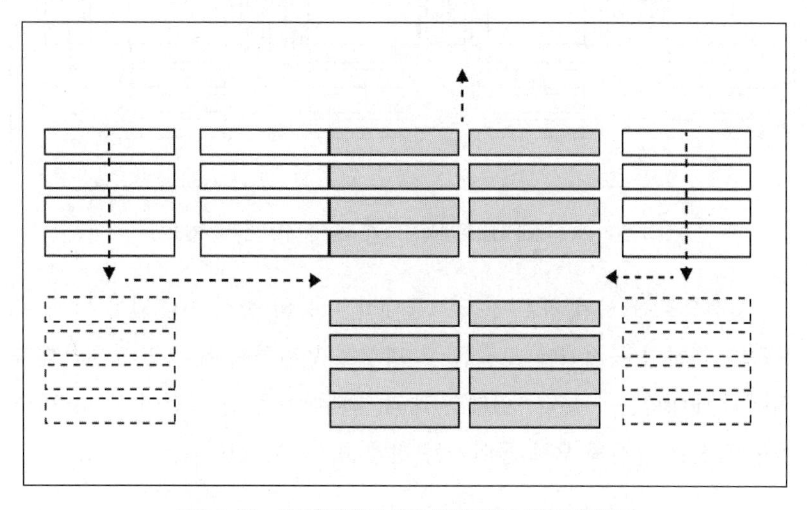

그림 2-22 대대횡대에서 대대 중복종대로 변환도(제7도)

중앙 앞의 점선으로 된 직선 화살표가 목적지로 목적지에 있는 제2중대는 제1중대가 되고, 제3중대는 현재의 위치에서 즉시 제2중대의 좌측인 우측면으로 직진하여 도달하면 정면을 향해 선다.

제1중대는 좌측면 바로 아래의 빈 공간으로 이동한 후 다시 목적지

77) 도식한 내용으로 볼 때 제목을 '대대횡대에서 대대중복종대의 변환도(橫隊變爲重複縱隊圖)'로 정정함이 맞을 듯하다.(역자 주)

로 방향을 바꾸어 나아가 제2중대가 된다. 제4중대는 우측면 바로 아래의 빈 공간으로 이동한 후 다시 목적지로 나아간다. 이때 제1·3·4중대의 원래의 위치는 빈 공간이 된다. 이때 좌우 아래로 표시한 점선은 빈 공간의 위치를 나타내고, 좌우의 빈 공간의 회전 화살표 직선은 이동하는 길을 표시한다.

◗ 제8항: 대대 4열 횡대에서 대대 4층 종대로 변환도

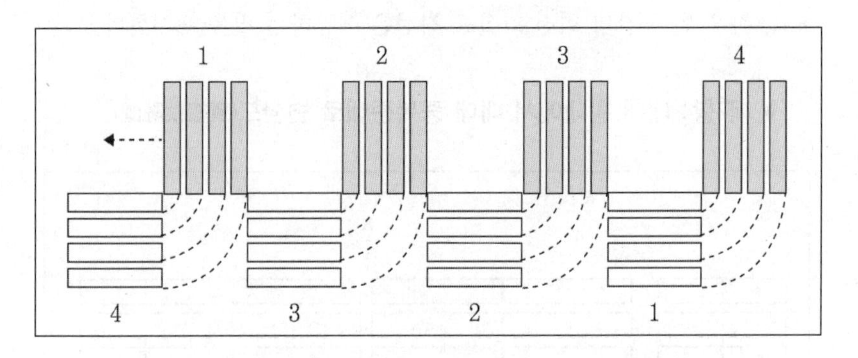

그림 2-23 대대 4열 횡대에서 대대 4층 종대로 변환도(제8도)

실선으로 표시된 제4·3·2·1중대가 이동의 중심축이 되어 날개 쪽으로 회전하여 목적지에 도달한 후 방향을 변환하여 제1·2·3·4중대가 되어 종대대형을 이룬다. 이때 원래의 횡대대형은 빈 공간이 되며, 비스듬한 점선은 날개 쪽으로 돌아가는 것을 표시하는 선이다.

◗ 제9항: 대대 종대에서 대대 중복종대로 변환도

중앙의 전방 직선 화살표 방향의 제1중대가 새로운 목적지이다. 제2중대는 앞으로 행진하여 도달하여 제1중대의 후미와 6보 거리의 위치에서 정지한다. 제3중대와 제4중대는 좌측 선을 따라 빈 공간에 이르면 다시 제3중대에 이어 제4중대가 종 방향으로 축차적으로 행진하여 선두에 도달하면 소대는 가지런히 하고 즉시 정지한다. 제대의 간격은 6보를 유지한다. 제2·3·4중대의 원래 위치는 빈 공간이 되고, 좌측 아래의 2개 중대의 점선은 빈 공간을 표시한다.

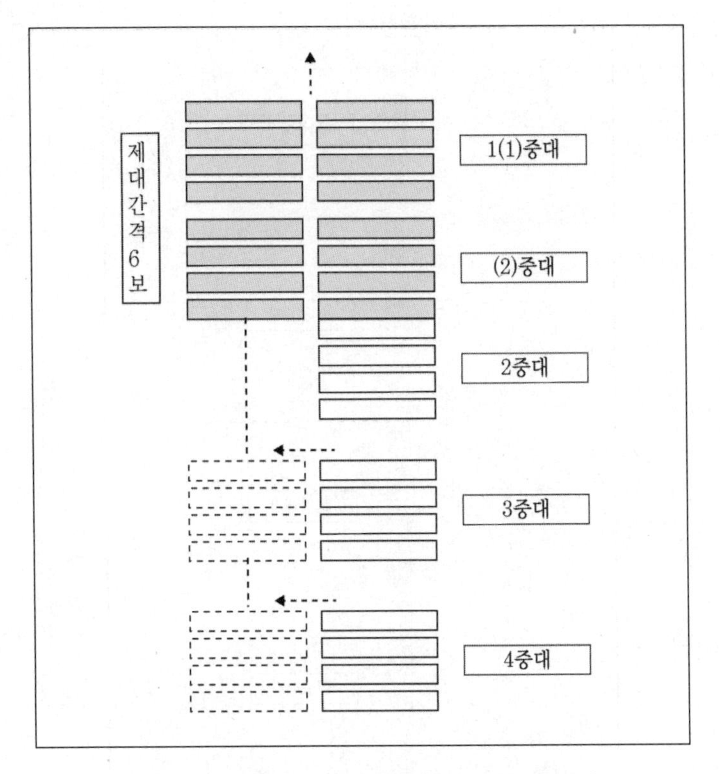

그림 2-24 대대종대에서 대대 중복종대로 변환도(제9도)

◗ 제10항: 대대 일렬횡대도

중앙 화살표를 중심으로 우측 열에는 제1 · 2중대가 위치하고, 좌측 열에는 제3 · 4중대가 위치한다. 대대장은 제대의 중앙 앞에 위치하고 부관은 우측 열의 오른쪽에 위치하며, 하부관은 좌측 열의 왼쪽에 위치한다. 중대장은 각각 해당 중대의 중앙 앞에 위치하고 그 외의 사관은 제1도(대대 일렬 횡대도)와 동일한 장소에 위치한다.

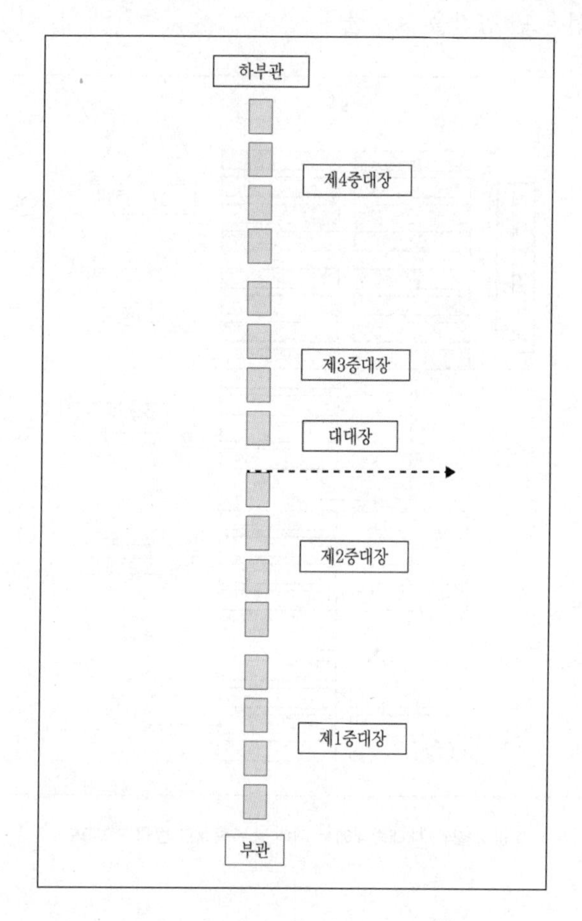

그림 2-25 대대 일렬횡대도(제10도)[78]

◗ 제11항: 종대중대 4열 횡대도

제1·2·3·4중대는 소대 종대의 횡대대형이다. 소대장은 각각·해당 소대의 우측에 위치하고, 소대부장(부중대장: 역자 주)은 각 중대의 선두 앞 우측에 위치한다. 중대장은 해당 중대의 좌측 위쪽에 위치하고, 대대장은 제1중대의 우측 위쪽에 위치한다. 부관은 대대장의 우측에, 하부관은 제4

78) 제1도(그림 2-16)와의 차이점은 제1도는 중대간 구분 없이 소대가 횡대로 정렬하는 반면, 제10도는 중대간 간격을 띄운다.(역자 주)

중대장의 뒤에 위치하며, 급양관은 각 중대의 중대장 우측에 위치한다.

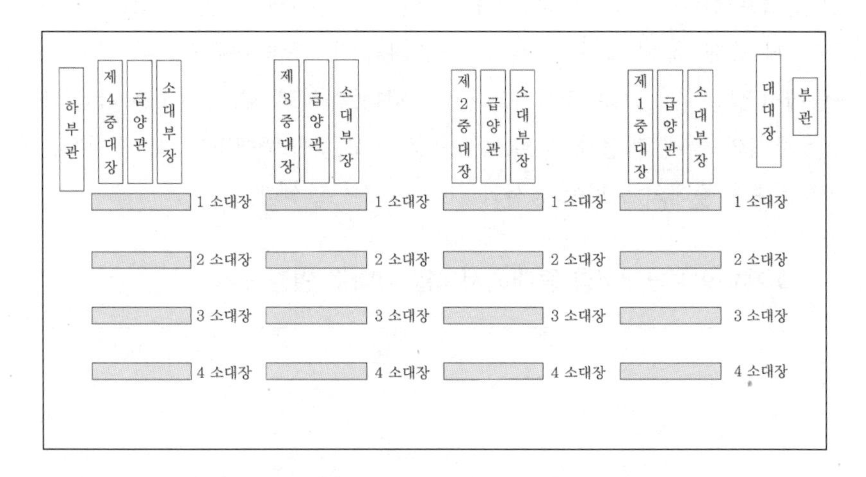

그림 2-26 종대중대 4열 횡대도(제11도)

◗ 제12항: 대대 4열 횡대에서 4층 종대로 변환도

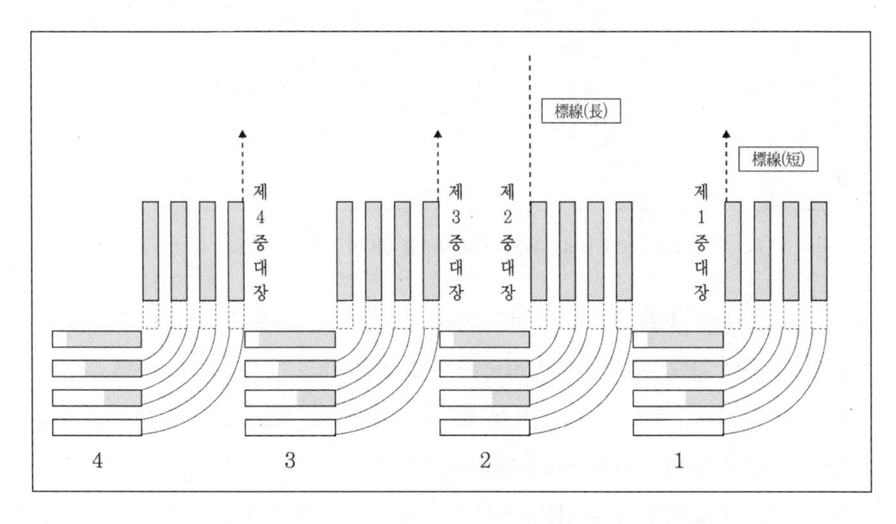

그림 2-27 대대 4열 횡대에서 4층 종대로 변환도(제12도)

제2중대 제1소대의 선두는 현 위치에서 좌측 방면으로 돌아서 우측 방면에 도달하여 표시된 선에서 정지한다. 제2 · 3 · 4소대는 제1소대를 따라서 연속적으로 축 방향으로 움직인다. 제1·3·4중대도 이와 같은 요령으로 한다. 제2중대 제1소대 앞 열은 그림에서 긴 점선으로 표시하고, 제1중대 제1소대의 앞 열과 제3중대와 제4중대 제4소대 뒤 열은 그림에서 짧은 점선으로 표시하고 있다. 제1중대장과 제2중대장은 각각 해당 중대의 앞에 점선과 같은 방향으로 서고, 제3중대장과 제4중대장은 각각 해당 중대의 뒤편에 점선과 같은 방향으로 선다.

◗ 제13항: 대대 4층 종대에서 4열 횡대로 변환도

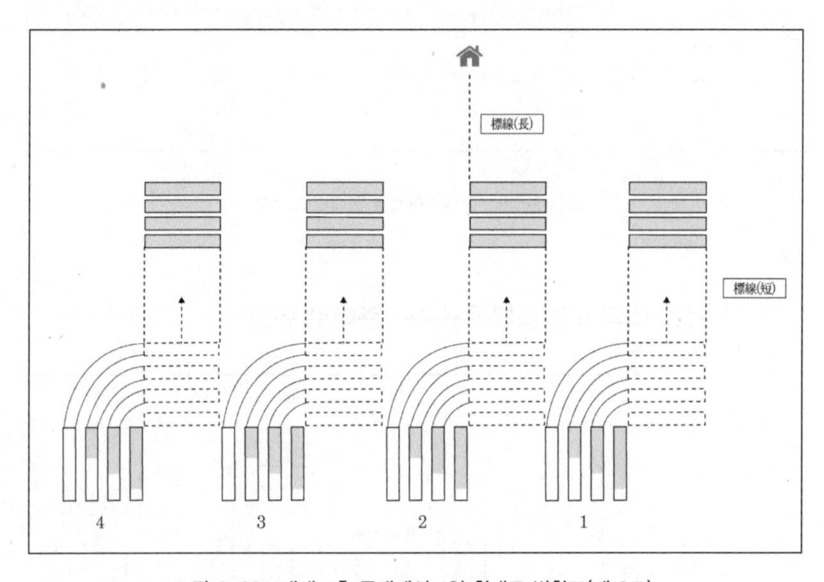

그림 2-28 대대 4층 종대에서 4열 횡대로 변환도(제13도)

제2중대의 좌측 끝이 긴 점선(長線)에 연하고, 제1·2·3·4중대의 빈 공간은 중앙 전방에 짧은 점선(短線)으로 표시하고 있다. 제1·2·3·4중대는 각각 좌측 방향으로 돌아서 빈 공간 위치에 이르고 나면 정면으로 향하여 앞으로 나아가서 제2중대의 좌측 끝선이 목적지가 되도록 정돈한다. 이때 각 중대장의 위치는 제11도[79]와 같다. 원래의 4층 종대 자리는 사다리꼴의 회전 공간을 만들고, 짧은 점선 아래의 각 4층은 빈 공간 위로 양쪽 행로 상에 연달아 점선을 그어 놓았다.

79) 원문에는 제12도(그림2-27)로 기술되어 있으나 제11도(그림 2-26)의 오기로 보임(역자 주)

◗ 제14항: 대대 4열 횡대에서 돌아 빗겨서기 방향 변환도

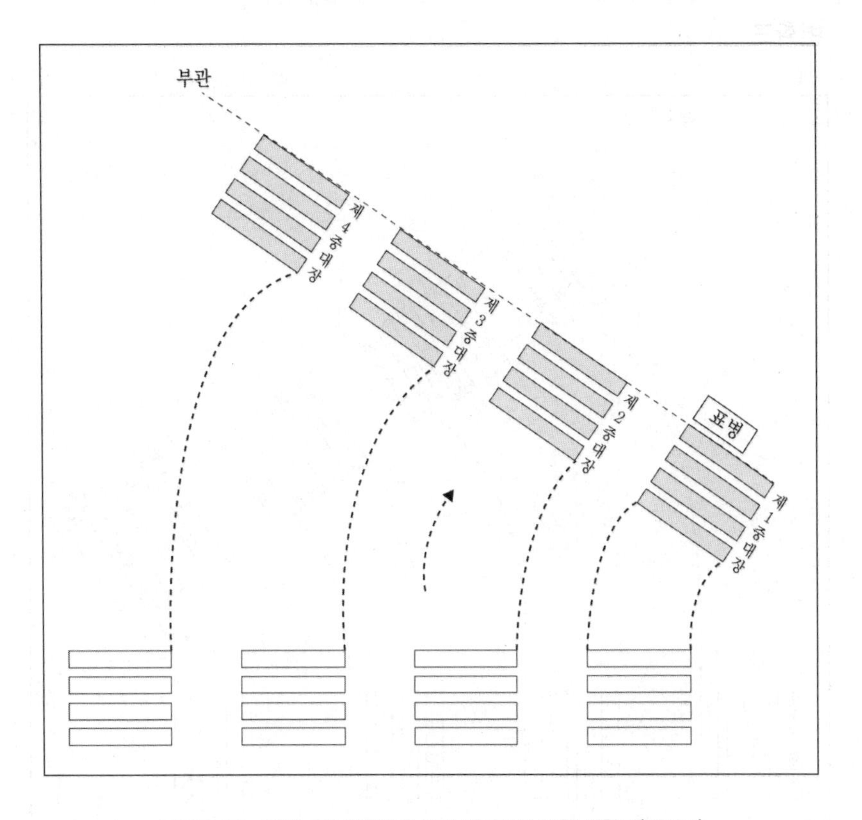

그림 2-29 대대 4열 횡대에서 돌아 빗겨서기 방향 변환도(제14도)

이동하여 서 있는 목적지는 위쪽 부관으로부터 아래의 표병(標兵)까지 비스듬한 선이며, 이때 표병은 2군데로 나누어 제1중대 선두 소대의 좌우 끝에 위치한다. 선두에 있는 제1중대의 좌우로 점선이 그어져 있고, 제2·3·4중대는 선두 우측으로 점선이 그어져 있다. 중간에는 1개의 화살표로 짧게 표시하고 있다. 제1·2·3·4중대는 경사진 목적지로 넓혔다 좁혔다[80] 하면서 회전하여 정돈한다. 이때 각 중대장은 해당 중대 선두의 우측에 사선 방향과 나란하도록 선다. 원래의 4열 횡대는 빈 빈공간이 된다.

80) 이때 좌를 늘리고 우를 좁힌다(左伸右縮).(역자 주)

◗ 제15항: 4층 종대에서 열 벌려 돌아 4층 종대로 빗겨서기 방향 변환도

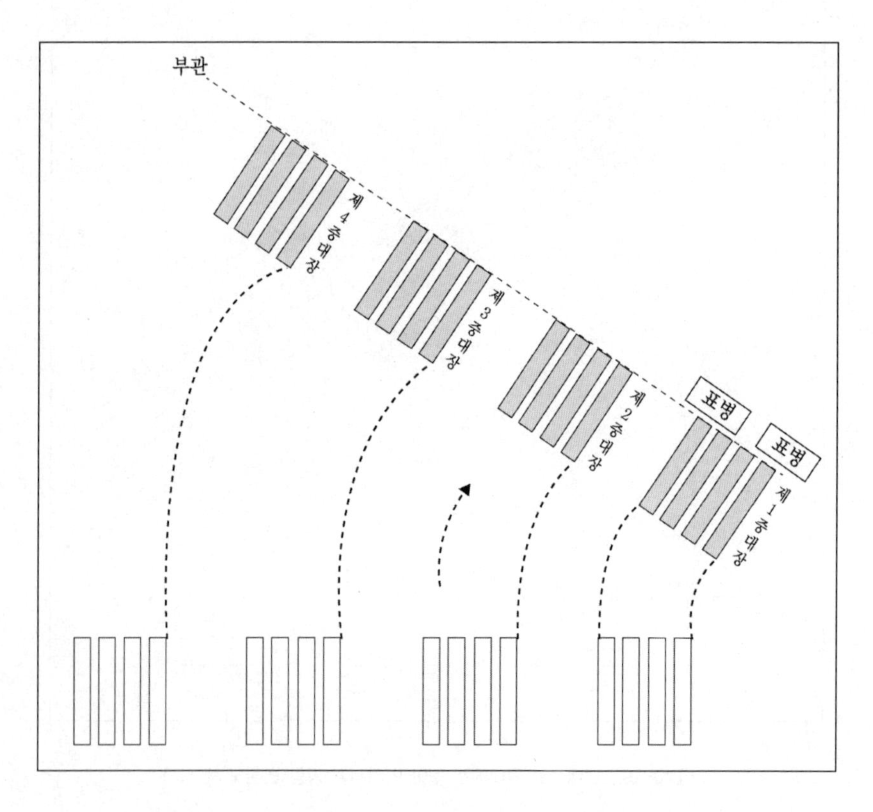

그림 2-30 대대 4층 종대에서 4층 종대로 빗겨 서기 방향 변환도 (제15도)

이동하여 서는 목적지는 위쪽 부관으로부터 아래의 표병까지 비스듬한 선이며, 이때 표병은 2군데로 나누어 선두인 제1중대 좌측의 선두와 후미에 둔다. 제1·2·3·4중대의 선두 우측에 점선이 그어져 있다. 중간에는 짧은 1개의 화살표가 있다. 제1·2·3·4중대의 좌측면 각 소대는 4열 5층으로 일정한 간격으로 회전하는데 보폭을 늘이거나 줄이면서 신축성[81] 있게 목적지에 도달한다. 도달 후 좌측면으로 정돈하여 4층 종대로

81) 회전할 때 좌측의 제4소대는 간격을 늘리고, 우측의 제1소대는 줄이면서 좁혀서 회전(左伸右縮)한다.(역자 주)

변환한다. 이때 각 중대장은 해당 중대 선두의 우측에 사선 방향과 나란하도록 선다. 원래의 4열 횡대는 빈 빈공간이 된다.

◗ 제16항: 종대중대 4열 횡대로 변환도

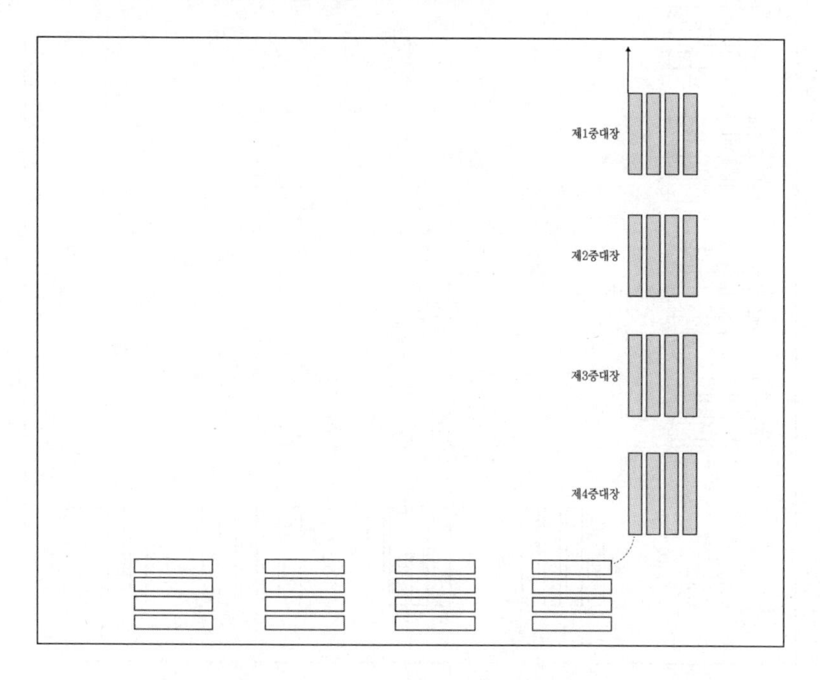

그림 2-31 종대중대 4열 횡대로 변환도(제16도)

제1중대의 목적지는 우측 변의 선두이며, 이동하는 길은 점선으로 표시하고 있다. 제1중대는 표시된 길을 따라 우측 4소대는 넓혀가고 좌측 1소대는 좁혀가면서 제1열의 목적지까지 행진한다. 제2·3·4중대도 이를 따라 행진하여 목적지에서 4열로 방향변환을 한다. 이때 각 중대장은 제대의 선두 우측 전방에 위치하여 화살표 방향을 향해서 선다.

◗ 제17항: 종대중대 4층 종대로 변환도

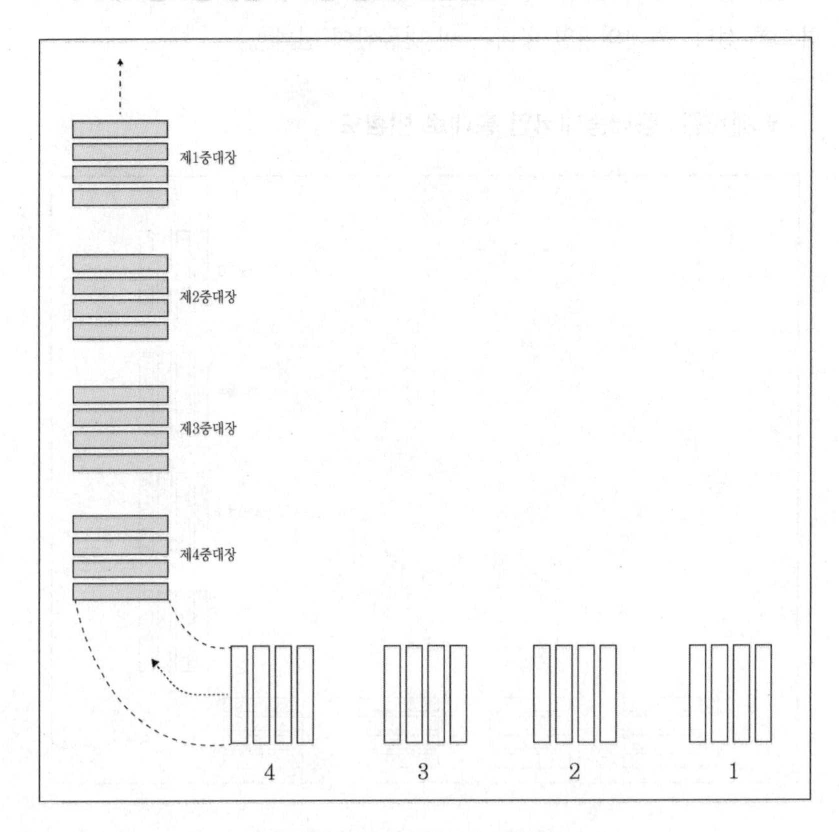

그림 2-32 종대중대 4층 종대로 변환도(제17도)

제1층 중앙 앞에 점선 화살표 위치가 제1중대 위치이다. 선두가 우측에서 좌측으로 회전하는 길은 좌우 점선으로 표시하고 양쪽으로 둥근 모양의 점선표시 중간에 화살표시가 되어 있다. 제1중대는 표시된 길을 따라 우측은 좁히고 좌측은 넓혀가면서 목적지인 제1층까지 행진하여 제1중대가 된다. 제2·3·4중대도 이를 따라 행진하여 목적지에서 4층으로 방향변환을 한다. 이때 각 중대장은 해당 중대의 선두 우측에 위치한다.

◗ 제18항: 좌측으로 돌아 중복종대로 방향 변환도

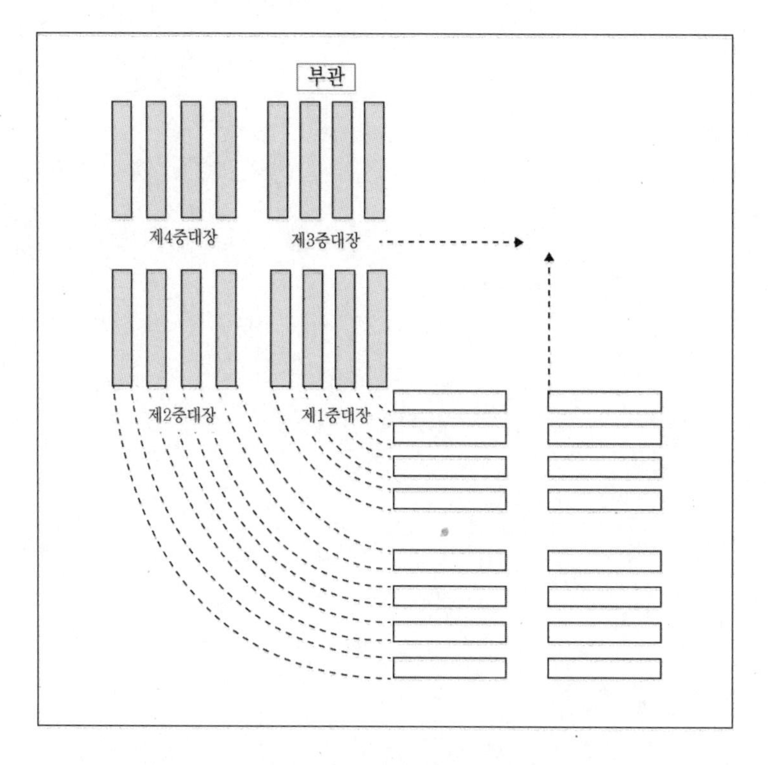

그림 2-33 좌측으로 돌아 중복종대로 방향 변환도(제18도)

중앙 전방의 화살표와 회전하는 길은 좌우의 점선으로 표시하고 있다. 제3중대와 제4중대가 먼저 좌로 돌아 이동하는데, 좌측은 넓히고 우측은 좁혀가면서 목적지까지 행진한다. 제1중대와 제2중대가 비늘모양을 따라 행진하여 목적지까지 도달하면 중복종대 대형을 이룬다. 이때 대대 부관은 제3중대의 선두 좌측 끝에 위치하고, 각 중대장은 해당 중대의 선두 우측 끝에 위치한다.

(제1책 제2권 끝)

기병 훈련교범

(제2책 제3권)

기병 훈련교범

1. 승마 소대학과 도식(圖式)

◗ 제1장: 소대학의 목적

승마 소대학의 목적은 모든 기병으로 하여금 일련의 작업[82]과 독립 소대 및 대대의 운동에 관해 학습하도록 하는데 있다. 교육은 이를 널리 실시하는 것이 매우 중요하다. 모든 기병은 무기를 휴대하고 간편한 옷과 모자를 착용한다. 모든 기병은 총을 메거나 물건을 넣고 꺼낼 수 있는 통을 메고, 흉갑병은 몸통에 갑옷을 착용한다. 교련을 마치면 피복과 침구류, 각종 무기 및 장구류는 말에 실어 놓는다.

소대 기병은 24기(12오) 혹은 32기(16오)로 편제된다. 24기의 소대는 8명 편제의 1개분대로 편성된 3개 분대의 편제이다. 그중 양 날개 끝에는 품계가 있는 병사(有階兵)[83]를 위치시킨다. 24명 소대의 기병 안에 12명은 앞 열에, 12명은 뒤 열에 둔다. 중심병(中心兵)은 앞 열의 3번째 짝수로 지정하는데, 교관이 이 중심병에게 지시하고 모든 기병은 중심병의 지시에 따른다. 소대장은 조장(曹長) 혹은 군조(軍曹)[84] 1명과 더불어 앞쪽에 위치하며, 공히 향도(嚮導)가 된다.

---

82) 여기서 작업(作業)은 일정한 목적과 계획 하에 실시하는 기병에 관련한 각종 업무(業務)를 의미함(역자 주)

83) 품계(品階)는 계(階)로 줄여서도 쓰며, 관등(官等)을 나타내는 글자로 지위 및 관직 따위의 등급을 나타내는 '계급(階級)'을 표현할 때 벼슬의 등급을 나타냄. 여기서는 간부의 말단 계급인 오장(하사)보다 낮은 계급의 병사(지금의 병장 계급)로 생각된다.(역자 주)

84) 일본군 하사관 계급의 하나. 오장(하사)의 위, 조장(상사)의 아래로서 지금의 '중사'에 해당한다. 즉 오장, 군조, 조장 순이다.

소대의 교련방법은 2열로서 실시하는데, 1열 내에서는 그때그때 변통하여 늘이거나 줄이고 각 열은 앞 열을 따라 실시한다. 모든 기병은 자기가 서 있는 위치로부터 보통걸음(常步)[85]으로부터 빠른 걸음(急步)과 뜀걸음(馳步)에 이르는 운동을 충분히 알고, 말이 이동하는 속도에 유의해야 한다.

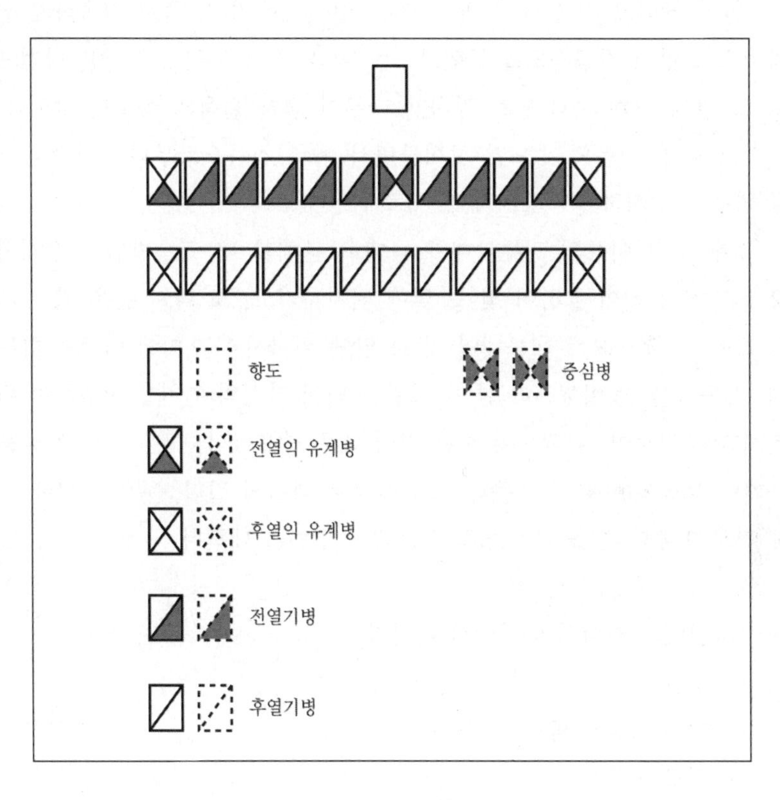

그림 3-1 기병소대도[86]

이러한 걸음의 속도로서 다른 걸음의 속도로 이동할 때에는 점차적으로 새로운 걸음의 속도로 바꾸는 것이 필요하고, 만약 아주 심하게 급

85) 원문에는 모두 '步" 대신에 '馬 + 步(말 걸음 익힐 보)'로 표기하고 있음(역자 주)

86) 1개 분대를 8기로 하여 3개의 분대로 구성된 기병소대의 편성도이며, 그림의 제목은 역자가 붙인 것임(역자 주)

히 바꾸고자 할 경우는 그 소대는 마땅히 일단 정지(停止)[87]한 다음에 질주(馳步)하여 전진하는 것이 필요하다. 선두에 있는 말은 천천히 걸어가다 연속적으로 움직이면서 그 말에 대해 손과 발을 강하게 다루어 점차 빠르게 하면 그 말은 자연적으로 질주하게 된다. 각 기병은 질주 시에는 정돈과는 무관하므로 잘못되지 않도록 하는 것이 좋다.

말이 달리고 있을 때 그 말을 제자리에 세우려면, 즉시 신속하게 점차적으로 말의 걸음속도를 줄인다. 전·후의 기병은 일시에 같은 방법으로 그 말에 대해 손과 발을 강하게 다루어 점차 걸음의 속도를 줄인다. 그리고 나면 걸음의 속도가 줄어들면서 빠른 걸음으로부터 보통걸음으로 바뀌어 정지하여 부동자세에 이르게 된다.

2개 부대 이상의 전투부대가 종대로 분해할 때 교수방법은 수개의 오를 먼저 움직이게 하여 몇 보 앞에 위치시키고, 또 다시 같은 열 수개의 오를 그 후방으로 내보내어 몇 보 앞에 위치시켜 후미에 이르게 하는데 이 동작을 잘 이해해야 한다. 교관은 먼저 자신의 위치를 선정하여 뒤 열에까지 전달이 잘 되도록 하는 것이 매우 중요하다. 모든 기병이 말을 몰거나 부리는(馭馬)[88] 운동과 조작 절차는 다음과 같다. 주의 사항에 대해 가르친 후에 칼을 치켜들고 큰 소리로 명령을 내린다.

(1) 말에 올라타기와 말에서 내리기
(2) 정돈
(3) 열의 벌림과 좁힘
(4) 뒤로 물러섬
(5) 전투대형 직선행진
(6) 빙빙 돌기
(7) 빗겨 행진

87) 정지(停止)는 움직이는 것을 멈추게 하는 것을 의미하고, 정지(靜止)는 머물러 움직이지 않는 상태를 의미함(역자 주)
88) 어마(馭馬): 말을 몰거나 부림을 뜻함

(8) 4기 혹은 2기 종대편제로 행진 및 확장

(9) 습격, 산병의 도보전투

길을 안내하는 향도는 비스듬한 방향으로 빙빙 돌아 걸음의 속도와 제자리 서기 등을 교관의 명령과 지시에 따른다. 모든 기병은 집중이 최고로 요구되며, 모든 기병은 향도의 지시에 따라 움직인다. 교련이 끝나면, 향도 역할은 하던 조장 혹은 군조는 압오열(押伍列)로 이동한다. 소대장은 전면에 서서 향도를 지휘한다.

◗ 제2장: 말 타기와 내리기

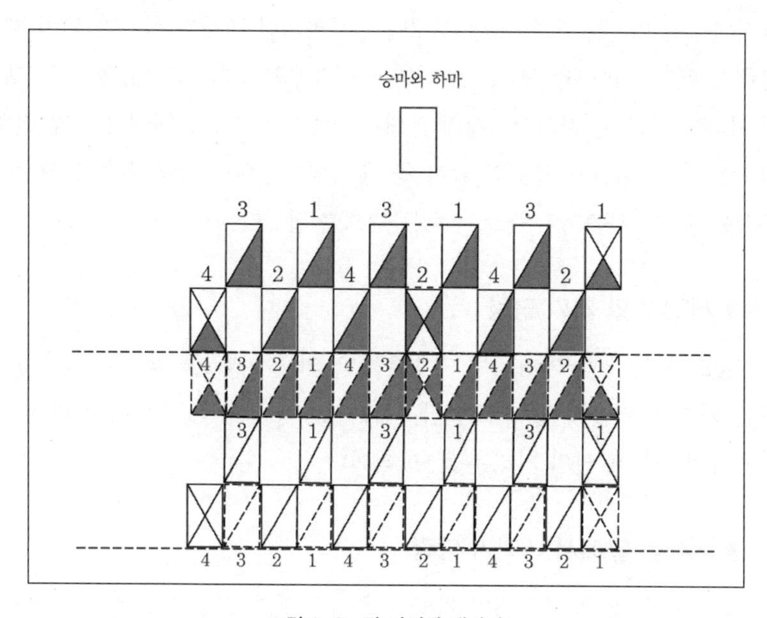

그림 3-2 말 타기와 내리기

소대 2열의 거리는 4미터(米突)(1미터는 3척 3촌으로 합계는 13척 2촌: 역자 주)이다. 향도는 중앙의 앞 1미터 50센티(珊知) 미터(10센티미터는 3촌 3분으로 1미터 50센티미터의 합계는 5척의 크기: 역자 주)에 위치한다.

모든 기병은 각 말의 머리를 세우고, 각 말의 간격은 50센티미터이다. 1·2·3·4기 앞 열의 4기가 반분대이고, 뒤 열 1·2·3·4기 4기가 반분대이다. 1개 분대는 8기가 표준적인 편성이다.

전·후열 24명의 3개 분대가 모여서 1개 소대를 이루거나, 전·후열 32명의 4개 분대가 1개 소대를 이룬다. 4개 분대의 1개 소대가 원래의 기본 편성 방식인데, 평상시 교련을 할 경우에는 3개 분대 24명으로 소대를 편성하고, 전시(戰時)에는 4개 분대 32명을 1개 소대로 편성한다. 이와 같이 간이편성으로 교련을 할 때, 앞 열 1·2·3·4기는 우측에서 시작하여 좌측에 이르는데, 만일 오에 부족 인원이 발생하면 즉시 뒤 열의 기병 중에서 빈자리를 채운다. 섞이기 전에 기병은 순번을 정하는데, 전·후열의 1번 병사와 3번 병사는 홀수가 되고, 2번 병사와 4번 병사는 짝수가 되어 제1 분대가 된다. 이때 전·후열 각 1기가 모여 1개의 오가 되는데, 이것을 '제1번'이라고 부른다. 따라서 4개의 분대로 구성되는 1개 소대에서는 앞 열의 좌측에서부터 4번째 짝수의 말이 곧 중심병이 된다. 이때 홀수와 짝수는 우측에서부터 좌측까지 좌로 부르는 번호를 말한다.

◗ 제3장: 말 타기 명령

향도와 각 열의 제1·3번 기병은 오장의 말이 조금 앞으로 나아가면 모든 기병은 더불어 말에 오른다. 제2·4번의 기병은 각각 신속히 말에 위치하며, 전·후열의 거리는 1.5미터이다.

◗ 제4장: 말에서 내리기 명령

향도와 앞 열의 제1·3번 기병은 오장의 말이 조금 앞으로 나아가면, 제2·4번과 후열 제1·2·3·4번 기병이 그 위치에서 동작하여 동시에 말에서 내린다.

◗ 제5장

또 다시 말에 오르도록 명하는 것은 제3장과 동일하다.

◗ 제6장

또 다시 말에서 내리도록 명하는 것은 제4장과 동일하다.

◗ 제7장: 정돈[89)]

중심병은 향도의 후방 1.5미터 지점에 위치한다. 양익의 유계병은 중심병을 기준으로 하여 소대정면과 일직선이다. 다른 기병들은 양익의 중심과 함께 주의 깊게 눈으로 살펴서 인접 기병의 가슴부분을 마주 보면서 어깨를 나란히 한다. 뒤 열의 모든 기병은 앞 열과 마찬가지로 1.5미터의 거리를 이격하면서 동시에 정지한다. 교관은 부대의 측방에 도달하여 정돈상태를 점검한다.

◗ 제8장: 열의 벌림과 좁힘[90)]

뒤 열의 각 기병은 6미터 뒤로 물러선다. 향도는 중심병과 함께 6미터 앞으로 나아간다. 서로 마주보는 압오열은 뒤 열로 6미터 물러선다. 이것을 '열 벌려 나가(開進)'라고 일컫는데, 뒤 열은 다시 나아가고, 앞 열과의 거리는 1.5미터의 좁은 간격을 둔다. 향도는 다시 중심병 앞으로 나아가 원래의 자리에 위치하고, 압오열 또한 정해진 위치로 돌아온다. 이를 열 벌려 나아간다고 일컫는다.

◗ 제9장: 뒤로 물러섬

후진할 때 모든 기병은 향도의 정지명령에 의해 정돈한 후 뒤로 물러선다.

---

89) 〈그림 3-1〉을 참조하여 볼 것(역자 주)

90) 〈그림 3-2〉를 참조하여 볼 것(역자 주)

◗ 제10장 ~ 제16장: 전대(戰隊)의 직선행진

제10장

지형이 동떨어져 먼 경우에는 행진을 유도하는 향도가 제대의 중심 전방에 위치한다. 가옥에서 수목 사이의 직선은 목표의 방향을 향한다. 도로가 아주 멀 경우는 중간중간에 여러 개의 표지(層標)를 설치한다. 길을 인도할 때 큰 소리로 지시하면, 중심병은 거리에 따라 향도를 뒤따르고, 모든 기병은 중심병 걸음의 속도에 준하여 정돈하고 전진한다. 만약에 중심병이 압박을 당하면 즉시 이에 반대하여 저항하고, 양익(兩翼)의 유계병은 그 걸음의 속도를 바로 잡아서 행진 지시에 따른다. 모든 기병은 이에 의거하여 행진 중 정돈에 주의한다. 혹시 열중 압박을 받을 시에는 아주 신속하게 걸음속도를 줄여 천천히 간다. 향도교관은 뒤편 중앙에 위치하여 유계병과 중심병 그리고 모든 기병의 행진을 보살피고 지킨다. 만약 그 정돈 상태를 점검하려면, 측면 상부의 적절한 곳에 위치 하는 것이 좋다.

제11장

행진 중에 정지 명령을 내리면, 향도와 모든 기병은 제자리에 멈춰서서 일직선으로 정돈한다.

제12장

소대가 보통걸음(常步[91])으로 행진중인 경우에는, 빠른 걸음으로 나가다가 점차 뛰걸음으로 나아간다. 소대가 뛰걸음으로 행진중인 경우에는, 빠른 걸음으로 바꾸고 나서 점차 보통걸음으로 바꾼다. 명령에 따라 걸음의 속도를 변환하는 순서에 주의하고 제자리에 멈출 때에는 즉시 점차적으로 걸음의 속도를 늦춘다.

---

91) 이하 보(步) 자는 원문에는 모두 馬+步의 합자로 표기되어 있음(역자 주)

제13장

전투부대가 직선으로 행진하는 것은 먼 거리를 가는 길에서 실시하는 것으로 여러 차례 제자리에 멈춰서는 것이 요구된다.

제14장

장애물이 있는 장소를 만나면, 즉시 오와 열을 관리하고, 제1 · 2 기병에게 명령을 내려 제자리에 멈추게 한 다음 장애물을 통과하고 나면 곧바로 원래의 대형으로 돌아올 수 있도록 걸음의 속도를 증가한다.

제15장

넓게 흩어진 덩굴 장애물이 있는 길을 만나면, 즉시 모든 기병은 각자 그 자리를 통과하여 제자리에 머물러 선다. 오와 오 사이의 간격을 정돈한 후 통과시 만약 향도가 단절되는 경우 모든 기병은 각자 말의 속도를 올바르게 조절하여 말 머리를 가지런히 정돈하고 향도를 기다려야 한다.

제16장

아주 좁은 길을 만나면, 종대로 분해하여 차례차례로 좁은 길을 통과하여 향도는 후방에 위치하고, 모든 기병이 통과한 후 향도와 모든 기병은 이전 상태의 대형으로 복귀한다.

◗ 제17장 ~ 제22장: 선회(旋回)

제17장

빙빙 도는 방법은 2가지가 있는데, 한 가지는 제자리 축을 중심으로 빙빙 돌기(駐軸旋回)이고, 또 한 가지는 동심원 축을 중심으로 빙빙 돌기(動軸旋回)이다. 보통 선회를 할 때 오와 오 사이가 벌어지는 것에 주의하여 행한다.

• 제18장 ~ 제20장: 주축선회(主軸旋回)

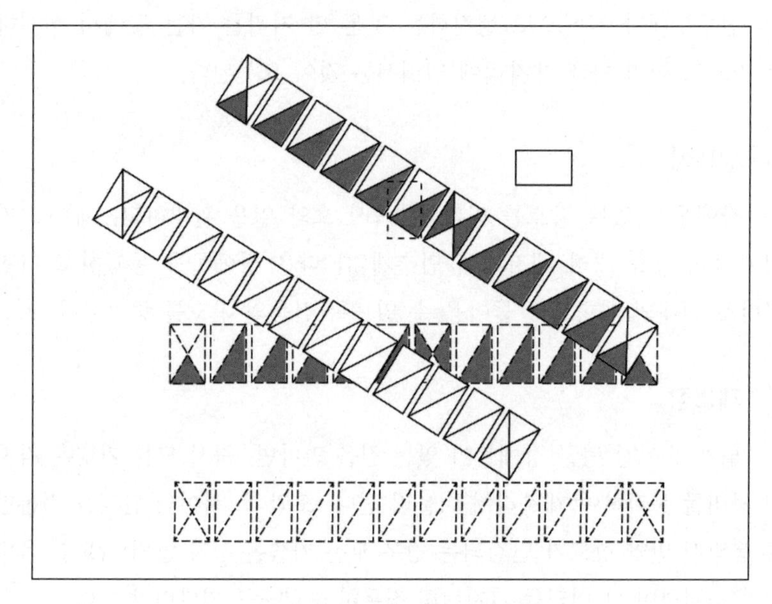

그림 3-3 제자리 축을 중심으로 빙빙 돌기

제18장

행진 또는 정지 중 걸음의 속도는 3가지가 있는데, 뜀걸음, 빠른 걸음, 보통걸음을 일컫는다. 그러므로 이에 준거하여 시행한다. 그러나 제자리 축을 중심으로 도는 경우, 제자리 정지에서 곧바로 이어서 하는 뜀걸음은 전투부대의 직선행진 시에 실시하는 뜀걸음(제12장)과는 동일하지 않다.

제19장

소대 안에서 제자리에 멈춰 서있을 때 좌로 선회하여 반 바퀴 앞으로 나아가라는 명령을 받으면, 모든 기병은 현재의 축을 중심으로 선회를 계속하여 이어서 실시한다. 유계병은 날개 측에서 선회 운동을 하고, 모든 기병은 이에 준한다.

선회 익의 유계병은 1~2보 앞으로 나아가 정면을 향해 넓히면서 원호 형태(弧形)로 선회한다. 선회하는 중 압박을 받으면, 선회 축을 주목하면서 말머리를 가지런히 정돈해야 한다. 모든 기병은 선회 중심축과 선회의 익측을 연접하여 유계병과 더불어 걸음의 속도를 줄이면서 정돈한다. 선회를 시작하는 처음부터 기병은 좌측 다리를 말의 허리 부분에 가까이 대고 앞과 뒤 열의 거리를 일정하게 유지하며 이에 따라 걸음의 속도를 줄여가면서 계속하여 빙빙 돈다. 선회를 마치고 나면 전·후열은 각각 원래의 위치로 가서 제자리에 선다. 다시 앞으로 가라는 명령을 내려 전투부대의 직선행진 규칙에 따라 앞으로 나아간다.

제20장

선회가 종료되면 정지하고, 향도를 따라 우측으로 돈다.

• 제21장 ~ 제22장: 동축선회(動軸旋回)

제21장

행진 중 선회 시에는 향도에게 좌로 전진하도록 명령을 내린다. 손으로 지시하여 모든 기병이 걸음의 속도를 증가하여 축을 중심으로 빙빙 돌아 행진하여 반지름이 15미터인 원호의 모양으로 지나간다. 중심병은 향도를 따라 빙빙 돌고, 우익의 유계병은 걸음의 속도를 줄이고, 좌익은 중심병을 기준으로 하여 걸음의 속도를 늘여 회전축과의 사이를 벌린다. 모든 기병은 걸음의 속도를 증감하면서 나아가 새로운 방향에 도달한다.

제22장

향도를 따르는 모든 기병은 교관의 지시에 따라 방향을 변환하고 정돈한다.

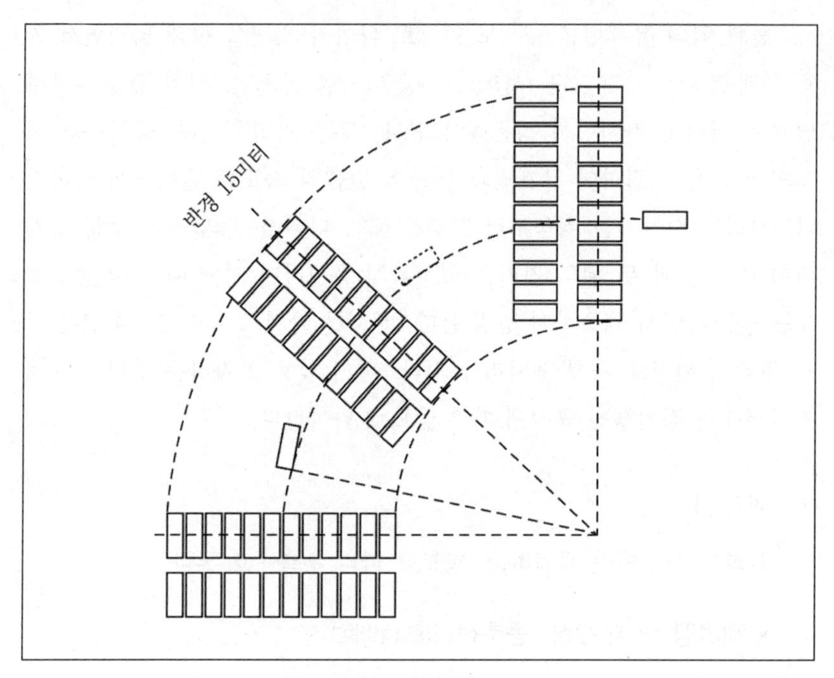

그림 3-4 동심원 축을 중심으로 빙빙 돌기

◗ 제23장: 빗겨 행진

전대(戰隊)의 직선행진 행진 중 빗겨 우로 행진(右斜行進)을 할 때, 우익의 유계병은 우측 방향 절반 정도의 새로운 방향을 향해 곧바로 행진한다. 모든 기병은 움직이기 시작하여 점점 우측으로 빗겨 간다. 오른쪽 무릎을 우측의 인접한 기병의 왼쪽 무릎과 마주하고, 후방은 우익의 비스듬한 직선에 준한다. 정면으로 평행이동을 하여 반 좌측으로 향한다. 전대 직선행진 규칙에 따르면, 빗겨 좌로 행진(左斜行進)은 빗겨 우로 행진 규칙과 같다.

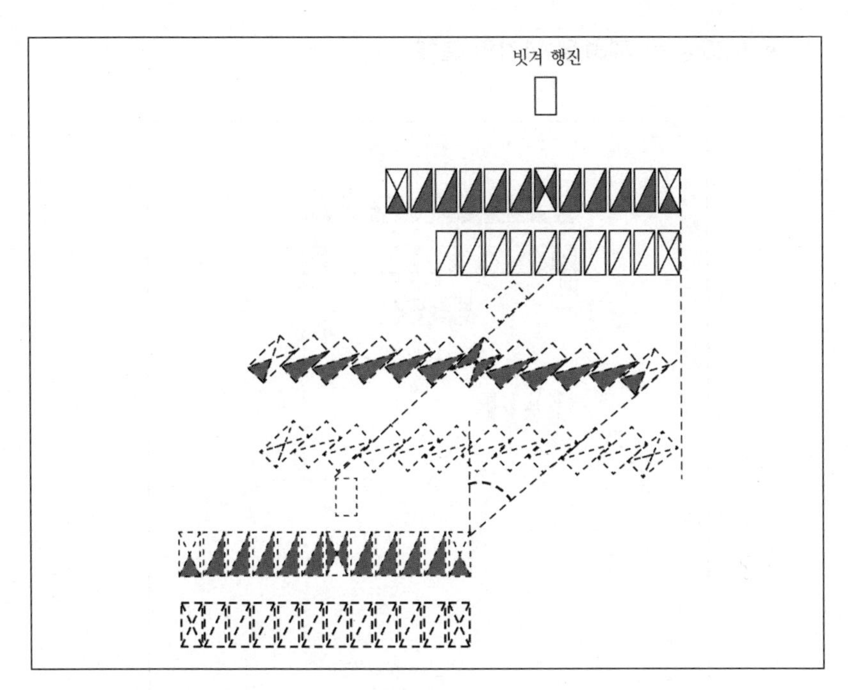

그림 3–5 빗겨 행진

◗ 제24장 ~ 제46장: 4기 혹은 2기 단위 종대편제 행진과 확장

제24장

2기 종대에서 4기 종대로 행진시에는 즉시 거리를 반으로 줄이고 간격은 75센티미터를 둔다.

• 제25장 ~ 제31장: 4기의 분해

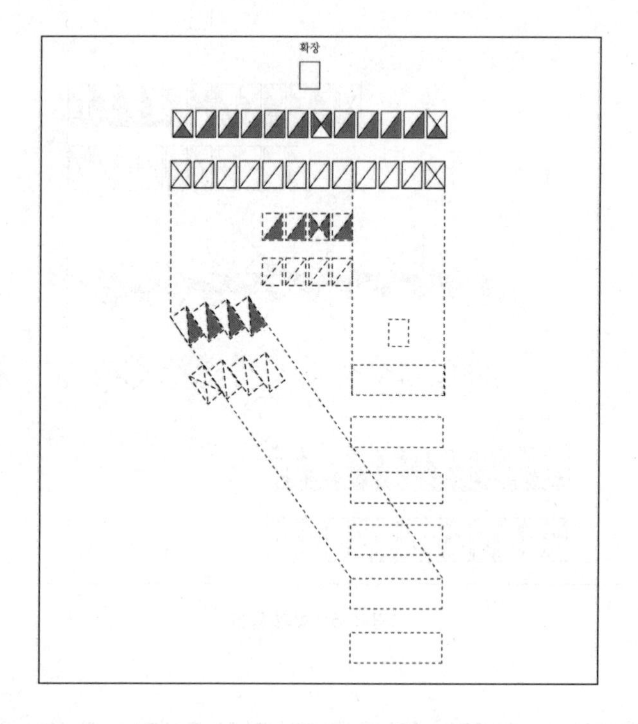

그림 3-6 4기 종대 편제 행진 및 확장[92)]

제25장

소대를 4기로 분해 시에는 반드시 우측 익(翼)부터 먼저 실시한다.

제26장

소대를 종대로 편성시, 향도가 먼저 이동하여 4기로 분해한 첫 번째 4조[93)]의 중앙 전방 1.5미터 지점에 서서 종대를 인도하고 이끈다.

92) 통상 훈련 시에는 기병 1개 소대가 24기로 편성하므로 사각형 하나가 곧 4기이며, 1개 조는 8기로 편성(사각형 2개)하여 3개 조로 이동하는 그림이다.(역자 주)

93) 앞의 4기와 뒤의 4기를 합쳐 총 8기가 첫 번째 4조임(역자 주)

제27장

4기 단위 전진시 첫 번째 4조(8기)는 곧바로 전진하고, 두 번째 4조의 말머리가 첫 번째 4조의 말허리(馬腰)에 도달하면 빗겨 우로 행진한 후에 빗겨 좌로 행진한다. 세 번째 4조는 앞 조의 움직임을 보면서 축차적으로 움직이며, 뒤 열은 앞 열이 하는 것을 따라 움직여서 앞뒤의 거리는 75센티미터로 좁힌다.

제28장

4기로 분해시 만약 빠른 걸음과 뜀걸음으로 하고자 하면, 교관은 먼저 걸음의 속도를 지시한다.

제29장

정면으로 늘려 나아가. 중에 만약 도상종대(途上縱隊)를 편성하고자 하면 먼저 첫 번째 4조를 분해하여 방향을 변환하는 것이 우선적으로 필요하고, 기타 4조는 이를 좇아 시행한다.

제30장

전대의 직선 행진 중 분해 시는 두 번째 4조는 첫 번째 4조가 분해하는 것을 따라서 실시하고, 걸음의 속도를 배로 증가한다. 사선으로의 분해도 이와 같다. 뜀걸음으로 행진하려면 첫 번째 4조는 즉시 그 힘을 다해 동일한 걸음의 속도 즉 뜀걸음으로 행진하고, 다른 기병들은 빠른 걸음에서 뜀걸음으로 바꾸면 된다. 빗겨 직진으로 행진시에도 이와 동일하게 실시한다.

제31장

교관은 제자리에 서도록 구령을 내린다.

• 제32장 ~ 제37장: 종대 행진

제32장

종대 행진이란 행진시 좁은 도로를 만나는 경우 즉시 종대로 통과하기 위한 행진방법을 말한다.

제33장

종대는 보통걸음으로 일렬로 정돈하여 앞으로 나아간다. 교관은 목표의 방향을 지시하고 '전대(戰隊)의 행진' 규칙에 의해 인도한다.

제34장

모든 기병은 걸음의 속도를 같게 하여 거리와 간격을 흩트리지 않게 한다. 만일 좌우에 돌출이 있거나 혹은 울퉁불퉁한 돌덩이를 만나 앞으로 나아가는데 어려울 경우는 적절한 통과방법을 생각하여 도모(圖謀)해야 한다.

제35장

행진시 걸음의 속도는 제12장(승마소대 전대의 직선행진 중 걸음의 속도: 역자 주)의 규칙을 따른다.

제36장

행진시 방향 변환은 제21장(승마소대의 동축선회)의 규칙을 따른다.

제37장

선두로부터 후미까지의 모든 기병이 측방으로 반좌 빗겨 행진 혹은 반우 빗겨 행진을 할 경우에는 각 열의 말머리를 일직선으로 유지한다.

• 제38장 ~ 제40장: 늘려 나감과 줄임

제38장

종대를 늘리고 줄이는 경우에는 보통걸음에서 빠른 걸음, 뜀걸음 순으로 걸음의 속도를 증가 혹은 감소한다.

제39장

2기 행진으로 4기 종대 행진을 하려고 하면, 제24장(승마소대의 간격과 거리)에 따라서 분해하고, 제27장(승마소대의 4기 분해 요령) 규칙에 따라 움직인다.

제40장

2기 종대 행진 중에 4기 종대로 다시 명령을 변경하면 즉시 선두의 2개 조(4기)는 보통걸음에서 빠른 걸음으로 바꾼다. 다음의 2개 조는 빗겨 좌로 행진하여 선두의 2개 조가 같은 선상에 이르면, 보통걸음을 빠른 걸음으로 바꾼다. 이와 함께 다른 기병도 전진하여 제1호와 제2호에 의거하여 거리를 정하여 제3호와 제4호는 같은 방법으로 보통걸음에서 빠른 걸음으로 축차적으로 늘려 나간다.

• 제41장 ~ 제46장: 종대 확장

제41장

종대로 빠른 걸음이나 뜀걸음으로 전진중일 때 전대(戰隊)의 향도는 보통걸음에서 빠른 걸음으로 바꾸어 선두 4개 조의 6미터 지점 앞으로 나아간다. 다른 4개 조가 근처의 위치에 도달하면, 보통걸음에서 빠른 걸음으로 바꾸어 좌로 빗겨 행진한다. 전투대형을 편성하는 중 향도는 새롭게 정면 중앙 앞의 위치로 옮겨 서는데 전·후열의 거리는 1.5미터를 띄운다.

제42장

우로 빗겨 행진은 제41장의 규칙에 따른다.

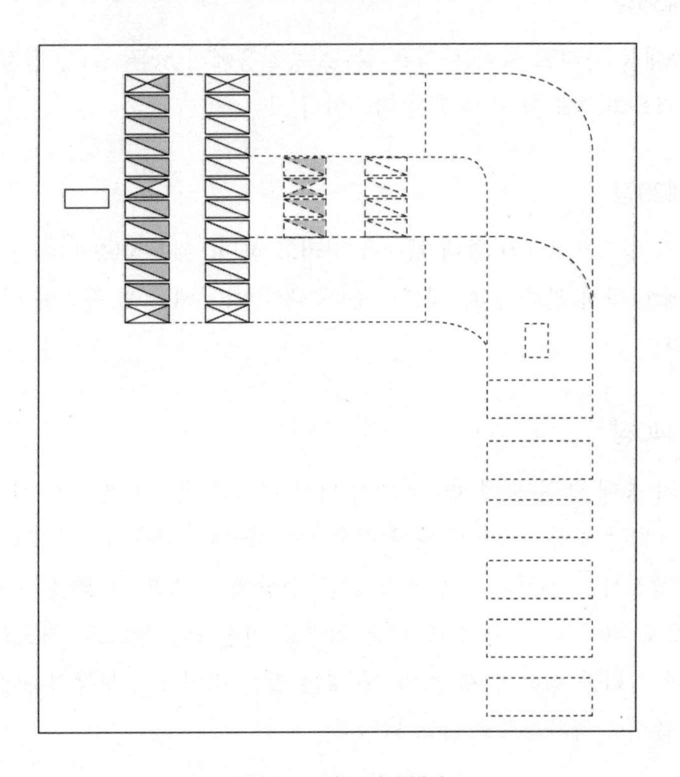

그림 3-7 좌로 빗겨 행진

제43장

좌로 이동하는 행진 중(〈그림 3-7〉: 역자 주) 우측 향도는 선두의 20보에 위치하여 방향을 지시하고, 빙빙 도는 행진을 한 후 보통걸음을 빠른 걸음으로 바꾼다. 기타의 4조도 축차적으로 왼쪽을 기준하여 오른쪽으로 빙빙 돈다.

제44장

정지 간 또는 행진 간 좌우로 빙빙 돌 때, 향도는 20보 거리에 위치하여 보통걸음을 빠른 걸음으로 바꾸도록 지시한다.

제45장

만약 제자리에 세우고자 하면 향도는 즉시 선두 4조를 제자리에 세우고, 기타 4조는 동일한 선상에 도달하면 제자리에 선다.

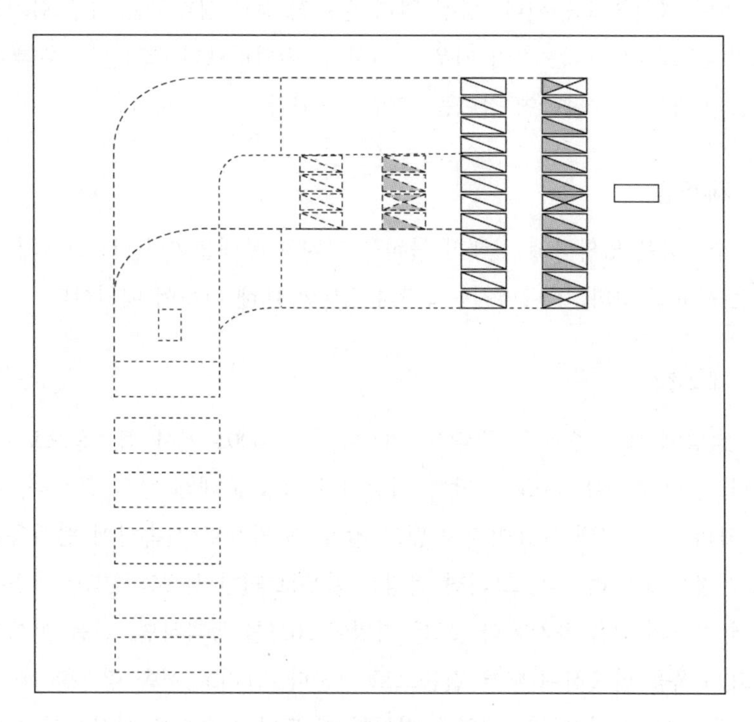

그림 3-8 우로 빗겨 행진

제46장

보통걸음 중 만일 2기로 줄이고자 하면, 즉시 제자리에 세우기 전에 종대를 정지시킨다. 또한 4기로 늘리고자 하면 즉시 보통걸음으로 가게 한다.

◗ 제47장 ~ 제54장: 습격

제47장

훈련기술 가운데 습격이 가장 어렵다. 일부분인 2기는 적군의 병사가 되어 승부를 가리는데, 그 행진은 신속하고 맹렬하게 서로 맞부딪치는 것이 절실히 요구된다. 당장 멀리 떨어진 적과 상대하는 경우 화기를 효과적으로 사용하는 것이 매우 유리하다. 원거리로의 행진은 매우 빠른 걸음의 속도를 숙달하여 익히는 것이 요구된다.

제48장

소대장은 명확하게 정해진 목적을 가지고 부대를 이끈다. 소대의 정면은 목표를 향하고, 나머지는 2기의 적병에 대해 나누어 배치한다.

제49장

적병에 대해 습격을 행할시, 700보 혹은 800보에서 뛈걸음으로 공격하고, 60보 혹은 80보 도달한 지점에서 적병에 대해 칼을 뽑는다. 전후 열의 모든 기병은 흩어지지 않고 칼을 쥔 자세로 신속하게 뛈걸음으로 적병에게 달려간다. 그러면 적병은 좌우로 피한다. 모의(模擬) 적병은 먼저 기병의 선을 표시한다. 모든 기병이 20보를 통과하면, 칼을 어깨에 메고 보폭을 단축하여 빠른 걸음으로 바꾼다. 그리고 계속 행진할 때 소대장은 후방에 위치하여 대열을 정돈한 후 또다시 습격을 실시하여 전투 중 적을 찔러 들어가 적병을 물리친다.

제50장

습격을 마치고 나면 흩어진 기병을 한 군데로 모은다.

제51장

공격 연습시 기준 기병(標騎兵)을 적병의 100보 혹은 150보 지점에 세운다. 각 기병은 반 바퀴 행진하고, 소대장은 오와 오 사이를 뚫고 정면의 선두로 나와서 맨 앞에서 공격하여 'ㄱ'자 형태(矩形) 혹은 비스듬하게 뜀걸음으로 달린다. 모든 기병은 이를 따라 연속으로 행진하여 700보 혹은 800보를 지나서 빠른 걸음으로 적병이 달아난 방향으로 추격을 한다.

제52장

습격절차의 어려움은 그 수위를 점차적으로 높여가면서 실시한다. 평행공격은 중심병을 기준하여 때로는 'ㄱ'자로 굽은 형태의 사면(斜面)습격이나 혹은 일익양익(一翼兩翼)으로 한다. 다만 적의 방향에 따라 이를 가려서 선택한다.

제53장

적이 있는 곳을 관찰하여 살펴서 척후병(斥堠[94])을 탐색하기 위한 1~2명의 기병을 10미터 지점에 파견하여 적이 있는지를 정확하게 알고 나서 적이 생각지 못한 불의의 습격을 시행한다. 이와 반대로 적의 공격으로 피습을 당하면, 빠르게 거리를 늘리고 맹렬하게 습격을 행한다. 모든 기병 중에서 날쌔고 용감한 기병은 비록 혼자가 되더라도 각자 습격하는 것이 효과가 있다.

제54장

습격의 연습은 말이 피로해 질 때까지 걸음의 속도를 신속하게 하는 것이 필요하다.

◗ 제55장 ~ 제57장: 산개습격(散開襲擊)

제55장

모든 기병은 다소 넓게 동일 선상에 산개하여 공격을 한다. 때로는 100미터~150미터 너비의 부채 형태로 흩어져 전·후열과 같은 오가 서

---

94) 원문에는 척후(斥堠)로 기록되어 있으나 이는 척후(斥候)와 같은 의미로 여기서는 척후의 일을 맡아보는 군사인 척후병(斥候兵)으로 해석함(역자 주)

로 유지하며 빠르게 뜀걸음을 하고자 할 때에 나팔을 분다.

제56장

적이 후방에 있을 때에는 즉시 나팔을 불어서 은밀하게 뒤로 물러나 굽은 형태나 빗겨 행진을 하여 적병을 향해 준비를 갖추고 빠른 걸음으로 공격하여 전투한다.

제57장

습격 전에는 뜀걸음으로 통과하며, 사거리의 원근과 표적에 이르는 탄도(彈道)의 고저를 헤아려서 적이 미처 생각하지 못하도록 갑자기 쳐들어가 기습적으로 공격을 실시한다.

◗ 제58장 ~ 제62장 : 산병(散兵)

제58장

흩어져서 적병을 찾고 지세를 살펴보는 것은 마치 적이 아군을 알고 추적하는 경우와 같다고 할 수 있다. 은밀하게 퇴각할 때에는 반드시 나팔수는 함께 머물며 향도의 지시에 따라 나팔을 분다. 산병의 방향과 지원부대가 올 때 이를 안전하게 보호할 수 있도록 향도의 지시에 주목한다.

제59장

산병이 정밀하게 조준하여 사격을 할 때, 나팔수는 사격중지 나팔을 불어서 명령에 따라 즉각 중지하고, 사격이 필요할 때에 다시 나팔을 불어 즉시 침착하게 여럿이 한꺼번에 일제히 사격한다. 혹은 소대장은 2~3명의 기병에게 말에서 내려 조준사격을 하도록 명령한다.

제60장

정지한 산병은 총은 어깨에 메고 칼을 뽑아들어 뜀걸음으로 적을 향한다.

제61장

산병 습격시의 진퇴에 대해서는 제55장과 제56장의 규칙에 따라서 시행한다.

제62장

산병 교련시 걸음의 속도는 보통걸음, 빠른 걸음, 뜀걸음으로 변환하여 전방의 적병을 향해 행진한다. 적과 반대방향으로 행진하는 퇴각의 경우, 좌우로 방향을 변환하고 나서 비로소 사격을 하거나 사격을 중지하는 것은 나팔소리와 함께 실시한다.

◗ 제63장 ~ 제66장: 도보(徒步) 전투

제63장

산병을 몰아서 쫓아내고자 할 때, 지형의 형태가 걸음의 속도를 조절하기 불편하면 모든 기병에게 우선 제자리에 머물도록 명령을 내린다. 제1호와 제3호는 말 등 위에서 머물고, 제2호와 제4호는 말에서 내려 말의 고삐를 말의 목 부분에 놓고 우측에 인접한 기병의 끄트머리와 30센티미터 지점에 위치한다. 말고삐를 손에 쥐고 말에서 내린 기병은 앞 열 기병의 전방 10보 지점에 위치한다. 1열로 편성시 산병은 움직이면서 사격을 실시한다. 뒤 열의 기병은 도보병에 준하여 적당한 거리를 두고 숨을 수 있는 지형지물에 의탁한다.

제64장

승마하도록 나팔수가 나팔을 불면 소대장은 전후 열과 도보기병 간 6보 지점인 후방에 도착한 후, 지름길로 가로질러 선두에 이르러서 어깨에 총을 메고 고삐를 잡아 신속하게 말에 오른다.

제65장

2기 종대로 말에서 내려 전투할 경우 즉시 모든 기병은 말에서 내려 앞 장(제64장)의 규칙에 따른다.

第66장

만약 다수의 기병이 말에서 내릴 경우에는 단지 제2호는 말 등 위에 위치하고, 제1호, 제3호, 제4호는 동시에 말에서 내려서 제1호와 제3호 말의 고삐는 서로 지키고, 제4호 말고삐는 제3호 말의 말고삐 뒷부분 재갈의 위쪽 부분에 단단히 묶어 둔다. 1열 혹은 반 열로 말에서 내림과 동시에 맨 처음 기병은 말에서 내려 오른손을 구부려 팔을 위로 높이 들어 지탱한다. 모든 말의 고삐는 말을 주위를 빙빙 돌아 한 곳으로 모일 수 있도록 하는 것이다.

2. 승마 대대학과 도식

◗ 제67장~제69장: 승마 대대학의 목적

승마 대대학의 목적은 각 소대의 연습을 동일하게 실시하고 독립대대 혹은 연대의 모든 운동에 꼭 필요한 것을 교수하는데 있다. 과거의 편제방식으로는 4개 소대가 합쳐서 1개 대대를 이루고, 2개 대대가 1개 연대를 이루는 것이 규칙이다. 현재는 4개 소대로서 1개 중대를 이루고, 2개 중대가 1개 대대를 이루기 때문에 과거의 편성 방식에 따르는 대대의 도식은 중대로 간주하여 실시한다.

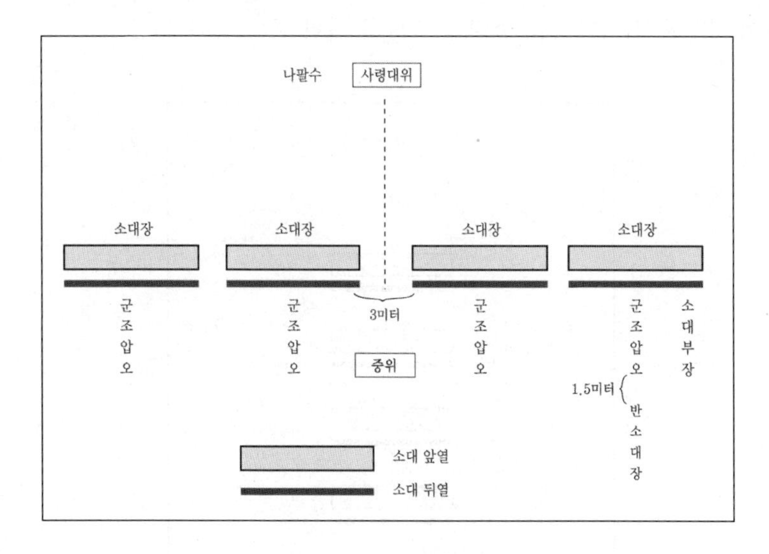

그림 3-9 기병 중대 횡대[95]

모든 기병과 말은 기병소대의 기준에 의거하여 장비를 휴대한다. 4개 소대는 일직선상에 간격을 띄우고 전후 2열로 선다. 지휘하는 대위(司令大尉)는 1명으로 나팔수를 거느리고 향도의 정면전방의 중앙에 위치한

95) 그림에서는 제1소대 반소대장의 위치만 표기되어 있으나, 이하 제2 · 3 · 4소대 반소대장의 위치는 각 소대의 후방에 둔다.(역자 주)

다. 2등 대위(중위를 말함: 역자 주) 1명은 제대의 후방 중앙에 위치하고 제대와의 거리는 3미터를 유지한다. 각 소대장은 해당 소대의 전방 중앙에 위치한다. 부 중대장은 제1소대의 후방의 중앙에 위치한다. 반소대장은 소대별로 각 1명으로 모두 각 소대의 후방 중앙에 위치하며, 압오열과 1.5미터 거리를 둔다. 그 외에 군조(軍曹)[96]와 오장(伍長)은 본대의 양익에 함께 나란히 들어온다. 각 소대는 정면으로 동일한 거리를 띄워 축차적으로 층을 중첩되게 하여 4층 종대를 만든다. 사령 대위가 명령을 하달할 때 각 소대장은 소대의 선두가 즉시 앞으로 나아가도록 집중해야 한다. 사령대위는 명령을 하달할 때에는 팔을 쭉 펴고 칼끝을 공중으로 올려서 방향을 지시하며 큰소리로 명령을 내린다.

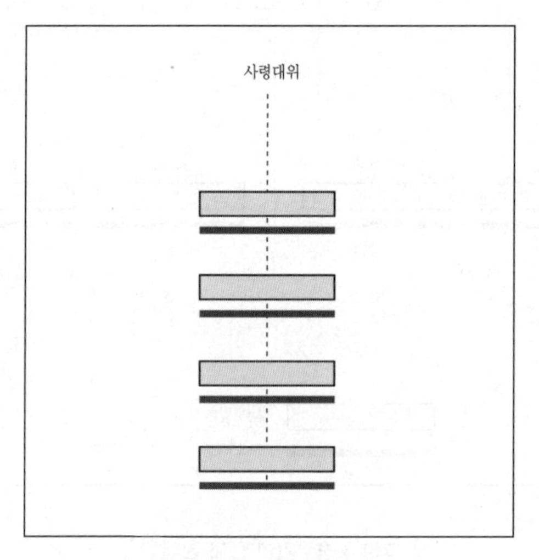

그림 3-10 기병 중대 종대

사령대위가 명령을 내리는 즉시 모든 기병은 향도를 따라서 칼을 뽑아들고 비스듬한 방향으로 빙빙 돌아 걸음의 속도를 줄인다. 혹시 제자리에 멈춰 설 때에는 각 소대장의 지시에 따른다. 만약 먼지와 짙은 안개

96) 옛 일본 육군의 하사관 계급의 하나로 伍長의 위, 曹長의 아래 계급으로 중사에 해당. 일본의 하사관은 上級曹長(上級上等兵曹, 원사), 曹長(上等兵曹, 상사), 軍曹(一等兵曹, 중사), 伍長(二等兵曹, 하사)으로 나뉜다.

혹은 깜깜하게 어두워서 동작을 지시하기가 불가할 때에는 즉시 대대장은 육성으로 명령을 하달하여 서로 통할 수 있도록 한다.

(1) 정돈
(2) 전대(戰隊)의 직선행진
(3) 선회
(4) 사행진
(5) 거리종대 편제, 행진 및 확장
(6) 도상종대 편제, 행진 및 확장
(7) 습격, 산병, 도보전투

제68장

대대장이 소대별로 4기씩을 정하면 각 소대는 우익의 4기를 산정한다.

제69장

승마와 하마는 승마 소대학의 규칙에 따라 시행한다. 거리종대(距離縱隊)시 말에서 내리자마자 소대장은 즉시 종대의 측면에 도착한다.

◗ 제70장 ~ 제72장: 정돈

제70장

적절한 정돈의 통제는 소대학 제7장(승마소대의 정돈, 〈그림 3-1〉: 역자주)과 같이 중심병 기병과 양익의 유계병을 기준하여 제1소대부터 제4소대까지 길게 늘어서 정돈한다.

제71장

열 벌림과 좁힘은 소대학 제8장(승마소대의 열 벌림과 좁힘, 〈그림 3-2〉 참조)과 서로 동일하다.

제72장

대대가 후방으로 2~3보 물러설 때에는 즉시 대대장은 뒤로 나아간다.

◗ 제73장 ~ 제82장: 전대(戰隊)의 직선행진

제73장

전투대형 행진은 승마 소대학의 규칙과 서로 같다. 대대장은 전면 중앙에 위치한다. 향도는 중심병으로 제2소대 좌익을 향도로 정하고 대대장과 같은 방향을 취하여 곧바르게 행진한다. 각 소대는 제2소대장의 정면방향을 기준으로 간격을 유지한다. 각 소대의 양익 유계병은 각자 해당 소대를 기준하고 중심병은 소대장의 뒤 1.5미터 지점임을 주의한다.

제74장

대대장이 만약 전방의 중앙 지점에서 벗어나고자 하면, 제2소대장에게 큰 목소리로 지점과 방향을 정확하게 알려서 앞으로 오도록 한다.

제75장

전투대형으로 행진중 제2기병과 제3기병이 가. 길에 장애물을 만나면 즉시 그 자리에 머물러서고 소대학 제14장과 제15장의 규칙에 준하여 통과한다.

제76장

대대의 전진과 정지의 절차는 대대장이 하달하는 명령에 따른다.

제77장

대대 전투대형으로 행진 중 만약 제자리에 설 경우가 생기면 즉시 각 소대장은 제2소대장을 기준하여 바르게 정돈한다.

제78장

걷는 속도를 변환하는 것은 승마 소대학 제12장(걸음 속도의 변환 요령)에 기재된 내용에 따라서 시행한다.

제79장

대대가 좌로 빙빙 돌 경우 걸음의 속도는 소대학 제19장(주축선회)의 규칙을 따르고, 대대가 정지할 경우는 소대학 제20장(선회종료후 우로 돌아서기)의 규칙에 따라 우로 빙빙 돌아서 행진을 실시한다.

제80장

정지 혹은 행진 중인 전투대형을 후방으로 행진하고자 하면 각 소대는 소대학에 의거하여 실시한다.

제81장

대대가 앞으로 나아가다가 만약 제자리에 설 경우는 각 소대가 선회를 마칠 때까지 기다린 다음에 정지하도록 명령을 내린다.

제82장

각 소대가 반 바퀴를 선회하여 움직이는 사이에 대대장은 소대와 소대사이의 틈을 통과하여 새로운 정면으로 나아가 대대 앞 중앙에 다시 위치한다. 대대장이 대대 앞 중앙에 위치할 때, 제1소대와 제2소대는 우측으로 반 바퀴 사이를 통과하고, 제3소대와 제4소대는 좌로 반 바퀴 사이를 통과한다.

◗ 제83장 ~ 제84장: 선회

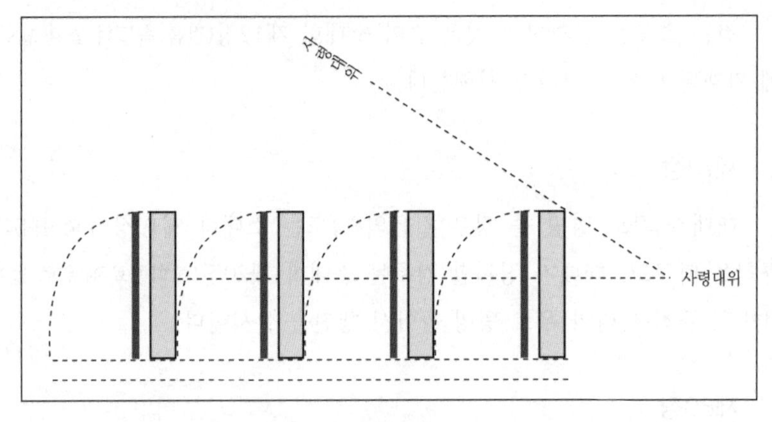

그림 3-11 선회

제83장

대대가 전투대형 혹은 주축선회로 정지 행진을 하는 운동은 소대학 제18장, 제19장, 제20장의 규칙을 따른다.

제84장

대대종대에서 동축선회로 변화하고자 하면 소대학 제21장, 제22장의 규칙을 따라 실시하는 데, 다만 제2소대의 행진속도를 기준으로 한다.

◗ 제85장: 빗겨 행진

빗겨 행진을 하는 운동은 소대학 제23장(사행진)의 규칙과 같다.

◗ 제86장 ~ 제107장: 거리종대 편제, 행진 및 확장

• 제86장 ~ 제90장: 거리종대 편제

제86장

대대전대가 측방종대를 이룰 때, 대대장은 우에서 좌로 행진을 명령한다. 그러면 각 소대장은 주축선회 방향을 지시한다. 또 선회를 마쳤을 때 혹시 전진 명령을 하면 각 소대장은 즉시 곧바로 직진하여 전진한다.

제87장[97]

대대전투대형으로 정면 전방에서 거리종대를 이룰 때, 대대장은 즉시 전방으로 나아가 명령을 내린다. 이 명령에 따라 제1소대는 정면으로 곧바로 전진하고, 제2소대는 소대학 제21장의 규칙에 따라 반우측 방향으로 선회하고 이어서 좌에서 우로 동축선회(動軸旋回)를 실시한다. 제1소대가 이를 좇아 실시하고 이어서 제3소대와 제4소대 전체가 우측으로 선회하고 곧바로 나아가서 제2소대의 후방 앞에 이르면 차례대로로 좌측으로 선회한다.

제88장

좌 전면의 대대종대는 즉시 왼쪽 방향 전방으로 분해한다.

제89장

빠른 걸음 혹은 뛥걸음으로 이동은 먼저 동작을 개시하는 동령을 내려서 걸음의 속도를 지시한다.

제90장

전투대형으로 행진하는 중에 분해를 하고자 하면, 정지하는 방법과 동일하게 실시하고 걸음의 속도를 다시 지시한다.

97) 원문에는 88장으로 오기되어 있음(역자 주)

- **제91장 ~ 제97장: 거리종대 행진**

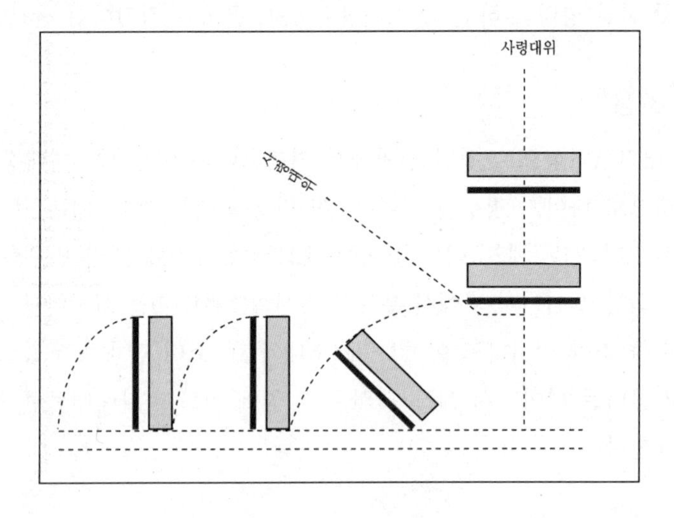

그림 3-12 거리종대 행진

제91장

거리종대로 행진하면 대대장은 선두소대장의 앞 정면에 위치한다. 만약에 그 정해진 위치를 벗어나면 선두와 소대장의 지점 및 방향을 지시한다. 향도종대 각 소대는 거리를 연달아 붙도록 하여 모두 걸음의 속도를 같게 하고 동시에 이동한다. 혹시 걸음의 속도가 일치하지 않으면 그때마다 올바르게 고쳐야 한다.

제92장

만약 좁은 애로를 만나면, 종대는 소대학 제16장(애로통과)과 동일한 방법으로 통과한다.

제93장

거리종대로 방향을 변환하고자 하면 각 소대는 차례차례로 동축선회를 실시한다.

제94장

방향변환은 승마 소대학 제22장과 동일하다.

제95장

사행진은 승마 소대학 제23장과 동일하다.

제96장

거리종대로 행진하다 좌측으로 전진하고자 하면, 우선 측방 지점의 위치 차지하고 각 소대는 명령에 따라 실시한다.

제97장

거리종대로 뒤쪽으로 행진을 하려면 각 소대는 앞으로 나가기 전에 우선 좌측으로 행진하여 반 바퀴를 돈다.

• **제98장 ~ 제107장: 거리종대 확장**

제98장

거리종대의 정면 혹은 평행행진 혹은 빗겨 행진은 굽은 형태('ㄱ'자 혹은 네모)로 확장한다.

제99장

종대로 정지한 상태에서 보통걸음의 속도로 행진 중 한 쪽 방향의 전면으로 확장하고자 하면, 즉시 좌측 전면의 전대 선두 소대에게 빠른 걸음에서 뛈걸음으로 바꾸도록 명령하여 똑바로 직진하여 행진하게 한다. 기타의 각 소대는 측방으로 빗겨 행진을 하여 새로운 목적지에 도달한 후 직선 방향으로 행진한다.

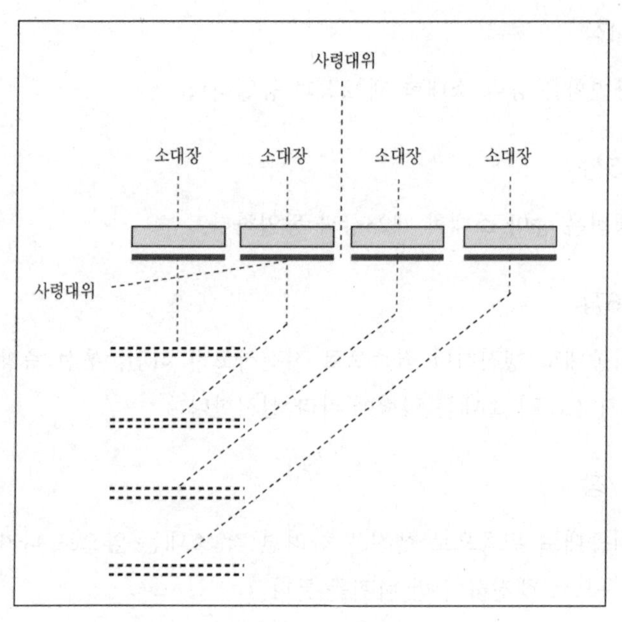

그림 3-13 거리종대 확장

제100장

빠른 걸음 혹은 뜀걸음으로 행진 중에 종대에서 확장하는 방법은 앞의 제99장과 동일하다.

제101장

통상 확장하여 편성한 후 중심병이 종대 행진 선상의 방향을 유지한다.

제102장

각 소대는 선 위에서 서로 떨어져 간격을 유지한다.

제103장

종대로 빗겨 행진시 대대장은 행진 직선에 위치하고, 각 소대는 빗겨 행진에 이어 곧바로 측방으로 확장을 하는데, 그 운동의 절차는 제99장에 따라 시행한다.

제104장

종대를 비스듬한 선을 따라 확장할 경우, 대대장이 명령을 하달하면 각 소대는 반우 전대나 반좌 전대로 빠른 걸음의 속도로 나아가고, 뜀걸음으로 선회를 마친다. 선두 소대는 그 보폭을 정면의 너비에 따라 바로잡으며, 길이 방향으로 행진 후 보통걸음을 빠른 걸음으로 바꾼다. 기타 각 소대는 지시된 방향에 따라 행진하여 줄지어 서 있는 선에 도달한다.

제105장

확장을 마치고 대대를 제자리에 멈추게 하려면, 즉시 선두의 소대장에게 전투대형의 선을 먼저 정하도록 지시한다. 그러면 선두 소대장은 이 선에 와서 제자리에 서고 기타의 각 소대가 동일선상으로 와서 전투대형을 편성한다.

제106장

각 소대 거리를 통과하여 확장시 당연히 빠른 걸음에서 뜀걸음으로 하는 정해진 규칙을 시행한다. 혹은 정해진 규칙 이외에 빠른 걸음에서 보통 걸음으로 이동하거나 혹은 보통걸음으로 행진중 정지하고자 하면 종대는 즉시 선두 소대에게 지시하여 정해진 바대로 전대의 선에서 선두 소대가 보통걸음으로 제자리에 서게 한다.

제107장

종대를 측방으로 확장시 빠른 걸음과 뜀걸음에 관한 절차는 제99장과 같다.

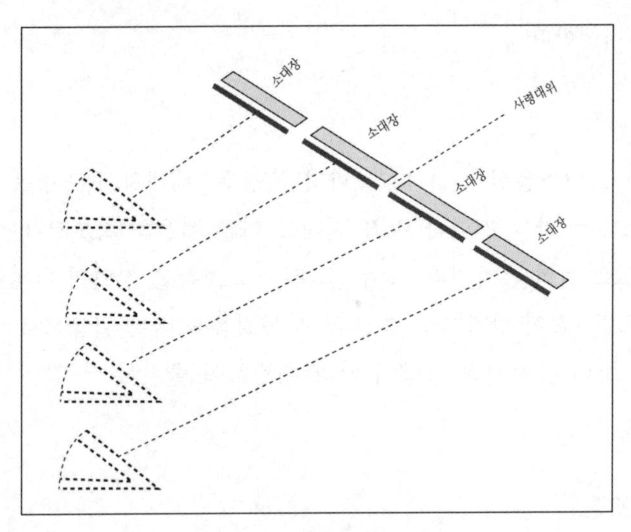

그림 3-14 거리종대 측방 확장

◗ 제108장 ~ 제120장: 도상종대 편제, 행진 및 확장

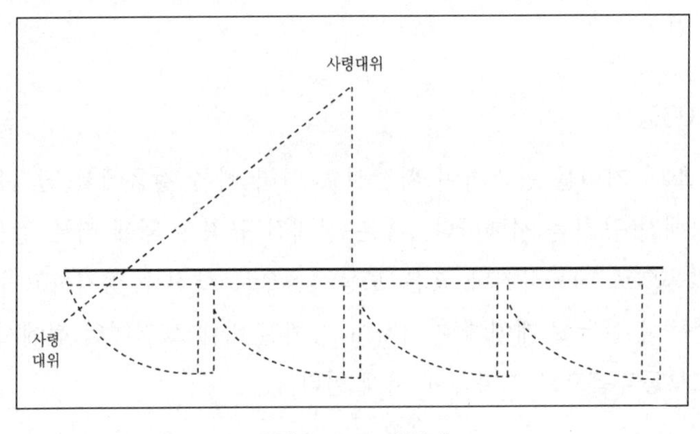

그림 3-15 도상종대

제108장

대대 전대의 절차는 소대학 규칙에 따른다. 우선 우측방 4기 혹은 2기로 종대로 분해한다. 다만 제1소대는 소대학 제27장 규칙에 의거하고, 기타 3개 소대는 제29장 규칙에 의거 분해한다. 분해한 선두 소대장은 제1조~제4조 전방의 중앙에 위치하고, 기타 각 소대장은 좌측 종대시, 해당 소대의 제1조~제4조 앞 열과 같은 줄에 선다. 대대장은 서 있는 줄의 맨 앞에 위치를 정한다. 중위는 압오열과 더불어 우측면 상단에 위치한다.

제109장

대대를 좌측방향으로 분해시, 제4소대는 소대학 제27장 규칙에 의거하여 4기로 분해한다. 각 소대는 소대학 제29장에 의해 축차적으로 분해한다. 단, 선두의 소대 제1조~제4조 뒤 열은 전투대형선에서 벌떡 일어나는 것을 주의한다.

제110장

대대장은 빠른 걸음에서 뜀걸음으로 분해한다.

제111장

도상종대로 행진 시 진행속도의 증가. 감소는 소대학의 규칙에 의해 시행한다.

제112장

도상종대로 행진 중 전방과 좌우 측방으로 확장하는 절차는 소대학에 의거하여 시행한다.

제113장

빠른 걸음, 뜀걸음, 보통 걸음에 관한 절차는 제106장(거리종대 확장)에 의거하여 시행한다.

제114장

도상종대에서 곧바로 확장하려면 걸음의 속도를 감소하여 거리종대로 한 후 곧바로 확장한다.

제115장

도상종대에서 거리종대로 바꿀 경우, 지휘하는 대위가 명령을 내리면 빠른 걸음인 상태의 각 소대는 뜀걸음으로 행진을 한다.

제116장

도상종대 분해시 먼저 제1소대에게 명령을 내려서 곧장 분해도록 하고, 기타 소대는 마땅히 축차적으로 분해하는 것이 필요하다.

제117장

도상종대 정지시 선두의 소대는 보통걸음으로 제자리에 머문다. 각 소대장은 선두소대 보통 걸음의 속도를 따르고, 직접 거리를 판단하여 6보로 줄인다.

제118장

도상종대로 만약 좁고 험한 길을 통과한 후 거리종대로 바꾸고자 하면 즉시 선두소대에게 직접 편성하도록 명령을 하달한다. 기타 각 소대는 선두를 따라 축차적으로 좁고 험한 길을 행진하여 거리종대에 합친다.

제119장

도상종대로 행진중, 전방과 후방사이의 한 측면으로 행진하고자 하면 즉시 집합 명령을 내려서 빠르게 전대편성을 한다.

제120장

모든 장병은 모두 한군데로 집합하여 측면으로 행진한 후 거리종대로 다시 복귀한다. 그런 후에는 뒤섞여 어지럽지 않도록 즉시 걸음의 속도를 지시한다.

◗ 제121장: 습격, 산병, 도보전투

습격, 산병, 도보전투는 기병 소대학의 제반 규칙과 동일하다.

(제2책 제3권 끝)

포병과 공병 훈련교범, 치중병 편제

(제2책 제4권)

포병과 공병 훈련교범, 치중병 편제

1. 포병 훈련교범

◗ 제1장: 승마 소대부와 도식

소대의 교련은 독립소대나 대대에 속해 있는 모든 포병 병사로 하여금 여럿이 함께 일치된 동작을 배우도록 하는데 있으며, 이를 위한 교육은 모든 운동에 대해 실시하는 것이 매우 필요하다. 포병 병사는 간편한 복장과 모자를 착용하고 무기를 휴대한다. 또 교련을 마치면 기계장치나 제복, 기타 말에 반드시 사용되는 제반 장구류에 대해서 교육을 한다.

소대는 양익에 위치한 고참병(高級兵)을 합산한 24명(12오)이 위치하도록 명령하거나 혹은 32명(16오)의 병사로 편성한다. 만약 소대 인원이 24명이 되지 않고 부족할 경우는 앞 열에는 12명의 병사를 두고, 뒤 열의 제2호와 제3호는 없어도 된다.

교관은 소대의 우반소대 좌익 병사에게 지시하여 소대의 중앙 병사(中心兵)가 되게 한다. 이 교련에서 소대장은 이전의 소대위치를 1명의 하사에게 넘겨주고 향도가 된다. 2개의 열로 실시하는 소대교련은 분해와 편성의 운동을 제외하고 앞 열은 1열로 실시한다. 이때 각 열은 온전히 다 갖춘 소대의 앞 열과 똑같이 편성한다.

소대의 제반 운동(運動)[98]은 보통걸음으로 이동하다가 빠른 걸음으로 바꾸고 뛈걸음(驅步)[99]에 이르는 것을 충분히 잘 알고, 이러한 것을 사용하

98) 여기서 운동은 "물체 또는 기하학적 형체가 시간의 경과에 따라 그 공간적 위치를 바꾸는 일"로서, 보통걸음에서 빠른 걸음, 뛈걸음으로 변환하는 것을 의미함(역자 주)

99) 보(驅步)는 포병의 질주(疾走)로 말을 몰고 빠르게 가는 것을 의미하고, 치보(馳步)는

여 걸음을 마칠 경우는 명령에 따라 그 걸음의 속도를 적절하게 하는 것에 주의를 기울이는 것이 좋다. 노상종대(路上縱隊)인 경우는 특별히 그러하다.

이러한 제 운동을 행할 때 내리는 명령 모두 다 걸음의 속도를 급격하게 하는 것은 옳지 않다. 그러므로 정지(靜止)[100] 상태에 있는 소대의 병사가 구보로 나아가고자 할 때에는 보통걸음으로 시작하여 끊임없이 동작하여 점차 걸음의 속도를 늘려서 빠른 걸음으로 바꾸고 뜀걸음을 취하도록 말을 부리는 것이 좋다. 이때 병사는 그 말이 구보로 바꾸는 것에 상관없이 가지런한 정돈상태를 유지하도록 주의하는 것이 좋다.

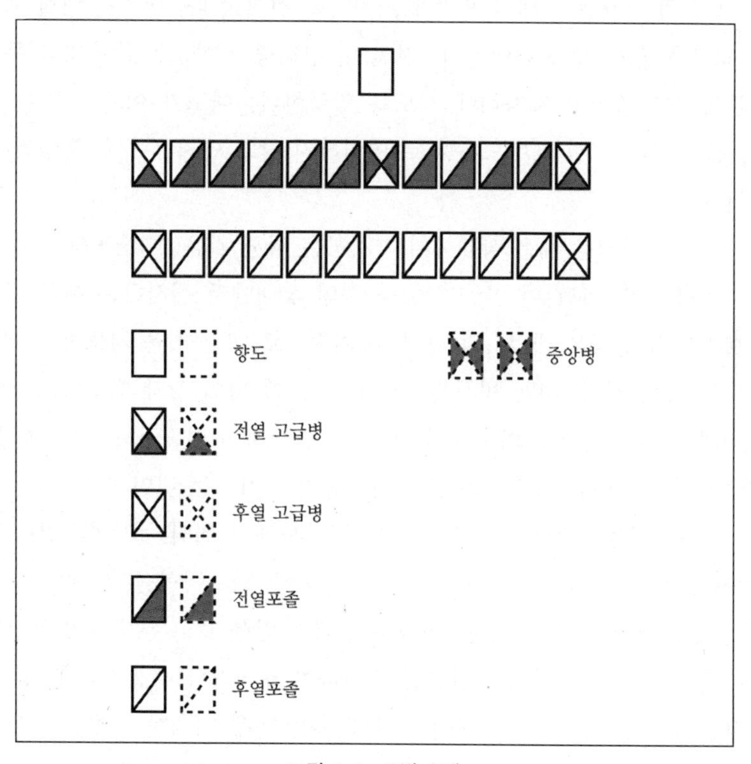

그림 4-1 포병 소대

기병의 질주(疾走)로 말을 타고 빠르게 가는 것을 의미함(역자 주)

100) 정지(靜止)는 머물러 움직이지 않는 상태를 말하고, 정지(停止)는 움직이고 있는 것을 멈추게 하는 것을 의미한다.

구보중 제자리에 멈추도록 명령을 내릴 경우, 급하게 멈추는 것은 옳지 않고 점차적으로 걸음의 속도를 줄이는 것이 필요하다. 따라서 포병병사는 말을 점차적으로 급보에서 상보로 마무리하여 제자리에 멈춰 서도록 보조하는 것이 좋다. 이러한 요령은 각종 걸음의 움직임에 잘 어울리도록 적응하여 제대의 정면이 점점 더 확대되거나 혹은 그 깊이가 점점 더 증가됨에 따라 더욱 주의가 필요하다.

교관이 만약 절박하게 필요하다고 생각되면, 임시로 절차를 만들어 제반 운동을 행하도록 명령한다. 또한 교관은 비록 그 위치를 정하지 않더라도 제반 운동의 실시 상태를 특별히 감시한다. 아울러 각 포병병사와 그 말의 마부는 소대의 후방에 위치하는 것이 좋다. 명령을 내릴 때마다 교관은 혼자 칼을 뽑아든다. 전진 및 선회중인 향도는 수신호를 통해 보행속도를 줄이고 제자리에 서도록 명령한다. 대포가 이와 동일한 전진, 선회 운동을 할 때에도 구두로 명령하지 않고 단지 수신호에 따라 행동한다.

소대는 상체를 세운 상태에서 실시하는 빠른 걸음(浮體急步)을 일상적으로 사용한다. 교관이 만약 상체를 숙인 상태에서 실시하는 빠른 걸음(沈體急步)의 명령을 내리고자 하면, 예외적으로 그 사실을 지도하여 깨우치도록 하는 것이 좋다. 병사는 장애물을 뛰어 넘어 각각 대포별로 방열(放列)[101]하는 것과 무기의 사용을 여러 번 반복하여 연습한다. 칼의 연습, 신병의 승마교련을 기록하는 것은 기본규칙을 따르는 것이 좋다.

소대교련을 마칠 때 향도의 임무를 하사에게 위임하고 압오열로 이동한다. 소대장은 제대의 전방에 위치하고 스스로 방향을 취하여 그 제대의 향도가 되는 것이 옳다. 명령은 부대의 앞을 보고 부대의 방향선(方向線)과 목소리의 높낮이와 완급을 조절하여 내리거나 수신호로 한다. 소대장은시기에 따라서 각각 사용하거나 혹은 한두 가지를 모아서 사용하는 것이 좋다. 또한 이때 숙련된 제대는 명령이 없어도 마땅히 그 대장을 따라서 방향 변환을 수행할 수 있어야 한다.

---

101) 사격(射擊)을 위한 포의 배열(配列)

(1) 승마와 하마

(2) 정돈

(3) 열 벌리는 법과 열 닫는 법

(4) 퇴각

(5) 횡대 행진

(6) 선회

(7) 사행진

(8) 4오 혹은 2오 종대[102]의 편제 행진과 늘어서 열 벌림(排開)[103]

◗ 제2장 ~ 제6장: 승마(乘馬)와 하마(下馬)

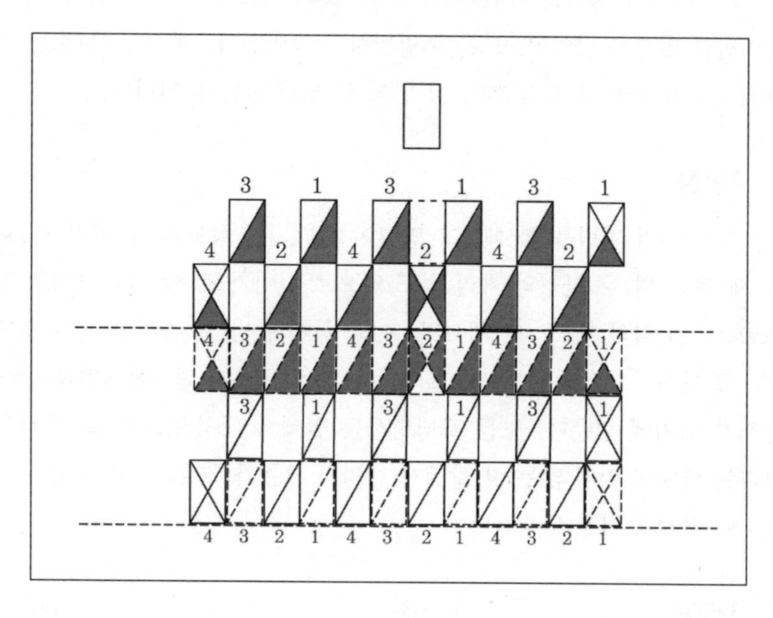

그림 4-2 승마와 하마

102) 원문에는 계대(繼隊)로 표기되어 있으나, 이에 대한 설명부분인 제20장~제35장의 제목에는 종대(縱隊)로 표기되어 있는 점으로 볼 때 종대로 표기하는 것이 적합하다.(역자 주)

103) 제대별 간격을 두지 않고 일정한 간격으로 늘어서 벌리는 것을 의미함(역자 주)

제2장

소대의 열 벌림은 4미터의 거리이고, 향도가 승마하는 위치는 그 소대의 전방 중앙 1.5미터의 위치이다. 각 병사 말의 간격은 상호 50센티미터이고 선두는 4마리의 말이다. 그 위치를 따르는 각 병사에게 명령하여 각자 차례대로 1, 2, 3, 4 순으로 각 열의 좌우측에 위치토록 한다. 만약 그 다음 오(伍)가 있을 때 뒤 열의 병사는 그 앞 열에 있는 병사의 번호를 따라 부르는 것이 좋다.

제3장

승마하도록 명령을 하면, 향도와 각 열의 제1호, 제3호는 말 한 필의 길이만큼 앞으로 나아가. 모든 포병병사가 승마한다. 제2호, 제4호는 뒤 열의 틈으로 곧바로 진입한다. 앞 열의 열 벌림은 1.5미터이다.

제4장

소대가 열 벌림을 할 때, 그 명령이 하달되면 향도와 앞 열의 제1호와 제3호는 말 두 마리의 거리 정도 앞으로 나아가고, 앞 열의 제2호 및 제4호와 뒤 열의 제1호 및 제3호는 이와 동시에 말 한 마리의 거리 정도 앞으로 나아간다. 뒤 열의 제2호 및 제4호는 새롭게 편성한 4열과 함께 정해진 위치에 멈춘다. 모든 포병병사는 말에서 내리고, 향도는 휴식을 하라는 명령이 있지 않는 한 말에서 내리지 않는다. 교관은 이 소대에 위치하여 다시 승마를 명령한다.

제5장

말에서 내린 소대가 4열로 있을 때, 교관이 만약 2열로 열 벌림 편성을 하고자 하면, 이러한 명령을 각 열의 제2호 및 제4호에게 명령을 내리고 그 사이에 제1호 및 제3호에 준하여 다시 정돈하도록 한다.

제6장

1열로 편성된 제대가 소대의 뒤 열에 하마토록 명령을 받으면, 승마할 곳을 미리 준비하는 것이 좋다.

◗ 제7장: 정돈

명령에 준하여 중앙의 포병병사와 양익의 고참병은 향도의 뒤 1.5미터 지점 일직선상에 위치하고, 중앙의 포병병사는 향도를 좇아 향도방향과양익의 고급병의 가운데에 바로잡고 그 반소대 정면의 폭을 취한다. 기타 포병병사는 이 3점의 사이에 위치하고 좌우의 어깨를 잘 살펴 중앙 포병병사의 어깨와 나란히 한다. 이와 함께 그 측방의 고참병의 어깨를 눈으로 정하여 눈높이 선상으로 하는데 단지 인접한 병사의 몸을 보는 것은 제2 포병병사의 앞쪽 가슴을 보는 것이다. 비록 중앙 방향에 근접한 인접 병사일지라도 열중에서 움직이는 것은 불가하고, 비록 모든 포병병사와 말이 압박을 당하더라도 정면을 사각형 모양으로 남겨두는 것이 바람직하다. 뒤 열의 포병병사는 그 앞 열의 병사 뒤 같은 방향에 위치를 똑바로 차지하여 1.5미터의 거리를 두는 것이 좋다. 명령을 받으면 곧바로 부동자세를 취한다. 소대정돈이 똑바로 잘 되었는지 여부를 보기 위해 교관은 대열의 측방에 이르러 모서리에 위치하는 것이 좋다.

소대로 하여금 향도의 위치와는 무관하게 단지 간명한 통솔로서 가르치고 지도하여 향도의 뒤편에 있도록 교육한다. 이렇게 하여 그 제대의 대장이 차지하는 위치와 방향, 즉 그때그때의 모든 형편에 따라 달라지는 소대의 위치와 방향을 잘 파악하고 있는 것이 좋다.

포병병사는 정돈을 제대로 숙달하고, 교관이 정돈을 명하지 않더라도 소대는 늘 제자리에 머물러 선다. 모든 포병병사는 고참병의 감시에 의해 각자 그 정돈상태를 양호하게 고치는 것이 좋다.

◗ 제8장: 열을 벌리고 좁히는 방법

소대가 횡대로 있을 때 뒤 열을 벌려 나아가도록 명령하면, 뒤 열의 각 포병병사는 그 앞 열 병사와의 방향을 잘 유지하면서 뒤로 6미터를 물러난다. 향도는 소대의 중앙 면 6미터 앞으로 나아가는 것이 좋다. 뒤 열이 열 좁혀 나아가도록 명령하면, 앞 열의 각자는 열을 1.5미터로 좁혀 소대의 중앙은 본래의 위치로 복귀한다. 뒤 열의 압오가 벌려 나아가도록 명령을 하면, 뒤 열의 각자는 스스로 6미터 뒤로 물러나고, 열 좁혀 나아가도록 명령을 받은 뒤 열은 정해진 원래의 자리에 위치하는 것이 좋다.

◗ 제9장: 뒤로 물러 서기

소대가 뒤쪽으로 나아가도록 향도와 모든 포병병사에게 명령을 하면, 소대를 정지하도록 명령을 내린 다음 이어서 연속적으로 뒤로 물러나는 것이 좋다.

◗ 제10장 ~ 제12장: 횡대 행진

제10장

소대의 전면 중앙에 위치한 향도는 행진을 일정한 방향으로 유도한다. 그러므로 교관은 방향을 가리켜 멀리 있는 지점에 있는 것 중 쉽게 발견할 수 있는 물체, 즉 종루(鍾樓), 가옥, 수목 등과 같은 것을 목표로 부여하여 차지하도록 지시하는 것이 좋다. 향도는 그 사이에 수신호로 차지해야 할 방향을 지시하여 목표지점을 선정하여 차지하도록 하는 것이 좋다.

교관은 향도로 하여금 방향과 지점을 선정하도록 한다. 이때 향도는 큰 소리로 지시하는 것이 좋다. 소대를 전진하도록 명하면, 모든 포병병사는 한꺼번에 움직이는 것이 좋다. 중앙의 포병병사는 그 거리를 보존하고 향도를 따라서 행동하며, 기타 포병병사는 중앙의 포병병사에 준하여 동일한 속도로 직진한다. 전방 중앙에 있는 각 병사가 압박을 받으면 이를 감수하고, 측익에 있는 각 병사가 압박을 받는 경우는 이를 견뎌내는 것(抗)이 좋다.

양익의 고참병은 같은 방향으로 걸음의 속도를 일정하게 유지하고, 오로지 행진의 기본 규칙을 준수한다. 또한 이미 부여한 중앙의 포병병사 간의 간격도 마음에 새겨두는 것이 좋다. 행진중 열을 바르게 고치는 것과 더불어 열중의 빈틈을 정돈하는 것은 급격하게 하지 말고 점차적으로 행하는 것이 좋다.

교관은 양익의 고참병으로 향도를 정하고, 중앙병과 모든 포병병사는 똑바로 행진하여 소대의 중앙 뒤에 위치한다. 또 정돈 상태를 점검하려면 측방에 위치를 차지하는 것이 좋다. 소대가 행진하고 있을 때 소대를 정지하도록 명령을 내리면, 향도와 모든 포병병사는 제자리에 머물러서 별도의 명령이 없어도 정돈하는 것이 좋다. 각종 걸음의 종류에 따라 횡대 행진을 하는 경우 긴 선상(長線上)의 행진이 되도록 힘쓰고, 제자리에 서도록 여러 번 명령을 내리는 것은 불필요하다.

제11장

소대가 보통걸음으로 행진시 빠른 걸음에서 구보로 행진하도록 명령을 하면, 처음에는 빠른 걸음으로 바꾸고 점차 구보로 전환한다. 또 빠른 걸음에서 보통걸음으로 행진하도록 명령하면, 빠른 걸음으로 바꾸고 나서 점차적으로 다시 보통걸음으로 하는 것이 좋다. 또한 보통걸음으로부터 구보로 바꾸는 것과 구보로부터 보통걸음으로 바꾸는 것은 걸음의 속도를 변화시키기 위한 것이며, 순서를 잊지 않도록 주의하는 것이 좋다.

소대가 정지 상태로 머물러 있을 때 소대를 빠른 걸음에서 구보로 전진하도록 명령하는 경우, 빠른 걸음 혹은 구보로 전진하는 명령을 내렸을 때 이 걸음의 속도로 행진하도록 하는 것에 관심을 집중한다. 소대가 빠르게 질주하는 속도로부터 느리게 바꿀 때, 향도는 팔을 위로 드는 것이 좋다.

제12장

만약 소대의 전방에 장애물이 있으면 포병병사가 전진하는데 약간은 방해를 받는다. 이때 포병병사는 별도의 명령이 없어도 제자리에 멈추고 압오열은 장애물을 지나 걸음의 속도를 증가하고 본래의 위치로 복귀하는 것이 좋다. 소대가 장애물이 널리 펼쳐져 있는 지역을 통과할 때, 각 포병병사는 피차가 서로 무관하게 가까이 붙어서 정면으로 확장하여 각자가 아주 질서정연하게 정돈한다. 향도는 진로를 잘 선정하여 걸음의 속도가 바르게 지속되도록 하면서 소대를 유도하는 것이 옳다.

정면을 유지하는 소대가 좁고 험한 길을 만나 쉽게 통과하기가 어려울 경우, 이때 교관의 해결방법은 적절성 여부를 살피지 말고 소대를 노상종대로 하여 포병병사들로 하여금 향도의 후방으로 집결토록 한 후에 애로를 통과하는 것이다. 이와 같은 방법은 비록 시기에 따라 다를 수도 있지만 각자의 의지에 따라 한다는 점을 가르쳐서 깨우치도록 하고 행과 열을 알려주어 원래의 위치로 돌아간다.이때 교관은 각 포병병사가 이전의 지역을 취하지 않도록 바로잡는 것이 좋다.

◗ 제13장 ~ 제18장: 선회(旋回)

제13장

선회는 2종류로 구분하는데 이는 곧 제자리에 서서 도는 주축(駐軸) 선회와 동축(動軸) 선회를 말한다. 선회를 행하는 제대는 여럿이 함께 정돈하는 데 관심을 집중하여 이 운동을 행하는 것이 좋다.

• 제14장 ~ 제16장: 주축선회(駐軸旋回)

제14장

소대가 정지 중 혹은 행진시 주축 선회는 3가지 종류의 걸음(상보, 급보,구보)으로 실시한다. 비록 정지 상태로부터 구보로 앞으로 나아갈 경우라고 할지라도 연속하여 횡대로 행진시에는 이를 시행하는 것은 불가하다.

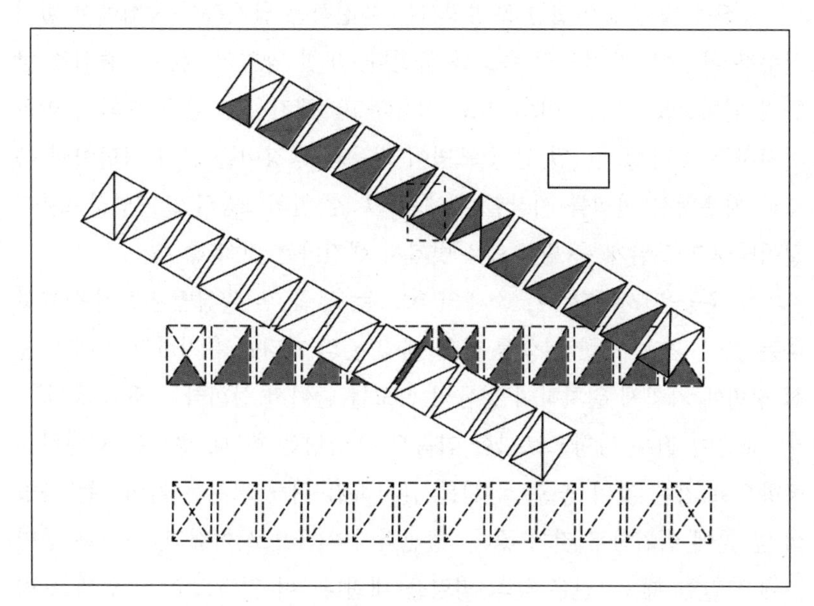

그림 4-3 주축선회

제15장

소대가 우에서 좌로 정지 상태로 있을 때, 소대를 오른쪽에서 왼쪽으로 돌아 반 우에서 좌로 나아가도록 명령을 하면, 향도와 포병병사의 말이 전방으로 나아가고 나서 이어서 선회(旋廻)[104]하는 것이 좋다.

축에 있는 고참병은 물러서지 말고 정해진 위치에서 날개 측의 행진에 준하여 선회하며, 포병병사끼리 자기의 몸을 가까이 붙이도록 하여 방향을 잡도록 명령하는 것이 좋다. 행진하는 날개 측의 고참병은 선회하기 전에 조금 앞으로 나아가서 열 중간에 빈틈이 생기지 않도록 주의한다. 또한 중심축 방향에 있는 선회의 맨 앞쪽이 압박을 받을 때에는 열의 정돈에 주의하고, 정면의 너비는 마땅히 활처럼 굽은 반원형의 선을 긋는 것이 좋다.

104) 회(廻)는 '빙빙 돌다' 는 의미, 회(回)는 '돌다', '돌아오다'는 의미이지만 두 글자가 혼용되고 있어서 둘 다 '돌다'는 의미로 번역함(역자 주)

중심축 방향에 인접한 포병병사는 행진하는 날개측이 중심에서 멀어질수록 마땅히 그 걸음의 속도를 줄인다. 또한 양익의 정돈은 중심축 방향의 압박으로부터는 어느 정도 허용하고, 행진하는 날개 측의 압박은 저지하는 것이 좋다. 뒤 열의 포병이 좌우의 정강이를 말의 엉덩이뼈 쪽으로 치우쳐서 선회를 시작할 때에는 그 앞 열의 2명의 포병병사로부터 길이방향으로 날개 측 방향으로 빗겨서 행진하는 것이 좋다.

이 운동을 시작할 때, 소대의 향도는 선회 후 행진방향을 수신호로 하는 것이 좋다. 또한 선회를 마칠 때 기존의 거리를 유지하고 소대의 중심 정면에 가깝게 위치하여 걸음의 속도를 줄여서 선회하는 것이 좋다.

교관이 좌우 방향으로 2회 연속으로 명령을 할 때 향도는 회전하는 방향으로 가는 것이 좋고, 선회를 감시하기 위해 교관은 늘어나는 축방의 앞 열에 위치하는 것이 좋다. 행진익이 처음으로 이제 막 새로운 정면선에 도달할 때, 교관은 앞의 명령을 내린다. 이 명령으로 뒤 열의 포병병사는 앞 열 병의 뒤 소대로 복귀한다. 선회하는 걸음의 속도로써 횡대행진의 기본규칙에 따라 앞으로 나아가는 것이 좋다. 모두 다 선회를 마치고 나서 흩어진 열을 정돈할 경우, 소대는 향도의 뒤에 위치하고 그 위치를 바르게 하는 것이 좋다.

제16장

소대가 횡대 행진 중인 때 실시하는 선회는 이미 앞에서 설명한 기본규칙을 좇아 동일한 명령에 의해 축으로 선회를 실시한다. 제자리에 서서 행진하는 날개 측은 선회 전과 동일한 걸음의 속도로 운동하고, 포병병사와 향도가 정지할 때는 동일한 방법으로 실시하는 것이 좋다.

• 제17장 ~ 제18장: 동축선회(動軸旋廻)

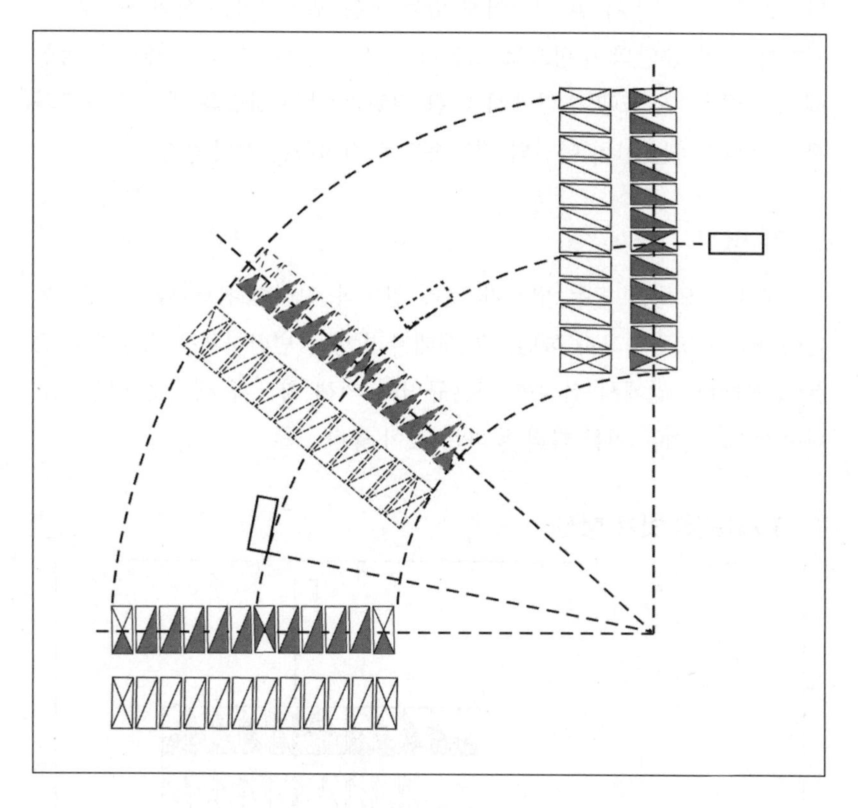

그림 4-4 동축선회

제17장

동축선회는 행진 중이 아닌 경우에는 실시하지 않는다. 향도는 우에서 좌로 돌기 전에 수신호로 그 운동을 지시하여 명령하며, 축을 사용하는 경우와 마찬가지로 이전의 행진속도를 잘 유지하고 그 걸음의 속도를 증가하면서 빙빙 도는 것이 좋다. 향도가 지나는 길은 비록 그때그때의 사정에 따라 변하여 바뀔 수는 있어도 반지름이 15미터가 되는 원호의 곡선을 지난다. 이 운동을 마땅히 잘 시행하는 것이 가장 알맞다. 따라서 평상시에 연습하는 것이 필요하다.

중앙의 포병병사는 향도의 행동을 좇아 행진하고, 날개 측의 고급병은 사정에 따라 중앙의 포병병사에 준하여 걸음의 속도를 점점 늘려간다. 선회 축으로부터 멀리 떨어져 있는 모든 포병병사는 선회 속도가 증가함에 따라 중앙의 방향으로 정돈하는 것이 좋다. 향도가 새로운 방향에 도달했을 때, 교관이 앞에서 내린 명령과 같은 명령을 내리면 향도와 모든 포병병사는 선회 이전의 행진속도로 전진하는 것이 좋다.

제18장

교관은 오로지 모든 병사가 널리 알도록 지시한다. 만약 그 제대를 나아가도록 명령하고자 하면, 그 제대가 방향을 변환하도록 명령하는 것은 당연하다. 앞에서 설명한 기본규칙에 의해 향도가 새로운 방향으로 나아갈 때 소대는 이를 따라 행하는 것이 좋다.

◗ 제19장: 빗겨 행진

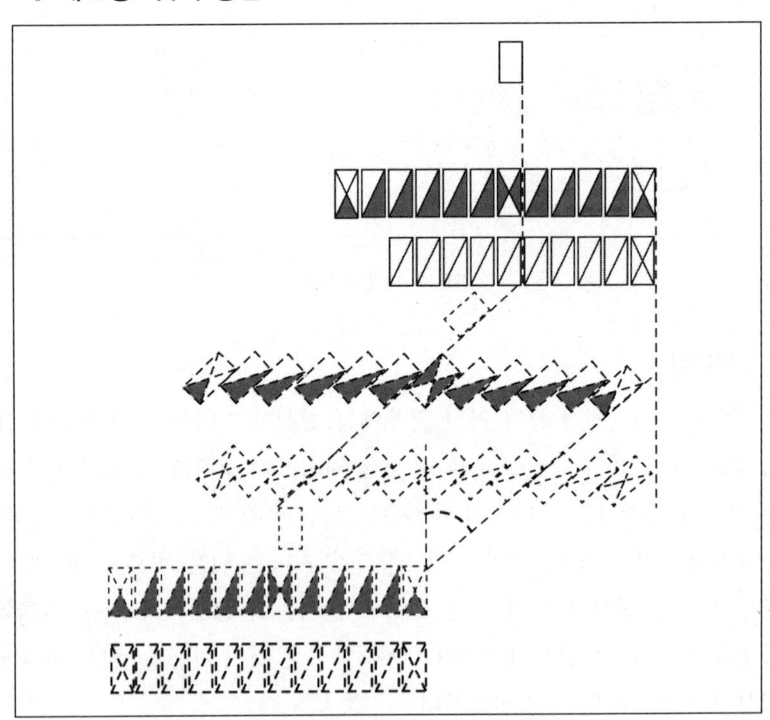

그림 4-5 빗겨 행진(斜行進)

소대횡대로 행진시 빗겨 우로 나아가도록 명령하면, 향도와 우익의 고참병은 반 우측 방향을 향해 새로운 방향으로 직진한다. 다른 모든 포병병사는 빈 틈이 생기지 않도록 대열을 회복하고 점차적으로 반 우측 방향으로 빗겨서 행진한다. 이때 각 포병병사는 우측 인접병의 좌측 무릎 뒤편에 그 우측 무릎을 위치시켜 각각 열중에 상호 연달아 이어지도록 한다. 빗겨 행진 중에도 대열이 계속되도록 하기 위해 소대는 향도를 기준으로 하여 빗겨 행진하기 이전의 방향과 같이 평행하게 하는 것이 좋다.

앞의 명령에 의해 향도와 모든 포병병사는 그 말을 직진으로 향하게 하고, 소대는 횡대 행진의 기본 규칙에 따라 앞으로 나아가는 것이 좋다. 좌로 빗겨 행진은 앞의 우로 빗겨 행진의 명령과 같이 동일한 기본규칙에 따라 시행하는 것이 좋다.

빗겨 행진은 제반 걸음으로 행하고, 또 새로운 걸음의 속도를 명령으로 지시하여 운동을 편하게 할 수 있다. 빗겨 행진하는 날개 측의 포병병사의 첫 걸음은 작게 늘이고 반대쪽 날개 측의 걸음은 줄인다. 원래 반 우측 방향이나 반 좌측 방향은 비록 빗겨 행진이지만 그 정도는 형편에 따라 그 걸음의 속도를 다소 증감하는 것이 좋다.

◗ 제20장 ~ 제37장: 4오 혹은 2오 종대편성 행진과 늘어서 열 벌림

제20장

4오 혹은 2오 종대 열 간의 거리는 1.5미터 대신 반으로 줄여 75센티미터로 한다. 이 운동은 말로 자세히 반복하여 밝혀서 단지 4오로 나아가기 위한 것이다. 교관은 동일한 기본 규칙에 따라 2오의 행진 명령으로 2오의 분해 명령을 시행한다.

• 제21장 ~ 제25장: 4오의 분해

제21장

분해는 소대 우익에 의거하여 행하는 것이다. 소대종대로 하여금 행진 중 분해를 할 때에 향도는 제1오 중앙 전방 1.5미터에 위치하여 종대를 유도하는 것이 좋다.

제22장

소대가 정지중일 때 4오로 나아가도록 명령하면, 우측 4오는 직진하여 전방의 뒤 열에 위치한다. 앞 열에서부터 거리를 반으로 줄이고 기타의 4오는 무엇보다 먼저 기존 4오의 뒤 열 말의 엉덩이뼈 정도에 앞 열의 말 머리를 위치시킨다. 모두가 가지런하게 되었을 때, 빗겨 우 방향으로 움직여 종대를 이루는 것이 좋다. 전진 위치에 도달하여 이 방향에 이르면 그 위치에서 직진하여 종대 열에 진입하는 것이 좋다. 급보 혹은 구보에서 만약 분해를 명하고자 한다면, 동령을 지시한 후에 걸음의 속도를 지시하는 것이 좋다.

제23장

소대가 앞면의 줄을 늘이는 중에 교관이 만약 노상종대로 분해 행진을 하고자 하면, 첫 번째의 4오에게 방향 변환을 명하고, 기타 4오의 방향 변환은 우측 혹은 좌측의 속도의 크기에 따라 첫 번째 4오가 하는 것을 좇아 행하여 분해한다. 이 운동은 정지 간에 이루어지는 행동이다.

제24장

소대 횡대 행진시 분해는 앞에서 기재한 정지 간의 명령에 의해 행하는 것이 좋다. 소대가 상보 혹은 급보로 행진시, 첫 번째의 4오는 걸음의 속도를 2배로 한다. 기타의 4오는 점차적으로 선두의 4오의 걸음속도를 취하여 그 간격을 유지하고 곧바로 비스듬히 행진하여 종대를 이루는 것이 좋다. 소대가 구보로 행진시, 첫 번째의 4오는 동일한 걸음속도로 행진하고, 기타의 4오는 급보로 바꾸고 그 간격을 취하여 곧바로 구보로 하는 것이 좋다.

제25장

종대로 편성할 때 교관은 종대로 머무르도록 명령하여 움직이고 있던 제대를 멈추게 한다.

• **제26장 ~ 제28장: 종대 행진**

제26장

4오 종대 혹은 2오 종대는 노상행진을 사용하는 것이 좋다. 종대전진(縱隊前進)을 명하면, 종대는 상보로 행진을 내닫고, 그 방향은 횡대 행진과 같이 유지한다. 향도는 횡대 행진의 기본규칙을 따르도록 지시하여 선두의 오는 향도를 따르고 기타 포병병사는 선행 병사의 후방에 위치하며, 그 거리를 유지하고 열 간의 거리는 줄이는 것이 좋다. 또한 전체가 잘못되면 전체 중에서 일부를 잠깐 뽑아서 포병병사의 좌우에 먼저 보낸다. 열중에 있을 때에는 심하게 움직이는 것을 피하고 모두가 걸음의 속도를 동일하게 잘 유지하는 것이 좋다. 종대 행진 중 수레바퀴의 자국(車跟[105])이나 혹은 자갈 등이 많은 지형을 통과하는 경우를 피하고, 포병병사는 상황에 맞게 아군 말의 열 벌림이 중단되지 않도록 주의하는 것이 좋다.

교관은 행진을 감시하기 위해 항상 종대의 측면 위쪽에 위치하는 것이 좋으며, 횡대 행진시 사용하는 각종 걸음의 속도는 제11장에 기재된 내용을 준용하는 것이 좋다.

제27장

소대횡대를 위한 방향변환은 제17장과 제18장의 동축선회 내용에 기재되어 있다. 동일한 명령과 기본 규칙에 의해 축을 중심으로 행진하고, 동일한 걸음의 속도로 선회 행진하는 날개 쪽은 그 걸음의 속도를 늘리

105) 근(跟)은 발꿈치를 의미하는 것으로 여기서는 전후 문맥상 수레바퀴가 지나간 자국 즉 수레의 흔적(痕迹)으로 해석함(역자 주)

거나 혹은 2배로 하는 것이 좋다.

향도가 통과하는 원호 형태의 선은 반경이 5미터이고, 선두의 오는 향도를 따라서 행진하고, 기타 인원은 선두의 오가 회전하는 지점에 위치하면서 차례차례로 따라서 선회하는 것이 좋다.

第28장

종대 상태에서 빗겨 행진하는 것은 횡대 상태에서 빗겨 행진하는 것과 같이 동일한 명령에 의해 실시한다. 향도와 모든 포병병사는 행진과 동시에 반 우향과 반 좌향으로 행진한다. 측방으로 빗겨 행진하는 포병병사는 선두의 말머리를 각 열의 모든 포병병사에 준하여 일직선으로 유지한다. 비틀어져 꼬인 빗겨 행진을 제대로 정리하기 위해서는 정돈하는 것이 좋다. 교관은 종대의 맨 끝에 위치하는 것이 좋다.

• 第29장 ~ 第31장: 부대의 분해와 합침(併合)

第29장

급보에서 상보로 종대를 분해하거나, 구보에서 급보로 종대를 분해할 때 그 걸음의 속도는 따로 지시하지 않는다.

第30장

소대가 4오 종대 상태로 행진시 2오로 나아가도록 명령을 하면, 소대 분해를 위한 첫 번째 4오의 포병병사는 제24장(4오의 분해)에 기재된 내용과 같이 2오로 분해한다. 그 다음 오에 있는 포병병사는 가장 중요한 지점을 취하여 정해진 거리를 유지하면서 2오로 분해하고 직진운동은 차례차례로 시행하는 것이 좋다. 구보중인 종대에서는, 향도와 첫 번째 4오 중 1오와 2오는 동일한 걸음의 속도로 끊임없이 행진하고, 기타의 오는 급보로 바꾸어 분해가 완료되면 다시 원래의 구보상태로 복귀하는 것이 좋다.

제31장

2오 종대로서 급보 혹은 구보로 행진중인 소대가 4오로 행진하는 명령을 받으면, 선두의 2오는 상보로 바꾸고, 그 다음의 2오는 선두의 2오와 같은 높이의 위치에 이르면 좌로 빗겨 행진을 하여 그 위치에 도달하면 상보로 바꾼다. 기타의 모든 오는 이어서 직진하고 3 · 4오와 1 · 2오가 비로소 정해진 거리에 이르렀을 때 동일한 방법으로 상보로 바꾼다. 그 다음에 축차적으로 병합(倂合)을 행하는 것이 좋다. 종대가 상보로 행진 중 급보 및 구보의 명령에 의해 4오로 합칠 때, 선두의 2오는 상보로 행진하고 기타의 오는 급보 혹은 구보로 행진하는 것이 좋다.

• 제32장 ~ 제37장: 늘어서 열 벌림(排開)

제32장

종대가 급보 혹은 구보로 행진중일 때 전면의 횡대를 전진하도록 명령하면, 향도와 선두의 4오는 6미터를 앞으로 나아간 후 상보로 바꾼다. 기타의 각 오는 소대 가운데 위치에 도달하는 것이 좋으며, 그 지점에 도달하여 좌로 빗겨 행진은 상보로 바꾸는 것이 좋다. 이러한 편성을 하는 중에 향도는 새로운 정면의 뒤 열 중앙에 위치하여 1.5미터의 일정한 거리를 유지하는 것이 좋다.

제33장

종대가 상보로 행진 혹은 정지된 상태로 있을 때, 전면의 횡대를 급보 및 구보로 나아가도록 명령을 하면, 종대는 지시된 걸음의 속도를 취하고, 향도와 선두의 4오는 6미터를 행진한 후 상보로 바꾼다. 각자 나머지 움직임은 제32장에 게재된 내용과 같이 행하는 것이 좋다.

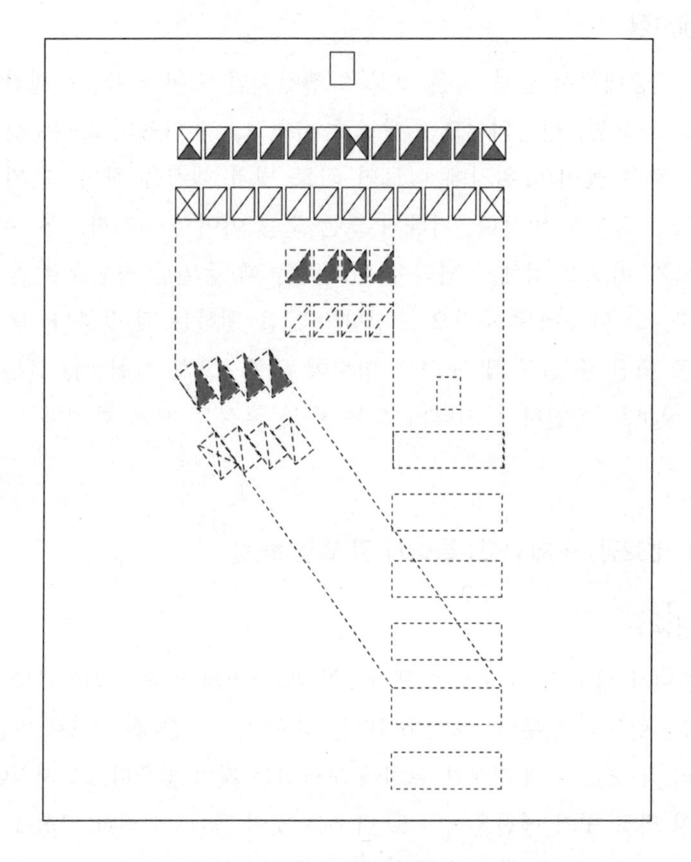

그림 4-6 종대 확장

第34장

종대가 급보 혹은 구보로 행진시 좌에서 우로 횡대대형으로 나아가도록 명령을 받으면, 향도와 선두의 4오는 새로운 방향으로 좌에서 우로 돌아서 6미터를 행진한 후 상보로 바꾸는 것이 좋다. 기타의 4오는 선두의 4오에 이어서 연속적으로 직진하여 각각 차례차례 좌에서 우로 회전하여 먼저 앞으로 나아간 선두 4오의 좌측과 우측 방향 지점에 통상적으로 위치한다. 전면 횡대의 나머지 움직임은 第32장에 개재된 내용과 같이 각자가 스스로 실행하는 것이 좋다.

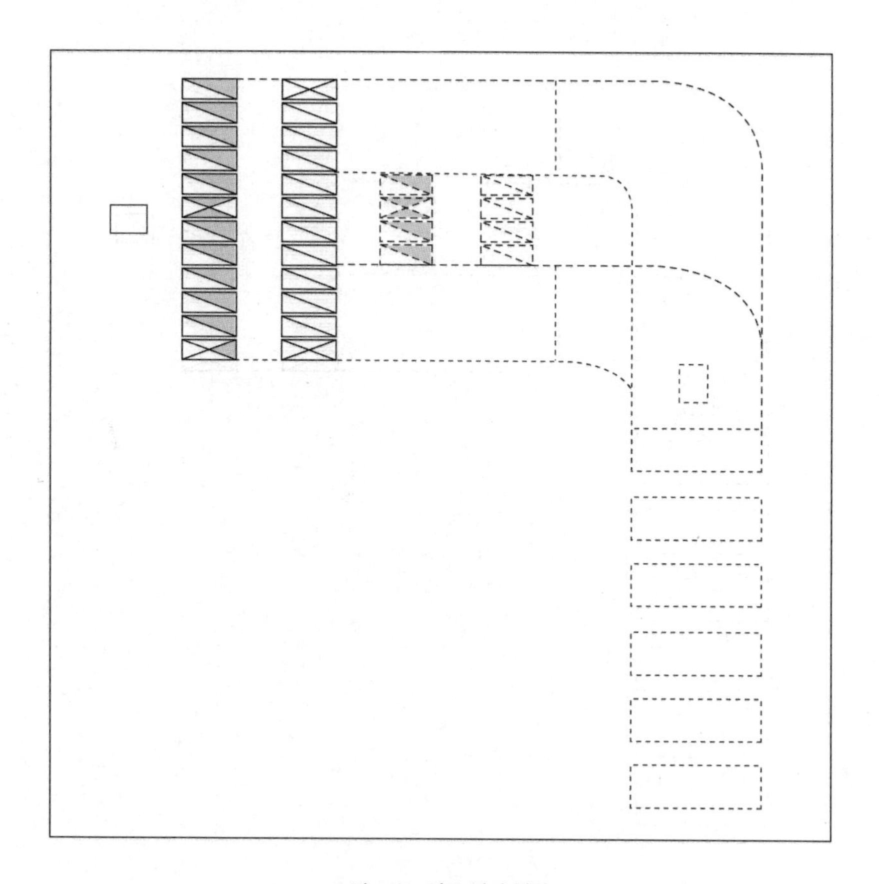

그림 4-7 좌로 빗겨 행진

제35장

종대가 상보로 행진 혹은 정지 상태에 있을 때, 횡대를 좌에서 우로 급보 및 구보로 나아가도록 명령을 하면, 종대는 지시에 따라 걸음의 속도를 바꾼다. 향도와 선두의 4오는 좌에서 우로 회전하여 새로운 방향 6미터 앞으로 나아간 후 상보로 바꾼다. 나머지 운동은 제34장에 기재된 내용과 같이 행하는 것이 좋다.

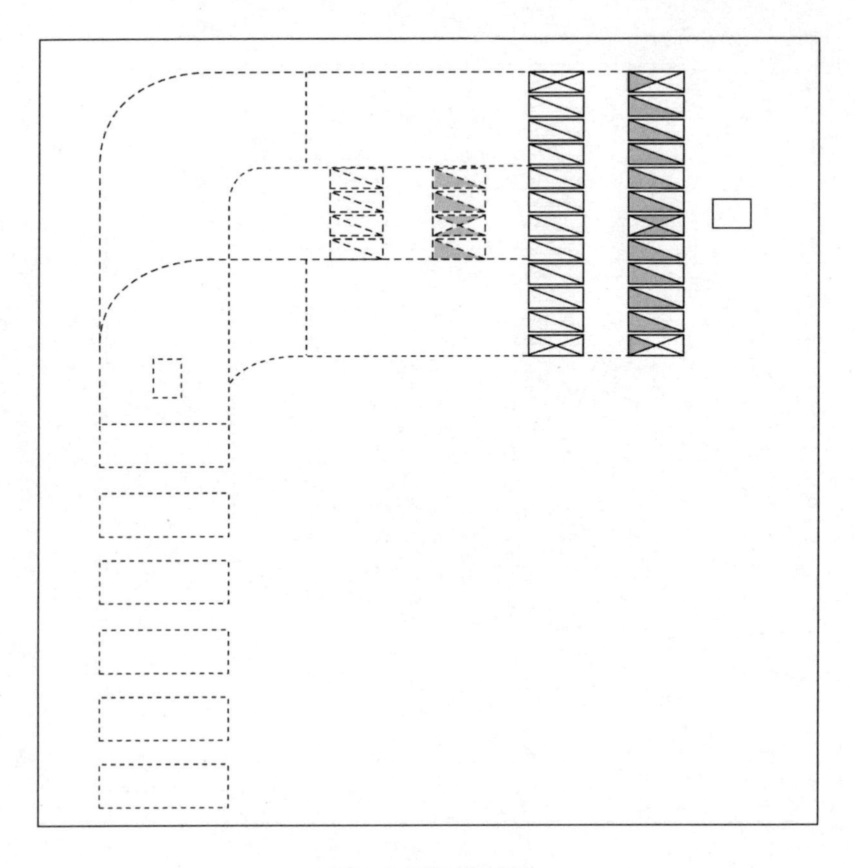

그림 4-8 우로 빗겨 행진

제36장

이 편성이 종료되기 전에 만약 교관이 제자리에 머물게 하고자 할 때, 소대는 향도가 지정된 위치에 도달하면, 향도와 (이미 도착하여 위치하고 있는) 횡대 선상의 선두 오는 제자리에 머물러 서 있고, 기타 병사는 가지런히 선두 면에 위치하는 것이 좋다.

제37장

교관은 보통걸음 중인 때, 2오로 분해하도록 명령을 하려면 그 운동을 하도록 앞의 종대에 명령을 하달하여 제자리에 머물러 서 있도록 한다. 또한 상보로 4오 병합을 하거나 횡대편성을 행하도록 명령을 내리고자 할 때에는, 종대가 정지 혹은 상보로 행진시에는 걸음의 속도를 상황에 따라 적절히 할 수 있도록 별도로 명령을 내리지는 않고 종대의 선두로 하여금 제자리에 머물러 서 있도록 명령하는 것이 좋다.

통상 1개 소대는 포(砲) 2문으로 훈련을 연마하고, 좌우 및 중앙으로 된 3개 소대가 1개 중대를 이룬다. 대대의 제1 · 2중대는 소대 규칙과 서로 동일하므로 규칙에 따라 말 타기를 통제한다. 다만 작은 것으로부터 큰 도보전투(徒步戰鬪)[106]를 하기 위한 소대의 일부분에 대해 설명한다. 또한 보병과 기병이 서로 번갈아가며 해안과 더불어 산야(山野)를 사용하는 것은 서로 차이점이 있다. 산과 들판에서는 곧 즉시 수레를 메어 움직여 적진을 공격하여 쳐부수거나 혹은 총검을 사용하여 넓게 흩어져 습격을 한다. 바닷가 해안에서는 곧 높이 쌓아 올린 축대(築臺)에 항시 포를 설치하고, 만일 뜻밖의 일이 발생할 경우에 대비하여 1개 포대에 3명으로 갖춘다. 이때 탄환은 곧 자탄과 모탄 그리고 먼 곳과 가까운 곳에 따라 대 · 중 · 소 및 경중을 구분하여 표적을 조준한다.

106) 도보전(徒步戰)은 기병이 말을 타지 않고 걸어 다니며 하는 전투(역자 주)

2. 공병 훈련교범

통상 공병의 체조, 과녁(射的)[107]과 야외에서 전투하는 요령은 보병의 규칙과 함께 상호 대조하여 살펴보아야 할 것으로 이것은 5부로 되어 있는 공작기계에 관한 학술 내용이다. 첫째로 일컫는 것은 개인 참호(對壕)[108]에 관한 부분이다. 둘째는 땅속으로 길을 뚫는 것에 관한 것을 말하고, 셋째는 교량제작에 관한 것을 말하고, 넷째, 야전축성에 관한 것을 말하고, 다섯째는 측지에 관한 것을 말한다. 대호(對壕)는 그 참호의 성채를 채워 개인의 호(壕)를 파는 것을 말한다. 갱도(坑道)는 땅을 파고화약을 묻는 것을 말한다. 교조(橋艁)는 물 흐르는 냇가를 만났을 때 배로 다리를 만드는 것을 말한다. 야전축성은 성을 쌓고 만드는 것을 말한다. 측지는 토지를 헤아려 계산하고 그림으로 그려서 옮기는 것을 말한다. 이 다섯 가지 모두는 갑작스런 공격과 관련하여 병영을 지키기 위해 갖추어야 할 바를 설치하는 것으로 평상시에 5부의 학술로 구분하여 연습하고 훈련을 한다. 그 기구와 도구의 목록은 아주 많다. 그러므로 단지 각 부로 구분하여 다음의 항목들에 대한 방법을 교육한다. 대호에 관한 부분은 조목 조목 차례로 좇아 그 사용 방법을 설명한다. 야전축성 중 지뢰에 관한 조항은 별도로 설명을 모아서 부록으로 붙이는 것이 아주 필요하다.

가. 개인 참호(對壕)에 관한 부분

공격하기 위한 진지의 구축은 마땅히 16개의 교령에 의해 소대의 개인 참호 구축 전문가(對壕手)에게 맡겨서 작업을 구분하여 시행한다.

제1교

자월호(資越壕)로써 에워싸 공격하는 도구는 잡목 묶음을 넓게 설치한다.

---

107) 사격표적(射擊標的)의 줄임말(역자 주)

108) 대호(對壕)는 적의 사격을 피하고 또 적의 진지를 공격할 수 있도록 판 개인참호(個人塹壕)로서 1인용 혹은 2인용으로 구축한다.

제2교

적의 길을 끊기 위해 별도의 붓도랑 구덩이(單塹溝)를 파서 설치하는 방법

제3교

소총과 산탄을 막기 위한 것으로써 긴급하게 설치하는 급조 개인호와 이웃과 이어진 보람(堡籃)

제4교

머리를 감추기 위한 것으로써 곤전보람(滾塡堡籃)[109]과 단독의 완전한 참호(單全對壕)와 절반 정도로 완성한 참호(半全對壕)

제5교

좌우를 엄폐하기 위한 것으로써 큰 참호(重全對壕)와 중간 정도 크기의(半重) 참호, 이웃과 이어진 보람(堡籃)

제6교

보람의 형상을 변화시키기 위한 것으로 그 지형의 경사에 따라 잡목묶음과 모래주머니 등을 사용하는 개인 참호의 임시적인 조작

제7교

연접한 단독의 참호(全對壕)를 서로 마주 대하도록 진출시켜 두텁고 큰 참호(重壕)를 설치하고 빠르게 보람 채우기

제8교

개인호의 선회와 방향을 바꿔서 좌에서 우로 보람하기

109) 보람(堡籃)은 원통형의 바구니에 돌이나 흙을 채운 것(역자 주)

제9교

단독의 개인호 혹은 큰 참호를 본부의 대호 입구를 향해 진출하기, 보람을 균등하게 채우기, 가득 채우기 위해 입구에 위치한 안쪽 언덕에 의지하고 있는 붓 도랑으로 들어가기

제10교

암석과 단단한 지반을 만나는 경우, 모래주머니로 만든 개인호(砂囊全對壕)와 삽을 사용하여 구축한 개인호(用匙全對壕)는 주머니에 모래를 가득 담아서 가슴높이의 담장(胸墻)[110]을 구축하고 작은 삽(用匙)[111]을 사용하여 그 틈새를 채운다.

제11교

붓도랑 개인호(塹溝對壕)는 안쪽의 언덕기슭에 잡목을 묶어서 도랑을 채우고(塡溝) 흙무더기를 쌓아 담장을 만든다.

제12교

통로에 지붕을 씌운 참호(覆道冠塞)는 좌우로 경사지게 하여 사격에 편리하도록 한다.

제13교

호 가운데에서 막혀있는 내리막길에 이르면, 포차(砲車)가 왕래할 수 있는 맹로(盲路)[112]를 별도로 만든다.

제14교

내리막길(降路)의 설치는 호 가운데에서 내리막길로 갈수록 외부 쪽

110) 성곽이나 포대(砲臺) 등에 쌓은 가슴 높이의 담(역자 주)

111) 시(匙)는 숟가락으로 여기서는 작은 삽으로 해석(역자 주)

112) 맹로(盲路)는 포차가 신속히 왕래할 수 있는 통로로 해석함(역자 주)

의 둑을 높게 쌓는다.

제15교

위가 덮여 있는 통로의 내리막길은 경사면을 왕래할 수 있게 덮개를 개방한다.

제16교

호의 통로는 통행에 편리하도록 길을 깎아서 입구를 만든다.

나. 갱도(坑道)에 관한 부분

공격하기 위한 진지의 구축은 갱도에 관한 14개의 교령에 의해 땅을 파서 화약을 매설하는 대책을 구분하여 작업을 실시한다.

제1교

미리 정한 명호(名號)와 뜻풀이

제2교

보통의 갱도구축

제3교

갱도 구축의 기본

제4교

갱도 면의 이전과 직각으로 도는 갱도로 이전

제5교

비스듬히 도는 갱도

제6교

이 갱도의 간격은 네덜란드식(阿蘭[113]式) 가지형태의 갱도(枝坑路)와 영국식 세로 형태로 각각 나누어 부여하고 가지형태의 갱도를 최소화한다.

제7교[114]

제8교

탄약의 보관 장소 쌓기와 둑 채우기

제9교

적과 맞서기 위한 정(井)자형의 연기 통로는 성채의 채우기를 한 후 약실을 구축하여 가득 차도록 메우기를 할 때 병행한다.

제10교

갱도의 구멍 뚫기

제11교

화약의 점화방법

제12교

전주(電氣柱)의 사용법과 수중의 약실

제13교

갱도 내에서 화기(火氣)의 교환

113) '알란(Alan)(중국 한(漢)나라 때 지금의 아랄 해 북쪽에 있던 나라)'의 음역어. 아란타(阿蘭陀)는 네덜란드를 의미하기도 함(역자 주)

114) 원문에 제7교의 내용 기술이 누락되어 있음(역자 주)

제14교

갱도를 전기식으로 터지도록 하여 담장을 뚫고 벽을 무너뜨리는 방법

다. 교량제작(橋舸)에 관한 부분

행진시 적을 만나 흐르는 강을 마주하게 되면 10 가지의 교령에 의한 교량제작법(橋舸法)에 따라 작업을 구분하여 실시한다.

제1교

각종 군사용 교량 및 하천의 다양한 성질에 관한 지침과 이에 맞는 시행방법을 채택하여 실시하는데 필요한 물품과 목재

제2교

교량 구축용 굵은 줄(綱)과 가는 줄(繩)을 하나로 묶기

제3교

하천의 깊이를 재는 법(測深法), 교량의 주춧돌과 당기는 굵은 줄의 설치, 닻과 바구니 닻의 던지기, 작은 배로 건너는 법(航艇法)

제4교

서로 떨어져 있는 것을 이어주는 다리를 엮어 만들기와 해체

제5교

뗏목 교량(筏橋)의 제작과 해체

제6교

배다리(舟橋)와 오스트리아(奧地利)식 교량

제7교

나룻배 다리(杭橋)

제8교

매우 높게 설치된 다리(飛橋), 굵은 줄로 엮은 다리(綱橋)를 반드럽게 하기(滑), 굵은 줄로 엮은 다리를 마음대로 조작하기

제9교

교량의 파괴

제10교

교량의 수리(修理)

라. 야전 축성(野堡)[115]에 관한 부분

야외에서 병영시설과 방어진지(堡塞)[116]의 설치는 12개의 교령(敎令)에 따라 야전축성 전문가(野堡手)에게 위임하여 작업을 구분하여 실시한다.

제1교

방어진지 구축의 착수(經始)[117]법과 벽면의 흙 끊는 방법(斷面法)

제2교

흙 쌓기(堆土) 시행

제3교

경사면 표층 덮어씌우기

115) 보병을 위해 쌓은 축성으로 적의 접근을 막는 견고한 건조물을 뜻함. 야전축성(野戰築城)으로 해석함(역자 주)

116) 둑(堤防)과 성채로서 방어시설(要塞), 방어진지로 해석함(역자 주)

117) 집을 짓기 시작함(역자 주)

제4교

방어진지의 보강

제5교

방어진지의 폐쇄

제6교

횡으로 된 담장아래의 통로, 목조로 된 방어진지, 목재로 지은 화약고

제7교

지뢰(地雷)(별도로 추가 설명)

제8교

붓도랑 보루(塹溝堡)의 긴급 설치

제9교

작은 진지의 울타리와 누워있는 상태의 울타리(臥柵)의 파괴, 아울러 문과 울타리 문을 구멍 뚫어 파괴하기

제10교

둑방과 수제(水堤)[118] 쌓기

제11교

군대의 야전병영시설 짓는 법

제12교

야전병영시설의 건축의 착수

118) 물을 막기 위하여 쌓은 둑(역자 주)

※ 지뢰(地雷): 제7교의 추가 설명

통상 지뢰는 화약주머니(火藥筐) 안에 화약을 가득 채운 상태로 방어진지의 전방지역 지면 아래에 설치하여 그 지점을 지나는 적병에게 터트려 불을 내뿜게 한다. 이 지뢰는 통상 방어진지의 지면 상태에 맞게 설치할 장소를 선정하여 구멍의 깊이를 60센티미터 정도 되게 점화되는 곳을 고려하여 작은 구멍을 파서 설치한다. 이 지뢰는 상호 인접하도록 하여 그 구멍의 바닥에 화약주머니를 설치한다. 그 붓도랑 내 화약을 터지게 하는 도화주머니(導火囊)와 도화실(導火室)을 설치하고 갱도의 부분을 참고하여 본다. 그 다음에는 그 붓도랑의 구멍을 촘촘하게 가득 채워 적을 두렵게 하는 것이 좋다. 혹 그 지면에 매몰한 화약의 위치를 알게 되면 지뢰가 매몰된 지점의 직경을 약간 크게 하여 호미로 흙을 잘게 부수는 것이 좋다.

방탄지뢰[119]는 수평으로 된 납작한 판(扁板)으로 상하로 된 양쪽의 공간의 본제 화약주머니를 분리하여 이격시킨다. 그 위쪽의 공간은 4개의 방탄 눈구멍의 지름을 같게 하고 아래쪽으로 향하여 일 열로 설치한다. 그 신관(火管)은 납작한 판의 구멍 속으로 통하게 한다. 아래쪽 공간에 몇 센티 정도 이격 설치하여 화약이 통하도록 함으로써 면사로 된 심지가 점화되도록 밖으로 튀어나오게 한다. 이 화약은 도화주머니(導火囊)에 의해 점화되지 않도록 한다. 방탄지뢰 안에 화약을 가득 채우는 것과는 무관하게 주머니의 아래공간의 화약은 곧바로 지면을 뚫고 적병이 있는 지면 가운데로 분출한다. 분출한 방탄지뢰는 파열시키는데 필요한 화약을 화약주머니에 가득 채움과 동시에 도화주머니는 앞에서와 같은 방법으로 설치한다.

돌을 투척하는 지뢰(擲石地雷)는 적이 아군의 방어진지를 공격할 때, 행진하는 적병 부대를 향하여 새로운 지역에서 습득한 다량의 돌을 투척하는 것이다. 방향에 맞게 발사하기 위해 말통 모양(斗形)의 그 축 중심을

119) 소음발생탄(騷音發生彈)을 말함(역자 주)

절반 정도 구멍을 뚫는다. 그 바닥을 조금 기울여 소량의 화약을 목판으로 채우며, 여러 겹으로 쌓은 돌의 덮개를 그 판의 위에 놓고 화약을 폭발시켜 돌을 전방으로 투척한다. 투석지뢰는 다음과 같이 4종류로 분류한다.

첫 번째 투석지뢰는 구멍이 난 말 통(漏斗)의 형상과 같다. 그 축의 중심은 45도의 경사를 위해 수평으로 한다. 그 옆 부분 절반의 각도인 26.5도로 그 축의 중심에 부여한다. 축의 중심에서부터 그 아래로 통하는 수직면 가운데에 2개의 중간 선(線)이 있다. 그 하나는 날카로운 수직선이고 또 하나는 3분의 1의 경사를 이루고 있는 수평선이다.

지면 위의 구멍이 난 말 통 모양의 그 표면은 원뿔에 준하는 기다란 타원과 같이 표면을 파기 시작할 때는 그 작업처리가 아주 어렵다. 그러므로 이 표면을 네모반듯한 모양으로 만들도록 시행한다. 또한 간단한 원추형으로 땅을 파서 지뢰를 매설하는 것은 목표를 향해 투척할 때와 같은 크기의 힘을 부여한다. 투척지뢰를 땅에다 굴토하여 설치하기 위해서는 통상적으로 지면 하부의 화약중심에까지 1.8미터 깊이가 되게 한다.

지뢰를 조작하는 힘은 마땅히 각자가 하고자 하는 뜻에 따라 하는데, 전체의 빗면은 끊을 필요가 없고 실제로 그 상황에 충족될 수 있게 작업을 빠르게 하는데 방해가 되지 않도록 하는 것이 좋다. 이 지뢰를 시행할 때 그 길이가 40~50cm되는 도화선 1조(條), 미터자 1개, 네모 형 자 1개, 길이가 30~50cm되는 말뚝 15봉(本), 숟가락 모양의 가래 삽, 까마귀새 부리모양의 작은 가래 삽 6개, 김을 맬 때 쓰는 괭이나 호미 같은 것 2개, 나무망치 1개를 준비한다.

지뢰를 축조하기 위해 6명을 배치하는 데, 2명은 지뢰 선두의 근처에, 2명은 앞의 2명을 따라 240미터의 장소에, 2명은 지면 갱도바닥을 서로 마주하는 선로 상에 위치한다. 이 2명의 사람은 절단 및 굴토하여 만들어진 옆 부분의 비탈면을 따라가면서 흙을 제거한다. 이처럼 기울기가 1/6이 되도록 점유한 지점의 흙을 제거한다. 앞부분에 위치한 2명은 갱도 바닥의 기울기가 1/3이 되도록 작업하는데 관심을 집중한다. 또한 그 옆 부분의 기울기가 1/6이 되도록 절단굴토 함으로써 갱도 작업자의 소임을 다하도록 진행하는 것이 좋다.

흙 제거를 시행함에 있어서 경사의 머리 부분은 평면이 되게끔 조심스럽게 끊는다. 또 평면고의 폭은 100미터마다 45도의 기울기를 갖도록 척사판(擲射板)을 설치하고, 방향선과 열 가지로 분할한 수직선은 마땅히 고치지 않을 수 없음을 주의해야 한다.

지뢰로 구멍을 굴토하는 것은 퇴적된 그 흙으로 발사 방향선의 후방에서 지뢰의 맨 앞 끝단을 발사하여 흙으로 된 성채를 만든다. 이것은 그 전방으로 돌을 발사하기 위하여 폭발력의 반대방향으로 견딜 수 있도록 하는 것이다. 지뢰를 사용하여 구덩이 파기가 완료되면, 약실을 육방형(六方形)으로 파서 각기 그 크기를 재어 지뢰장약을 보통 때와 같은 화약의 양으로 가득 채운다. 이 약실은 수직선이 되게 그 발사선 중심 위에 있도록 하여 4면이 모두 45도 평면이 되도록 주의하지 않으면 안 된다.

흙 제거 지뢰(除地地雷)의 시행은 반드시 10명 내지 12명의 인원을 필요로 한다. 아주 숙련된 작업자의 경우에는 그 작업을 완성하는 데 9시간이 걸린다. 화약주머니를 설치하여 돌 탄자를 채우는 것은 앞에서 제시한 조항과 같다. 화약의 장전과 화약주머니를 점화하는 방법은 그 덮개의 상단 면을 45도 평면위에 작게 설치하여 접촉이 되지 않도록 하는 것이 좋다. 도화낭으로 점화를 할 때에는 도화낭을 도화낭실(導火囊室) 안에 넣어서 갱도의 부분을 참조하여 보는 것이 좋다. 이때 머리 부분의 평면에 위치한 도화낭실은 마땅히 붓 도랑 가운데 있는 납작한 판(화약을 그 화약주머니 안에 집어넣은)의 아래 방향을 통과해야 한다. 만약 전기를 깔아 점화를 전달하고자 할 때에는, 우선 도전선(導電線)을 설치하는 방법으로 점화의 사용을 준비한다. 다만 그 장치는 작업의 시작으로부터 그 장소에 위치한 바로 이 장치를 사용하여 흙을 쌓아 놓은 곳 가운데로 통과하게 한다.

모름지기 필요한 때에 이르면, 가득 채운 화약을 윗부분 평면에 설치한다. 또한 끊어진 틈새 중에 있는 납(鉛)은 도화낭실에 수직으로 설치하여 뿔 위에 위치한 화약주머니로부터 그 화약주머니 속으로 들어갈 수 있게 납작한 판을 관통한다. 도화낭실으로부터 주입된 화약은 앞에서 보인 바와 같은 방법으로 이를 점화한다. 발사하는 던져지는 납작한 판인 이 판은 각기 측방으로 1미터, 두께가 10센티미터 내지 15센티미터이다. 혹은 중판(重板)으로 사용하기 위한 견고하고 단단한 나무는 종횡으로 교차하여 못으로 고착하여 얽어 만든다.

투척지뢰를 설치하는 흙더미지뢰(積地地雷)는 앞에서 설명한 조항의 내용과 같이 200센티미터의 깊이에 도달하도록 흙을 굴토한다. 흙 제거 지뢰는 화약의 중심이 깊이 100센티미터에 도달하도록 지면의 상태를 고려하여 시행한다. 이어 적지지뢰를 설치하여 폭발의 시기가 되면 마땅히 그 후방과 측방으로 비산하는 돌을 막기 위해 장애물로 방호한다. 측방과 옆 부위는 흙을 쌓기 위해 필요하고, 그 흙더미를 덮어서 화약의 중심이 180센티미터[120] 깊이가 되도록 정한다. 얼마간 있는 땅바닥의 저항은 조금도 사용하지 않고 그 뚫린 말 통 구멍에는 돌을 가득 채워 담을 수 있도록 할 필요가 있다. 지뢰에 흙을 쌓기 위해서는 굴토한 흙을 화약 중심의 주위에 놓고 발화의 반경 외부로 둥근 호를 1미터 정도 깊게 굴토하여 그 윗부분과 옆 부분은 나뭇가지로 엮거나 잡목으로 결박하고 덮어 씌워서 경사 부분에 있는 지정된 버팀목을 지탱한다. 이 지뢰에 사용되는 여러 종류의 품목은 다음과 같다.

- 동아 줄(索繩): 1조(條), 길이가 3~4천 미터
- 미터자: 1개
- 굽은 자(矩)[121]: 1개
- 경시(經始)할 때 사용하는 품목인 길이 3~40미터의 말뚝(杭) 50개
- 기둥 말뚝(抑柱杭):

---

120) 원문에는 '米突'로 표기되어 있으나 이는 '珊知米突'의 오기로 생각됨(역자 주)

121) 'ㄱ'자 형태의 자(역자 주)

- 7그루(本): 길이 150~160미터
- 2그루: 길이 116센티미터~130미터
- 5그루: 80센티미터~100미터

- 강찰대(强紮帶)[122]: 40조(條), 보통길이 2미터, 높이 80센티 6개를 1개 조로 편성
- 잡목 묶음(束柴): 22개 묶음(把)
- 큰 나무망치(大木椎): 3개
- 작은 나무망치(小木椎): 1개
- 까마귀 부리형 호미삽(鴉嘴鍬) 20자루 내지 25자루(挺)[123]
- 숟가락 모양의 삽(匙鍬): 작업자의 숫자에 따라 20자루 내지 25자루
- 곡괭이 삽(鶴鍬): 2자루

지뢰의 축조경시(築造經始)를 공들여 마칠 때, 직접 흙을 쌓기 위해서는 그 고리형의 둥근 참호의 장소를 작업자에게 분배하여 흙을 파내 호의 양쪽 옆 부분과 윗부분 평면을 흙으로 덮는다. 이때 6명은 흙을 제거하기 위해 흙더미에 위치하고, 기타의 작업자는 흙 파내기 작업을 돕기 위해 앞의 작업자를 뒤 따라서 흙덮기와 설치한 기둥을 곧바로 세우는 작업을 수행한다. 피복한 땅에 찰대(紮帶)로 만든 말뚝을 누르고, 말뚝의 주위를 묶어서 견고하게 한다.

지뢰의 윗부분 근처에는 흙을 쌓고, 수평면으로 대략 150센티미터[124]의 간격을 이격하고, 그 흙더미의 윗면을 제42도[125]에 제시한 것처럼 공처럼 둥근 원으로 높이 쌓는다. 혹은 제43도에서 제시한 것처럼 머리 끝부분이 잘린 송곳 모양은 양쪽 모두 처한 장소에 맞게 한다. 이 흙더미를 합쳐 곧바로 최대한 가지런히 정리하고, 지뢰 구덩이를 중심의 각 방

122) 강하게 묶는 띠(역자 주)

123) 정(梃혹은 挺)은 총, 호미, 삽 등을 세는 단위(역자 주)

124) 원문에는 '米突'로 표기되어 있으나, '珊知米突'(센티미터)의 오기로 생각됨(역자 주)

125) 원문에는 제42도와 제43도가 수록되어 있지 않음(역자 주)

향을 같은 모양으로 나누어 배치하고 기둥말뚝을 눌러서 주위의 흙을 밀어 찔러 넣어 단단하게 하는 것에 관심을 기울인다. 25명 혹은 30명으로 3시간 정도 쌓거나 혹은 20명으로 6시간 쌓기를 완료하는 데 숙련된 작업자로는 2시간 반 만에 쌓기를 완료하는 것이 좋다.

흙더미 지뢰(積地地雷)의 장약과 그 안에 가득 채울 돌 등은 흙 제거 지뢰(除地地雷)와 다르지 않게 하고, 그 점화 역시 동일한 방법으로 시행한다. 그 폭발력은 흙 제거 지뢰와 같고, 아주 단단한 흙도 마찬가지로 심하게 파열시키기 위한 것이다.

평탄지뢰(平坦地雷)는 돌로 가득 채우기 위해 발사도구를 설치하여 지뢰가 있는 위치를 알지 못하도록 한다. 평탄 지뢰의 흔적이 지표면에 남아 있으므로 나머지 여분의 흙으로 지뢰 구덩이의 뒤를 채워서 인근 주변의 지면 위로 넓게 뿌리는 것이 좋다. 평탄 지뢰를 발사하기 위해서 2/3 경사에 납작한 판을 발사하는 방향에 수직으로 놓게 되므로 수평선은 2/3 경사를 유지한다. 흙을 제거하는 데에는 3명으로 4~5시간을 사용하도록 시행하는 것이 좋다. 네모반듯한 모양의 편판은 각 방향으로 70미터 간격을 띄우고, 약실의 간격은 각 방향으로 26미터에서 77킬로미터(吉羅米突)[126]까지를 포함한다. 화약주머니의 점화는 기타의 지뢰와 동일하다. 돌을 채워 쌓을 때 그 돌은 마땅히 의도한 대로 바꾸지 않으면 안 된다. 즉 이 돌을 앞 쪽으로 던질 경우, 단단하지 않은 흙으로 흙구덩이를채우게 되면 화약의 폭발력에 비해 최소의 저항을 받게 되므로 발사 중심축의 설치 방향에는 아주 긴요한 돌을 배치한다. 기타 그 굴토에 수반하여 벽 사이에 있는 돌의 체적을 생각하여 흙무더기의 체적은 그 흙의 단단함과 응집과는 무관하게 그 약실의 수직에 대응하여 나누거나 합친다. 다만 그 발사하는 힘을 고려하여 화약중심의 깊이는 1.5미터 내지 2미터 이상이 되도록 하는 것이 좋다.

일시에 몰아서 쏘는 지뢰(驅射地雷)는 본디 진지의 측방방호를 위해 설치하는 것이다. 외부 언덕 경사면에 있는 참호는 경사면의 전방으로부

---

126) km(kilometer)의 음역(音譯)

터 100미터 혹은 200미터에 이르는 지점까지 돌을 사용하여 자신의 측방과 또 다른 측방을 견고하게 한다. 퇴적은 잡초를 엮어 그 위를 덮고, 그 중심은 1/2의 경사로 수평하게 한다. 발사하는 돌이 진지의 한 가운데 떨어지도록 하기 위하여 참호의 가운데와 외부 언덕 전방에 떨어뜨릴 필요는 없으므로 설치된 방향에 맞추어 발사하는 돌은 항상 연장선의 전방에 위치시킨다.

지뢰의 경시(經始)는 내부 언덕 기슭에서 연장하여 지뢰의 측면을 바깥쪽의 언덕으로 설치하고, 여러 개의 지뢰를 그 기슭의 아래쪽으로 한데 모은다. 차후에 이 선이 발사하는 방향이 된다. 1/6의 경사에 부착한 지뢰의 양쪽 옆 부분은 제지지뢰를 외부언덕의 흙 속에다 드문드문 끊어서 설치하는 것처럼 외부 둥근 언덕의 측면 방향에 있도록 한다. 그러므로 한 쪽 방향의 옆 부분을 덮는 것은 당연히 불필요하고, 다른 쪽 방향의 옆 부분은 잡초를 끌어 모아서 쌓인 흙 위를 높게 덮어씌운다.

쌓은 돌은 나무 기둥으로 지탱하는 것이 좋으므로 그 외부언덕 부위를 대략 150센티미터[127]의 높이로 하고, 또 그 두께는 60센티미터[128]로 하는 것이 좋다. 그 끝단의 높이는 50센티미터[129]를, 그 폭은 30센티미터[130]를 줄인다. 화약과 돌을 가득 채우고 점화하는 것은 다른 지뢰와 차이가 없다. 일시에 몰아서 쏘는 지뢰(驅射地雷)는 한꺼번에 많은 인원을 운용해야 하는 폐단이 있어서 4명 이상의 인원을 확보하지 않으면 안 된다. 그러므로 이 작업은 대략 9시간이 사용된다. 또한 호의 폭이 협소하여 외부 언덕의 높이는 50센티미터 혹은 그보다 낮게 흙을 쌓는다. 따라서 인접 호의 안쪽 언덕을 높이 오르는 것은 쉽지 않다. 만약 지뢰를 발사하고자 할 때, 그 재앙으로 인한 손상을 받지 않기 위해서 진지를 지키고 있는 병사는 장벽의 아래 기슭으로 옮겨 피하게 한다.

---

127) 원문에는 '米突'(미터)로 표기, '珊知米突'(센티미터)의 오기로 생각됨(역자 주)
128) 원문에는 '米突'(미터)로 표기, '珊知米突'(센티미터)의 오기로 생각됨(역자 주)
129) 원문에는 '米突'(미터)로 표기, '珊知米突'(센티미터)의 오기로 생각됨(역자 주)
130) 원문에는 '米突'(미터)로 표기, '珊知米突'(센티미터)의 오기로 생각됨(역자 주)

※ **투척지뢰(擲石地雷)[131]에 관한 일반사항**

자연적인 지질로 인해 구덩이 속의 상부 경사평면을 알맞게 절단할 수 없을 때, 상태가 좋지 않은 지면의 윗부분을 평평한 표면으로 만드는 방법은 땅바닥까지 흙을 쌓은 다음에 잡초를 긁어모아 쌓아서 그 평면을 만드는 것이다.

습기를 막아 예비로 지뢰를 축조하고 곧바로 사용하지 않을 때에는 화약주머니와 아울러 도화낭실과 진흙 웅덩이의 습기를 방지한다. 폭발 후에는 수리하여 재차 사용을 준비한다. 지뢰의 축조는 좋은 지질을 1회 폭발한 후 수리하지 않고 또다시 사용을 준비하는 것이 좋다. 이 조작은 비록 제지지뢰와 적지지뢰의 2가지 지뢰를 사용하더라도 시간을 오래 끄는 것은 곤란하다. 지뢰를 수리할 때에는 구덩이의 아래 흙을 두드려 쳐서 그 표면이 45도에 가까운 경사가 되도록 한다. 5cm의 연접한 두꺼운 판을 교차하여 그 2층으로 그 표면을 가린다. 그 다음에는 그 경사면 위에 화약주머니와 그 주머니 중심을 첫 번째의 폭발과 마찬가지로 그 주위에 흙이나 잡초를 긁어모아 채운다. 투척하기 위한 납작한 판을 평면의 위에 위치시킨다.

마. 토지 측량(測地)에 관한 부분

토지측량에 관한 방법은 8개의 교령으로 구분하여 학술을 시행한다.

제1교

지리도학의 근본 취지, 평면측량과 수준(水準)[132] 측량의 구별, 평면측량의 기초요령, 축척, 축소하여 그리는 법(縮圖法)

제2교

거리의 측량용 기구, 거리측정용 쇠사슬을 채색하는 규정, 수직 경

131) 수류탄의 일종(역자 주)

132) 여기서는 수평(水平)(역자 주)

쇠 완공(畹工) 수준기, 이 모든 기구를 사용하여 수평의 거리 혹은 평면에 수직한 거리를 측량하는 법

제3교

측지술을 사용한 작도법, 다각형 그리기 기초, 측도를 실시하는 방법으로써 다각형 그리기 기초, 교차선(交互線)[133] 법과 도선법(道線法)으로 다각형과 삼각형으로 분해하는 방법, 미터자와 측지 및 측도법(測地測圖法)

제4교

측량도, 측량도의 해설과 그 용법, 도선법과 측도에 의한 교차선법(交互線法賴測圖), 교차선법(交互線法)의 고유한 특성과 넓고 큰 토지의 측도 조작하기, 모든 종류의 사용, 태양 등 그림자를 보면서 자오선을 그리는 법

제5교

측량도, 측도의 해설과 용법, 지면 상 기록문서의 처리, 도해 조작도의 표정(標定)[134]

제6교

가옥의 측면, 평면, 끊은 면, 높은 면, 절단면과 알맞은 정도, 총괄도면과 상세도면, 응용기구, 해발을 기준한 높이 그리기, 도면의 그림을 깨끗이 하기와 그 편성

제7교

수준의 측량, 수준의 표면과 표면의 비교, 실제의 높이(眞高)[135]와 깊

133) 서로 엇갈리거나 마주치게 긋는 선

134) 표적물의 위치를 도표 또는 지도 위에 표시하는 일

135) 진고도(眞高度): 평균 해면(海面)의 고도(高度)에서 측정하는 항공기의 고도

이의 측정, 실제 눈으로 보는 수준면과 비교평면, 완공(皖工) 수준기, 기포수준기, 수표수준기, 수준 측량에서 쓰는 자, 수준 측량의 실행, 수준의 측량에 의한 도선법과 반경선법(半經線[136]法), 문서를 기록하고 처리하기, 검사하여 결정하는 방법, 목표와 상세한 수준의 측량

제8교

연속적인 수준측량, 수준 측량에 의한 단면과 수준 측량에 의한 수평곡선, 수평곡선에 따른 다면의 결정, 평지 수준의 측량, 토지의 분할과 합침

3. 치중병 편제

치중대의 부대편성 규칙은 제1권(군제총론)에 있는 각 진대(鎭臺)를 보기 바란다. 각 진대는 치중병 1개 소대를 보유한다. 독립부대인 도쿄(東京) 진대의 경우는 치중병 1개 중대가 설치되어 있다. 근위국(近衛局)은 치중 1개 소대가 통합되어 편제되어 있다. 평시의 훈련 시에는 참석하지 않고, 다만 관병(觀兵) 행사시에는 무기와 장비를 갖추어 행사장에 참석한다. 전쟁이 발생하면 즉시 급양 및 4개 분야의 관리, 즉 의관, 마의관, 계관, 나팔장 4명과 함께 합계 8명을 임시로 확정하여 해당부대의 사무를 분장한다.

(제2책 제4권 끝)

136) 경도선, 위도선(緯度線)과 대조

보병 신병훈련 교범

(제3책 제5권)

보병 신병훈련 교범

1. 제1부: 일반규칙과 구분

제1조 보통 신병(生兵)[137] 훈련의 목적은 모든 중대와 대대 및 연대의 교련의 방법과 실제를 숙달시키는데 있다. 병력을 직접 부리지 않는 상황에서 최고로 숙달된 자의 기초적인 가르침을 배워서 익히고, 어떻게 가르칠 것인가를 구상하며, 그 옛적부터 내려오는 적과 싸우는 법과 전투와 관련된 제반시기, 적응운동, 노력 등을 알게 하는 것 등이 아주 중요하다.

제2조 제반 운동법에 관해 교관이 힘써야 할 것은 명료하게 말하는 법과 그 시범요령, 병졸의 지휘와 자세, 행진과 정지간 행동 및 면밀한 정숙유지, 힘찬 목소리와 명료한 명령하달 등을 마음에 새겨두어야 한다.

제3조 보통 구령은 2가지로 첫 번째가 예령이고 두 번째가 동령이다.

제4조 예령과 제2부의 구령은 초서체(草書體)된 부분은 높고 길게 하나의 소리로 외친다.

제5조 구령을 내릴 때 해서체(楷書體)로 된 부분은 간단하고 힘차게 외친다.

제6조 통상적으로 신병훈련교범은 제2부로 나누어 각 부는 2개의 장으로 나누고, 각 장은 6개의 교(敎)로 나눈다. 다만 제2부 제2장은 4개

137) 생병(生兵)은 사관생도 등과 같이 학생신분으로 군사교육을 받는 인원이나 새로 입대한 병사로 본격적인 군사훈련을 받거나 전투에 참가하지 않은 미숙한 병사임. 본고에서는 신병(新兵)으로 통칭함(역자 주)

의 교(敎)로만 구성되어 있다.[138] 제1부 제1장은 병사의 집총교육, 제2부 제1장은 연병장에서 산병의 활동에 대해 기술하고, 제2장은 제반 지형과 활용의 연습에 대해 기술한다.

제7조 통상적으로 신병훈련교범 중 교관은 여러 조항의 의미를 숙지하여 그 사용에 대해 능숙해야 하고, 그에 대한 주의사항을 잘 이해해야 한다.

제8조 통상적으로 제1부의 모든 교육 중에 그 요령과 주의 사항을 예시하므로 교관과 이를 배우는 병사는 이 주의사항을 잘 연구하여 활용하도록 해야 한다.

가. 제1장 : 제1교 ~ 제6교

1) 일반규칙

제9조 통상적으로 제1부의 제1장 중 제1교, 제2교, 제3교는 3명 혹은 4명에 대해 동시에 교육이 이루어지는데, 다만 맨손으로 하는 훈련(柔軟演習)을 하지 않는 것이 제한되는 점이다. 모든 기병은 그 우측 인접 병사의 왼 주먹을 가죽 허리띠 위의 허리 부분에 위치시키고, 그 오른 팔은 우측 인접 병사의 왼쪽 팔꿈치와 닿게 한다. 나란한 열의 모든 병사는 대략 4마디 길이의 틈새를 띄운다.

(보주) 가죽 허리띠에 위치한 주먹은 엄지손가락을 바깥 손톱이 바깥면을 향하도록 하여 모든 손가락 둘째마디 부분이 혁대에 닿도록 쥔다. 팔뚝은 측방을 향하여 바르게 한다.

맨손으로 하는 훈련(柔軟演習) 및 동일한 장에 있는 마지막 제3교는 신병의 인원을 분대로 간주하여 그 인원을 8명 내지 15명으로 편성한다. 그 인원들에 대해서 분대장 1명을 붙여 주고 반소대장으로 하여금 감시하게 하여 교육을 담당하도록 한다. 체조연습을 하는 모든 병사는 3보의

138) 그러나 원문의 제2부 제2장도 실제로는 6개의 교(敎)로 구성되어 있다.(역자 주)

거리를 띄워서 2열로 넓게 늘어놓으며 또 서로 3보의 간격을 취하게 한다. 마지막 제3교의 첫 항목에서는 먼저 모든 병사에게 간격을 제시하고 1열로 넓게 늘어놓은 다음에 2열로 실시한다. 각 열중에 있는 모든 병사에게 항상 우측에서 시작하여 좌측으로 끝나도록 번호를 부치게 한다.

2) 제1교: 병사의 집총 자세

제10조 교관은 다음과 같이 구령한다.

기착(氣着) (차렷)

제11조 병사는 이 구령에 유의하여 다음과 같이 자세를 취한다.

제12조 양쪽 발꿈치는 같은 선에 위치하고, 다리에 힘을 주어 양 발끝은 사각형(矩形)[139]을 유지하여 바깥으로 조금 벌리고, 양쪽 무릎은 곧게 편다. 상체는 바르고 하여 앞으로 약간만 기울인다. 양쪽 어깨와 두 팔은 자연스럽게 내리며, 양쪽 팔꿈치는 몸에 붙인다. 손바닥은 조금 바깥으로 향하고 새끼손가락은 재봉선 뒤에 두며 머리는 힘주어 곧게 펴고 양 눈은 전방을 똑바로 바라본다.

제13조 교관은 병사의 휴식구령을 다음과 같이 하달한다.

기장(其場)[140] 휴(休)[141](그 자리에서 쉬어)

제14조 쉬어 구령시 병사는 움직이지 않고 그 자리에 서서 쉰다.

제15조 체조연습

이 조항은 부록(체조교련)에 별도로 기술하므로 여기에서는 생략한다.

3) 제2교: 우향과 좌향

제16조 교관은 다음과 같이 구령한다.

---

139) 'ㄱ'자 형태

140) 이 부분은 초서체(草書體)로 표기하며, 이 부분은 높고 길게 하나의 소리로 외친다.

141) 이 부분은 해서체(楷書體)로 표기하며, 이 부분은 간단한 소리로 힘차고 짧게 외친다.

우향우, 좌향좌

제17조 '우향우' 구령시 좌측 발꿈치를 조금 들어서 우측으로 1/4(90도) 방향을 전환하고, 좌측 발꿈치를 우측 발꿈치 옆에 부착하여 동일선상에 위치시킨다. '좌향좌' 구령시 우측 발꿈치를 조금 들어서 좌측으로 1/4(90도) 방향을 전환하고, 우측 발꿈치를 좌측 발꿈치 옆에 부착하여 동일선상에 위치시킨다.

제18조 교관은 다음과 같이 구령한다.

반 우향우, 반 좌향좌

제19조 이 운동 실행시 병사는 우(좌)향으로 1/8(45도) 전환한다.

제20조 우로 돌아(右 轉回[142])

교관은 다음과 같이 구령한다.

회우(廻右) (우로 돌아)

제21조 '우로 돌아' 구령시, 좌측 발꿈치(左踵)는 반 우향으로, 우측 발은 'ㄱ'자 형태로 대략 손가락 3마디 길이 정도 벌리고 그 중앙에서 좌측 발꿈치에 대하여 무릎 안쪽 오금은 나란히 편다. 양쪽 발끝을 조금 들고 양쪽 발꿈치로 뒤로 돈 후에 신속히 우측 발꿈치를 좌측 발꿈치 옆에 붙인다.

4) 제3교: 제반 걸음의 보행 요령

제22조 빠른 걸음(早足)의 길이는 앞발의 발꿈치에서 뒷발의 발꿈치까지로 간격은 약 60 센티미터이고, 그 속도는 1분간 130보이다.

제23조 교관은 병사의 앞 10보 혹은 12보에 위치에 서서 보행방법을 보이면서 설명하는 동시에 스스로 걸음을 줄여가며 그 본보기로 시범을 보인 후 다음과 같이 구령한다.

142) 轉回는 回轉과 같은 의미로 해석함(역자 주)

앞으로 가(前進)

제24조 '앞으로'라고 구령하면, 병사는 체중을 오른쪽 다리에 의탁한다.

제25조 '가(進)'라고 구령하면, 왼 발이 앞으로 나가고 발끝은 조금 바깥을 향한다. 우측 발꿈치에 무게 전체를 두고 지면 위를 밟고 있고 발로 지면을 두드리지 않도록 한다. 오른발은 60센티미터 정도 이격하여 걸음을 옮겨 밟는다.

제26조 '앞으로 가'라고 동시에 구령하면, 우측 다리가 앞으로 나가고, 우측 발은 이미 나가 있는 좌측 발 근처의 지면 위에 동일한 거리에 위치하여 양 다리가 교차하지 않도록 하고, 양 어깨는 앞뒤로 흔들리지 않도록 한다. 양 어깨는 자연스럽게 흔들리도록 하고 머리는 항상 곧바르게 한다. 한 번에 '앞으로 가'라고 동시에 구령하면 이와 같이 연속으로 행진한다.

제27조 만약 정지하고자 하면, 교관은 다음과 같이 구령한다.

분대 제자리에 서(分隊 止)

제28조 '제자리에 서(止)'라고 구령하면, 왼발을 따라 오른발을 지면에 붙일 때 소리를 내어 구호를 붙인다. 병사는 뒷발을 앞발의 옆에 끌어당겨 붙이며 지면을 두드리지 않고 살짝 갖다 붙인다.

제29조 교관은 모든 병사로 하여금 정규의 보폭으로 행진을 익힌 후, 점차 분당 130보 걸음 속도로 빠르게 하는 걸음의 속도를 습득하도록 한다.

제30조 교관은 충분한 의지를 가지고 걸음의 속도가 가지런하고 정밀하도록 앞에 위치한 발에 체중을 의탁하도록 적응시킨다. 다른 발꿈치와 상체는 좌우로 기울지 않게 하고 머리를 낮게 숙이지 않도록 주의하여 적응해야 한다. 뒤 발꿈치 위의 체중은 앞발에 쉽사리 옮겨 의탁하도록 한다.

제31조 모든 병사는 정해진 규칙과 걸음의 속도와 걸음의 길이를 바

르게 숙지한다. 교관은 걸음걸음마다 절도가 있게 접촉하지 않도록 도모해서 왼발이 지면에 닿을 때, '하나'라고 부르고(一唱), 오른발이 지면에 닿을 때, '둘'이라고 힘차게 외쳐서(二唱) 앞으로 나아가는 연습을 직접 시범을 보여 가르친다.

제32조 분대장은 제27조와 제28조에 기재된 방법으로 구령하여 분대를 제자리에 멈추게 한다. 다만, '제자리 서(止)' 구령을 하면, 오른 발이든 혹은 왼발이든 지면에 닿으면, '하나', '둘' 번호를 부친다.

제33조 뒤로 가는 걸음은 병사가 정지한 상태에서 다음과 같이 구령한다.

뒤로 가(後進)

제34조 '가(進)' 구령을 하면, 병사는 빠르게 왼발을 뒤쪽으로 당긴다. 이때 앞 발꿈치와 뒤 발꿈치는 30센티미터 서로 이격하여 디뎌서 옮긴다. 또한 구령을 받으면 오른발도 동일한 방법으로 행동을 계속한다. 다만 '제자리 서(止)' 구령을 하고자 하면, 우선 선두 분대가 구령을 외친다. '제자리 서' 구령을 하면, 병사는 뛰지 말고 앞발 곁에다 다른 발을 끌어다 붙여서 제자리에 선다.

제35조 교관이 병사에게 곧바르게 물러서는 구령을 내리면 그 몸의 자세를 흔들리지 않도록 주의하여 걸음의 속도는 빠른 걸음(早足)과 동일하게 한다.

제36조 최초 연습에서는 병사에게 정돈을 강하게 요구하지 말고, 걸음걸이의 장단을 지속하여 일정하게 하는 것을 버릇처럼 익혀서 스스로 정돈하는 것을 습득하도록 한다.

제37조 빠른 걸음으로 가는 부대는 기타의 걸음속도를 조절하기 위해 보통걸음의 속도를 사용한다. 예령시 '빠른 걸음'이라고 추가하는 말은 하지 않는다.

제38조 뜀걸음(驅步)을 하는 발의 간격은 양쪽 발꿈치 간 길이가 65센티미터의 크기이고, 그 속도는 1분당 180보이다.

제39조 교관은 다음과 같이 구령한다.

앞으로 뛰어 가(前 驅步 進)

제40조 '앞으로(前)'라고 구령하면, 병사는 체중을 오른 다리에 의탁한다.

제41조 '뛰어(驅步)'라고 구령하면, 병사는 양쪽의 손가락을 구부리고, 손톱을 안쪽으로 향한다. 좌우측 팔꿈치는 뒤로 당기고 양손을 허리 높이에 위치시킨다.

제42조 '가(進)'라고 구령하면, 병사는 왼쪽 다리 무릎을 구부려 위로 조금 들어서 앞으로 나간다. 오른 발은 65센티미터 정도의 위치에 발끝을 내려 밟아서 오른 발을 왼 발에 붙인다. 같은 방법으로 행진을 하는 것이 좋다. 다만 이렇게 걸음을 옮겨 밟을 때 체중을 이동하는 움직임을 자연스럽게 하고 팔은 잘 흔든다.

제43조 교관은 분대를 정지시키려면 다음과 같이 구령한다.

분대 제자리에 서(分隊 止)

제44조 '제자리에 서(止)'라고 구령하면, 뒤 발을 앞 발 옆에다 위치시킨다. 양손은 아래로 늘어뜨린다. 집총을 한 자세에서는 하지 않는다.

제45조 병사 모두가 장구류를 착용했을 경우에 뜀걸음으로 가도록 구령을 받으면, 왼손으로 대검 집을 잡고 앞으로 나가고, '제자리에 서'라고 구령을 하면 왼손으로 잡았던 대검 집을 놓는다.

제46조 교관은 왼발을 지면에 내릴 때 '하나'라고 외치고, 오른발을 지면에 내릴 때 '둘'이라고 외쳐 걸음의 속도를 잘 조절하도록 하는 것이 좋다.

제47조 뜀걸음의 빠르고 느린 속도는 특별히 잘 조절하여 최대로 빠른 속도는 1분당 180보 이상 되게 한다.

제48조 뜀걸음을 할 경우는 미리 병사들에게 입을 닫고 코로 숨을 쉬도록 알려주어 경험을 통해 이 요령을 따르도록 함으로써 뜀걸음을 할

경우 쉽게 피로하지 않도록 하여 오래 견딜 수 있게 한다.

※ 주의 사항 : 제49조~ 제50조

제49조 길 걸음(路步)의 요령은 빠른 걸음과 다르지 않게 한다. 비록 그 걸음의 속도가 차차 증가하여 1분당 150보에 이르지만 이 걸음은 좌우의 발을 맞출 필요가 없어서 이 속도를 굳이 억제할 필요가 없다. 또한 모든 병사는 발을 맞추어 행진하지 않아도 된다.

제50조 습보(襲步)의 요령은 속보와 같이 그 속도는 1분에 150보이다.

• 제 자리 걸음(足踏): 제51조 ~ 제52조

제51조 병사가 행진시 교관은 다음과 같이 구령한다.

제 자리 걸음으로 가(足踏 進)

제52조 '가(進)'라고 구령하여 발이 지면에 닿을 때 병사는 앞으로 나아가. 않고 양 발을 교대로 지면을 밟으면서 좌우의 발을 잘 맞춘다.

보주 제자리 걸음은 뜀걸음에서 실시한다.

제53조 병사를 다시 앞으로 가게 하려면 교관은 다음과 같이 구령한다.

앞으로 가(前進)

제54조 '가(進)'라고 구령하면, 앞에서의 구령과 마찬가지로 구령을 외치면 병사는 빠르게 걷는 걸음 방법을 수행한다.

• 걸음걸이를 바꾸는 법(步法變法)

제55조 병사의 행진간 걸음을 바꾸기 위해 교관은 다음과 같이 구령한다.

걸음 바꿔 가(踏替 進)

제56조 '가(進)'라고 구령하면, 구령에 맞추어 발이 지면에 닿을 때 신속하게 뒷발을 디딤 발인 앞발의 측면에 붙여 끌어당기고 디딤 발이

다시 앞으로 나아간다.

5) 제4교: 머리를 우에서 좌로 운동

제57조 교관은 다음과 같이 구령한다.

머리 우에서 좌로(頭 右左), 바로(直)

제58조 '우에서 좌로(右左)'라고 구령하면, 모든 병사는 움직이기 위해 가리지 말고 양쪽 어깨의 위치를 흔들지 말며 눈은 같은 열에 있는 병사의 눈높이 선(眼線)에 주목한다. 머리는 좌우로 조금 돌아가게 한다.

제59조 '바로(直)'라고 구령하면, 머리는 다시 정면으로 바르게 하고 원래의 자세로 하는 것이 옳다.

- **정돈**

제60조 모든 병사가 정돈 요령을 명확하게 깨우치도록 교관은 각 개인의 정돈 연습을 위해 다음과 같이 구령하여 좌우의 2명의 병사를 3보 앞으로 나아가게 한다.

좌우 2명 3보 앞으로가(右左 二人 三步 前進)

이 2명은 정돈선에 도착하여 왼 주먹을 허리위의 요대에 위치시킨다. 교관은 정돈 구령을 한 후에 각 병사의 번호를 생각하여 2명을 호명하여 이를 정돈선(整頓線)으로 제시하여 도착할 장소로 정하는 것이 좋다.

보주 교관은 2명의 병사를 옆으로 나란히 하여 그 정돈을 바로잡는다.

제61조 각 병사는 각자가 자기의 번호를 불러서 앞에서 제시한 제57조와 같이 우에서 좌로 머리를 돌려서 눈은 3보 전진하는데 주목한다. 다만 마지막 1보는 대략 5센티미터 가량 뒤로 멈추어 새로운 정돈선을 단축하는데 그 선이 새로운 정돈선 5센티미터 후방을 넘어서 멈추는 것은 옳지 않다. 앞에서 제시한 조항에서 이미 설명한 바와 같이 왼 주먹은 허리 위에 대고 그 다음에는 다리의 오금을 펴서 아주 살짝 움직인다. 이

때 그 머리의 위치, 눈과 어깨선의 방향은 이웃한 병사와 더불어 병사의 팔꿈치와 접촉되도록 가지런히 유지하고 흔들리지 않게 똑바로 하지 않으면 안 되며, 정돈선에 가만히 이르는 것이 좋다.

제62조 교관은 모든 병사가 정돈이 완료되는 것을 보며 다음과 같이 구령한다.

바로(直)

제63조 '바로(直)'라고 구령하면, 병사는 왼 손을 내리고 다시 머리를 정면으로 곧바르게 유지한다.

제64조 만일 1명이 정밀 정돈이 미숙한 경우 모든 병사에 대해 다음과 같이 구령하여 모두 한꺼번에 모든 열을 정돈한다.

우에서 좌로 정렬(右左準)

제65조 이 구령은 정돈을 하는 기초로써 앞에 위치한 2명을 제외하고, 앞 열은 모두 빠른 걸음으로 위쪽의 새로운 줄 가운데로 이동하여 제60조 및 제61조의 정돈 요령을 따라 확실하게 위치를 정한다.

제66조 교관은 열 앞의 10보 혹은 12보가 되는 곳에 위치하여 움직임을 주의 깊게 본다. 다음 정돈의 기초는 날개 측으로의 이동과 정돈을 고쳐 바르게 하는 것이다.

제67조 교관은 절반이상의 병사가 정돈되는 것을 보고 다음과 같이 구령한다.

바로(直)

보주 '바로' 구령은 정면에 위치하여 내린다.

제68조 정돈이 올바로 되지 않으면 교관은 '몇 번 뒤 누구' 혹은 '몇 번 앞 누구'하는 식으로 호명하고, 이 호명에 따라 그 병사는 자기의 진퇴(進退)의 정도를 정한다. 이때 머리는 정돈하는 날개 쪽 방향으로 조금 돌리며, 정밀하게 선으로 이동한 다음에 머리는 다시 정면을 향한다.

보주　이때 호명한 병사는 주먹을 들지 않는다.

제69조　후방의 정돈은 같은 방법으로 한다. 이때 병사는 정돈선 뒤로 조금 물러난다. 이어서 제60조 및 제61조 정돈의 요령을 따라 조금 전진하여 정돈한다.

제70조　교관은 우에서 좌로 2명에게 4보 뒤로 물러나도록 명령한 후 그 자리에 정돈을 하도록 다음과 같이 구령을 하달한다.

뒤로 우에서 좌로 가(後 右左 進)

※ 주의사항: 제71조 ~ 제72조

제71조　교관은 병사들의 기운을 북돋기 위해 다음과 같은 몇몇 조항을 지도하여 깨우치게 하는 것이 좋다.

- 병사는 정돈선상에 서서히 이동하는 것이 좋다.
- 병사는 몸을 뒤로 기울게 하지 말아야 하고 또한 머리는 앞으로 기울이지 않도록 하는 것이 좋다.
- 병사가 머리를 옆으로 돌리는 정도는 인접한 병사의 눈썹을 살펴보는 정도로 권장한다. 또한 그 정돈하는 방향은 제2번 병사의 눈에서부터 가슴까지를 보는 것이 좋다. 정돈선을 밟고 넘어서는 것은 절대로 금지한다.

'바로(直)'라고 구령하면, 병사는 세로줄이 가지런하지 않은 상태에서 움직이는 것은 불가하다. '몇 번 뒤', '몇 번 앞' 등을 부르는 것은 단지 구령을 생각하게 하여 이를 따르도록 하는 것이다. 호명하지 않는 사람은 결코 후방으로 움직이는 것이 불가하고, 정돈하는 병사가 정돈선을 조금 밟고 넘는 것은 가능하다.

제72조　교관과 모든 병사는 2열로 넓게 펼쳐, 우에서 좌로 2개의 오로 구분하여 정돈하고 목표를 기준을 하여 정돈을 행한다.

6) 제5교: 정면 행진

(제73조) 교관은 열중의 병사를 바르게 정돈한다. 만약 향도의 오른쪽에서 왼쪽으로 숙련된 병사 1명을 위치시키고자 하면 다음과 같이 구령한다.

앞으로(前)
향도 우에서 좌로(嚮導右左)
가(進)

제74조 '가(進)'라고 구령하면, 열의 모든 병사는 왼발을 빠르게 앞으로 내민다. 향도는 정면으로 곧바르게 행진하며, 이때 양쪽 어깨를 바르게 유지하도록 유념한다.

제75조 교관은 각 병사가 항상 향도의 방향에 있도록 하고, 인접한 병사와의 간격을 보존하도록 다음과 같은 사항을 마음에 새겨두는 것이 좋다.

- 각 병사는 향도의 순(順)방향에서 압박해 올 때, 다른 방향으로 압박하여 버텨야 한다.
- 각 병사는 만약 간격을 유지하지 못할 경우는 천천히 그 간격을 회복한다.
- 향도는 방향과 무관하게 선두를 곧바르게 계속하여 유지하도록 한다.
- 각 병사는 지나치게 천천히 가거나 혹은 지체되어 정돈선과 이격될 경우는 서행하는 길이를 늘이거나 줄여서 정돈선을 회복한다.

• 빗겨 행진(斜行進)

제76조 정면행진을 이미 숙지한 병사에 대해 교관은 빗겨 행진하는 요령을 익히도록 한다. 모든 열이 행진할 때 교관은 다음과 같이 구령한다.

빗겨 우(좌)로 가(斜右(左)進)

제77조 양쪽 발 중 왼발이나 오른발이 지면을 디딜 때 '가(進)' 구령

을 내리면, 각 병사는 반 우(좌)향으로 정면으로 곧바르게 새로운 선으로 행진한다. 좌우에 인접한 병사의 어깨선을 눈여겨보며 보행 속도를 가감하여 자신의 어깨(己肩)를 인접한 병사의 어깨와 나란히 한다. 이때 머리는 같은 열에 있는 다른 병사의 머리를 가리는 것 같이 하는 것이 좋다. 모든 병사가 같은 보행속도를 마음에 두어 그 기울기를 소멸시켜 반드시 모두가 하나처럼 가지런히 하는 것이 좋다.

제78조 다시 정면행진을 시키고자 하면, 교관은 다음과 같이 구령한다.

앞으로 가(前進)

제79조 양쪽 발 중 왼발이나 오른발이 지면을 디딜 때 '가(進)' 구령을 내리면, 각 병사는 정면행진 요령에 의해 정면으로 곧바르게 행진한다.

제80조 병사는 이러한 종류의 요령을 이해를 다하여 그 자세, 걸음동작, 걸음의 장단, 속도 등을 숙달한다. 교관은 빠른 걸음, 뜀걸음 등으로 차례대로 바꾸어 그 걸음걸이를 변환한다.

제81조 모든 열이 빠른 걸음으로 행진할 때 교관은 다음과 같이 구령한다.

뜀걸음으로 가(驅步 進)

제82조 '가(進)'라고 구령할 때, 왼발 혹은 오른 발이 지면에 닿을 시 구령 소리에 맞추어 모든 열이 뜀걸음을 시작한다. 모든 병사는 구보하는 요령을 준수하여 열이 뒤바뀌어 행진되지 않도록 하고 그 정돈 상태를 잘 보전하여 유지한다.

제83조 다시 빠른 걸음으로 바꾸고자 할 때는 교관은 다음과 같이 구령한다.

빠른 걸음으로 가(早步 進)

제84조 '가(進)'라고 구령하면, 왼발 혹은 오른 발이 지면에 닿을 시

구령 소리에 맞추어 모든 열이 다시 빠른 걸음으로 간다.

제85조　열중에 있는 병사가 행진할 때 교관은 앞에서 제시한 조항에 따라 구령한다.

제86조　열중에 있는 병사가 빠른 걸음으로 행진할 때, 교관은 앞에서 제시한 조항에 따른 구령법에 따라 제자리 걸음과 걸음을 바꾸어 가도록 구령한다.

제87조　열중에 있는 병사가 빠른 걸음 혹은 뜀걸음으로 행진시, 정지한 한 후 나아가. 위해 교관은 다음과 같이 구령하여 제자리에서 빙빙 돌게 한다.

우로 돌아 가(廻右 進)

향도 좌에서 우로(嚮導 左右)

제88조　왼발이 위에 있을 때 '가(進)'라고 구령하면, 병사는 왼발을 지면 위에 댄다. 양발의 끝을 돌린 후에 이 새로운 방향으로 향하고 왼발이 먼저 앞으로 나간다.

제89조　열중에 있는 병사가 행진할 때 교관이 다음과 같이 구령하면, 회전을 한 후에 제자리에 멈춘다.

우로 돌아 서(廻右 止)

제90조　왼발이 지면에 닿을 때 '서(止)'라고 구령하면, 병사는 왼발을 우측으로 회전하고 오른 발은 왼발의 선상에 위치시킨다.

제91조　열중의 병사들이 정지하고 있는 상태에서 교관은 다음과 같이 뒷걸음(退步)을 명령한다.

뒤로(後)

향도 우에서 좌로(嚮導右左)

가(進)

제92조 ‘가(進)’라고 구령하면, 병사는 제33조(퇴보) 이하의 요령에 따라 뒷걸음을 한다.

제93조 모든 병사가 일렬로 행진할 때는 아주 기교가 있게 실시한다. 교관이 2열로 넓게 배치하고자 할 때 구령하는 요령은 행진연습과 동일하다. 제2열의 병사는 앞 열의 전방 정면에 위치하고 항상 그 앞 열의 바로 등 뒤에서 기존의 거리를 유념하면서 행진한다.

• 1열에서 2열로 넓혔다가 다시 1열로 복귀하는 법

제94조 모든 병사가 1열로 있을 때, 교관은 다음과 같이 구령한다.

2열 우측 우로 가(二列右 右進)

제95조 ‘우로(右)’라고 구령하면, 향도는 움직이지 않고, 모든 열의 병사는 우로 향하여 뒤의 짝수 번호 병사는 그 전면에 위치하고, 홀수 번호 병사는 우측 옆으로 가서 2명이 1개의 오를 만든다.

제96조 ‘가(進)’라고 구령하면, 제1오는 정면을 향하고, 기타의 오는 앞으로 나아가서 간격을 줄인 후에 정면으로 정돈한다.

보주 전체가 정돈된 후 교관은 곧바로 구령을 하달한다. 다만 향도는 왼 주먹을 혁대 위에 올린다.

제97조 모든 병사가 2열로 있을 때, 교관은 다음과 같이 구령한다.

1열 우로 가(一列 右進)

제98조 ‘1열 우로’라고 구령하면, 우측 향도는 오른쪽으로 향한다.

제99조 ‘가(進)’라고 구령하면, 우측 향도를 따라 제1열 방향으로 넓혀서 선을 따라 행진한다.

제100조 제1오와 향도는 그 제1열의 병사가 첫걸음이 나아갈 때, 동시에 행진하며, 우측 향도는 그 제2열의 병사를 따라서 행한다. 제1열의 병사는 원래의 자리에 위치하고 제2오와 기타의 각 오는 구령에 따라 행한다. 제1오는 제1열의 병사가 되고 그 우측에 인접한 오는 제2열의 병사가 되어 마치 차례차례 행진하는 것처럼 따라서 움직이기 시작한다.

보주 교관은 마지막으로 행진하는 분대의 마지막 병사에게 정면을 향해 머무르게 하고, 각 병사에게 구령을 하여 정돈이 완료된 후에는 즉시 구령을 하달한다.

제101조 앞의 조항에서는 우측 날개로 편성하는 방법을 제시하였다. 이것이 비록 통상적으로 하는 것일지라도 만약 교관이 좌측 날개로 실시하여 회전시키고자 할 때, 좌측 날개의 맨 앞인 향도는 우측 날개에 머문다. 앞에 있는 2개의 열은 제2열이 제1열 가까이에 머문다.

제102조 제1열도 함께 따른 뒤에 구령을 실시한다. 이러한 대오 편성으로서 우측 오를 위해 좌측 오가 움직이며 또한 각 오 중에서 제2열의 병사는 제1열의 병사를 위해 우선 시작하여 편성을 마친다. 교관은 구령을 내려 열중의 병사를 회전시킨다.

• 열 해체 및 분대로 다시 모여

제103조 분대 2열의 정면에 대해 교관은 다음과 같이 구령한다.

헤쳐서 가(解進)

제104조 모든 병사는 각자 자기의 총을 휴대하고 흩어진다.

제105조 또한 분대를 편성하기 위해 교관은 자기의 총을 위로 들고 다음과 같이 구령한다.

모여(集)

제106조 이렇게 구령하면, 모든 병사는 교관으로부터 4보 이격된 지점을 향하여 번호 순서대로 2열로 편성하여 선다.

(보주) 이때 병사는 우로 정돈하고, 교관은 똑바로 구령한다.

• 제자리 서 혹은 행진, 분대 무릎앉아 혹은 엎드리는 요령

제107조 분대 '무릎앉아'를 할 때 분대장은 다음과 같이 구령한다.

무릎앉아 (折敷)

제108조 이렇게 구령하면, 모든 병사는 무릎쏴 조준사격 자세를 취한다.

제109조 분대를 '엎드려'라고 할 때, 분대장은 다음과 같이 구령한다.

엎드려(伏)

제110조 이렇게 구령하면, 제1열의 병사는 2보 앞으로 나아가고, 다음 제2열의 모든 병사는 제241조(엎드려 쏴 자세)에서 설명하는 대로 엎드린다.

제111조 분대장은 '무릎앉아 혹은 엎드려' 있는 분대를 일으켜 세우기 위해 다음과 같이 구령한다.

일어서(立)

제112조 엎드린 상태에 있는 분대를 일으켜 세울 때 제2열이 일어나선 다음 열을 좁혀 다시 거리를 제대로 갖춘다.

• 방향 변환

제113조 방향변환은 제자리에 서 있을 때 혹은 행진 간에 실시한다.

• 멈춰 서 있을 경우의 방향 변환

제114조 병사가 열중에 멈춰서 있을 경우 교관은 다음과 같이 구령한다.

분대 우(좌)로 가(分隊 右(左) 進)

제115조 '가(進)'라고 구령하면, 우(좌)측의 병사는 제자리에 머물고, 다만 우(좌)측 방향을 향한다. 기타의 병사는 반 우(좌)측 방향으로 향하여 차례차례로 빠르게 줄을 맞추는데 집중한다. 그 선상에 위치한 세로선을 따라 가로지르는 요령은 각자 우(좌)의 방향으로 우(좌)의 인접한 병

사가 나란히 정돈하여 선다.

보주 이 운동 중 만약 향도가 축익에 있으면, 축병이 좌(우)방향으로 향하기 위해 그 우(좌)의 병사는 그 축에 있는 병사에 위치하고, 병렬이 바깥의 날개에 있을 경우 병사는 모두 함께 새로운 줄에 도착한다.

제116조 교관은 정돈 상태를 감시하여 맨 마지막 병사가 그 선에 도착하면 곧바로 구령을 한다.

제117조 곧바로 구령을 하면, 모든 병사는 왼 손을 내리고 머리는 즉시 곧바르게 한다.

• 행진간 방향변환

제118조 병사가 행진중일 때, 교관은 향도의 좌(우)측 날개에 위치하여 다음과 같이 구령한다.

우(좌)로 방향 바꿔 가(右(左) 方向變換 進)

제119조 '우(좌)로 방향 바꿔'라는 예령을 하면, 열중의 병사는 그 방향으로 변환하고 나아갈 4보 앞 지점을 정한다.

제120조 향도가 방향 변환점에 도착시 '가(進)'라고 구령을 내린다. 이 구령에 따라 회전하는 축에 있는 병사는 23센티미터(六寸六分)의 보폭 길이로 날개 쪽으로 행진하는 전진운동을 좇아간다. 회전하는 지점의 외부는 작은 곡선을 그리면서 운동하고, 최초로 도착한 향도는 곧바로 행진하는 것이 좋다. 연속적으로 60센티미터 걸음을 허용한다. 그 제1보를 나아갈 때, 어깨의 앞은 조금 바깥 방향으로 하면서 눈은 열중의 병사에 주의하여 그 간격을 보존하고 행진할 때처럼 가지런히 한다. 병사의 머리는 행진하는 날개의 방향으로 돌리고, 그 방향의 간격을 잘 유지하며 회전하는 축은 점점 가까워진다. 향도의 움직임을 따르기 위해 그 걸음의 길이를 점점 줄인다. 중앙의 열 조금 뒤의 방향은 활처럼 굽어지도록 하는 것이 좋다.

제121조 방향변환이 끝나고 나면 교관은 다음과 같이 구령한다.

앞으로 가(前進)

제122조 '앞으로(前)'라는 예령에 이어서 '4보 앞으로'라고 외친다.

제123조 '가(進)'라는 구령이 끝나면, 구령에 이어서 향도는 곧바로 전진하고 도는 축에 있는 병사와 기타 열중에 있는 병사는 다시 60센티미터 걸음걸이로 돌아오고 머리를 곧게 든다.

제124조 구보를 실시하는 경우에도 위와 동일하게 방향변환을 한다.

제125조 위에서 제시한 방향변환 방법과 구령은 2열로 넓게 늘어선 모든 병사의 경우에도 역시 같은 요령으로 행한다.

7) 제6교: 측면 행진(側面 行進)

제126조 열중에 정지하여 서서 바르게 정돈한 경우, 교관은 다음과 같이 구령한다.

우향우하여 앞으로 가
혹은
좌향좌하여 앞으로 가(右向右 前進, 左向 左 前進)

제127조 '우향우(혹은 좌향좌)'라고 구령하면, 열중의 병사는 항상 우로(혹은 좌로) 중복 정돈선(重複整頓線)의 안쪽 방향으로 향한다. 그렇게 하여 중복된 오는 서로서로 거리를 띄우지 않고 홀수 병사 1명과 짝수 병사 1명으로 편성을 한다. 그 예로 제1 · 2 · 3 · 4 · 5 · 6병사는 마치 열주에 있는 병사의 측면을 향할 때와 같이 그 2명 중 배후의 1명이 그 앞쪽의 병사에 중복하는 규칙처럼 서로서로 중복한다.

제128조 '앞으로 가(前進)'라고 구령하면, 모든 병사는 빠르게 왼발이 먼저 나가고, 오와 오를 정돈하여 그 거리를 잘 지킨다. 각 열중에 있는 모든 병사는 곧바로 앞서가는 병사의 선두를 막아서고, 앞서가는 병사의 선두는 그 뒤를 좇아 행진을 한다.

제129조 교관은 향도의 정확한 걸음법을 위해 숙련병 1명을 앞 열의 선두 병사 옆에 붙인다. 또한 이 선두의 병사는 팔꿈치가 서로서로 닿게 하여 행진한다.

제130조 교관은 통상 전체병사의 측면 5~6보 장소에 위치한다. 오와 오의 거리를 정하여 행진의 옳고 그름을 돕는다. 또한 열이 겹칠 때 열을 뒤로 이동시켜 정지하여 세운다. 모든 열은 15보 혹은 20보를 행진한다. 모든 병사가 정밀하게 서로 중첩되게 행진하는지 여부를 검사한다.

제131조 전체 병사는 2열로 넓게 벌려 제1열은 앞의 방법에 따라 제2열을 중복한다. 우측 1보 물러나 같은 요령으로 중복하여 그 움직임을 완성한다. 모든 오는 서로 거리를 두지 않고 제1열은 정돈을 위하여 4명의 병사로 편성한다. 모든 병사는 중복과 측면행진의 요령을 잘 숙지해야 하고 교관은 다음과 같이 구령하여 중복 후에는 곧바로 행진을 연습한다.

우(좌)향 앞으로 가(右(左)向 前進)

'가(進)'라고 구령하면, 모든 병사는 우(좌)측면을 향한 후에 제25조항(앞으로 가)의 요령을 따라서 왼발이 앞으로 나간다.

• 행진간 모든 오의 해체 및 중복하는 요령

제132조 교관은 다음과 같이 구령한다.

오를 해체하여 가(伍解 進)

보주 이 분해 및 중복법은 1열로 벌려 있을 경우에는 실시하지 않는다.

제133조 '가(進)'라고 구령하면, 중복상태의 모든 오는 걸음을 줄이고, 모든 병사는 항상 양쪽의 인접한 병사간 열을 나란히 하는 것이 좋다. 그 열로 다시 들어와 제2열의 모든 병사가 한쪽으로 옮기기 위해 앞열의 병사는 옆으로 나아가. 하는 것이 좋다.

제134조 오를 중복하기 위해 교관은 다음과 같이 구령한다.

오 나란하게 가(伍併 進)

제135조 '가(進)'라고 구령하면, 모든 오는 제127조항에서 제시한 중복요령과 같이 한다.

• 벌려(列) · 제자리 서(停) · 정면(正面)으로 서는 요령

제136조 교관은 다음과 같이 구령한다.

분대 제자리 서(分隊 止)
좌우 정면(左右 正面)

제137조 '제자리 서'라는 구령에 따라 열중의 병사가 제자리에 설 때, 각 병사는 이를테면 그 거리를 유지하지 못하더라도 결단코 움직이는 것은 옳지 않다.

제138조 '정면(正面)'이라고 구령하면 각 병사는 정면으로 쪽으로 향하고, 후방에 위치한 병사와 중복된 모든 오가 동시에 해체하여 신속하게 원래의 위치로 복귀한다.

보주 정면으로 한 후 곧바로 향도 방향으로 정돈하고, 교관은 곧바로 구령을 하달한다.

제139조 모든 병사는 이러한 운동을 숙달한 후, 교관은 다음과 같이 구령함으로써 정지 후 곧바로 정면으로 하는 연습을 한다.

좌(우)향 앞으로 서(左(右)向 止)

'서'라고 구령하면 열중에 있는 병사는 정지하여 정면을 향한다.

제140조 측면으로 향하지 않기 위해서는 원래 앞에 있던 모든 병사를 2열로 넓게 늘어놓고 제2열과 제1열은 중복하는 것과 마찬가지로 정면을 해체하고 점차적으로 그 거리를 좁혀서 정리한다.

• **각 오의 방향 변환**

제141조 병사들이 이미 측면행진에 대해 숙지하고 나면, 교관은 각 오의 방향 변환에 대해 다음과 같이 구령한다.

오 좌(우)로 가(伍 左(右) 進)

제142조 '가(進)'라는 구령에, 선두의 1오는 작은 원호를 그리며 좌(우) 방향으로 변환한다. 2명 혹은 4명으로 된 이 오는 제1열 방향으로 그 정돈을 잘 유지하고, 행진하는 날개 쪽의 병사는 행진하는 기준병으로서 항상 걸음의 속도를 동일하게 한다. 맨 처음에는 3~4보, 5~6보를 단축한다. 각 오는 앞서가는 오와 동일한 위치에서 빙빙 돌고 항상 오와의 간격을 유지하여 행진하고 행진간 모든 병사는 제자리걸음을 한다. 혹시 갑작스럽게 부딪칠 경우에는 걸음의 속도를 알 수가 없다.

제143조 행진간 우향 또는 좌향으로 나가기 위해 다음과 같이 구령한다.

우(좌)향으로 가(右(左)向 進)

제144조 '가(進)'라는 구령에 우향으로 가고자 하면, 왼발을 먼저 지면에 대고 '앞으로'라고 외친다. 좌향으로 가고자 하면, 오른발을 먼저 지면에 대고 '앞으로'라고 외치고 병사는 이 구령에 따라 몸을 돌리면서 발을 들어 새로운 방향에 위치한다. 다른 발은 앞으로 내디뎌서 두 발이 조화를 잘 유지하고, 각 오는 변동 없이 중복하거나 분해한다.

제145조 교관은 행진 간 좌향 및 우향으로 가는 것에 대해 연속적으로 구령을 반복하여 지나치거나 부족하지 않도록 함으로써 움직이는 가운데 병사들이 뒤섞여 혼잡이 발생하지 않도록 해야 한다.

제146조 측면행진으로의 구보(驅步)는 빠른 걸음과 조금도 다를 것이 없다. 다만 교관이 구보라는 예령을 한 후에 '가(進)'라는 구령을 한다.

제147조 교관은 전체의 병사가 1열 혹은 2열로 넓게 벌려 있을 때, 오의 측면행진 반복연습을 위해서는 제106조항(모여)과 그 이하 조항에서 제시한 구령을 사용하여 전체 병사에게 미리 알린다. 열의 겹침은 불가

하고, 걸음의 속도에 주의하여 거리를 잃지 않도록 한다.

제148조 이러한 행진요령은 다른 경우와는 무관하고 방향변환일 경우에만 해당한다. 다만 전체 병사가 1열로 있을 경우 맨 선두 병사의 걸음은 그 걸음걸이의 장단이 잘 조화를 이루어 나중에도 변함이 없도록 방향변환을 하는 것이 좋다.

나. 제2장: 제1교 ~ 제6교

1) 총칙

제149조 실내에서 실시하는 학과목인 제1교(총의 분해와 결합)는 모든 병사에게 가르친다.

제150조 제2교(총의 사용법), 제4교(사격예행연습), 제5교(조준과 발사) 및 제6교(총검술)는 4명 단위로 집합하여 이미 앞에서 제시한 바와 같이 가르치는 것이 좋다. 1열로 넓게 벌려서 모든 병사가 각각 요령을 숙달하도록 하고, 분대 집합시 편성도 동일하게 2열로 한 후 앞에서 제시한 제5교(정면행진)의 내용을 복습한다. 오히려 제1장의 마지막 제5교와 조금도 다를 것이 없다.

제151조 총과 총검을 다루는 요령

총을 교차하지 않을 때에는 총검으로 총구에 끼워 넣어서 총검술을 행하는 규칙을 따른다.

2) 제1교: 총의 분해 및 결합[143)]

보주 이 제1교는 총을 휴대할 경우 분해 및 결합 방법을 꼭 필요한 사람에게 간략하게 제시한다.(이하 생략된 8개조(제152조~제159조)는 제160조 이하에서 기술하는 보충설명 내용에 따른다.)

143) 원문에 제152조~제159조항이 생략되어 있음(역자 주)

3) 제2교: 총의 사용 및 휴대 방법

• **총의 사용법**

제160조 구령을 능숙하게 익혀서 다음 절의 행동을 따라 행하여 매 절마다 조금의 움직임으로 세분하여 병사로 하여금 그 훈련과제를 분명하게 이해시킨다.

제161조 보통 첫 번째 동작의 빠르기는 뒤에서 특별히 제시한 조항을 제외하고 한 번에 90분간 변함없이 일정하게 하고, 처음에는 병사에게 피로하지 않도록 준수해야 할 필요가 있다. 이 운동은 천천히 익혀서 점차 사용을 숙달한 후에 행한다.

제162조 총검의 끼우고 빼는 것 등의 동작은 앞 조항에서 언급한 것처럼 급속하게 행하기가 어렵고 한결같은 속도를 정하기가 역시 불가능하다. 그러므로 앞 조항의 규칙을 따라 행하는 것이 좋다. 예외 없이 그 동작은 매우 빠르게 한다. 또 교관은 몸과 마음을 한 곳에 똑바로 하여 어찌 몸소 정성을 다하지 않을 수 없다.

제163조 각 절의 제1동작의 구령이 끝나면 이를 좇아 신속하게 실시한다. 기타의 제2·제3동작은 실시 명령이 내려짐에 따라 즉시 각 병사는 제1절에 있는 각종 동작을 충분히 이해하여 제1동작을 한다. 총의 사용에 대해서는 동작을 잘 익혀 정체됨이 없도록 하고 이른바 총의 사용법 전체에 대한 동작을 절실하게 집중함으로써 잘못된 동작이 생기지 않도록 예방하는 데 최선을 다한다.

• **총의 휴대 방법**

제164조 제1부의 제1교(병사의 집총 자세) 중에서 설명한 바와 같이 병사를 배치한다. 교관은 오른 팔을 조금 구부리도록 하고 그 다음에 총을 소지하는 방법 따르도록 명한다.

제165조 총을 오른팔 안쪽에 위치하고, 총몸 뒤의 입구는 어깨의 굽은 부분으로 밀어서 곧바로 세우고 오른 팔은 거의 편다. 오른손으로 격

발용 방아쇠울(用心金)[144]을 쥔다. 엄지손가락으로는 방아쇠울의 위를 쥐고, 집게손가락은 방아쇠울의 아래 부분을 쥐며, 새끼손가락은 격철의 머리 부분에 추가한다. 그 외의 나머지 손가락은 총미 아래 우측 넓적다리 부분과 수평하게 위치시킨다. 왼손을 내려서 명령을 받으면, 제1부 제1교에서 제시한 바와 같이 자연스럽게 몸을 가눈다.

第166조 총을 사용하는 기예(技藝)는 다음과 같이 차례대로 지시하는 교령에 따른다.

– 받들어 총(捧銃): 1절 2동(2개 동작)

제1동작

第167조 오른손으로 총을 몸통의 중앙 앞에 수직으로 유지하고, 꽂을대(槊杖)[145]를 앞으로 함과 동시에 왼손은 신속하게 가늠자 부분을 쥔다. 총대와 총열이 마주한 곳에 엄지손가락을 펴고, 팔의 앞부분은 가볍게 몸에 붙인다. 손과 팔꿈치는 모두 위로 올린다.

제2동작

第168조 오른손은 방아쇠울 아래 부분의 근처를 잡는다.

– 어깨 총(肩銃): 1절 2동(2개 동작)

제1동작

第169조 오른손은 뒤집어서 격발용 방아쇠울을 쥐고 오른팔에 총이 오도록 한다. 왼손은 접어서 어깨 높이로 올리고 모든 손가락을 펴며 아울러 오른 어깨를 편다.

제2동작

第170조 왼손을 신속히 아래로 내린다.

144) 방아쇠(引金)를 보호하는 금속재 부분(역자 주)

145) 총열 안을 닦을 때 쓰는 꽂을대(역자 주)

– 세워총(立銃): 1절 2동(2개 동작)

제1동작

제171조　오른손에 있는 총을 몸에서 떼어내어 왼손으로 빠르게 들어 어깨높이로 쥔다. 오른손은 왼손의 아래로 내려서 오른 손을 다시 위쪽 부분의 아래 멜빵(下帶) 고리를 잡아 새끼손가락이 총열의 총구 뒤쪽부분에 닿게 하여 총이 수직이 되도록 한다. 이때 오른손은 허리부분의 뼈에 닿게 하며, 총의 아래 끝은 발꿈치에 붙여 오른 발 끝을 향하게 하고 구령에 따라 왼손을 빠르게 아래로 내린다.

제2동작

제172조　지면을 두드리지 않으면서 총의 아래 부분을 발꿈치에 위치시키고, 오른팔은 전체를 곧게 펴서 총을 세워 잡는다.[146]

제173조　오른손을 아래로 내려서 총열에 위치시켜 엄지손가락과 집게손가락 사이가 개머리 몸통(銃床)에 닿도록 편다. 그 나머지 3개의 손가락은 모두 나란하게 편다. 총구와 오른팔은 꽂을대의 앞과 5센티미터를 이격하여 위치한다. 총의 끝부분(銃尾)[147]은 오른발 발꿈치 끝의 옆면에 위치시키고 총을 수직으로 유지한다.

제174조　잠깐 쉬도록 하려면 교관은 다음과 같이 구령한다.

쉬어(休)

제175조　'쉬어(休)'라는 구령에 모든 병사는 총을 오른 팔에 기대어 편다. 이 때 총을 기대고 있는 신체는 부동자세를 취할 필요가 있다.

제176조　다시 부동자세를 취하도록 명령을 하고자 하면 교관은 다음과 같이 구령한다.

146) 즉 세워총 자세를 취한다.(역자 주)

147) (총의) 개머리, 총구(銃口)의 반대 쪽 부분(역자 주)

차렷(氣着)

제177조 '차렷'이라는 구령에 모든 병사는 세워총 자세를 한다.

– 어깨 총(肩銃): 1절 2동(2개 동작)

제1동작

제178조 오른손으로 총을 오른쪽 가슴 부위에 대고 어깨에 마주하도록 높이 들어 몸과 5센티미터를 이격시키며 팔꿈치는 몸에 붙인다. 왼손은 오른손 바로 아래를 쥐고, 이어 오른손을 내려 방아쇠울을 잡고 총을 어깨에 기대어 오른팔은 반드시 편다.

보주 왼손은 오른손 아래를 쥐고, 왼 주먹은 오른쪽 겨드랑이의 우묵한 곳을 향하도록 명한다.

제2동작

제179조 왼손은 신속하게 아래로 내린다.

– 꽂아 칼(着劍): 1절 3동(3개 동작)

제1동작

제180조 오른 손으로는 총을 몸에서 조금 이격하고, 왼손을 빠르게 어깨 높이로 들어 가지런히 쥔다.

제2동작

제181조 총에서 오른손을 꽂을대 뒤쪽 입구를 향해 중앙에 마주하도록 왼손의 아래 부분과 이격한다. 개머리는 지면을 두드리지 말고 양 발 사이의 발꿈치에 위치시킨다. 총은 총구를 곧바르게 하여 가슴으로부터 10센티미터를 이격한다. 오른손으로 총의 위 멜빵 고리 부분을 쥐고, 왼손은 대검자루를 뒤집어서 두드린다.

보주　왼손은 대검자루를 뒤집어서 치고, 왼손바닥의 왼쪽 방향 겉면으로 대검집을 조금 뒤쪽으로 나가도록 대검자루를 누른다.

제3동작

제182조　왼손으로 대검을 뽑아서 구멍에 박아 넣고, 왼손을 펴서 총을 잡으며, 오른 손은 위 멜빵 고리 부분의 위에 머물게 한다.

– 어깨 총(肩銃): 1절 2동(2개 동작)

제1동작

제183조　왼손으로 총을 들어서 오른 어깨에 가져옴과 동시에 오른손을 내려서 격발용 방아쇠울을 쥐고 오른팔을 편다.

제2동작

제184조　신속하게 왼손을 아래로 내린다.

제185조　병사가 세워총 자세로 있을 경우, 교관이 만약 대검을 박아 넣고자 하면 다음과 같이 구령한다.

꽂아 칼(着劍)

– 꽂아 칼(着劍): 1절 1동(1개 동작)

제186조　왼손으로 위 고리의 아래 부분을 치고, 양손으로 꽂을대 뒤쪽 입구가 중앙이 되도록 총 몸을 가져와 총의 개머리를 양발 사이에 위치시킨다. 총열을 수직되게 하여 그 총구의 끝단을 가슴으로부터 10센티미터 이격시킨다. 빼어 낸 검을 뒤집어서 총구에 박아 넣은 다음에는 세워총 자세로 돌아온다.

보주　대검을 박아 넣을 때 결코 오른손의 위치를 바꾸는 것은 불가하다.

제187조　어깨총을 하고 있을 경우, 교관은 다음과 같이 구령한다.

방검(防劍)[148]

– 방검(防劍): 1절 2동(2개 동작)

제1동작

제188조　오른손은 총의 위쪽을, 왼손은 아래 멜빵 고리의 아래쪽 부분을 잡는다. 엄지손가락은 총열의 윗면에 위치한다. 오른손은 총자루를 쥐고, 왼쪽 발꿈치는 반우향으로 함과 동시에 오른발은 왼발의 뒤쪽으로는 30센티미터, 오른쪽 방향으로는 25센티미터의 위치에 벌려 디뎌서 그 발끝은 조금 안쪽을 향한다.

제2동작

제189조　총을 거꾸로 하여 양 손은 총열을 잡고 왼 팔꿈치는 몸 위로 올리며, 오른 주먹을 허리뼈 부분에 의탁하여 대검의 칼끝을 눈높이로 들어 가지런히 한다.

– 어깨 총(肩銃): 1절 2동(2개 동작)

제1동작

제190조　정면을 향할 경우, 왼손은 신속하게 총을 우측어깨에 밀어서 꽂을대가 앞으로 가게 한다. 오른손은 방아쇠울을 뒤집어 잡는다. 왼손은 곧바로 어깨 높이로 하여 위로 꺾어 접음과 함께 모든 손가락을 펴고, 우측 팔을 거의 편다.

제2동작

제191조　왼손을 빠르게 아래로 내린다.

148) 적의 총검 공격을 방어하기(역자 주)

– 빼어 칼(脫劍): 1절 3동(3개 동작)

제1동작 및 제2동작

제192조 대검이 꽂혀 있을 때, 제1동작과 제2동작은 서로 같지만 제2동작의 끝에 오른손 엄지손가락을 대검의 발자(撥子) 상부에 위치시킨다. 왼손으로 총열과 분리되도록 대검자루를 친다.

제3동작

제193조 오른손 엄지손가락으로 대검의 발자를 눌러서 칼을 빼고 오른 방향으로 뒤집어서 칼끝을 아래로 내린다. 칼등을 오른손 밑으로 마주하여 오른손 엄지손가락의 첫 번째와 둘째 마디를 펴서 칼날을 좁게 유지하고 다른 손가락은 총에 붙인다. 왼손은 대검자루를 뒤집어 대검집에 넣는다. 왼손으로는 총을 쥐고 그 팔을 편다.

– 팔에 총(臂銃)

제194조 제183조와 제184조항(어깨총 제1 · 2동작)에 있는 내용과 동일하다.

제195조 병사가 세워총 자세로 있을 때 '빼어 칼'을 시키고자 하면, 교관은 제186조(꽂아칼)에서 제시한 바와 같이 구령한다. 다만 오른손 엄지손가락은 대검의 발자에 위치하고, 왼손으로 총열의 대검자루를 쥔다. 제193조(빼어 칼 제3동작)에 의거하여 설명을 행하여 다시 세워총 자세를 명한다.

– 어깨 걸어총(擔銃)[149]: 1절 3동(3개 동작)

제1동작

제196조 오른손으로 총을 지면과 직각이 되게 어깨 위로 올려 꽂을

149) 담(擔)은 '메다'는 뜻으로 '어깨에 걸치거나 올려놓다'는 의미로 여기서는 '어깨 걸어총'으로 해석함(역자 주)

대가 앞을 향하도록 한다. 왼손으로는 가늠자 부분을 쥐고 어깨에 이르도록 올려서 가지런하게 한다. 총을 위로 올릴 때, 오른손은 총의 개머리 몸통(銃床)[150] 끝 면에 위치하고 그 집게손가락과 가운데 손가락을 개머리판 모서리에 끼운다. 기타 나머지 손가락은 총의 개머리 끝 면에 위치시킨다.

제2동작

제197조 총은 왼쪽 손바닥 가운데로 미끄러져 내려가게 하여 어깨에 둘러메어(負擔) 우측 어깨 위에 장전손잡이가 위치하도록 한다.

보주 어깨 걸어총은 왼손바닥을 펴서 개머리 몸통의 표면에 위치시킨다.

제3동작

제198조 신속하게 왼손을 아래로 내린다.

– 어깨 총(肩銃): 1절 3동(3개 동작)

제1동작

제199조 신속하게 오른팔을 충분하게 펴고, 꽂을대는 즉시 앞을 향하도록 하며 총은 즉시 수직으로 세움과 동시에 왼손으로 가늠자 부위를 잡는다.

제2동작

제200조 오른손은 개머리 몸통 끝부분과 이격하여 곧바로 그 손으로는 격발 방아쇠울을 잡는다. 왼손은 접어서 어깨 높이로 올리고 모든 손가락은 함께 나란히 편다.

---

150) 총상(銃床)은 총의 개머리 몸통부분을 말함(역자 주)

제3동작

제201조 신속하게 왼손을 아래로 내린다.

제202조 모든 병사가 세워총 자세로 있을 경우 만약 어깨총을 하도록 명령하고자 하면, 교관은 '어깨총'으로 있을 때 이 동작을 행하는 구령과 같은 방법으로 실시한다.

– 세워 총(立銃): 1절 3동(3개 동작)

제1동작

제203조 제199조의 제1동작에 제시된 것과 같다.

제2동작

제204조 오른손은 개머리 몸통 끝에 놓고, 왼손은 몸에 붙여서 총을 아래로 내린다. 오른손은 아래 멜빵 고리의 윗부분을 쥐고 왼손을 신속하게 아래로 내린다.

제3동작

제205조 제172조(세워총)의 제2동작에서 제시된 바와 같이 한다.

– 쉬어 총(隨意銃)[151)]

제206조 우로 혹은 좌로 어깨총 상태에 따라 총구를 위 방향으로 향한다.

보주 이 동작은 행군 등에서만 오로지 행하며, 전투기술을 행하는 중에는 보통 하지 않는다.

– 어깨 총

제207조 다시 어깨 총 자세로 돌아간다.

---

151) 수의(隨意)는 자기 뜻대로 하는 것으로 여기서는 '쉬어총'으로 해석함(역자 주)

※ 멜빵(負革)을 사용하여 '등에 메어 총(負銃)'을 구령하는 방법

– 등에 메어 총(負銃)

제208조 총의 멜빵을 우측어깨에 걸고 오른손으로는 개머리 몸통의 끝과 고리를 결합하여 멜빵의 한쪽 끝단을 잡는다. 총열은 뒤쪽으로 향하도록 하며 수직상태로 유지한다.

제209조 손을 내려서 총열을 수직되도록 하고, 등에 메어 총을 하여 바른 자세를 유지한다. 길 걸음 행진 중 연습을 통해 이를 채택하여 사용하도록 하는 것이 좋다. 험난한 지형에서 등에 메어 총을 하고 있을 경우, 모든 병사는 손을 내리고 총을 수직되게 온전히 유지하지 못하면 오직 총구를 위로 향하게 하는 것으로 충분하다.

– 걸어 총(組銃)

제210조 병사들이 2열로 착검하여 세워총 상태로 있을 때, 만약 총을 교차하여 걸어총을 시키고자 하면 교관은 다음과 같이 구령한다.

걸어총(組銃)

제211조 '걸어총' 구령을 하면, 짝수 오의 앞 열에 있는 병사는 그 총을 앞으로 내보내고 왼손으로는 그 상단 멜빵의 아래 부분을 잡고 그 총의 끄트머리 발꿈치는 왼쪽에 인접한 병사의 오른 발끝 옆에 위치하고 총열은 우측방향을 향한다. 짝수 오의 뒤 열에 있는 병사의 총이 그 앞 열에 있는 병사를 건널 때, 이 앞 열에 있는 병사는 오른손으로 그 총의 상단 멜빵의 아래 부분을 잡고 그 총의 개머리 몸통 끝을 열의 전방으로 통상 85센티미터 위치로 내보낸다. 우측 어깨를 마주하여 총열을 열 중앙의 우측 방향으로 조금 경사지게 하도록 하고 총구를 기울여 서로 엇갈리게 교차한다. 2개의 총검의 칼등은 뒤 열에 있는 병사의 칼등 아래로 내린다.

홀수 오의 앞 열에 있는 병사는 두 손으로 총의 상단 멜빵과 하단 멜빵의 사이를 잡아서 총검의 칼등이 교차하는 곳에 두 총검의 칼등을 서로 끼우고 두 발 사이에 개머리 몸통의 끝을 위치시킨다. 총을 교차한 후 홀수 오의 뒤 열에 있는 병사는 자기의 총을 왼손으로 이동시켜 앞과 총열을 뒤집어 이미 교차해 놓은 총에 기대어 놓는다.

보주 이미 교차해 놓은 총에다 총을 기대어 놓을 때, 뒤 열의 병사는 왼발을 1보 앞으로 나아가 디딘다.

제212조 교차해 놓은 총을 풀을 때, 교관은 다음과 같이 구령한다.

풀어 총(解銃)

– 풀어 총(解銃)

제213조 '풀어 총'이라고 구령하면, 홀수 오의 뒤 열에 있는 병사는 교차되어 있는 총을 뽑아 들고, 짝수 오의 앞 열에 있는 병사는 왼손으로는 총 상단의 멜빵을, 오른손으로는 뒤 열 병사의 총 상단의 멜빵 아래를 잡는다. 홀수 오의 앞 열에 있는 병사는 왼손으로 총 상단의 멜빵 아래를 잡는다. 이 2명(짝수 오의 앞 열 병사와 홀수 오의 앞 열 병사)은 서로 엇갈리게 총을 들어서 푼다. 짝수 오의 뒤 열에 있는 병사와 그 앞 열에 있는 병사의 손은 총을 뽑아 들어 모든 병사는 다시 세워총 자세로 돌아간다.

※ 주의 사항

제214조 모든 병사는 어깨총 자세와 총의 사용을 능히 숙련을 할 때에는 제1장의 마지막 항인 제5교(정면행진, 빗겨 행진 등)를 다시 복습하도록 명한다. 모든 병사는 어깨총이나 세워총으로 총을 휴대하여 우향, 좌향 및 회전과 정돈을 실시하도록 명한다. 다만 세워총 상태로 있는 모든 병사는 오른손으로 총을 위로 들고 또한 정돈상태에 있을 때는 곧바로 총을 지면으로 내리도록 명한다. 행진 방향의 변환과 제1장 제6교(측면행진)에 게재되어 있는 제반 운동, 어깨 걸어 총 혹은 어깨총 등을 시행한다. 뜀걸음 행진을 명받은 모든 병사는 총을 우측 어깨에 둘러 멘(負擔) 상태에서 우측 어깨 걸어총(擔銃)으로 바꾸고 제자리에 정지함과 동시에

어깨총(肩銃)으로 바꾼다.

4) 제3교: 5단(段)장전과 수장전(隨裝塡)

• 5단 장전(五段裝塡): 1절 2동(2개 동작)

제215조 병사가 어깨총으로 있을 때, 교관은 다음과 같이 구령한다.

오단 구방(五段區方)

구(區)

총(銃)

제1동작

제216조 좌측 발꿈치는 반좌향 좌로 하고, 오른손으로 총을 든다. 왼손 엄지손가락으로 가늠자 부위를 쥐고 손과 팔꿈치를 수평으로 편다. 오른손을 곧바로 펴서 총을 치면서 잡는 동시에 우측 발은 뒤쪽으로 30센티미터, 우측으로 25센티미터 정도 발을 벌려 끝을 약간 안쪽으로 향한다.

제2동작

제217조 두 손으로 총을 뒤집어서 왼손 엄지손가락을 총 위에 펴서 올린다. 그 나머지 손가락은 개머리 몸통의 바깥부분 위로 내보내고 총열에 닿지 않도록 한다. 개머리의 아래 끝을 오른 팔 앞으로 내려 총을 잡고 몸에 붙여 통상 오른쪽 가슴에서 10센티미터쯤 이격하여 붙인다. 총구를 내려 어깨 높이로 가지런히 하고 오른손 엄지손가락은 방아쇠의 맨 앞에 건다. 그 외의 나머지 손가락은 방아쇠울의 후방에 위치하고 팔꿈치를 조금 든다.

– 거총(擧), 격발(擊鐵): 1절 1동(1개 동작)

제218조 오른 손으로 손잡이를 잡고 깍지를 위로 올려서 갈고리를

거꾸로 끌어당겨 격발함으로써 밝고 명쾌한 소리를 낸다.

– 약실 개방(開 藥室): 1절 1동(1개 동작)

제219조 장전손잡이를 우에서 좌로 돌려 조용히 후방으로 당기고 그 손으로 탄약통(彈藥筒)[152]의 화약 부분을 손가락으로 집는다.

– 탄약통: 1절 1동(1개 동작)

제220조 통 아래 부분에 탄환이 들어 있는 탄약통은 엄지손가락의 앞을 사용하여 약실로 정확하게 보낸다. 집게손가락으로 공이머리 끝부분으로 오도록 하여 공이가 쑥 빠져 나오지 않도록 한다. 오른손은 장전손잡이를 쥐고 깍지는 즉시 몸 쪽을 향한다.

– 약실폐쇄: 1절 1동(1개 동작)

제221조 노리쇠(遊底)를 강하게 눌러 탄약을 약실에 넣고 이와 동시에 장전손잡이를 우측으로 넘긴다. 오른손으로 총의 목 부분(銃把)[153]을 쥐고, 집게손가락을 방아쇠울 가장자리에 펴서 올려놓는다. 병사가 세워총 자세에 있을 때 교관이 오단장전의 명령을 실행하고자 하면, 교관은 다음과 같이 구령한다.

오단구방(五段區方)

구(區)

총(銃)

– 5단 구방 구총(五段區方 區銃): 1절 2동(2개 동작)154)

제1동작 총을 오른손으로 들어 어깨 높이로 가지런히 하고, 왼손은 가늠자 부분을 잡는다. 오른손을 총목 아래로 내리고, 오른 발을 뒤로는 30센티미터, 우측으로는 25센티미터 되는 곳에 벌려 발끝을 조금 안쪽을

152) 대포에 쓰는 탄환, 장약, 약협, 점화제 따위를 완전히 갖춘 통(역자 주)

153) 개머리의 일부분으로 사격할 때 오른손으로 쥐는 총대의 일부분이다.(역자 주)

154) 원문에는 제2동작의 설명이 누락되어 있음(역자 주)

향하도록 한다.

제222조 총이 장전상태에 있을 때 어깨총을 명령하고자 하면, 교관은 다음과 같이 구령한다.

어깨총

– 어깨 총: 1절 1동(1개 동작)

제223조 '어깨(肩)'라고 구령하면, 장전 준비 상태를 푼다. 이 동작을 위해서 두 눈으로 약통의 상부를 주목하고, 오른손으로 장전손잡이의 회전부분을 잡는다. 중앙을 향하고 있는 탄약통 바닥의 표면을 잘라내어 그 잘라낸 부분을 안정되게 한다. 엄지손가락으로 격철 상부의 십자(十字) 표시부분에 위치한다. 집게손가락은 쇠갈고리를 잡아당기고, 나머지 모든 손가락은 방아쇠울 뒤쪽에 위치한다. 방아쇠를 당기면 거꾸로 쇠갈고리가 바깥 공이치기와 안전장치를 걸게 된다. 오른손으로 총의 목을 잡는다. '총' 이라는 구령에 따라 총을 빠르게 일으켜 어깨총 자세를 한다.

– 임의 장전(隨意裝塡)

제224조 임의 장전은 5단 장전의 실행과 동일하게 한다. 다만 각 절을 구분하여 행하지 않고 연속적으로 행한다.

보주 이 동작은 최초에는 14개 동작으로 구분하여 가르친다.

제225조 모든 병사가 어깨총 혹은 세워총을 하고 있을 때, 교관은 다음과 같이 구령한다.

수의구방(隨意區方)[155]

구(區)

총(銃)

155) 임의로 방향을 구분하다.(역자 주)

제226조 총이 장전한 상태에서 교관은 다음과 같이 구령한다.

어깨총

제227조 '어깨총'은 제223조항(어깨총)과 동일하다.

※ 주의 사항

제228조 2열로 있을 때 장전을 행하는 경우, 5단 구방 혹은 임의장전 명령은, 제2열의 병사가 어깨총으로 있거나 세워총으로 있거나 무관하게 내린다. 15센티미터 오른쪽으로 이동하여 어깨총 동작을 완료한 후에는 다시 그 앞 열 병사의 등 뒤에 위치한다.

제229조 명령에 따라 계속적으로 발사하기 위해 탄피를 제거하고 총을 장전에 신경을 쓰도록 한다.

제230조 총의 아래 부분을 개방 시에 공이가 쑥 빠져나오지 않도록 주의를 요한다. 개머리 끝을 양 발의 사이에 위치하고 총열은 조금 앞으로 기울여 꽂을대를 뽑아서 총강 속으로 위에서 아래로 떨어드려 넣는다. 이때 그 손을 놓아 뜻밖에 발생할 수 있는 위험으로부터 피하고 그런 연후에 꽂을대를 회수한다.

• 사수의 자세

– 서서쏴(立射) 자세: 1절 3동(3개 동작)

제231조 장전 총 상태인 모든 병사가 어깨총이나 혹은 세워총인 경우 교관은 다음과 같이 구령한다.

서서쏴 자세로 총(立射構 銃)

제1동작 및 제2동작

제232조 장전의 제1절 제1동작 및 제2동작과 동일하다.

제3동작

제233조 총의 준비는 장전손잡이를 우측으로 넘기고, 오른손은 총의 목 부위를 잡고, 집게손가락을 방아쇠에 펴서 댄다.

보주 이 동작은 처음에는 6개의 동작으로 나누어 가르치며, 무릎쏴 자세도 이와 동일하게 한다.

어깨총

제234조 '어깨총'은 제223조(어깨총)항에서 제시한 것과 같다.

– 무릎쏴(膝射) 자세: 1절 3동(3개 동작)

제235조 장전상태에 있는 모든 병사가 어깨총으로 있을 경우 교관은 다음과 같이 구령한다.

무릎 구부려(折敷構)

총(銃)

제1동작

제236조 왼 발꿈치는 반 우향우로 하고, 오른발 중앙은 통상 발꿈치 뒤쪽 30센티미터에 위치한다. 왼 발꿈치 좌측은 통상 15센티미터 장소에 위치한다. 다만 각자의 체격에 맞게 한다. 동시에 왼손은 대검집을 잡아 전방으로 내밀고, 양 어깨는 회전하며 머리는 정면을 향한다.

제2동작

제237조 오른 무릎을 지면에 붙이되 충돌하지 말고, 총의 개머리를 발꿈치로 내려 오른 발꿈치의 위쪽으로 민다. 대검집을 그 끄트머리 앞에 내려놓는다. 왼손은 가늠자 부위를 잡고 오른손은 총의 목 부분을 잡는다.

제3동작

제238조 두 손으로 총을 넘겨 왼쪽 앞 팔을 왼쪽 넓적다리 위에 위치하고, 왼쪽 넓적다리가 개머리의 끝부분과 닿도록 한다. 준비를 위해 총은 오른손으로 지레를 우측 방향을 넘기고 총의 목 부분을 잡으며, 집게손가락은 펴서 방아쇠 가장자리에 놓는다.

어깨총

제239조 '어깨'라고 구령하면, 준비된 상태를 풀고 총목을 잡고 즉시 일어난다. '총'이라고 구령하면, 일어나 어깨총 자세를 취한다.

제240조 세워총 자세에서 무릎쏴 자세로 바꾸도록 명령할 때, 처음의 2개 동작 중에서 개머리의 끝부분은 다만 지면 위에 위치한다.

– 엎드려 쏴(伏射) 자세

제241조 이 자세는 병사가 엎드린 상태로 있고, 양 팔꿈치를 일으켜 가까이 의탁한다. 총구는 지면에 닿지 않도록 하고, 또 기타의 물질이 총구에 들어가지 않게 하며 총을 지탱하는 것이 좋다. 총강 내부와 총구는 다른 이물질이 들어가면 즉시 총열이 파열될 수 있다.

※ 주의 사항

제242조 만약 병사가 장전하지 않은 상태로 있을 경우, 장전을 위해서는 서서쏴나 혹은 무릎쏴 자세의 제3동작을 따른다.

제243조 모든 병사가 2열로 있을 때, 제2열의 모든 병사에게 서서쏴 혹은 무릎쏴를 명령하려면 어깨총으로 있는지 세워총으로 있는지를 헤아려 우측 방향으로 대략 15센티미터를 이동시킨다. 또 어깨총 후에 다시 그 앞 열 병사의 등 뒤로 돌아온다.

5) 제4교: 사격 예행연습(豫行演習)[156]

제244조 모든 병사에게 사격은 최고로 중요하다. 조준과 발사의 기술을 위해 먼저 가르쳐야 하는 예행연습은 제1연습과 제2연습이다. 모든 병사로 하여금 1보의 거리를 두고 1열로 대열을 넓게 펴서 반원형 모양의 조준장치의 바깥 둘레를 조준하는 제3연습과 제4연습 등 2가지 연습을 하도록 하는 것이 좋다.

• 제1예행연습

제245조 200미터에서 조준선을 정렬하는 것은 시령 위에 올려서 한다. 교관은 총을 조준하는 시령 위에 위치시키고 모든 병사들에게 조준선에 보이는 2개의 점을 정하도록 한다. 이때 2점은 가늠구멍(照門)의 아래와 가늠쇠(照星)의 정수리를 말한다. 또 이 2점을 정확하게 잠시 취하고, 총을 좌우로 경사지게 해서는 안 되고 동일 직선상에서 겨냥하는 방법이 모름지기 중요하다는 것을 설명한 후, 교관은 총을 200미터의 조준선 표적 위로 유도하고 각 병사가 그 총의 방향으로 사격하는지 여부를 검사하는 것이 좋다. 이렇게 한 다음 차후의 자세를 취한다.

왼쪽의 눈은 즉시 감고, 얼굴의 빰은 개머리 몸통 끝에 가볍게 댄다. 오른쪽 눈은 개머리 몸통 위를 지나 조준선, 가늠구멍 하단과 가늠쇠 상단을 잇는 조준선을 통과하도록 하여 표적에 도달하도록 연장하여 조준을 결정한다. 병사 중에서 왼쪽 눈을 제대로 감지 못하는 자는 쉽게 눈을 감을 수 있도록 익숙할 때까지 연습을 하도록 한다.

제246조 모든 병사가 조준을 제대로 할 수 있는 수준에 이르면, 교관은 '풀어 총'을 명하여 축차적으로 그 다음 장소를 제시한다. 모든 병사는 조준지점을 정하여 그 방향에 정조준(正照準)한다. 만약 잘못된 병사가 있으면, 조준을 취하고 있는 방향이 옳지 못하고 또 그 표적방향이 잘

156) 현재의 사격술예비훈련(PRI: Preliminary Rifle Instruction)으로 표적을 정확히 명중시키기 위하여 조준, 자세, 호흡, 격발 등의 효율적인 방법을 익히고 사격과 가늠자 조정을 숙달하기 위한 훈련임(역자 주)

못된 점 등을 잘 살펴서 지시한다. 모든 병사는 정확하고 은밀하게 행동하고, 스스로 잘못된 점을 바르게 고치도록 한 후에 교관은 앞에 있는 총의 위치를 풀도록 한다.

제247조 그런 다음에 교관은 병사 1명에게 조준하도록 하여 그 조준 방향을 바로 하도록 하고, 모든 병사에 대해 차례차례 검사하여 잘못 여부를 알아낸다. 모든 병사로 하여금 총의 방향이 좌우로 기울지 않도록 하고 또 조준선을 점검하는 것은 물론이고 좌우 및 상하를 병행하여 물어보는 것이 좋다. 모든 병사는 작은 소리로 자신을 되돌아보며 생각을 말하고, 교관은 조준 방향의 이것저것에 대해 차례차례 교정하여 잘못된 것에 대해 지시한다. 모든 병사는 부를 때까지 순서를 기다린다.

• 제2예행연습

제248조 교관은 제1 예행연습으로 여러 종류의 조준선을 반복한다. 이때 교관은 각 병사가 가늠자 사용과 발사규칙을 배울 수 있게 한다.

제249조 가늠자 사용에 관련하여 교관은 모든 병사가 미끄럼판(滑板)을 사용하고 여러 가지 종류의 조준선을 사용하여 차례차례 배울 수 있도록 지시하는 것이 매우 좋다.

제250조 사거리는 표척(標尺)에 따라 지시하고, 오른손 엄지와 집게손가락으로 연촬(緣撮) 활판의 상하를 앞뒤로 밀어서 그 위치를 정하는 것이 좋다. 또 이때 사거리의 지시는 응당 표척에 따라서 한다.

제251조 발사규칙에 대해, 모든 병사는 가늠자의 사용을 숙달할 시에 교관이 발사의 5가지 준칙을 가르친다. 즉 준칙은 다음과 같다.

※ 표적중심 혹은 허리부분 조준법

제1준칙: 200미터에서 250미터 조준선(照準線)[157] 사용

제2준칙: 250미터에서 350미터 사이는 300미터의 조준선 사용

제3준칙: 350미터에서 450미터 사이는 400미터 조준선 사용

157) 사수의 눈으로부터 가늠구멍과 가늠쇠를 거쳐 목표의 조준점에 이르는 직선(역자 주)

제4준칙: 450미터에서 550미터 사이는 500미터 조준선 사용

제5준칙: 550미터 이상 여러 사거리에 대해서는 매 100미터의 거리마다에 있는 활판의 좌측 방향 위의 가장자리 가늠자의 좌측 방향에 새겨진 선(刻線)을 민다. 100미터 이내 거리는 그 우측방향과 위의 가장자리 표척의 좌측 방향에 새겨진 선을 민다.

第252조 교관은 제245조항(제1예행연습)과 다음 조항의 규칙을 제시하고, 여러 종류의 조준선에 의한 조준 방법에 대해 모든 병사가 여러 종류의 사거리별로 조준하는 것을 따르도록 가르친다. 최초에는 가늠자의 좌측 방향에 새겨진 사거리를 가르치고 이어서 우측 방향에 새겨진 중간의 사거리에 대해 가르친다.

第253조 시령 위에 올린 상태에서 조준하는 방법을 좇아서 임의의 거리에 위치한 표적을 활용하여 발사하는 규칙을 내린다. 조준은 모든 병사가 배우도록 하여 지형전체가 마땅할 때 표적이 위치한 거리를 지시한다. 조준명령은 모름지기 중요한 것이다. 여기서 표적 중심의 검은 점(黑點)을 맞추도록 한다. 이 흑점의 아래에 조준하여 발사하는 중에 총의 흔들림은 총구와 사격하는 병사의 눈과 조준점에 의거해야 하며, 보이지 않게 가리지 않도록 해야 한다.

第254조 어깨에 총을 밀착시키는 요령

장전자세로 있을 때 교관은 그 병사의 우측 방향, 장전손잡이의 아래로 온다. 그 총을 잡고 자연스럽게 팔을 아래로 내리며, 우측 어깨를 앞으로 내민다. 좌측 어깨는 가만히 제시한 위치를 정한다. 그 다음에 교관은 개머리 끝의 금속제 판에 그 왼손으로 견고하게 위치시켜 어깨에 지탱한다. 이에 마주하는 개머리 끝부분은 어깨의 위에 점차적으로 가까이 붙인다. 개머리 끝의 금속제 판의 끝은 팔소매 솔기를 마주한다. 눈은 총에 수평이 되게 하여 좌우로 기울지 않도록 한 다음 교관은 그 병사의 오른손으로는 총의 자루 부분을 쥐도록 하고, 왼손으로는 가늠자 부분을 쥐게 하여 혼자서 그 총을 지탱하게 한다. 멈추어 있는 병사는 이 자세를

하고, 총은 어깨에 마주하여 견고하게 보존하고 지탱한다.

제255조 교관은 특정한 한 명의 병사를 이동시켜 가면서 다른 병사들의 자세를 지시하여 스스로 능히 자세에 이르도록 한다. 교관은 시간을 약간 주어서 스스로 익혀 그 자세를 수정하도록 한다.

제256조 교관은 200미터 조준선의 한 점을 먼저 바르게 취하여 유지하고, 어깨에 총을 붙이는 방법을 모든 병사는 잘 배워 숙달하여 익힌다.

제257조 여러 종류의 조준선을 사용한 연습을 모든 병사는 반복하고, 500미터 이상의 가늠자 사용시 그 사거리에 따라 달리하여 뺨을 총에 댄다. 그 어깨의 팔꿈치와 개머리 끝부분의 아래를 좇아서 고개를 쳐들지 않도록 조심하여 조준선을 취한다.

- **제3예행연습**[158]

- **제4예행연습**

제258조 병사는 총에 뺨을 붙이는 것과 조준선상의 지점을 취하여 조준을 정한다. 교관은 총을 발사하기 위하여 방아쇠를 손가락으로 당기는 것을 병사가 미리 배우도록 한다. 먼저 장전을 한 후 자세를 취한 후에 다음과 같이 방아쇠 당기는 동작을 배우도록 한다. 즉 오른손으로 총의 장전손잡이 부분인 총의 목을 쥐고, 집게손가락의 둘째 마디로 쇠갈고리를 당긴다. 두 눈은 격철의 상단을 주시하고 격발이 될 때까지 손가락을 조금씩 오므려 당긴다.

제259조 교관은 병사에게 서서쏴(立射) 자세를 취하도록 하여 우선 200미터 조준선을 사용한 후에 축차적으로 여러 종류의 조준선을 사용하도록 한다. 이때 교관은 모든 병사의 앞을 지나면서 지시한 조준선을 취하도록 한다. 병사는 총을 뺨에 대고 표적의 검은 점(黑點) 아래 부분이 움직이는 것에 따라 조준선이 틀어져서 어긋남을 지탱한 후에 조금씩 손가락을 잘 오므려서 조준선을 취하고 순간적으로 격발한다. 발사한 다음

158) 원문에 제3예행연습에 대한 내용이 누락되어 있음(역자 주)

에도 오히려 총을 뺨에 부착한 상태로 조준선의 흑점 상부를 적중하도록 조준을 실시한다.

第260조 이러한 연습을 할 때 교관은 그 지시점을 조준하고 또 격발할 때 그 점 위로 총을 고쳐서 잘 유지하도록 한다. 우측 눈으로 조준하여 격발한 후에는 교관은 병사에게 시험 삼아 여러 차례 질문을 실시하여 병사로 하여금 조준을 하는데 실패하지 않도록 한다.

第261조 모든 병사가 조준 및 발사의 예행연습을 숙달한 경우 교관은 다음의 제5교에서와 같은 동작을 실시한다.

6) 제5교: 조준과 발사

第262조 모든 병사가 총을 장전하여 서서쏴 자세를 할 때, 교관은 다음과 같이 구령한다.

몇 미터(何米突)

第263조 지시된 거리에 따라 가늠자를 설치한다.

• 조준(狙): 1절 1동(1개 동작)

第264조 총을 들어 올릴 때, 양손 동작을 급격하게 하지 말고, 개머리판 끝을 몸에 수직하게 하고 어깨에 단단히 지탱한다. 좌측 팔꿈치는 수직으로 드리우고, 우측 팔꿈치는 어깨 높이로 올린다. 왼쪽 눈을 감고 조준선과 표적을 적절하게 일치시켜 머리는 전방의 우측으로 기울여 오른손 집게손가락의 둘째 마디로 방아쇠 갈고리를 잡아당긴다.

• 발사(打): 1절 1동(1개 동작)

第265조 몸과 머리를 움직이지 않고, 집게손가락을 조용히 오므려서 격발한다.

第266조 모든 병사가 발사하고 난 다음 교관은 다음과 같이 명령한다.

탄알 장전(塡)

• **탄알 장전(塡): 1절 1동(1개 동작)**

제267조 총을 빠르게 내려 장전하고, 제1절 제2동작[159]의 자세를 취하여 자기 뜻대로 임의장전을 행한다.

제268조 장전하지 않은 총을 어깨총 자세로 하려면 교관은 다음과 같이 구령한다.

어깨총

• **어깨총: 1절 1동(1개 동작)**

제269조 '어깨'라고 구령을 하면, 장전의 제1절 제2동작 자세[160]를 취하여 공이치기를 안전한 상태로 끊은 다음 총의 목 부분을 쥔다. '총'이라고 구령하면, 어깨총 자세로 돌아간다.

제270조 모든 병사가 조준자세를 취할 때, 교관은 다음과 같이 구령한다.

원래대로 총(故銃)

제271조 '원래대로(故)'라고 구령하면, 집게손가락을 방아쇠울 위에다 펴고, '총'이라고 구령하면, 재장전시의 마지막 자세를 취한다.

제272조 모든 병사가 무릎쏴의 자세를 취할 때, 교관은 다음과 같이 구령하여 발사 연습을 한다.

몇 미터(何米突)

제2713 지시된 거리에 따라 가늠자를 설치한다.

• **조준(狙): 1절 1동(1개 동작)**

제274조 왼쪽 팔꿈치는 무릎부근 넓적다리 위에 위치시키고, 동시에 왼손은 방아쇠울과 마주되게 총 위로 꺾어 접는다. 주먹의 끝은 사수

159) 5단 장전의 제1절 제2동작(제217조)(역자 주)

160) 5단 장전의 제1절 제2동작(제217조)(역자 주)

의 몸 안쪽을 향하도록 하여 엄지손가락과 나머지 손가락 사이에다 총을 유지한다. 이 모든 손가락과 오른손으로 개머리 끝을 어깨에 마주하도록 가까이 닿도록 지탱하여 유지한다. 조준선과 표적을 적절하게 일치시켜 머리는 전방의 우측으로 기울여 오른손 집게손가락의 둘째 마디로 방아쇠 갈고리를 잡아당긴다.

발사(打)

제275조　제265조에서 제시한 것과 같이 발사를 행한다.

※ 주의 사항

제276조　무릎쏴 자세 명령이 있을 때, 병사는 제254조와 그 다음의 조항(제255조~제257조)에서 제시한 것과 같이 한다. 총을 뺨 부위에 붙이는 것과 발사를 위한 것 등 예행연습을 배운다. 병사는 스스로 그 총을 어깨에 붙이고 그 자세가 충분하지 못하면 오른쪽 정강이를 올바르게 고친다. 몸의 상체는 왼쪽 정강이에 위탁하고 단지 총의 무게를 지지하며, 개머리의 끝을 어깨에 붙이고 머리는 조금 전방으로 기울이는 등 서서쏴 자세와 마찬가지로 하는 것에 주의한다.

제277조　무릎쏴 자세에서 정밀한 사격을 위해 사격하는 병사는 자신을 가려서 숨기는 것이 유리하다. 그러므로 병사는 스스로 이러한 자세를 쉽게 취해야 하고 또 그 자세에서 신속하게 장전하는 것을 각 개인의 체격에 따라 미리 헤아려 자세를 취하는 것이 좋다.

제278조　발사한 후에 교관은 다음과 같이 총의 장전을 명령한다.

탄알장전(裝)

• 탄알장전: 1절 1동(1개 동작)

제279조　총을 신속하게 아래로 내려 무릎쏴 자세를 한 상태에서 장전한다.

제280조　장전이 안 된 총에 대해 어깨총을 명하려면 교관은 다음과 같이 구령한다.

어깨총

- **어깨총: 1절 1동(1개 동작)**

제281조 '어깨'라고 구령을 하면, 제238조 제3동작의 자세를 참조하여 총을 준비한다. 천천히 공이치기를 제거한 후 총의 목 부분을 잡고 총을 세운다. '총'이라고 구령하면 몸을 일으켜서 어깨총 자세를 취한다.

제282조 모든 병사가 조준자세로 있을 때, 교관은 다음과 같이 구령한다.

원래대로 총(故銃)

모든 병사는 다시 준비총의 제3동작 자세를 취한다.

제283조 병사가 엎드려쏴의 자세로 있을 때 교관은 뺨을 부착하여 총을 발사하도록 하고, 또 각 병사가 이 자세로 있으면서 자신의 왼쪽 팔 앞부분을 사용하여 자신의 몸을 지탱하면서 총에 탄환을 장전하는 것을 가르친다.

- **재장전 총(改銃): 1절 1동(1개 동작)**

제284조 병사는 제1절 제2동작(제217조항)의 장전자세로 약실부를 개방한다. 공이치기 격발 홈 아래의 공이를 밖으로 빼내고 총의 목 부분을 쥔다.

제285조 교관은 열의 앞을 지나가면서 차례차례로 모든 병사의 총을 검사한다. 모든 병사는 교관이 자신의 앞으로 지나는 것을 헤아려 양손으로 총을 세워 약실부를 앞쪽으로 보내[161] 전면을 향하게 한다.

교관이 검사를 마친 후에 병사는 제216조항에서 제시한 것처럼, 약실부를 닫고 준비상태를 해제한 다음 세워총 자세를 취한다.

---

161) 탄환을 약실에 장전하고(역자 주)

7) 제6교: 총검술(銃劍術)[162]

제286조 병사는 1열로 나란히 하여 날쌔게 회전하기 위해서 서로 4보의 간격을 취한다.

보주 다음의 구령을 내리기 위해 좌우로 4보를 벌려 간격을 취한다.

제287조 병사가 어깨총으로 있을 경우 교관은 다음과 같이 구령한다.

구총(構銃)[163]

- **구총(構銃): 1절 2동(2개 동작)**

제1동작

제288조 두 발의 발꿈치를 반우향으로 오른발과 왼발은 'ㄱ' 자의 형태로 직각을 이룬다. 오른손으로는 총의 목 부분을 잡아 총을 위로 들고, 동시에 왼손으로는 아래 멜빵의 밑 부분을 잡는다.

제2동작

제289조 양손으로 총열의 위 부분은 왼쪽 팔꿈치로 받치고, 오른손으로는 총목을 잡아 허리뼈 부분에 대고 지탱한다. 총검의 끝은 눈높이와 나란하게 하는 동시에 오른쪽 상체는 오른 발끝을 왼 발끝 연장선상의 50센티미터 뒤로 벌려 위치한다. 양발의 오금부분을 조금 구부려 몸의 무게는 양쪽 정강이의 위쪽에 의탁하여 가지런하게 한다.

- 어깨총

제290조 다시 어깨총의 자세는 제190조와 제191조항을 참조하여 취한다.

---

162) 공격정신을 강조하는 일본군의 경우 백병전(白兵戰)의 꽃인 총검술을 강조해 왔다. 일본군 교리의 영향으로 한국군도 1946년부터 총검술을 각개전투의 일환으로 총검술 훈련을 실시해 왔으나 2019년에 들어 73년 만에 대한민국의 육군도 총검술 훈련을 폐지하기로 하였다.(역자 주)

163) 구총(構銃)은 '총검술 자세를 잡는다'는 의미로 총검술 교리에서 '차렷총'과 같으며, 거총(据銃)은 '사격을 할 때 표적을 겨누기 위해 총의 개머리판을 어깨의 앞쪽으로 가깝게 대는 행위'임. 한편 '차렷총'은 '세워총'의 북한어이기도 하다.(역자 주)

제291조 병사는 구총의 자세로 있는 상태에서 다음과 같이 운동한다.

우향우 혹은 좌향좌(右(左)向 右(左))

제292조 왼발의 끝을 조금 들어서 그 발끝을 우로 돌아서 왼쪽 면으로 하는 동시에 오른발은 뒤로 50센티미터 이동한다.

• **우로 돌아 우로(右廻 右)**

제293조 왼발의 끝을 조금 들어서 그 발끝을 우로 돌리고 총의 방향은 그대로 유지한 채 오른발과 왼발을 바꾸지 말고 50센티미터 뒤쪽 방면으로 이동한다.

• **좌로 돌아 좌로(左廻 左)**

제294조 앞 제293조항의 방법으로 왼발 끝을 좌로 돌린다.

• **1보 앞으로**

제295조 오른발이 나가면서 왼발에 빠르게 붙임과 동시에 왼발은 50센티미터 앞쪽으로 나아간다.

• **1보 뒤로**

제296조 왼발이 물러나면서 오른발에 빠르게 붙임과 동시에 오른발은 후방으로 50센티미터 물러난다.

• **1보 우측으로**

제297조 오른발을 우측방향으로 50센티미터 이동함과 동시에 왼발을 우측방향으로 이동하는데, 왼발과 오른발의 거리 및 위치는 이전과 마찬가지로 변함이 없다.

• **1보 좌측으로**

제298조 왼발을 좌측방향으로 50센티미터 이동함과 동시에 빠르게 오른발을 좌측방향으로 이동하는데, 왼발과 오른발의 거리 및 위치는 이

전과 마찬가지로 변함이 없다.

• 2보 앞으로

제299조 오른발과 왼발을 50센티미터씩 교대로 빠르게 전방으로 나아가. 구총의 자세(防守之構)[164]는 변함이 없다.

• 2보 뒤로

제300조 왼발과 오른발을 30센티미터씩 교대로 빠르게 후방으로 물러나며 구총의 자세는 변함이 없다.

• 우에서 좌로 신속히 돌아(右左飛廻進)

제301조 왼손은 총을 몸에 붙이고 총열을 좌측 어깨로 치우치게 기울인다. 오른손은 처음과 변함이 없이 위치한다. 오른발 끝은 우에서 좌로 돌고, 왼발은 곧바르게 50센티미터 후방으로 움직인다. 그 다음에 왼발 끝을 신속하게 돌리고 오른발은 뒤로 물러나서 일정한 거리를 위치함과 동시에 구총의 자세로 복귀한다.

제302조 병사가 구총의 자세로 있을 때, 여러 종류의 전진 및 후퇴의 걸음, 신속하게 돌기를 바르게 하고 또 손쉽게 행동할 수 있도록 도달하면 교관은 공격총 및 방어총의 사용을 가르친다.

• 좌로 막아 총(左防銃)

제303조 오른손의 위치는 바뀌지 않고, 왼손은 총구를 35센티미터 위로 올림과 동시에 왼쪽 방향으로 대략 15센티미터 정도 기울여 차단하여 막은 후에 구총의 자세를 유지한다.

제304조 다시 구총자세로 돌아온다.

제305조 병사가 차단하여 막음과 동시에 충돌하기 위해 매 동작을 마친다. '구총'이라고 구령을 내리면 다시 구총의 자세로 복귀한다.

---

164) 즉 차렷 총(역자 주)

• 우로 막아 총(右防銃)

제306조 우로 막아 총은 '좌로 막아 총'의 동작과 동일하다. 다만 차단하여 막는 것이 왼쪽이 아니라 오른쪽이란 점이 다를 뿐이다.

• 머리 막아 총(頭防銃)

제307조 양팔을 펴서 양손으로 총의 위 머리를 덮고, 장전손잡이를 몸을 향하게 하여 머리 위로 위치시킨다. 예를 들면 총검의 칼끝을 조금 좌측으로 기울인다. 오히려 총검으로는 마땅히 전면에 있는 적의 세력에 대해 돌격을 해야 한다.

보주 오른손으로는 총의 목 부분을 쥐고, 왼손의 손가락이 총대의 위쪽 방향으로 나가지 않도록 한다.

• 머리 우에서 좌로 막아 총(頭右左防銃)

제308조 좌우 어깨는 앞으로 내밀고, 머리 막아 총과 마찬가지로 총을 위로 하여 오른쪽에서 왼쪽으로 막는다.

• 전방으로 찔러 총(前突銃)

제309조 우측 오금은 펴고 좌측 오금은 구부려서 몸의 상체는 앞으로 내밀고, 총열을 위로 하여 양손으로 총을 힘차게 푹 찔러나간다.

보주 우측 팔의 앞부분으로 개머리의 끝을 지탱한다.

• 머리를 막고 찔러 총(頭防突銃)

제310조 머리를 막은 후 오른발의 오금은 펴고 왼발의 오금은 굽힌다. 양손으로 총을 힘차게 푹 찔러나간다.

• 길게 찔러 총(抛突銃)

제311조 왼발의 오금은 굽히고 오른발의 오금은 펴서 몸의 상체를 앞으로 내밀면서 오른 팔을 충분하게 편다. 왼손으로는 총을 적 방향으로 향하며 총을 힘차게 길게 찌른 다음 구총의 자세로 복귀한다.

제312조 병사가 총검 사용함에 있어서 보병은 적의 가슴을 마주하고, 기병은 적의 말머리의 높이를 마주하거나 또는 불거져 튀어나온 기병의 측면에 대해 총검을 사용한다.

제313조 병사는 각종의 전진과 후퇴하는 걸음과 더불어 충돌을 막아 차단하는 과업을 숙달하고, 교관은 이러한 여러 가지 과업을 모아서 여럿이 한꺼번에 나아가도록 명령을 내려 다음의 예와 같이 행한다.

2보 앞에서 머리 막고 찔러 가(二步前 頭防突 進)

• 2보 앞에서 머리 막고 찔러(二步前 頭防突進)

제314조 2보 앞으로 나아가 머리를 막고 돌격한 다음 구총자세로 복귀한다.

제315조 1명의 병사는 자신을 향하는 2~3명의 적을 동시에 방어한다. 여러 종류의 움직임을 헤아리고 아울러 충돌을 정교하게 반복하여 행한다. 또 숙달을 신속하게 한다. 다음은 그것의 한 예시이다.

1보 앞에서 길게 찌르고 우로 빠르게 돌아 좌(우)측을 막고 찔러

• 1보 앞에서 길게 찌르고 우로 빠르게 돌아 좌(우)측 막고 찔러(一步前之抛突 右飛廻 左(右)防[165]突進)

제316조 앞으로 나아가 길게 찌르고, 우로 빠르게 돌아서 좌(우)측을 막고 돌격 후 구총 자세로 복귀한다.

165) 원문에는 右防이나 그 아래에는 左防으로 설명하고 있어 이는 잘못 표기된 것으로 생각되며, 左(右)防으로 표기해야 맞을 것으로 생각됨(역자 주)

2. 제2부: 산개시 교련의 일반적인 요령

제317조 흩어져 벌려 있는 병사에 대해 신병훈련교범의 목적과 관련하여 산개를 차례대로 실시하는 동작방법과 전투를 실시하는 요령에 대하여 각개 병사와 분대에 교육을 실시하는데 있다.

제318조 산병은 자신의 총을 적절히 잘 휴대하고, 일정한 수준이나 정도에 이르지 못하면 걸음의 속도를 억지로 취하도록 하고 또한 요구 수준에 미치지 못하면 정돈상태를 바로 잡아야 한다.

제319조 산병선에서의 활동은 열 사이의 간격을 밀집하는 것이 요구되지만 제대가 가지런할 필요는 없다. 오직 전투지형의 상황에 따라 달리 실시하는 것이 좋다. 또 뜀걸음이 아닌 경우나 통상적이지 않은 경우는 사용하지 않는다. 적의 근방이나 탁 트인 개활지 등에서는 빠르게 통과하지 않으면 안 된다.

제320조 보통 소리로 명령을 내릴 필요가 있을 때 육성으로 내리는 구령은 반소대장 및 분대장이 이를 반복하여 내린다. 또 작은 피리를 불고 모든 산병들에게 그 뜻이 전달되게 기호로서 명령을 내린다. 이 피리 소리로 하는 구령은 부득이한 경우가 아니면 사용하지 않는다. 만약 산병선상에서 불가피한 경우 피리에 의한 구령을 사용할 경우에는 계속적으로 반복하여 피리를 분다.

제321조 교련은 규칙의 순서를 바르게 정하고 군인의 계급에 따라 각각의 권한과 독단전행(獨斷專行)[166]을 준수하고, 각 제대의 부대와 모든 인원은 서로 한 마음으로 규칙의 제반 조건에 맞도록 힘써 시행해야 한다. 정해진 절차를 바르고 가지런히 하고, 사람마다 침착함을 유지하며 또한 군기를 엄정히 한다. 사격의 임무를 면밀하게 실시하기 위해서 지형의 활용을 잘 도모하는 것이 좋다. 적절한 시기에 산병대를 전개하고 그 시기가 완료되어 멈추게 되면 곧바로 한 군데에 모인다. 교관은 통상 여러 경우에 적절히 잘 대응할 수 있도록 여러 가지 방법으로 온 힘을 다해야 한다.

---

166) 독단전행(獨斷專行)이란 독일의 전술지휘 개념으로서 일본은 이러한 독일의 군사교리를 수용하여 제2차 세계대전까지 지속하여 적용해 왔다.(역자 주)

가. 제1장: 제1교 ~ 제6교

1) 일반규칙

제322조　제1장에서는 지형과 전투의 임기응변에 대해서는 언급하지 않는다. 오직 신병에게 구령의 의미, 대오의 편성 방법, 운동의 조직 등을 위주로 교육한다. 그러므로 고참병에게는 교육할 필요가 없다.

제323조　신병의 집합을 연습하는 장소는 8명 내지 15명 단위로 무리를 지어 나누고, 이 무리를 1개의 분대로 간주하여 분대장 1명이 지휘하며, 반소대장 1명은 감시 활동을 한다. 소대장은 이 교련에서 제4교와 제6교를 통할하며, 반소대장 1명이 잠시 동안 제2분대를 훈련한다.

제324조　1분대의 모든 오의 간격은 통상 6보로 하며, 분대장은 항상 1개의 오를 정해 표준이 되도록 하여 간격의 방향을 정하는 것이 좋다.

2) 제1교: 산개(散開)

제325조　분대가 정면으로 정지 혹은 행진을 위하여 분대장은 다음과 같이 구령한다.

헤쳐(散)

제326조　중앙에 있는 오는 분대장이 지시하는 방향으로 행진하고, 기타의 모든 오는 행진 중에 좌우로 이미 정해진 간격인 6보 간격을 취하여 벌린다. 제2열의 병사는 제1열의 좌측 방향에 위치한다.

제327조　분대가 그 점령 가능한 선에 도달하면, 분대장은 다음과 같이 구령하여 멈추게 한다.

제자리에 서(止)

제328조　움직이고 있던 산병을 정지시키는 것이 좋다.

제329조　분대는 산개를 위하여 항상 중앙의 오를 취한다. 그러나 산개에 유리할 때에는 좌우 방향의 오를 취하고 분대장은 미리 분대에

널리 알린다.

제330조 분대 정면이 움직임을 멈추거나 혹은 행진을 하고 있을 때 측방으로 산개하고자 하면, 오장은 다음과 같이 구령한다.

우(좌)측 방향으로 헤쳐(右(左)向 散)

제331조 중앙의 오는 움직이지 않거나 혹은 움직임을 멈추고, 기타의 모든 오는 우측면을 향하거나 혹은 좌측면으로 향하기 위해 겹치지 않도록 우측과 좌측의 오는 6보의 간격을 취한다. 오장은 각 오가 그 간격을 취하여 나아가 정지하여 자리를 차지하도록 지시한다. 앞의 방향은 제2열의 병사가 제1열에 있는 병사의 좌측 방향의 자리를 차지한다.

제332조 앞 조항의 요령에 따라 다음과 같은 구령을 사용하여 우측 방향의 오 혹은 좌측방향의 오는 측방으로 산개를 실시한다.

우(좌)측 방향으로(右(左)向)

제333조 선두의 오가 분대의 측면에 있을 때 가지런한 선두의 면을 산개하고자 하면, 다음과 같이 구령하여 앞 조항(제332조)의 방법과 동일하게 산개한다.

우(좌)로 헤쳐(右(左) 散)

(보주) 행진중 이 운동을 행할 때 선두의 오는 움직임을 멈춘다.

제334조 모든 오의 간격이 정상상태가 아닌 경우 오장은 다음과 같이 구령한다.

몇 보로 헤쳐(何步 散)

혹은 우(좌) 방향 몇 보로 헤쳐(右(左)向 何步 散)

제335조 산개하는 요령은 앞에서 제시한 방법과 같고 다만 구령을 내릴 때 그 간격만 다르게 명령한다.

제336조 통상 분대의 편성과는 무관하게 위에서 제시한 방법에 따라 능히 전면 혹은 좌우측면으로 소속된 지휘자의 명령에 따라 산개를 하고, 필요시 좌우측 방향으로 준비한다.

3) 제2교: 간격의 벌림과 좁힘

제337 분대가 정지 혹은 행진시 산개할 때에 간격을 벌리거나 좁히고자 하면 분대장은 다음과 같이 구령한다.

몇 보로 벌려(좁혀)(何步 開(閉))

제338조 분대장은 간격의 표준을 지시한다. 분대장이 오의 측면을 차지하는 것은 옳지 않고, 빠르게 나아가 일정한 자리를 차지한다.

제339조 분대장은 모든 오에 측면 행진 혹은 빗겨 행진을 지시하여 거리와 간격을 늘리거나 좁힌다.

4) 제3교: 행진

제340조 분대를 산개한 후, 오장은 다음과 같이 구령한다.

앞으로(前)

제341조 오장은 표준 방향을 선정하여 1오에게 지시하여 옆 방향으로 가도록 한다.

제342조 산병은 오장이 차지한 방향에 준하여 간격을 유지하며 행진한다.

제343조 뒤로 물러나도록 명령하기 위해서 오장은 다음과 같이 구령한다.

뒤로(後)

제344조 뒤쪽의 모든 병사는 정면 행진의 방법과 같이 뒤로 물러난다.

제345조 우(좌)측면으로 행진을 하고자 할 때, 오장은 다음과 같이

구령한다.

우(좌)측 방향으로(右(左)向)

제346조 대장은 우(좌) 방향의 병사 곁으로 신속하게 나아가 방향을 지시하여 각 병사가 우(좌) 방향으로 그 간격을 보존할 수 있도록 한다. 이때 (뒤에서 행진하는 병사는) 앞에서 행진하는 병사의 발을 따라서 행진한다.

제347조 분대의 전진과 퇴각 혹은 측면행진을 멈추기 위해 분대장은 다음과 같이 구령한다.

멈춰(止)

제348조 모든 병사가 정지할 때는 앞쪽을 향한다.

제349조 산개 분대 혹은 제자리 행진을 할 때, 분대장이 좌우 방향으로 변화하고자 하면, 다음과 같이 구령한다.

우(좌)측 방향으로 바꿔(右(左)向 變)

제350조 분대장은 좌우 방향의 1개의 오를 새로운 방향에 위치시키고, 기타의 모든 오는 걸음의 속도를 빠르게 하여 신병 훈련교범에 의거하여 1개 오의 운동을 기준하여 간격을 촘촘하게 하는 표준 연습요령을 따른다. 또한 각도의 크고 작음에 따라서 분대장은 우방향 혹은 좌방향의 1개 오(伍)를 새로운 방향 내에서 기다리게 하고 다른 곳으로 옮기는 것을 멈춘다. 기타의 모든 오 역시 선두의 앞을 가지런히 도착한 다음 제자리에 머문 후 다시 행진한다.

5) 제4교: 산병의 교환과 증가

제351조 다른 분대로 산개지역을 교대하는 분대의 경우, 새로운 분대의 기동은 산병선의 후방을 따라 산개한다. 교대하는 기존의 분대는 즉시 퇴각한 후 한 군데로 모인다.

제352조 기존의 산병이 퇴각할 즈음에, 교대하는 분대는 즉시 기존

의 산병이 있는 선상의 후방을 넘어서 산개한다. 기존의 산병들은 새로운 산병들의 선을 넘어서 후방에 집합한다.

제353조 기존 전투대형(散兵線)의 길이는 변함이 없고, 산병을 증가하는 방법은 2가지인데, 이것은 곧 다음에서 제시하는 2개 조항과 같다.

제354조 산개분대가 사격을 하지 않는 경우, 산병선의 끝단은 그 간격을 좁혀서 줄이고, 증원된 분대가 점유하여 기존의 분대가 설치했던 공간지역을 행진하는 가운데 넓게 벌린다.

제355조 분대가 사격중일 경우, 분대의 인원을 더 늘려서 행진 중 산개하여 모든 병사를 기존의 분대의 간격 사이에 투입한다. 기존의 분대장은 정해진 가늠자의 크기 정도와 사격의 표적을 제시해 준다. 재차 새로운 산병에게도 지시하여 사격을 시작하게 한다. 각 분대장은 전투대형의 절반 후방에서 지휘하고, 산병선에 도착하는 분대장은 좌측 방향의 절반을 지휘한다.

제356조 증가된 분대는 긴 전투대형으로서 증가 보충된 분대는 전투대형에서 사격을 위해 기존 분대의 우측 방향 혹은 좌측 방향으로 이어진 선상 위에 넓게 벌려 배치한다.

6) 제5교: 사격(放火)

제357조 보통 사격은 반드시 정지한 가운데 행하는 것이 좋은데, 간혹 산병선 중 아주 극소수의 인원이 행하거나 혹은 산병선 전체의 인원 모두가 천천히 행하거나 혹은 아주 빠르게 행하는데 힘쓴다. 혹은 모든 병사가 한꺼번에 침착하게 조준연습을 숙달하여 사격하는 것이 핵심 내용이다. 이때 분대장은 발사한 탄약의 숫자 중에서 꼭 필요한 탄수를 기억했다가 이에 대해 각 병사에게 상세하게 물어서 확인한다. 또 사격목표와 가늠자의 크기 정도를 여러 차례 명령하여 변환하도록 한다.

제358조 분대장은 단지 산병선상의 소수 인원으로 사격을 행하고자 하면, 그 병사의 이름을 호명하고, 그 병사는 즉시 침착하게 명령에 따라 사격을 실시한다. 또 분대장은 사격의 완급 혹은 사격인원수의 증감을

판단하여 화력을 늘리거나 줄인다.

제359조 정면의 병사 모든 인원에게 사격을 행하고자 하면, 분대장은 다음과 같이 구령한다.

몇 미터 쏴(何米突 打)

제360조 비록 사격이 이미 이루어지고 있더라도, 모든 병사는 침착하게 이 구령에 따라 사격을 시작한다.

제361조 분대장은 화력을 충분하게 증가시키기 위해 다음과 같이 구령한다.

어떤 방향으로 급히 쏴(急打方)

제362조 이 구령에 따라 모든 병사는 신속하게 사격을 하여 조금의 틈이 생기지 않도록 조준하는데 집중한다. 이 사격은 200미터 가늠자를 사용하는 것이 좋다.

제363조 분대가 1열로 합치거나 혹은 2열로 편성시 분대장은 신병훈련교범의 제1부에 기재된 구령에 따라 다함께 일제사격을 실시한다.

제364조 전진 혹은 퇴각을 하는 가운데 실시하는 사격은 우선 앞에서 기재된 방법으로 행하는데, 모든 병사는 정지하는 즉시 여러 발을 사격하도록 한 후 분대장은 '앞으로 혹은 뒤로'와 같이 명령을 내린다. 이 명령에 따라 모든 병사는 발사하지 않고 처음에는 행진하며, 분대장은 재사격을 위해 멈추라고 명령하거나 정지하여 대기하라고 특별히 명령을 내린다. 연속적으로 움직이는 것과 같이 행진 간 실시하는 사격은 곧 축차적으로 위치를 옮겨가며 사격을 실시한다.

제365조 만약 정지하여 사격하고자 하면 분대장은 다음과 같이 구령한다.

정지하여 어떤 방향으로 사격(打方止)

제366조 이렇게 구령하면 곧바로 정지하여 사격한다. 분대장이 명령

을 내리면 모든 병사들은 총을 장전하고 의도한 대로 철저하게 행한다.

7) 제6교: 병합과 집합

제367조 분대장은 휴대하고 있는 총을 높이 들어 다음과 같이 구령하여 자기의 분대를 한 군데로 모이게 한다.

한 군데로 합침(併合)

제368조 모든 병사는 분대장의 지시에 따라 직선 혹은 원형의 모양으로 그 주위를 신속하게 합친 연후에 무리의 정돈 순서에 얽매이지 않고 신속하게 이동한다.

제369조 병합한 일련의 산병줄이 정지하고 있을 경우, 마땅히 정지 구령 혹은 행진 구령은 길게 시행한다. 또 일련의 산병줄이 행진을 정지하거나 연이어 계속 행진을 할 경우 역시 집합을 위해 한군데에 모인다.

제370조 연이은 선상의 병사는 산개하고, 만약 일정한 편성의 규칙을 취하지 않은 막 모임의 집합시 분대장은 신병훈련교범 제1부의 제105조항에서 제시하고 있는 방법을 따른다.

제371조 산병을 증가하기 위하여 분대를 중복할 경우에도 역시 행진간 사격을 하면서 병합과 집합을 시행한다. 그런 다음 교관은 동시에 그 부하가 소속된 일련의 산병선상 병사의 절반을 지휘하도록 각 분대장에게 명령한다. 어느 분대에 소속되어 있는지를 헤아려서 가장 가까이에 있는 분대장의 옆으로 병합한 후 모여 있는 곳의 오장의 옆으로 집합한다.

나. 제2장: 제1교 ~ 제6교

1) 일반규칙

제372조 제2장의 목적은 제1장의 규칙과 여러 종류의 지형 활용에 대해 모든 병사들에게 가르치는데 있다.

제373조 이 교련은 축차적으로 가르칠 필요가 있다. 지세가 어려운 경우 교관은 미리 지형을 살펴서 알고 제반 운동을 실시할 때 가장 유리한 것을 택한다. 또 수시로 자주 변하는 지형의 긴요함을 위해 모든 병사는 시력을 잘 활용하여 여러 가지 형태의 지세에 대해 숙달하여 잘 알고 있어야한다.

제374조 산병이 만약 분대장을 볼 수 없거나 혹은 분대장의 목소리를 들을 수 없을 경우, 그 이웃의 병사가 잠시 낮은 목소리로 분대장의 구령을 전달하여 서로서로 통한다.

제375조 훈련을 담당하는 장교는 소수의 고참병을 적군의 병사로 가정하여 피아의 2개 지대를 지휘하여 연습을 가르치는 것처럼 연속적으로 행하거나 혹은 매번 새롭게 시작한다.

제376 보통의 탄약을 사용하지 않는 사격은 적군과 아군 양쪽 제대의 위치를 명확하게 해야 한다. 또 연습은 모든 병사의 기운을 유익하게 할 정도로 충분하게 실시하고, 권장할 경우에 한해서 탄약을 사용한다.

제377조 피아의 양쪽 제대는 가까이 이웃하는 것은 옳지 않고, 100미터 간격은 피해지역으로 옳지 않으며 오로지 명령에 따른다.

제378조 신병을 편성하는 무리는 8명 내지 15명이다. 이 단위 분대는 오장 1명이 지휘하는 것으로 간주하고, 하사 1명은 감시하며 장교 1명은 특별히 이 교련에 대해 책임을 진다.

제379조 통상 전투 활동은 이미 사전에 교육을 통해 익힌 모든 병사부터 우선적으로 실시하도록 하며, 신입 병사는 이를 곁에서 지켜보도록 한다. 곁에서 이를 지켜 본 다음에 활용하는데, 이때 교관은 그가 맡은 바 임무를 올바르게 하는 지를 보고 그 잘못된 점을 설명해주어 요구하는 바대로 전투 활동을 잘 해낼 수 있도록 반복하여 시행한다.

제380조 긴요함에 비추어 볼 때 반드시 이 운동은 적합한 시기에 여러 번 시행하여 응용하도록 하는 것이 마땅하다. 이 운동을 기교 있게 행하려면 교련을 반복함으로써 정밀함이 깊어지고 실제적 효과가 커진다. 이를테면 어떠한 과정을 정밀하게 몇 번을 이렇게 혹은 저렇게 반복

(反覆[167])하는 것은 결코 그 정도가 지나치지 않는다. 이 교련은 실전의 예행연습과 같다. 통상 병사는 이 교련을 숙달하여 마치게 한다.

◗ 예행연습(豫敎演習)

• 지형식별

제381조 이 연습의 목적은 지형의 형상이 어렵고 용이함에 따라 어떻게 응용할 것인가 하는 것으로서 적의 관측과 사격으로부터 아군을 보호하는 모든 차폐물과 기타 차폐물을 이동시키는 요령에 대해 모든 병사에게 교육하는 것이다.

제382조 통상 차폐물은 볏짚이나 풀을 베어서 묶거나, 자라고 있는 작은 덤불과 울타리로 아군을 엄폐[168]하여 적의 관측으로부터 회피하고 탄환을 막는다. 교관은 병사에게 차폐물의 뒤쪽에 위치하도록 가르치고, 사격시 그 위치를 수시로 바꾸도록 하는 것이 좋다.

제383조 적의 입장에서 관측하여 차단하는 것이 좋고 또 탄환을 막는 차폐물이 있어야 한다. 교관은 흙, 자갈, 암석 등을 활용하는 법을 가르쳐서 좌측과 마찬가지로 우측에도 담을 쌓는다. 이 담의 우측 끝 후방에 있을 경우와 큰 길에 있을 경우 및 건물의 창문 좌측면에 있을 경우 그때그때 위치한 곳에 따라 신체의 아주 일부만 적의 눈에 띠도록 하는 것이 좋다. 흙으로 쌓은 참호(堆土壕)에 있을 경우나 혹은 밭두렁의 후방에 있을 경우, 무릎을 구부렸다 펴거나 혹은 엎드려 있을 때에는 사격하기 위하여 몸을 조금 일으키는 것은 당연하다. 또 높은 지대의 평지에 있을 경우에는 어쩔 수 없이 조금의 이슬은 감수하며 자신의 몸을 적의 방향으로 엎드리고, 맨 꼭대기의 후방은 적이 있는 방향의 경사면을 주시하는 것이 좋다.

삼림지역인지 아니면 도랑(垓字)지역인지 혹은 흙으로 쌓은 곳인지에

---

167) 같은 일을 반복(反復)하는 것이 아니라 이랬다저랬다 바꿔 실시하는 것을 의미(역자 주)

168) 은폐(隱蔽)는 적의 관측으로부터 보호하여 적의 직사화기의 사격으로 보호되는 것을 말하고, 엄폐(掩蔽)는 적의 곡사화기로부터 일부 보호되는 상태로 구분함(역자 주)

따라 포탄이 파열할 우려가 있을 때 제일 먼저 차지할 곳은 바깥쪽 수목의 후방이다. 또 포탄이 파열할 염려가 없을 때에는 그 후방에서 약간 거리를 둔 지역을 차지하는 것이 좋다. 그리하여 능히 전방의 지역을 잘 꿰뚫어 보는 것이 제일 먼저 요구된다. 통상 산병이 개활지에 있을 때에는 반드시 엎드리고 그 총은 지형지물에 위탁하는 것이 좋다. 수목의 후방을 의탁하고자 할 필요가 있을 때에는 총은 나뭇가지나 나무줄기의 우측면에 위탁한다.

제384조 교관은 높은 담장의 상단을 부수어 허는 법과 지나치게 높이 만들었을 때 단계적으로 허는 법에 대해 설명한다. 혹은 총안구(銃眼口)를 뚫는 요령을 모든 병사에게 가르쳐서 사격시의 노력을 방해하지 않도록 한다. 혹은 초월하여 전진하는 것이 용이하지 않을 때에는 차폐물의 후방을 의탁할 수 있도록 결정한다.

제385조 교관은 적이 이미 중요한 지역에 근거하여 마주하고 있을 경우 자신의 몸을 유리한 지점에 위치하는 법을 병사를 교육하여 각 병사는 자기의 위치를 15~20보 범위 내에 선정한다.

제386조 교관은 산병이 적의 탄환에 몸을 맞지 않도록 하고 또한 능히 적이 꿰뚫어 보지 못하게 하며 만약 잘못이 있으면 즉시 바로 잡는다. 또 나와 마주한 적병의 신체를 똑바로 바라보거나 혹은 곁눈질로 볼 때 잘못에 대해 주의한다. 또 나무의 아래 등에 비스듬히 엎드려서 2발씩 모두 함께 사격하여 공공의 장애물로 피하는 법을 가르치는 것이 좋다.

제387조 그 다음 이어서 교관은 병사들에게 자신의 몸을 은닉하는 것을 교육한다. 혹은 지형에 따라 배를 땅에 대고 기는 포복을 교육하거나 혹은 몸을 앞으로 구부리기 혹은 위태로움과 위태로움 사이에 매우 빨리 달리기, 일정한 곳에 있는 차폐물을 다른 곳으로 이전하는 것 등에 대해 교육한다.

제388조 교관은 병사들을 3명 혹은 4명으로 모아 공동으로 정면 행진을 숙달한다. 이때 모든 병사는 지형의 높낮이를 활용하여 자신의 몸을 가려서 숨기는데 이때 인접한 병사를 주목하여 서로 함께 동작한다. 만약 지나치게 앞으로 나아가면, 정지한 다음에 다시 나아간다. 차폐물

을 자신의 뒤쪽에 모아서 유리하게 하고 개활한 지형을 지날 때 비로소 산개한다.

2) 제1교: 산개

제389조 무릇 산개는 빠른 속도로 행할 수 있도록 지형에 맞게 시기를 잘 적응해야 하고, 또한 정돈하는 것처럼 간격을 바르게 하여 늘 인접한 산병과 연락할 수 있도록 길이를 유지한다. 아울러 적병에 주목하여 행동하는 요령을 엄하게 하지 않으면 안 된다.

제390조 교관은 제1장에서 제시한 요령에 의해 산개하도록 해야 한다. 비록 제2열의 병사가 제1열 병사의 좌측방향에 위치하더라도 오직 적절한 시기와 처한 위치에 따라서 3보 이내 지점을 취하여 그 지점의 후방 혹은 좌측에 위치한다.

제391조 맨 처음에는 교관이 매번 산개한 후 분대를 개활지에 집합시켜 사격하는 방법과 화력을 집중할 장소에 부대의 세력을 증가하도록 한다. 또한 뒤쪽에 있는 포병의 화력을 전방에 있는 산병의 앞쪽에 위치하도록 함으로써 위험 및 피해가 생기지 않도록 훤히 알고 있어야 한다.

제392조 교관은 운동을 실시하는 가운데 분대가 점령한 지역의 유리점과 불리한 점을 각 병사에게 설명하고, 잘못된 점을 제시한 다음 정지간 산개한 지역과 점령한 지역의 핵심지역에 대해 일일이 검사하여 변경할 수 있도록 모든 병사들에게 실행가능성 여부에 대해 가르치고 지도한다.

제393조 전투를 계획하는 교관은 필수적으로 모든 병사에게 전투간 요충지의 점령에 대해 교육한다. 필요시 분대로 하여금 적의 눈에 띄지 않도록 하여 적당한 때가 이르기를 기다리게 하는 것을 배워서 알게 하도록 하는 것이 좋다. 한 군데 모여 있는 분대는 모든 적을 상대한다는 생각을 하지 않는다. 병사들 중에서 2명 혹은 3명으로 하여금 적의 관측과 사격을 피하여 점령하도록 하고 그 다음에 분대를 전투선상에 보내는 것이 좋다. 분대장은 분대가 산개하는 핵심지역을 적의 생각대로 하지 않도록 주의하고 전투선상의 잘못된 점을 제대로 알아내어 바로 잡는다.

또 목표를 점령하여 나아가기 위해 전투선을 헤아리고 전방의 거리를 함께 살펴보아야 한다. 아울러 이때 모든 병사에게 눈대중으로 거리를 잴 수 있도록 모의연습을 하게 한다.

3) 제2교: 간격의 벌림과 좁힘

제394조 이 운동은 이미 제1장에서 제시한 바와 같이 실시하여 차폐물이 배후에 있을 때, 팔꿈치가 서로 닿도록 간격을 좁힌다. 또 분대장은 자신의 분대를 지휘하여 간격이 확장되지 않도록 한다.

제395조 적의 사격으로부터 방호되어 있거나 혹은 적의 화력이 크지 않아 적으로부터 두려움이 없을 경우의 산병은 측면으로 간격을 늘이거나 줄이는 운동을 하지 않도록 한다.

4) 제3교: 행진

제396조 호령을 행하여 앞에서 제시된 바대로 행진과 방향을 변환한다.

제397조 분대는 정규의 걸음걸이로 집합하여 행진하거나 분산하여 행진하여 전진한다. 혹은 점차 한 번은 나아가고 한 번은 멈추는 방식으로 모두가 앞으로 나아간다. 분대장은 빠른 행진과 정지를 번갈아 가며 명령한다. 하나의 요충지와 기타의 다른 요충지로 옮겨 점차 한 번은 나아가고 한 번은 멈추어서 격식에 얽매이지 않은 방법으로 좋은 기회를 만드는데 한 번에 나아가는 거리는 50미터 이상은 불가하다. 통상 이 운동의 중요함은 운동의 목적을 달성하는데 있으며, 병사들의 손실이 크지 않도록 하는데 있지 않고 또한 부대의 순서가 섞여 어지럽게 되지 않도록 하여 토지 등을 뺏기 위함이 아니다.

제398조 분대장은 격차를 두고 행진을 도모하여 모든 병사가 다른 지형과 시기의 적절성에 대해 잘못이 없는지 돌이켜 살피게 한다. 앞에서 설명한 요령을 준수하고, 제시된 명령, 방향, 나아가는 방향을 따르도록 한다. 또한 그 방향과 좌우로 멀리 떨어짐이 지나치지 않도록 하고,

행진이 지체되지 않도록 하며 적의 사격을 꿰뚫어 보아 적으로부터의 탄환을 미연에 막는 것이 좋다.

배후에 있는 농작물에 대해 장애물을 선정하여 그 방향으로 전진하고, 굴곡진 지세에 따라 몸을 땅바닥으로 낮게 굽혀서 마치 빠르게 행진을 하는 것처럼 한 곳의 차폐물로부터 다른 곳의 차폐물로 바꾸어가며 이동하여 앞으로 나아가 정지한다. 이를 직접 보고 있는 지휘자와 인접한 병사는 넓은 개활지에서는 몰래 엎드려 숨는다. 엎드릴 때마다 일정한 거리를 일정한 시간에 신속하게 통과한다. 다만 이러한 행동은 오직 명령이 있을 때에만 행한다. 자신이 깊은 수풀 속에 있을 때에는 자신과 인접 병사와의 연락이 끊어지지 않도록 수시로 서로서로 불러서 함께 할 수 있도록 한다.

제399조 방향을 기울게 하거나 방향을 변환할 때, 분대장은 자신의 모든 병사에 대해 앞의 조항에 기재된 방법을 착안하여 응용한다. 양익병의 측면에 있을 때에는 자신의 분대가 점령할 지역이 지나치게 커지는 것을 억제하기 위해 차폐물을 차지한다.

제400조 분대장은 병사 2명을 한데로 모으거나 혹은 산개시켜 분대보다 먼저 이 2명을 수색병으로 내보내어 차폐물을 선정하고 그 분대를 차례대로 앞으로 나아가고 머물게 한다. 이때 역시 전진과 정지 간에 유리한 점에 의거하여 표시하는 것이 좋다.

제401조 분대가 산개 혹은 집합한 상태에서 오의 길이 방향 안에 새로운 요충지를 설치하고자 하면, 분대 전체가 그 운동을 동시에 실시한다. 오가 행동할 때 마다 혹은 각 병사가 행동할 때마다 매번 분대장은 운동의 실시방법과 분대가 나아갈 방향과 장소를 지시한다. 분대장의 명령을 받은 병사로부터 우선 그 운동을 시작하고 기타의 병사는 이미 앞에서 먼저 운동을 시작한 병사가 표시한 요충지를 신속하게 점령한다. 그러므로 이 운동을 억제하여 최대한 지력을 충분히 다하여 절차를 바르게 실시한다.

5) 제4교: 산병의 교환과 증가

제402조 적과 교전을 할 때에는 산병을 교체하는 것을 이롭지 않다. 사태가 몹시 어려운 경우 산병의 교체는 교전이 치열할 때 앞에서 제시한 요령을 준수하여 실시한다. 교체할 때의 행동은 분대의 기존 근거지를 넘어 전방으로 나아가는 것은 무방하다.

제403조 산병을 증원할 때의 행동은 앞에서 기술한 여러 종류의 방법을 중복하여 취함으로써 전선의 기맥이 확장되거나 혹은 간격이 좁혀지지 않도록 실시한다.

제404조 중복하여 증원이 완료된 후 전선에 있는 각 지역의 부대 지휘자는 자신에게 새로 소속된 모든 병사들에 대해 적의 위치와 거리에 따라 지휘한다. 또한 자신이 점한 적절한 위치 등을 서로서로에게 알리도록 한다.

6) 제5교: 사격

제405조 전투준비의 맨 마지막 단계인 사격은 여러 차례 교묘하게 행하여 승리한다. 그러므로 사격교련을 할 때에는 오히려 병사들이 전장 상황과 같게 해야만 크게 성공할 기회를 얻을 수 있다. 분대장은 제1장에서 기술한 방법[169]으로 사격을 행하는데, 명령을 맡으면 사격방향에 따라 완급을 결정한다.

제406조 교관은 다음에 기재된 거리의 원근에 따라 사격을 행할 경우, 일반적으로 유리한 점과 불리한 점을 설명한다.

- 흩어져 있는 차폐물에 의탁해 있는 산병에 대해서는 200미터
- 산병줄 혹은 흩어져 있는 기병에 대해서는 300미터 내지 400미터
- 밀집한 지원부대에 대해서는 500미터 내지 600미터
- 예비대는 800미터
- 집단부대 혹은 포병대대는 1,000미터

169) 제1장 제5교(사격)에 기술된 내용을 말함(역자 주)

위의 사격지침 내용에 의해 변경된 지시를 받은 병사는 그 시기를 헤아려 보아서 변경하는 것이 좋다. 비록 지휘자가 그 시기를 판단하여 위에서 제시한 지침을 변경할 경우 지휘자는 목표에 대해 가늠자의 크기를 결정할 필요가 있다.

제407조 사격을 행할 경우 사수는 자신을 위해 몸을 가린 상태로 지시를 받지 않도록 한다.

제408조 전선의 모든 인원은 천천히 사격을 행한다. 모든 병사가 사격하는 탄환의 힘을 드러나게 하고자 할 때에는 마치 적이 있는 위치를 바라보고 있는 것처럼 전방의 지형에 주안을 두고 그 효력을 기다린다. 사격을 하지 않아도 무방할 경우는 차폐물에 의탁하지 않고 그 무기를 위탁할 곳을 찾는다. 한 곳에 모여 있는 적이나 혹은 홀로 승마한 장교에 대해서는 준비가 도지 않았더라도 지체 없이 각자의 판단에 따라 사격을 실시한다.

제409조 은밀한 사격은 가까운 거리에 대해 실시하지 않는다. 그러므로 각 병사는 200미터 가늠자를 취하고 있다가 방향이 지시되면 조준하는데 집중하여 신속하게 사격한다.

제410조 분대는 간격을 좁혀서 신병교범 제1부에 기재된 구령에 의거하여 제1열과 제2열이 다함께 일제사격을 실시한다.

제411조 행진간 사격을 실시하는 동안에 분대장은 유리한 지형에 도달할 수 있도록 주의하고 전투선에 머무른다. 개활지에 이르면 산병은 정지하고 매번 엎드린다. 또한 사격을 명령하고자 할 때는 먼저 병력 중에서 수색병에게 임무를 부여하여 활용한다.

제412조 여러 종류의 사격 중에서 분대사격은 통상 분대장이 목표를 지시하고 유도한다. 또한 분대장은 모든 병사가 지정한 가늠자를 제대로 사용하고 있는지 여부를 검사한다. 모든 병사는 그 발사탄약의 숫자와배낭 속에 남아 있는 잔여탄환 발수를 알고 확실하게 답변할 수 있어야 한다. 또한 오장은 발사탄수를 제한하는 것이 좋다.

제413조 사격을 방지하도록 하려면, 모든 병사에게 사격방향을 곧

바로 멈추게 하고, 오장은 이에 해당하는 명령을 엄하게 시행하도록 힘써야 한다.

제414조 비축해 놓은 화력은 좋은 기회에 집중한다. 부대는 먼저 기회를 잡아 적이 있을 것으로 보이는 장소에 탄환을 사용하여 그 화력의 세기를 심대하고 왕성하게 하여 반복하여 사격하는 번거로움이 생기지 않도록 교관은 능히 이러한 기회를 얻는데 힘써야 한다.

제415조 전선에서 위치를 바꾸는 운동을 마친 후에는 그 운동의 의거하여 각 개인의 사격의 상태를 검사하여 새롭게 한다. 또한 종대의 전면은 반복하여 오히려 목표를 획득하고 적병에 따라서 목표의 크고 작음, 멀고 가까움에 따라 비스듬히 사격한다. 사격의 효력을 미리 예측하여 사격의 속도를 결정한다. 병사는 실제의 지형을 잘 알고 익혀서 목표의 탄착점에 주안을 두고 사격을 수정하도록 교육한다.

7) 제6교: 병합과 집합

제416조 둘 이상의 부대를 하나로 합치는 병합은 앞에서 기술한 요령에 따라 행한다. 분대장은 승리를 위하여 전투경계선상이나 혹은 그 전방의 가장 유리한 점을 골라 정하여 이 점을 전방에 배치하고, 이기기 위하여 후방에 안전하게 배치한다. 분대장은 전진과 방어 및 퇴각을 하거나 혹은 사격을 위해 정지와 방어정지를 활발하게 할 수 있게 분대는 가장 적합한 편성을 유지하도록 한다.

제417조 2개의 분대를 혼합 편성하여 운용시 이 운동을 여러 번 시행하여 모든 병사가 지휘관 가까이 하나로 합치는데 익숙하게 한다. 그런 다음에 짧은 시간 안에 하나로 뭉친다.

제418조 방어하는 기병은 병합이 불필요하다. 바싹 덤벼들어 마구 몰아치는 그러한 방어는 능히 득실을 곰곰이 생각하여 정한다. 기타의 장애물 혹은 막 돌격하여 지나고자 할 때에는 항상 발을 지면에 대고 엎드리는 것을 산병이 잘 이해하도록 한다

제419조 집합은 제1장에서 제시한 바와 같이 실시한다.

※ **일반보주(一般 補注)**

제420조　신병훈련교범은 오히려 다른 교범과 같이 최고로 정밀한 산개절차에 대해 연습을 마칠 수 있도록 열을 편성하여 운동의 절차를 실시한다. 열을 이래저래 바꿔서(反覆) 편성하고 운동의 절차를 최고로 정밀하게 행하는 목적은 병사로 하여금 규범이나 생활방식을 잃지 않도록 하여 병사 각자의 마음을 하나로 일치시켜서 순서와 군기를 준수하도록 하는데 있다.

※ **신병훈련교범 교수법 목차**

신병훈련교범은 다음의 규칙을 엄하게 지키는 것이 좋으며, 제대의 장(長)이 정하는 목차에 의해서 가르친다. 최초에는 연습장에서 병사의 훈련을 도모하며, 그 연습은 다음과 같이 하는 것이 좋다. 제1부의 시작 부분인 제2장의 제2교부터 다음 제1부의 나머지 부분에 이르기까지는 서로 동일하게 실시하고, 총검술과 함께 제2부 제1장의 제1교, 제2교, 제3교, 제4교를 간략하게 실시한다. 그 다음의 차례로는 사수의 자세를 실시하는데, 사격의 요령 및 조준술을 아울러 마치지 않으면 산병의 사격을 행하지 아니한다. 제2부의 제1장에 있는 제반 교리(제1교~제6교)를 마치지 않고는 제2장의 모든 교리(일반규칙~제6교)를 임의적으로 행할 수가 없고, 지형의 변화에 따라 교련을 시행하는 것이 좋다. 다만 이 교련은 연습장에서의 교련과 연계하여 연이어 실시한다. 교련을 처음으로 실시하는 신병은 맨손으로 하는 훈련(柔軟演習)을 우선적으로 먼저 시행하고, 또한 신병훈련교범의 제1부에 있는 여러 가지 학습과정을 모두 포함하여 반복 실시한다.

3. 체조교련

1) 기본 기술

◗ 가르치는 규칙과 절차의 구분

제1교: 팔 운동

제2교: 다리 운동

제3교: 팔다리 운동

제4교: 몸통운동과 다리 운동

제5교: 정면 혹은 측면으로 행진하여 몸통과 다리 운동

◗ 체조제대의 편성

체조제대의 편성은『보병조전』교범의 구성에 기재되어 있는 것과 같다. 분대는 8명에서 15명의 집단으로 간주하고, 대장(隊長) 1명을 주어 그로 하여금 그 집단을 맡도록 한다. 반소대장을 받아서 그 교관을 감시한다. 교관은 모든 병사가 서로 12센티미터 간격을 보존하여 1열로 이어지도록 한다. 만약 2열인 경우는 열마다 우에서 좌로 번호를 붙인다. 어쩔 수 없이 하는 연습을 할 경우, 몇 개의 열로 이루어진 제대 또한 번호를 붙인다.

※ 교관의 주의 사항

교관은 언어를 밝고 우렁차게 사용함으로써 병사가 이해하기 쉽도록 의지를 가지고 그러한 연습을 하도록 노력한다. 운동을 활발히 하도록 힘쓰고, 구령은 큰소리로 외쳐 행함으로써 우왕좌왕하는 혼란이 없도록 주의하는 것이 좋다. 만약 병사들 중에서 서투르고 잘 못하는 자가 있거나 혹은 태만하여 운동을 익히지 못하는 자가 있는 경우는, 그때그때 열 중에서 찾아내어 별도로 제대를 만들어서 엄밀하게 교련을 실시하도록 하는 것이 좋다.

통상 기본적인 술은 교관이 차렷 자세로 구령을 내려서 연습한 바대

로 실시한다. 동작을 구분하는 것에서부터 천천히 먼저 행하고, 병사로 하여금 그 순서를 명확하게 이해하도록 한다. 각 병사에게 처음에는 앞으로 나아가도록 명령하고 움직임을 빠르게 하며 또 큰 소리로 동작을 외치는 것이 좋다. 이렇게 소리를 외쳐서 명령대로 이행하는 여러 번의 연습 중에서 작게 외치는 것이 그중의 절반이고, 나머지 절반은 동작을 멈추거나 끊이지 않고 계속하기 위해 운동을 행하도록 명령을 내린다.

멈춤과 멈춤의 명령, 움직임을 멈추도록 직접 내리는 명령은 총을 가지고 있지 않은 병사의 자세를 위한 것이다. 운동중인 병사들 중 1~2명이 오류가 있어서 바르지 못한 경우는 연습을 종료하고 그러한 후에 바로 잡은 다음에 휴식을 하는 것이 좋다.

만약에 제1교의 교육 내용 중 절반을 마치지 않으면 휴식을 주지 아니한다. 또 그 움직임이 가지런하지 못하는 경우가 많을 때에는 반복하여 실시한다. 명령을 받으면 마땅히 손바닥을 쥐고 움직이는 것이 좋다. 4개의 손가락을 닫아 주먹을 쥔 상태에서 엄지손가락은 가운데 손가락 위에 위치시켜 견고하게 쥐도록 한다. 어쩔 수 없이 내리는 명령은 모든 운동을 활발하게 실시하는 근원이 된다.

◗ 간격의 늘림

• 간격을 크게 벌리는 요령

2열로 정돈하여 제대를 구분할 경우, 교관이 우에서 좌로 간격을 늘리고자 하면 앞의 열로 하여금 3보의 거리를 취하도록 하여 다음과 같이 구령한다.

하나, 우에서 좌로 구진(具儘)

둘, 우에서 좌로 크게 벌려(右左大間隔)

셋, 가(進)

넷, 바로(直)

두 번째 구령('우에서 좌로 크게 벌려')에 따라 각 병사는 정면으로 향하고 오른손은 오른쪽에 있는 병사의 왼손바닥을 잡을 정도로 벌린다. 세 번째 구령('가')에 따라 각 병사는 머리를 동일하게 조금 오른쪽에서 왼쪽 방향으로 돌리고 그 방향으로 빠르게 간격을 벌리고 나서 팔을 쭉 펴서 양팔을 수평하게 한다. 정돈을 위해 모든 손가락을 오므려 오른쪽에서부터 왼쪽으로 인접한 병사의 좌우 손가락 위로 조금은 아래로 늘어뜨린다. 왼쪽부터 늘리도록 하고 오른쪽 늘리는 것은 동일한 방법으로 실시한다. 네 번째 구령('바로')에 따라 총을 쥐고 있지 않은 병사의 자세는 두 손을 힘차게 아래로 내림과 동시에 머리는 똑바로 유지한다.

• 간격을 작게 벌리는 요령

크게 벌린 간격에서 간격을 작게 벌리도록 명령하면, 각 병사는 간격을 작게 벌리는 것이 좋다. 그 늘림은 반대 방향의 팔꿈치를 구부려 좌우의 손가락을 오른쪽에서 왼쪽으로 인접한 병사의 좌우 어깨의 솔기 위에 위치시킨다. 기타사항은 크게 벌리는 요령과 같다. 이처럼 간격을 작게 벌리는 것은 구분된 제대의 인원이 많을 경우에 마땅히 실시한다.

◗ 간격의 줄임

• 간격을 줄이는 요령

오와의 간격이 벌린 상태에서 줄이고자 하면, 다음과 같이 구령하여 뒤 열을 줄인다.

하나, 우에서 좌로 좁혀(右左閉)

둘, 가(進)

두 번째 구령('가')에 따라 우에서 좌로 향하고, 각 오는 뜀걸음으로 제시된 방향을 향해 정면으로 간격을 줄이고 우에서 좌로 정돈한다.

2) 제1교: 팔 운동

◗ 제1연습: 팔을 굽히는 법

① 차렷 ② 시작 ③ 곧바로 ④ 그만(止) 이 네 가지 구령에 따라 각각 모든 동작을 연습하고 이하 기록은 생략한다.

제1동작

팔꿈치를 몸에 붙여서 앞의 팔을 구부린다. 주먹으로 어깨의 움푹한 곳 아래 주변 심장 부위를 서로 마주 보게 하여 두드린다.

제2동작

팔꿈치는 몸에서부터 띄우지 않고, 앞의 팔은 전방으로 내리고, 주먹으로 바깥쪽 넓적다리를 두드린다.

◗ 제2연습: 팔을 펴서 위아래로 하는 방법(1단 2동)

제1동작

팔을 구부리지 않고 곧게 펴서 머리 위로 올린다. 손톱은 주먹 안쪽에 있도록 하여 서로 마주 보게 한다.

제2동작

팔을 구부리지 않고 전방으로 내리며 주먹으로 바깥쪽 넓적다리를 두드린다.

◗ 제3연습: 팔을 굽혀서 상하로 둥근 모양을 하는 방법(1단 3동)

제1동작

주먹을 안쪽 방향으로 돌려서 정강이와 한족 눈(眇)의 위쪽을 스치게 하여 팔의 앞으로 가슴과 겨드랑이 아래를 두드린다.

제2동작

팔을 펴서 머리 위로 하고, 손톱은 주먹의 안쪽에 오도록 하여 서로 마주보게 한다.

제3동작

주먹을 바깥쪽 방향으로 돌려 팔을 펴고 좌우가 원형을 이루도록 만든 다음 내리고 주먹으로 바깥쪽 넓적다리를 두드린다.

◗ 제4연습: 팔을 굽혀서 위아래로 하는 방법(1단 4동)

제1동작/제2동작

제3연습의 제1동작과 제2동작과 동일하다.

제3동작

팔꿈치를 굽히지 않고 주먹을 귀와 마주하도록 내려서 어깨 위로 내린다.

제4동작

주먹을 몸통의 정강이 측면에 스치도록 내리고 손등은 전방을 향하도록 한다.

◗ 제5연습: 주먹으로 가슴을 두드리는 방법(1단 2동)

제1동작

팔꿈치를 몸에 붙여 오른 주먹으로 왼쪽 가슴의 윗부분을 두드린다.

제2동작

오른 팔을 내려서 바깥쪽 넓적다리에 멈추고, 왼 주먹으로 오른쪽 가슴의 윗부분을 두드린다.

◗ 제6연습: 팔을 움직여서 평평하게 하는 방법(1단 1동)

먼저 양팔을 전방으로 내밀어 수평하게 한다. 손톱을 안쪽으로 하여 주먹을 마주 보게 한다.

제1동작

팔꿈치를 몸에 붙이고 뒤로 당겨서 구부린다. 가슴부분을 펴고 또한 빠르게 양팔을 전방으로 펴서 실제로는 2개 동작을 실시한다.

◗ 제7연습: 구부린 팔을 폈다가 구부리는 방법(1단 4동)

제1동작

제3연습의 제1동작과 동일하다.

제2동작

팔을 앞으로 수평하게 펴서 손톱을 안쪽으로 하여 주먹을 마주보게 한다. 머리와 몸은 전방으로 기울이도록 힘쓴다.

제3동작

앞 팔은 구부리고, 주먹은 마땅히 가슴 심장부에 위치하여 마주 보게 한다. 팔꿈치를 붙여서 겨드랑이 아래로 하는 동시에 몸은 뒤로 기울인다.

제4동작

팔꿈치를 몸에서 띄우지 않고 앞 팔을 앞으로 내린다. 주먹으로 바깥쪽 넓적다리를 두드리는 동시에 몸을 일으킨다.

◗ 제8연습: 구부린 팔을 펴서 벌리는 방법(1단 4동)

제1동작/제2동작

제7연습의 제1동작, 제2동작과 동일하다.

제3동작

좌우로 팔을 벌려 어깨 위로하여 손톱은 위로(즉 손등을 위로: 역자 주) 향하면서 몸통은 뒤쪽으로 젖혀서 눕힌다.

제4동작

주먹을 뒤집어 팔을 펴고 조금 아래로 내리면서 바깥쪽 넓적다리를 두드리는 동시에 몸을 일으킨다.

◗ 제9연습: 굽혀진 팔을 위로 펴는 방법(1단 5동)

제1동작/제2동작

제4연습의 제1동작과 제2동작과 동일하다.

제3동작

좌우로 팔을 벌려 어깨 위로하여 손톱은 위로 향한다.

제4동작

팔꿈치를 구부려 주먹을 마주 보게 하여 귀에서 어깨 위로 한다.

제5동작

제4연습의 제4동작과 동일하다.

◗ 제10연습: 굽은 팔을 펴서 위로 하는 방법(1단 5동)

제1동작

제9연습 제1동작과 동일하다.

제2동작

좌우로 팔을 벌려서 어깨 높이로 하여 손톱이 위로 가게 한다.

제3동작

팔을 머리 위로 곧바르게 펴서 손톱을 안쪽으로 가게 주먹을 쥐어 서로 마주 보게 한다.

제4동작

제4연습 제4동작과 동일하다.

◗ 제11연습: 굽은 팔을 좌우로 펴는 법(1단 4동)

제1동작/제2동작

제10연습의 제1 및 제2동작과 동일하다.

제3동작/제4동작

제9연습의 제4 및 제5동작과 동일하다.

◗ 제12연습: 앞뒤로 몸을 굽히기(1단 2동)

먼저 발끝을 붙이게 한다.

제1동작

무릎을 구부리지 않고 상체를 전방으로 구부린다. 두 손은 손가락이 먼저 땅에 닿도록 하고 손바닥은 몸 쪽을 향하도록 한다.

제2동작

두 팔을 펴서 몸을 조금 일으켜 세운다. 이와 함께 머리를 뒤쪽으로 젖힌다. 손가락을 시선 뒤쪽 위로 하여 손바닥을 쥐고 팔꿈치를 뒤로 당겨서 손목의 손목뼈(腕骨)를 맥박 부위 위에 위치시켜서 몸에 붙인다.

3) 제2교: 다리 운동

◗ 제1연습: 다리를 굽히는 방법(1단 2동)

이 연습은 발과 걸음걸이의 속도나 모양과 병행하여 실시한다.

① 차렷(氣着)

이 제2교를 실시하는 중 각 병사는 손을 허리뼈 위에 위치시키고, 또한 제6연습, 제9연습과 제12연습은 왼발부터 실시한다.

② 시작(進)

③ 곧바로(直)

④ 그만(止)

이 4개 구령의 각 연습은 모두 동일한 명령으로 이하 내용은 생략하여 기록하지 않았다. 걸음걸이의 속도나 모양과 병행하여 실시한다.

제1동작

왼발의 정강이를 뒤로 구부려서 팔을 두드리는 것처럼 발꿈치 위를 힘껏 두드린다. 무릎에서부터 그 위는 움직이지 않는다.

제2동작

왼발의 발바닥은 원래에 있던 곳으로 내린다. 오른발도 같은 방법으로 행한다.

빠른 걸음의 속도로 움직일 때 실시하는 제1동작과 제2동작의 병족 걸음걸이는, 제1동작은 왼발로 실시하고 제2동작은 왼발로 하는 것과 동일한 방법 오른발로 실시한다.

◗ 제2연습: 정강이와 함께 다리를 구부리는 법

이 연습은 병족과 빠른 걸음걸이의 속도로 실시한다.

제1동작

왼발의 넓적다리와 함께 무릎을 위로 올려 정강이를 수직으로 자연스럽게 내린다. 발끝은 약간 바깥으로 향하고 몸의 상체는 허리뼈 위에 위치시킨다.

제2동작

왼발바닥은 원래 있던 곳으로 내린다. 오른발도 같은 방법으로 행한다.

빠른 걸음의 속도로 움직일 때 실시하는 제1동작과 제2동작의 병족걸음걸이는, 제1동작은 왼발로 실시하고 제2동작은 왼발로 하는 것과 동일한 방법 오른발로 실시한다.

◗ 제3연습: 달리는 발의 정강이를 구부리는 법과 넓적다리와 정강이를 함께 구부리는 법(1단 2동)

이 연습은 구보의 걸음속도로 제1연습과 제2연습을 실시한다.

◗ 제4연습: 왼쪽 무릎을 앞으로 구부렸다가 펴는 법(1단 3동)

제1동작

제2연습의 제1동작과 동일하다.

제2동작

몸통을 뒤로 젖힘과 동시에 정강이를 앞으로 펴고 발끝은 수평을 유지한다.

제3동작

무릎을 구부리지 않고 발바닥을 원래의 위치로 내림과 동시에 몸통을 일으킨다.

◗ 제5연습: 오른쪽 무릎을 앞으로 구부렸다가 펴는 법(1단 3동)

제4연습과 동일하다. 다만 오른발로 이를 행한다.

◗ 제6연습: 좌우의 무릎을 구부렸다가 펴는 법(1단 6동)

이 연습은 제4연습과 제5연습을 합쳐서 실시한다.

◗ 제7연습: 왼쪽 무릎을 구부렸다가 왼쪽으로 펴는 법(1단 3동)

제1동작

왼쪽 무릎을 왼쪽 방향으로 구부려 발바닥(蹠)을 오른쪽 무릎의 안쪽에 닿는 것 같이 한다.

제2동작

정강이를 왼쪽 방향으로 펴서 수평하게 한다. 발끝은 왼쪽 몸 우측으로 기울인다.

제3동작

무릎을 구부리지 않고 발바닥은 원래 위치에 내리며 몸통을 일으킨다.

◗ 제8연습: 오른쪽 무릎을 구부렸다 오른쪽으로 펴는 법(1단 3동)

제7연습과 동일한 방법으로 하고 다만 오른 발에 대해 실시한다.

◗ 제9연습: 좌우측 무릎을 구부렸다 펴는 법

이 연습은 제7연습과 제8연습을 합쳐서 실시한다.

◗ 제10연습: 왼쪽 다리를 왼쪽으로 벌리는 법(1단 2동)

제1동작

왼쪽 발을 충분히 앞으로 내딛는다. 우측의 구부린 무릎은 정강이를 향하고, 오른쪽으로 수직하게 우측 무릎을 펴서 몸의 상체가 같은 방향을 향하게 한다.

제2동작

왼쪽 무릎을 펴서 몸을 일으키고 원래의 자리에 왼발바닥을 끌어당겨 정면을 향한다.

◗ 제11연습: 오른쪽 다리를 오른쪽으로 벌리는 법(1단 2동)

제11연습과 동일하며 다만 오른발에 대해 실시한다.

◗ 제12연습: 좌우의 다리를 좌우로 벌리는 법(1단 4동)

이 연습은 제10연습과 제11연습을 합쳐서 실시한다.

4) 제3교: 팔다리 운동

◗ 제1연습: 다리와 함께 팔을 오른쪽으로 벌리는 법(1단 3동)

① 차렷(氣着)

이 제3교를 실시하는 중에는 주먹을 쥐고 또한 제5연습부터 그 이하는 주먹을 쥠과 동시에 발끝을 모은다.

② 시작(進)

③ 곧바로(直)

④ 그만(止)

이 4개 구령의 각 연습은 모두 동일한 명령으로서 이하 내용은 생략하여 기록하지 않았다.

제1동작

오른 주먹을 안쪽으로 돌려서 넓적다리와 한쪽 눈의 위쪽을 스치게 한다. 팔의 앞부분으로 가슴과 겨드랑이 아래 부분을 두드린다.

제2동작

오른발을 충분하게 앞으로 내딛고 우측을 구부린다. 좌측 무릎을 펴고 우측 팔을 머리 위로 한다. 심장 위부분과 몸의 윗부분을 곧바로 세워서 주먹에 집중한다. 좌측 팔은 몸에서 조금 이격한다.

제3동작

우측 무릎을 펴서 몸을 일으켜 세우고 우측 발바닥은 원래의 자리로 당긴다. 주먹을 아래로 내려서 넓적다리 바깥부분을 두드린다.

◗ 제2연습: 다리와 함께 팔을 왼쪽으로 벌리는 법(1단 3동)

제1연습과 동일하고 다만 왼쪽을 실시한다.

◗ 제3연습: 팔과 다리를 좌우측으로 벌리는 법(1단 6동)

이 연습은 제1연습과 제2연습을 합쳐서 오른쪽과 왼쪽을 실시한다.

◗ 제4연습: 정강이와 넓적다리를 구부려 좌우의 주먹으로 가슴을 두드리는 법(1단 2동)

제1동작

몸에 팔꿈치를 붙여서 오른팔 주먹으로 왼쪽 가슴 위를 두드림과 동시에왼쪽 넓적다리와 왼 무릎을 수평하게 위로 올린다.

제2동작

오른 팔을 아래로 내려서 넓적다리 바깥을 두드린다. 왼쪽 발바닥을 원래의 위치에 놓음과 동시에 왼팔 주먹으로 오른쪽 가슴 위를 두드리고, 오른쪽 넓적다리와 오른 무릎을 수평하게 위로 올린다.

◗ 제5연습: 무릎을 구부리고 팔을 앞으로 펴는 법(1단 3동)

제1동작

무릎을 구부려 지면으로부터 발꿈치를 높이 든다. 발끝으로 몸의 체중을 지탱하고 팔을 자연스럽게 아래로 내린다.

제2동작

몸통을 일으켜 세워 두 팔을 앞으로 수평하게 내민다. 손톱을 안쪽으로 하여 주먹을 서로 마주보게 한다.

제3동작

팔을 구부리지 않고 아래로 내려 주먹으로 넓적다리 바깥을 두드린다.

◗ 제6연습: 무릎을 구부리고 팔을 펴서 올렸다 내리는 법(1단 3동)

제1동작

제5연습의 제1동작과 동일하다.

제2동작

몸통을 일으켜 세우고 팔을 굽히지 않은 상태로 머리 위로 곧게 펴서 손톱을 안쪽으로 하여 주먹을 마주보게 한다.

제3동작

제1교의 제2연습 제2동작을 실시한다.

◗ 제7연습: 무릎을 구부리고 굽은 팔을 둥글게 올렸다 내리는 법(1단 4동)

제1동작

제6연습의 제1동작과 동일하다.

제2동작

몸을 일으켜 세우고 주먹을 안쪽 방향으로 돌려서 넓적다리와 한쪽의 눈 위에 스치도록 하고 앞의 팔로 가슴과 함께 겨드랑이 아래쪽을 두드린다.

제3동작/제4동작

제1교 제3연습의 제2동작(팔을 펴서 머리 위로 하고, 손톱은 주먹의 안쪽에 오도록 하여 서로 마주보게 한다)과 제3동작(주먹을 바깥쪽 방향으로 돌려 팔을 펴고 좌우가 원형을 이루도록 만든 다음 내리고 주먹으로 바깥쪽 넓적다리를 두드린다)을 실시한다.

◗ 제8연습: 무릎을 구부려 굽은 팔을 올렸다 내리는 법(1단 5동)

제1동작/제2동작

제7연습의 제1동작과 제2동작과 동일하다.

제3동작/제4동작/제5동작

제1교 제4연습의 제2동작과 제3동작 및 제4동작을 실시한다.

◗ 제9연습: 무릎을 구부려 굽은 팔을 폈다가 구부리는 법(1단 5동)

제1동작/제2동작

제8연습의 제1동작과 제2동작과 동일하다.

제3동작/제4동작/제5동작

제1교 제7연습의 제2동작과 제3동작 및 제4동작을 실시한다.

◗ 제10연습: 무릎을 구부려 굽은 팔을 펴서 벌리는 법(1단 5동)

제1동작/제2동작

제9연습의 제1동작과 제2동작과 동일하다.

제3동작/제4동작/제5동작

제1교 제8연습의 제2동작과 제3동작 및 제4동작을 실시한다.

◗ 제11연습: 무릎을 구부려 굽은 팔을 좌우로 펴는 법(1단 5동)

제1동작/제2동작

제10연습의 제1동작과 제2동작과 동일하다.

제3동작/제4동작/제5동작

제1교 제11연습의 제2동작과 제3동작 및 제4동작을 실시한다.

◗ 제12연습: 무릎을 구부려 굽은 팔을 둥근 모양으로 내리는 법 (1단 4동)

제1동작/제2동작/제3동작

제10연습의 제1동작과 제2동작 및 제3동작과 동일하다.

제4동작

팔을 머리위에서 둥글게 그리며 아래로 내린다. 주먹으로 넓적다리 바깥을 두드린다.

5) 제4교: 팔뚝과 다리 운동

◗ 제1연습: 몸통을 좌우로 돌리는 법(1단 2동)

① 차렷(氣着)

이 제4교의 내용 실시하는 중 제1연습과 제2연습 및 제3연습 시에는 각 병사가 손을 허리뼈 위에 위치시키고, 제1연습 및 제2연습은 오른쪽 다리를 통상 40센티미터 우측으로 벌림과 동시에 실시한다. 제4연습부터 그 이하의 연습에서는 손을 허리뼈 위에 위치시키지 않고 주먹을 쥐고 마지막 동작에 이르면 상체를 똑바로 세운다.

② 시작(進)

③ 곧바로(直)

④ 그만(止)

이 4개 구령의 각 연습은 모두 동일한 명령으로서 이하 내용은 생략하여 기록하지 않았다.

제1동작

발끝의 방향은 변하지 않고 두 다리를 회전하여 상체가 오른쪽 방향으로 향하게 한다.

제2동작

위와 같은 방법으로 하되 좌측 방향으로 회전한다.

◗ 제2연습: 좌우로 몸통을 굽히는 법(1단 2동)

제1동작

상체를 우측으로 기울여 두 다리를 굽히지 않고 몸의 상부를 허리뼈 위에 의탁한다.

제2동작

위와 같은 방법으로 하되 좌측으로 기울인다.

◗ 제3연습: 좌측 넓적다리 위로 몸통을 숙이는 법(1단 2동)

제1동작

왼발을 전방으로 내밀어 구부린다. 우측 무릎은 펴고 상체를 앞으로 수그린다. 가슴부위를 넓적다리에 붙인다.

제2동작

몸통을 일으켜 뒤쪽으로 젖힌다. 좌측 무릎은 펴고 우측 무릎은 조금 구부린다.

◗ 제4연습: 우측 넓적다리 위로 몸통을 숙여 팔을 구부리는 법(1단 3동)

제1동작

오른발을 전방으로 내밀어 구부린다. 좌측 무릎은 펴고 상체를 앞으로 수그린다. 주먹을 쥐어 공중에서 지면에 닿을 듯이 팔을 편다.

제2동작

몸통을 일으켜 뒤쪽으로 젖힌다. 우측 무릎은 조금 펴고, 좌측 무릎은 구부린다. 팔의 앞부분을 구부려서 주먹으로 어깨의 우묵한 곳 아래 근처를 두드린다. 이때 주먹의 맥박부위는 서로 마주보게 한다.

제3동작

제1교 제1연습의 제2동작을 실시한다.

◗ 제5연습: 좌측 넓적다리 위로 몸통을 숙여 팔을 펴서 올렸다 내리는 법(1단 3동)

제1동작

제4연습의 제1동작과 동일하다. 다만 왼발에 대해 실시한다.

제2동작

몸통을 일으켜 뒤쪽으로 젖힌다. 좌측 무릎은 조금 구부리고, 우측 무릎은 구부리지 않는다. 팔을 머리위로 곧게 편다. 손톱을 안쪽 방향으로 하여 주먹을 서로 마주보게 한다.

제3동작

제1교 제2연습의 제2동작을 실시한다.

◗ 제6연습: 우측 넓적다리 위로 몸통을 숙여 굽힌 팔을 올렸다 내리는 법(1단 4동)

제1동작

제4연습의 제1동작과 동일하다.

제2동작

몸통을 일으켜 뒤쪽으로 젖힌다. 주먹을 안쪽 방향으로 돌려서 넓적다리와 한쪽의 눈 위를 스치게 한다. 팔의 앞부분으로 겨드랑이 아래와 함께 가슴을 두드린다.

제3동작/제4동작

제1교 제3연습의 제2동작과 제3동작을 실시한다.

◗ 제7연습: 좌측 넓적다리 위로 몸통을 숙여 굽힌 팔을 올렸다 내리는 법(1단 5동)

제1동작/제2동작

제6연습 제1동작과 제2동작과 동일하다. 다만 왼발에 대해 실시한다.

제3동작/제4동작/제5동작

제1교 제4연습의 제2동작, 제3동작, 제4동작을 실시한다.

◗ 제8연습: 우측 넓적다리 위로 몸통을 숙여 굽은 팔을 폈다가 구부리는 법(1단 5동)

제1동작/제2동작

제6연습의 제1동작과 제2동작과 동일하다.

제3동작/제4동작/제5동작

제1교 제7연습의 제2동작, 제3동작, 제4동작을 실시한다.

◗ 제9연습: 좌측 넓적다리 위로 몸통을 숙여 팔을 펴서 벌리는 법(1단 5동)

제1동작/제2동작

제7연습의 제1동작과 제2동작과 동일하다.

제3동작/제4동작/제5동작

제1교 제8연습의 제2동작, 제3동작, 제4동작을 실시한다.

◗ 제10연습: 우측 넓적다리 위로 몸통을 숙여 팔을 위로 벌리는 법(1단 6동)

제1동작/제2동작

제8연습의 제1동작과 제2동작과 동일하다.

제3동작/제4동작/제5동작/제6동작

제1교 제9연습의 제2동작, 제3동작, 제4동작, 제5동작을 실시한다.

◗ 제11연습: 좌측 넓적다리 위로 몸통을 숙여 팔을 위로 벌리는 법 (1단 6동)

제1동작/제2동작

제9연습의 제1동작과 제2동작과 동일하다.

제3동작/제4동작/제5동작/제6동작

제1교 제10연습의 제2동작, 제3동작, 제4동작, 제5동작을 실시한다.

◗ 제12연습: 우측 넓적다리 위로 몸통을 숙여 팔을 원모양으로 돌리는 법(1단 2동)

제1동작

제10연습 제1동작과 동일하다.

제2동작

몸통을 일으켜 팔을 펴서 머리위로 올려 좌우로 원모양을 만들어 뒤로 돌린다. 주먹으로 넓적다리 바깥을 두드린다.

6) 제5교: 정면 혹은 측면으로 행진하여 실시하는 팔뚝과 다리의 운동

이 제5교는 제1교의 제1연습부터 제11연습까지와 제4교 제3연습부터 제12연습까지 실시하는 데 그 동작을 정지 간에 함께 실시한다. 앞으로 나아가기 위해서 두 다리는 넓게 벌린다.

(제3책 제5권 끝)

기병 신병 및 포병 신병의 교련

(제4책 제6권)

Ⅵ

기병 신병 및 포병 신병의 교련

1. 기병 신병의 교련

가. 제1교

◗ 제1장

이 교련은 모든 말과 무기의 훈련을 가지런히 하는 데 있고, 또한 말의 모든 걸음속도를 연습하여 교련을 익숙하게 함으로써 스스로 기마병이 될 수 있게 만드는 것을 목적으로 한다. 그래서 그 성공 여부는 오로지 교관[170]에 의한 교련에 달려 있다. 첫날은 신병으로 하여금 말 위에서 자세를 만들게 하고 순서에 따라서 그 기본을 습득하는 훈련을 하는데 우선적으로 말을 유도하여 제어하는 기술을 주로 가르치는 것이 좋다. 이 교련을 위하여 승마 신병의 규칙을 적절하게 잘 실시해야 한다. 교관은 먼저 신병의 말 탄 자세를 지켜보고 또 나란히 선 말의 두 발의 진정상태를 살펴보고 나서 마구간에 있는 말을 나오도록 하여 비로소 연습을 시작하는 것이 옳다. 그 세력이 강성해지면 연습을 마치게 한다. 또 두 발을 나란히 하는 모든 연습은 이 병족과 더불어 여러 차례의 빠른 걸음의 말 발자국을 먼저 경험하게 하는 것이 좋다. 승마의 견고함을 보고난 연후에 이어서 다른 제반 운동과 직선 변환 운동 등으로 전환한다. 연습의 방향은 병사의 민첩함과 말의 우수한 상태 등을 고려하여 계획한다.

170) 원문에서는 교사(教師)로 표기함(역자 주)

◗ 제2장

기병의 휴식을 위해 교관은 다음과 같이 구령한다.

쉬어(休)

'쉬어'라는 구령에 기병은 움직이지 않는 자세를 지킬 필요가 있다. 교관은 특별히 처음부터 수시로 휴식을 하도록 하는 것이 좋다. 또 그 휴식시간에 이미 가르친 사항에 대해 기병에게 질문을 한다. 마땅히 반복하여 다시 운동하고자 하면 교관은 다음과 같이 구령한다.

차렷(氣着)

'차렷'이라고 구령하면, 기병은 운동 자세를 취하는데 집중한다.

※ 제1교 제1부의 포함 사항

말의 유도, 승마전 기병의 자세 만들기, 말에 오르기, 승마기병의 자세 만들기, 말머리를 좌우로 하기, 말고삐 늘이기, 말고삐 줄이기, 왼손으로 열십자 모양으로 고삐를 쥐는 법, 양손으로 고삐를 잡는 법, 오른손으로 열십자 모양으로 고삐를 쥐는 법, 고삐의 조작, 양쪽 고삐와 두 다리의 조작, 행진, 멈춰서기, 정지 간 우측으로 돌기 혹은 좌측으로 돌기, 정지 간 우측 등 뒤로 회전 혹은 좌측 등 뒤로 회전, 정지 간 우측으로 1/4 혹은 좌측으로 1/4 회전, 물러서기와 제자리에 머물러 서 있기, 말에서 내리기, 열과 오의 해산

※ 제1교 제2부의 포함사항

오른손 혹은 왼손 앞으로 하여 행진, 행진 중 오른쪽 혹은 왼쪽으로 회전, 제자리에 머물러 선 상태에서 다시 앞으로 나아가기, 두 발을 나란히 서 있다가 빠르게 걷다가 다시 나란하게 서기, 말고삐의 조작과 변환, 행진 중에 좌우로 말고삐를 쥐는 법과 양쪽 손으로 나누는 법, 행진 중 기병 1명을 우로 혹은 좌로 회전하기, 정면행진 중 기병 1명을 좌측 뒤로 혹은 우측 뒤로 회전하기, 종대 행진간 기병 1명을 좌측 등 뒤로 혹은 우

측 등 뒤로 회전하기

1) 제1교 제1부: 제3장 ~ 제31장

◗ 제3장

이 제1부에서 매번 조교 1명을 두는 데, 이것은 쉽게 이해(會得)를 위한 것으로 통상 교련의 초기 교관 1명은 이 훈련의 규칙을 지킨다. 기병은 4명을 넘지 않도록 하여 한 줄로 3미터 간격으로 일정하게 늘어놓으며, 특별히 구분하기 위해 깃발을 세워 설치한다. 기병은 약식 복장과 모자를 갖추고 장화(長沓)[171]와 박차(拍車)[172]를 착용하며, 말안장에 딸린 여러 가지 기구를 설치하여 줄을 긴 말고삐에 묶어서 안장의 뒤쪽에 있는 둥글게 생긴 쇠고리(輪環)[173]에 붙여서 길게 늘어뜨린다. 이것은 채찍을 한군데로 묶기 위한 것이다.

※ 덧붙임

이 교련의 문서 중에서 중복을 피하기 위한 것이다. 그러므로 승마 혹은 하마 등의 동작은 무기의 휴대와 2열 편제의 연습이 대체적으로 좋다. 이 제1교 제1부는 교관의 지도가 불필요한 부분이다. 또 무기를 사용하지 않는 자는 여러 가지 제반 연습을 생략할 필요가 있다. 이하의 제반 교육 내용은 적합하게 게시하여 교육내용 이외의 사항은 매번 일정하게 한다. 아래의 두 종류의 글자체는 식별을 위해 구분하여 기재하기 위함이다.

가) 말의 유도

◗ 제4장

기병은 말을 유도하기 위하여 2개의 말고삐를 말의 편평한 목을 따

---

171) 장화(長靴: 목이 긴 구두나 가죽신)의 誤記로 보임. 제4책 제6권 포병신병교련의 제1조 내용에는 '長靴'로 표기하고 있음(역자 주)

172) 말을 탈 때 신는 신의 뒤축에 댄 쇠로 만든 물건, 그 끝에 톱니바퀴가 달려 있어 말의 배를 툭툭 차서 아프게 하여 말을 빨리 달리게 하는 기구임(역자 주)

173) 둥근 쇠고리(圓環)(역자 주)

라 내려가도록 한다. 그 고삐의 끄트머리를 안장의 뒤편 좌측 둥근 쇠고리에 끼운다. 오른손으로 2개의 고삐를 잡고 높이 들어 올려 말이 높이 뛰어오르지 않게 한다. 이렇게 고삐를 잡는 법은 말의 입과 입 사이를 16센티미터 정도 되게 한다. 만약 기병이 무기를 휴대하고 있을 경우 칼은 갈고리에 걸어두는 것이 좋다.

※ 창병부대(槍隊)

창을 가지고 있는 기병은 그 끝단 1미터의 3분의 2 부분을 잡고, 엄지를 펴서 창의 자루를 따라 내려가도록 하고, 집게손가락과 나머지 손가락으로 창 손잡이를 쥔다. 창의 끝부분(石突)[174]은 지면과 5센티미터 간격을 두고 드는 것이 좋다. 말을 길들이는 조마장(調馬場)[175]에 도착하면 칼은 갈고리에서 벗겨 꺼내고, 창은 왼발 옆에 세운다.

나) 승마전 기병의 자세 만들기

◗ 제5장

기병은 말의 좌측에 서서 오른손으로 그 말의 위턱과 아래턱의 선과 마주하는 2개의 말고삐를 잡는다. 손톱을 말의 입까지 아래로 내려 16센티미터를 이격한다. 기병은 말의 양쪽 발꿈치를 3미터가 되게 한 줄에 위치하고, 발끝은 정각(正角)[176]으로 약간 좁게 벌린다. 무릎을 펴서 체중을 상체에 두고 약간 앞으로 숙인다. 또 양 어깨는 펴고, 왼손을 겨드랑이 아래로 늘어뜨린다. 손바닥은 조금 바깥을 향하고 새끼손가락은 넓적다리의 재봉선에 끌어당겨 붙이고, 얼굴은 정면으로 곧바르게 향한다. 만약 기병이 무기를 휴대하고 있을 경우 오른손은 즉시 칼을 아래로 늘어뜨리고, 창은 왼손으로 잡는다. 손은 가슴의 옷깃까지 높이 들고 팔의 앞부분은 창의 자루를 따라 내려가도록 하여 창의 끝부분을 왼발과 3센

---

174) (창 자루 · 지팡이 따위의) 물미. 물미는 깃대나 창대 따위의 끝에 끼우는 끝이 뾰족한 쇠로 깃대나 창대 따위를 땅에 꽂거나 잘 버티게 하는 데에 쓴다.(역자 주)

175) 말을 길들이는 훈련장(역자 주)

176) 정각은 곧 양각(시계 반대방향으로 돌아서 생긴 각)이며, 반대는 음각(陰角)(역자 주)

티미터 거리의 지면 위치하도록 곧게 세운다.

다) 승마

◗ 제6장

교관은 다음과 같이 구령을 내린다.

승마준비(用意): 2절 2동(二節終二動)

이 제1절의 구령에 이어 각 열의 제1호 기병과 제3호 기병은 먼저 왼발부터 6보(4미터) 전방으로 이동하여 그 간격을 유지한다. 창의 끝부분은 지면에서 5센티미터를 들어 올린다.

제2절의 제1동작

기병은 우측 발꿈치를 뒤에 있는 좌측 발꿈치와 8센티미터 차이를 두고 거리를 띄운 다음 곧바로 두 발꿈치를 우측 방향으로 끌어당겨 135도 각도로 회전한 후에 오른발을 앞으로 위치시켜 오른쪽의 말고삐를 놓는다. 다만 왼쪽의 말고삐를 오른손의 안쪽으로 늘린다. 기병의 우측은 말의 옆구리 살찐 부분의 우측 발꿈치에 마주하여 의지한 다음 곧바로 뒤의 오른 발꿈치와 8센티미터의 거리를 띄운다. 오른손으로 말고삐의 위쪽 끝부분을 잡고 뒤쪽의 쇠고리의 위쪽에 위치시킨다. 창은 왼발의 측방에 세운다.

제2절의 제2동작

오른발의 삼분의 일을 등자에 집어넣은 상태에서 등자를 말의 어깨에 바짝 붙인다. 오른손은 손톱을 세우고, 왼손을 펴서 그 말의 갈기를 쥐고 두 개의 말고삐를 넘긴다. 그 말갈기는 새끼손가락의 측면을 먼저 내민다. 이때 창은 손 안에 둔다.

올라 타(承): 2절

제1절: 오른 발로 그 말갈기를 세게 끌어 당겨서 위를 자르고 또 오른손으로는 말안장을 눌러서 말안장이 비스듬하게 도는 것을 막아 몸이 똑바로 설 수 있도록 유지한다.

제2절: 오른발을 펴서 말의 엉덩이 부분에 넘겨 닿게 하여 말안장에 앉은 자세의 몸이 흔들리지 않게 한다. 오른손은 고삐를 놓고 왼손은 들어서 손바닥을 눌러서 총을 넣는 주머니 위에 위치시킨다. 모든 손가락은 바깥 방향으로 향하고 다시 양손으로 고삐를 잡고, 오른발을 먼저 등자에 넣어 신는다. 권총은 곧 옆구리에 부착하여 아래로 늘어뜨린다.

※ 창병부대(槍隊)

오른손으로 창을 잡고 왼손으로는 고비를 놓는다. 창은 곧바로 말의 머리를 넘어 높이 들고, 창을 내려 창의 끝부분이 들어가도록 하여 오른손으로 잡고 옷깃을 세운다.

※ 열 바꾸기

이 마지막 절의 구령에 따라 즉시 각 열의 제1호 기병과 제3호 기병은 고삐를 잡은 손을 들어 올리고 말발굽으로 차는 것을 방지하기 위해 양다리를 바짝 붙인다. 각 열의 제2호 기병과 제4호 기병은 제1호와 제3호 기병의 오와 오 사이로 조용히 들어온다. 제1열과 제2열은 앞뒤의 거리를 1미터의 3분의 2정도 이격하여 선다.

◗ 제7장: 창 세우기

교관이 승마하여 명령을 내릴 때에는 중간중간 그 남은 시간 정도를 헤아려서 기병이 등자에 올라 정면에 똑바로 멈춰 서있게 한다. 기병과 마주하고 있는 교관은 말의 안장 위에 가만히 앉아서 오른손으로 고삐를 들어올린다. 기병과 마주하고 있는 교관은 열십자 형태의 등자를 말의 목 부분 위로 들어 올려서 오른쪽을 아래로 하고 왼쪽은 위로 한다.

라) 승마 기병의 자세 취하기

◗ 제8장

엉덩이의 꽁무니를 말의 안장 위에 위치시켜 안장 앞으로 앉는다. 두 다리의 안쪽 면을 자연스럽게 말의 안장에 붙이고 두 다리는 자연스럽게 아래로 늘어뜨린다. 두 손은 양쪽의 고삐를 잡고, 엄지손가락은 고삐 위에 펴고, 두 주먹 사이는 16센티미터 되게 한다. 나머지 손가락은 모두 두 손이 서로 마주하도록 하여 고삐의 위 끝단에 놓는다. 엉덩이는 안장 위에 편안하게 위치한다. 이것이 기병형식(騎兵體制)의 기본이다. 몸의 전체 무게는 신체를 정면을 향해 똑바로 유지하도록 유념한다. 머리를 수직으로 곧바르게 하지 않으면 이내 상체는 기울어진 자세가 된다. 양쪽 어깨를 돌리게 되면 상체 또한 움직이게 된다. 이것이 바로 기병 자신의 움직임이다.

마) 말머리를 좌우로 하기

◗ 제9장

그때그때마다 빙빙 돌거나 돌리는 것은 각자 자기만의 절차에 따른다.

바) 말고삐 늘이기

◗ 제10장

교관은 다음과 같이 명령을 내린다.

좌우로 고삐를 늘려(左右韁伸) :1절 2동

이렇게 구령을 마치면, 주먹은 필히 양쪽 모두 정면으로 곧바르게 하고, 오른손의 엄지손가락과 집게손가락으로 왼쪽의 고삐를 잡는다.

제2동작

고삐 부분을 잡고 있는 왼손은 절반 정도를 벌려서 손가락을 오므린다. 두 주먹은 다시 원래의 자리로 위치한다.

사) 말고삐 줄이기

◗ 제11장

교관은 다음과 같이 명령을 내린다.

말고삐 줄여(韁之短縮)[177]

이렇게 구령을 마치면, 주먹은 필히 양쪽 모두 정면으로 곧바르게 하고, 오른손의 엄지손가락과 집게손가락으로 왼쪽의 고삐를 잡는다.

제2동작

왼손을 절반 정도 벌리고 위로 끌어 당겨서 고삐를 놓는다. 다시 한 번 왼손을 오므려서 원래의 위치로 복귀한다. 늘어난 오른쪽 고삐를 줄인다. 왼쪽 고삐도 이와 동일하게 한다. 다만 반대의 방법으로 실시한다.

아) 왼손으로 열십자(十字) 모양의 고삐를 잡는 법

◗ 제12장

교관은 다음과 같이 명령을 내린다.

왼쪽 고삐 잡아(執左韁): 1절

이렇게 구령을 마치면, 왼 주먹을 몸의 중앙에 이르게 하여 반쯤 정도 벌려 우측의 고삐를 중앙으로 모은다. 오른손은 옆구리 아래쪽으로 수직하게 내린다.

자) 양손으로 고삐를 잡는 법

◗ 제13장

교관은 다음과 같이 명령을 내린다.

---

177) 원문에는 이 명령이 누락되어 있으나 번역자가 추가함

고삐 분리(分韁): 1절

이렇게 구령을 마치면, 왼손은 반쯤 정도 벌려서 오른쪽 고삐를 잡는다. 고삐는 왼손에서 16센티미터 이격하고 다시 원래대로 위치시킨다.

차) 오른손으로 열십자 모양의 고삐를 잡는 법

◗ 제14장

교관은 다음과 같이 명령을 내린다.

오른쪽 고삐 잡아(執右韁): 1절

이 명령에 의한 고삐의 조작은 제12장에 기록된 방법과 반대로 한다. 이 조작을 쉽게 이해하도록 교관은 이를 가르치고 지도한다.

타) 고삐의 조작

◗ 제15장

말의 움직임에 따른 여러 종류의 고삐조작과 머물러 서있는 상태에서의 고삐조작을 실시하고 그 조작은 두 다리의 조작 등을 점차적으로 실시할 필요가 있다. 고삐의 조작은 항상 손을 유연하게 하도록 하고, 이와 관련하여 그 어깨와 주먹의 움직임을 단련하고 숙달하도록 한다.

카) 두 다리의 조작

◗ 제16장

두 다리는 말의 앞으로 내밀어 좌우로 돌린다. 그 다음에는 살찐 부위를 누른 후 그 말의 강약에 따라서 그 조작의 완급을 조절한다. 이 조작은 마땅히 두 다리를 굽히고 무릎을 곧게 펴서 위로 올리는 것이다. 또 일렬로 벌려 이 조작을 할 때 말이 처음부터 의도한 대로 잘 따르게 되면 천천히 질주하는 것이다.

하) 양쪽 고삐와 두 다리의 조작

◗ 제17장

두 주먹을 조금 들어 올리고 또한 두 다리는 말의 몸에 바짝 붙여서 점차 오므린다. 오른쪽의 고삐를 벌리고 오른쪽 다리로 말을 눌러서 오른쪽으로 회전한다. 왼쪽의 고삐를 벌리고 왼쪽 다리로 말을 눌러서 왼쪽으로 회전한다. 두 주먹을 조금 아래로 내려서 말이 스스로 앞으로 가도록 하고 두 다리로 함께 말을 압박하여 말의 전진을 재촉한다.

거) 앞으로 나아감

◗ 제18장

교관은 다음과 같이 명령을 내린다.

제1령: 기병 앞으로(騎兵前)
제2령: 가(進)

제1령: 말의 몸에 바짝 오므리기 위하여 두 주먹을 조금 들고 두 다리는 말에 바짝 붙인다.

제2령: 두 손을 조금 아래로 내려 각각의 고삐를 느슨하게 하여 말의 강약에 따라 두 다리의 압박하는 크기와 빠르기의 정도를 조절한다. 말이 처음부터 의도한 대로 잘 따르면 점차 그 조작을 멈춘다.

◗ 제19장

동령이 하달되어 말이 몸을 움츠리면, 기병은 제2령의 여러 가지 움직임 중에서 때로는 지나치게 빠르거나 혹은 지나치게 느리게 된다. 만약 움직이도록 명령을 받게 되어 두 주먹을 아래로 내릴 경우는 저절로 말이 앞으로 나가게 되는 법이다.

너) 제자리에 멈춰서기

◗ 제20장

기병이 몇 보를 세어 앞으로 나간 후 교관은 다음과 같이 명령을 내린다.

제1령: 기병(騎兵)
제2령: 멈춰(止)

제1령: 말의 걸음속도와 보폭을 마땅히 점점 줄임으로써 또다시 말의 몸을 움츠리도록 한다.

제2령: 상체를 펴서 말고삐를 그대로 유지하는 동시에 그 다음에 두 손을 들고 두 다리에 힘을 주어 눌러서 그 말을 제자리에 멈춰 세운다. 뒤로 물러서기 위하여 말이 처음부터 의도한대로 잘 따르면 즉시 두 주먹과 두 다리는 다시 앞으로 두고, 말이 의도한 대로 잘 따르지 않으면 즉시 그 닿는 느낌에 따라서 오른쪽이나 왼쪽의 고삐를 서로 엇갈리게 잡아당긴다.

◗ 제21장

기병은 두 넓적다리와 두 다리를 세게 눌러야 한다. 말을 제자리에 멈춰 서게 하는 것이 어려운 일이라고 생각하여 만약 양쪽의 고삐를 잡아당기면 이로 인하여 두 다리에 힘을 주게 되어 말은 반드시 정면을 향해 똑바로 제자리 멈춰 서게 된다. 기병은 있는 힘을 다하여 양쪽의 고삐를 함께 당기거나 이어서 그 다음에도 당기면, 뒤로 물러나는 방법처럼 말이 스스로 빠르게 제자리에 머물게 된다.

더) 정지간 우로 혹은 좌로 돌기

◗ 제22장

교관은 다음과 같이 명령을 내린다.

제1령: 기병 우(좌)로(一騎兵 右(左))

제2령: 가(進)

제3령: 멈춰(止)

제1령: 말의 몸을 오므린다.

제2령: 오른쪽 고삐를 벌린 다음에 오른쪽 다리를 누른다. 또한 원 모양으로 3미터 사이를 좁게 급히 나가 원호 형태로 그어서 이 운동을 마친다. 오른쪽 고삐와 오른쪽 다리의 움직임을 줄이고, 왼쪽 고삐와 왼쪽 다리를 움직여서 이 운동을 종료한다.

제3령: 두 주먹을 조금 들어 올리고 또 두 다리를 눌러서 새로운 방향의 지점에 멈춰 서게 하고 두 주먹은 그 다음 다시 앞으로 위치한다.

◗ 제23장

앞에서 기술한 원호 형태로 그리는 것처럼 이 운동이 잘못되지 않도록 바로 잡는다. 좁게 급히 앞으로 나가는 방법인 이 운동을 마칠 경우는 마땅히 오른쪽 고삐와 오른쪽 다리의 움직임을 줄이고, 왼쪽 고삐와 왼쪽 다리의 움직임을 사용한다. 이에 따라 말은 곧 오른쪽을 향하여 지난다.

러) 정지간 우측 등 뒤로 회전 혹은 좌측 등 뒤로 회전

◗ 제24장

교관은 다음과 같이 명령을 내린다.

제1령: 기병 반바퀴 돌아(一騎兵 半輪)

제2령: 가(進)

제3령: 멈춰(止)

이 운동을 할 때에는 등 뒤쪽(背面)을 향해 6미터 간격으로 원호 모양을 그리며 우회전 혹은 좌회전을 한다.

◗ 제25장

기병의 정밀한 운동은 제22장과 제24장에서 기술한 내용을 이해한다. 교관은 말의 어깨를 좇아 가르치고 지도하여 원호모양의 형태에서 제시한 운동방법을 따른다.

머) 정지간 우로 1/4 혹은 좌로 1/4 회전

◗ 제26장

교관은 다음과 같이 명령을 내린다.

빗겨 우(좌)로(斜右(左))

제1령: 말의 몸을 오므린다.

제2령: 오른쪽 고삐를 조금 벌리고 오른쪽 다리를 눌러서 오른쪽으로 1/4 정도 회전함과 동시에 왼쪽의 고삐와 다리를 움직이기 위해 비스듬한 방향의 각도를 똑바로 지킨다.

제3령: 두 주먹을 조금 들어 올리고 두 다리는 말에 바짝 붙여서 제자리에 멈춰 서있는 말을 1/4 방향으로 하여 양쪽의 고삐와 두 다리를 점점 앞으로 다시 위치시킨다. 교관은 제2령을 하달한 후 곧바로 제3령을 하달한다. 말이 스스로 움직일 때에 비스듬한 각도를 이해하고 깨닫도록 말에게 일러준다. 나머지 세부적인 사항은 좀 더 자세하게 말로 풀어서 밝힐 필요가 있다.

◗ 제27장

제22장, 제24장과 제26장에서 기술한 자세한 내용과 마찬가지로 오른쪽으로 움직인 후 왼쪽으로 도는 것을 실시하며 이어서 반대로 오른쪽으로 회전하는 방법을 실시한다.

버) 뒤로 물러서기와 제자리에 머물러 서기(退却及駐立)

◗ 제28장

교관은 다음과 같이 명령을 내린다.

제1령: 기병 뒤로(騎兵後), 제2령: 가(進),
제3령: 기병(騎兵), 제4령: 멈춰(止)

제1령: 말의 몸을 오므린다.

제2령: 몸을 견고하게 하고 두 주먹을 높게 들어 올린다. 거듭하여 두 다리를 눌러서 말이 처음부터 의도한 대로 잘 따르면 점차 주먹을 내린다. 혹은 말을 제자리에 느슨하게 멈추도록 두 주먹을 위로 들어 올린다.

제3령: 말을 제자리에 멈춰 서게 준비하는 명령이다.

제4령: 이어서 두 주먹을 아래로 내리고 두 다리를 말에 바짝 붙여 말이 제자리에 멈춰 서도록 한다. 말이 처음부터 의도한 대로 잘 따르면 두 주먹과 두 다리를 다시 앞으로 위치한다.

◗ 제29장

기병의 앉은 자세가 견고하지 못할 경우는 말의 움직임으로 인하여 몸이 기울어지는 자세가 된다.

서) 말에서 내리기

◗ 제30장

교관은 우선 양쪽의 등자를 잘 조절하고 다음과 같이 명령을 내린다.

하마 준비(下馬用意): 2절

제1령: 제1열의 제1호와 제3호는 6보(6미터) 앞으로 나아가고, 제2열의 제2호와 제4호는 4보(4미터) 뒤로 물러나서 그 간격을 유지한다. 각 열에 있는 모든 병사는 모두가 우측을 기준으로 하여 오른쪽 고삐를 왼손 상단으로 옮기고 엄지손가락을 측면으로 내민다.

※ 창병부대(槍隊)

오른 손을 들어 올려 창을 수평으로 곧게 뺀다. 고삐의 사이에서부터 말의 목 윗부분을 넘겨서 지면 위로 던진다. 앞의 1절과 같이 창끝 부분을 힘차게 지면 위로 던져서 말의 우측 앞발 1미터의 1/3 사이에 위치하고 곧바로 왼손으로 옮긴다. 오른손으로 왼손의 엄지손가락에 바짝 붙인다. 양쪽 고삐의 윗부분을 잡고 오른 주먹은 다시 총의 윗부분에 위치시킨다. 오른쪽 등자를 벗는다. 왼손으로 말갈기를 잡고 고삐의 위를 잡는다. 손에서 창을 놓지 않는다.

하마(下馬): 2절 2동

제1령: 왼쪽의 등자 속에 발을 넣고 오른쪽 다리는 말의 엉덩이와 좌측의 넓적다리를 닿게 넘겨서 말의 우측의 넓적다리에 붙여서 몸의 균형을 유지하는 동시에 오른손으로는 고삐를 안장의 뒤쪽으로 위치를 옮긴다.

제2절: 발을 세차게 움직여서 지면 위로 던져 몸을 똑바로 유지한다. 양쪽의 고삐는 한 선에 나란하게 위치시킨다. 왼손은 말갈기를 잡은 곳에 놓는다. 오른손으로 고삐의 윗부분을 잡아 뒤쪽의 왼쪽 쇠고리에 끼워 넣고 곧바로 왼쪽 고삐를 잡는다. 창은 항상 가슴 옷깃의 앞쪽에 높게 잡는다.

제2동작: 좌측방향으로 왼발을 2보 나가고, 왼쪽 고삐를 오른손에 옮겨서 말의 입과 16센티미터 거리를 둔다. 말에 오르기 전의 몸의 자세와 같이 양쪽의 고삐를 쥔다. 교관은 제7장(승마)에 기재된 바와 같이 아주 정밀하게 수행하도록 명령을 내리는 사람이다.

어) 열중 양쪽 고삐를 되돌려 놓기

이 구령을 마치면 각 열의 제1호 기병과 제3호 기병은 말이 발굽을 차는 것을 방지하기 위해 오른손을 조금 위로 올린다. 제2호 기병과 제4호 기병은 차분하고 조용히 창의 끝부분을 지면으로부터 5센티미터 간격을 띄운 후 제5장에 기재한 바와 같이[178] 다시 지면 위에 위치시킨다.

저) 열과 오의 흩어짐

◗ 제31장

교관은 다음과 같이 명령을 내린다.

제1령: 우(좌)로 흩어져(右(左)列散)
제2령: 가(進)

제1령: 칼을 낚아서 걸고 두 손으로 빰의 자물쇠(鎖)를 벗기고 다시 오른손으로 양쪽 고삐를 쥔다. 왼손은 옆구리 알로 수직하게 내린다. 창병부대는 곧바로 왼손으로 창을 어깨위의 오목하게 들어간 곳에다 멘다. 칼을 낚아 걸고 두 손으로 빰의 자물쇠를 벗기고 제4장에 기재한 바와 마찬가지로 왼손은 창을 쥐고 다시 오른손으로 양쪽 고삐를 쥔다.

제2령: 각 열의 우측 기병은 전진하기 위하여 4보 앞으로 나아가서 새로운 방향으로 우회전한다. 말이 높이 뛰어오르는 것을 예방하기 위해 주먹을 견고하게 위로 들어 고삐를 잡는다. 각 열의 모든 기병은 차례차례로 동일하게 운동한다. 다만 앞의 기병을 보고 4보 전진한 후에 운동을 시작한다. 좌측으로 열을 흩어지게 하는 방법도 동일하다.

2) 제1교 제2부: 제32장 ~ 제48장

◗ 제32장

제2부의 연습은 곧 기병 8명을 서로 마주보게 쌍방을 하나의 선에 배치한다. 쌍방의 간격은 3미터로 교관은 즉시 승마 후 열십자의 등자를 신는다. 오장 2명 혹은 숙련된 병사 2명을 열의 좌우 선두에 배치한다. 다만 이 2명은 먼저 등자를 신는다.

178) "창의 끝부분을 왼발과 3센티미터 거리의 지면 위치하도록 곧게 세운다." (역자 주)

가) 오른손 혹은 왼손을 앞으로 하여 행진

◗ 제33장

교관은 다음과 같이 명령을 내린다.

제1령: 기병 한 명 우(좌)로(一騎右(左))

제2령: 가(進)

제3령: 양쪽 고삐를 앞으로 보내(前兩韁進)

제1령 / 제2령: 정지하고 있는 모든 병사는 제22장(정지간 좌(우)로 돌기)에 기재된 것과 같이 좌우로 회전을 실시한다.

제3령: 이 구령을 마치면 두 주먹을 아래로 내린다. 또한 두 다리는 말을 누른다. 선두의 병사를 따라서 똑바로 전진한다. 선두의 기병이 먼저 새로운 목적지로 우회전하면 곧 기타의 모든 기병이 선두의 기병을 뒤따른다. 오른손을 앞으로 하여 하는 행진(右手前行進)은 말 머리가 앞말의 넓적다리 뒤와 1미터의 2/3 거리를 가리켜 세운다.

◗ 제34장

기병의 우측이 조마장의 안쪽을 마주 보는 것을 오른손을 앞으로 하여 하는 행진이라 하고, 기병의 좌측이 조마장의 중앙 쪽과 마주 보는 것을 왼손을 앞으로 하여 하는 행진이라 한다.

◗ 제35장

교관은 모든 기병의 발자국의 측면을 따라서 달린다. 모든 기병이 통과하면 그 기병의 자세를 정밀하게 개인별로 각각에 대해 가르치고 지도하여 쉽게 깨닫고 알도록 하는 것이 더욱 요구된다.

나) 행진중 오른쪽 혹은 왼쪽으로 회전

◗ 제36장

모든 기병은 선두의 기병을 좇아 조마장의 모퉁이에 도달하면, 행진간에 우회전 혹은 좌회전을 한다. 이렇게 회전을 할 때에 교관은 기병의 앞과 바깥쪽 어깨를 말의 제반 움직임에 따라 안쪽으로 굽히도록 하여 잘 조화가 이루어지게 한다.

다) 제자리에 멈춰 서 있다가 다시 행진하기

◗ 제37장

모든 기병이 조마장의 세로 길이 방향(長側)[179]에 도달하면 교관은 다음과 같이 명령을 내린다.

제1령: 기병 앞으로(騎兵前), 제2령: 멈춰(止)

모든 기병은 제20장(제자리에 멈춰서기)에 기재한 바와 같이 제자리에 멈춰 선다. 다시 앞으로 나아가기 위해서는 다음과 같이 명령을 내린다.

제1령: 기병 앞으로(騎兵前), 제2령: 가(進)

◗ 제38장

교관은 모든 기병의 훈련을 숙달하기 위하여 여러 차례 제자리에 멈춰 세웠다가 다시 전진하도록 한다. 또 제자리에 멈춰 서 있을 때 그 기병의 상체가 앞으로 기울지는 않는지, 전진할 때 몸이 뒤로 기울지는 않는지 관찰하고 일깨워준다. 반드시 멈춰서 있는 동안 자세하게 교육하고 지도한다.

라) 병족에서 다시 조족으로 변환 및 조족에서 다시 병족으로 변환

◗ 제39장

모든 기병은 말의 움직임을 익히고 난 후에는 곧 빠른 말 걸음으로 바꾼다. 그러므로 조마장의 세로 길이 방향으로 종대 행진을 할 때 교관은 다음과 같이 명령을 내린다.

---

179) 세로의 길이 방향(長方), 짧은 방향 즉 가로 폭은 단측(短側) 혹은 단방(短方)(역자 주)

제1령: 빠른 걸음으로(早足), 제2령: 가(進)

제1령: 말의 몸을 수축하여 말의 걸음속도를 점점 빠르게 한다.

제2령: 말의 강약에 따라 두 주먹을 조금 아래로 내리고 두 다리로 말을 누른다. 말이 처음부터 의도한 대로 잘 따르면 두 주먹을 다시 이전의 위치로 하여 말의 걸음속도를 빠른 걸음으로 바꾼다.

◗ 제40장

빠른 걸음을 연습할 때 처음에는 교관은 점차 느슨하게 한다. 이것은 빠른 걸음을 위한 모든 기병을 깊이 생각하는 것이다. 그렇지 않으면 몸의 균형을 잃는다. 교관은 기병의 자세를 눈으로 관찰한다. 그렇지 않으면 제자리에 두 다리를 나란하게 멈춰 서 있지 못하게 된다.

◗ 제41장

조족(早足)에서 병족(并足)으로 변환하기 위해 교관은 다음과 같이 명령을 내린다.

제1령: 병족(并足), 제2령: 가(進)

제1령: 말의 몸을 수축하여 그 말의 걸음속도를 줄인다.

제2령: 그 다음 두 주먹을 들어 올려 말의 걸음속도를 병족으로 변환하고 또 말이 제자리에 멈추는 것을 막기 위해 두 다리는 말을 압박한다. 처음부터 말이 의도한 대로 잘 따르면 두 주먹과 두 다리는 이전의 자리에 위치한다.

마) 고삐 조작의 변환

◗ 제42장

모든 기병이 오른손을 앞으로 혹은 왼손을 앞으로 하여 한 두 번 행진할 때, 훈련장의 장측에 멈춰 서서 그 조작을 변환하기 위해 교관은 다음과 같이 명령을 내린다.

제1령: 우에서 좌로 돌아(回右左)
제2령: 앞으로 가(前進)

제1령: 선두의 병사는 우측으로 돈다.

제2령: 이 구령이 끝나면, 선두의 기병은 조마장의 중앙을 통과하여 정면으로 똑바로 전진하고, 곧 이어서 기타의 모든 기병이 정면으로 뒤를 따라 간다.

제1령: 좌에서 우로 돌아(廻左右)[180]
제2령: 앞으로 가(前進)

제1령: 선두의 병사는 좌측으로 돈다.

제2령: 이 구령이 끝나면 다시 말의 발자국은 정면으로 똑바로 행진하고, 이어서 기타의 모든 기병이 선두의 기병이 회전을 지점에 이르면 차례차례로 동일하게 회전운동을 하고 정면으로 똑바로 따라 간다. 이러한 고삐조작을 변환할 때 교관은 병족과 조족의 방법과 행진 중 왼손으로 고삐를 쥐거나 혹은 오른손으로 고삐를 쥐는 법과 두 손으로 나누는 법을 겸하여 실시한다.

◗ 제43장

모든 기병이 행진을 할 때, 교관은 제20장과 제23장 및 제28장에서 기재한 바와 같이 열십자나 양손으로 나누어 쥐는 법으로 고삐를 쥐게 한다. 이러한 조작방법으로 오로지 말을 움직이도록 하는데 열중하고, 두 다리를 말에 바짝 붙여 말의 속도를 줄인다. 양쪽의 고삐를 십자형으로 잡았을 때 오른쪽으로의 회전은 손을 우측 전방으로 조금 내밀고, 왼쪽으로의 회전은 손을 좌측전방으로 조금 내밀게 되는데 이때 손톱은 항상 아래로 향한다.

---

180) 원문에서 '回'자와 '廻'를 같은 뜻으로 혼용하고 있음(역자 주)

바) 행진 중 기병 1명이 우로 회전 혹은 좌로 회전하기

◗ 제44장

모든 기병이 종대 행진으로 훈련장의 장측 중앙에 이르면, 교관은 다음과 같이 명령을 내린다.

제1령: 기병 1명 우에서 좌로(一騎右左),
제2령: 가(進),
제3령: 앞으로 가(前進)

제1령: 말의 몸을 수축한다.

제2령: 각 기병은 행진간 우회전한다.

제3령: 이 구령이 끝나면, 각 기병은 정면으로 똑바르게 전진하고, 반대쪽 말의 발자국 2미터 지점에 도달했을 때 교관은 다음과 같이 명령을 내린다.

제1령: 기병 1명 좌에서 우로(一騎左右[181])
제2령: 가(進)
제3령: 앞으로 가(前進)

제1령: 말의 몸을 수축한다.

제2령: 각 병사는 행진간 좌회전(左回轉)[182]한다.

제3령: 이 구령이 끝나면, 말의 발자국은 다시 정면으로 똑바르게 전진하고, 교관은 모든 기병으로 하여금 이전의 차례대로 다시 운동한다.

사) 정면 행진 중 기병 1명이 좌측 등 뒤 혹은 우측 등 뒤로 회전하기

◗ 제45장

앞의 우회전에서와 같이 반대쪽의 말 발자국에 이르렀을 때, 교관은

181) 원문에는 '一騎右左'로 기재되어 있으나 내용으로 볼 때 오기로 보임(역자 주)

182) 원문에는 '右回轉'으로 기재되어 있으나 내용상으로 볼 때 '左回轉'을 잘못 기재한 것으로 보임(역자 주)

다음과 같이 명령을 내린다.

제1령: 기병 1명 반 우에서 좌로 반 바퀴 돌아(一騎半輪右左)

제2령: 가(進)

제3령: 앞으로 가(前進)

제1령: 말의 몸을 수축한다.

제2령: 각 기병은행진간 제24장에서 제시한 바와 같이 우측 등 뒤로 회전한다.

제3령: 이 구령이 끝나면, 각 기병은 정면으로 똑바르게 전진하고, 교관은 기병이 말 발자국 2미터 지점에 도달하면 즉시 앞으로 가도록 구령을 한 다음 1명의 기병을 반대의 발자국 위로 오른쪽 혹은 왼쪽으로 움직여 종대로 편성한다.

아) 종대 행진간기병 1명이 좌측 등 뒤 혹은 우측 등 뒤로 회전하기

◗ 제46장

종대 행진을 하는 기병의 선두에 있는 기병이 조마장의 장측 모퉁이에 도달시 교관은 다음과 같이 명령을 내린다.

제1령: 기병 1명 우에서 좌로 반 바퀴 돌아(一騎半輪右左)

제2령: 가(進), 제3령: 앞으로 가(前進)

제1령: 말의 몸을 수축한다.

제2령: 행진간 우측 등 뒤로 회전한다.

제3령: 이 구령이 끝나면, 모든 기병은 정면으로 똑바르게 행진하여 반대쪽 말의 발자국에 도착한다. 교관은 선두에게 큰 소리로 구령하고 모든 기병으로 하여금 이전의 순서에 따라 다시 반대의 운동을 실시하게 한다.

◗ 第47장

행진간 좌우회전과 좌우 뒤쪽으로의 회전운동을 실시하는 중에 모든 기병은 여러 종류의 말에 대해 이를 조작하는 훈련을 한다. 그러므로 교관은 이 운동을 병족으로 실시한다. 이때 모든 기병은 일반적인 행위를 취하는데 집중하여 각자의 움직임 멈추는 것 또한 아주 세밀한 주의가 필요하다. 기병이 오른손을 앞으로 하여 행진할 때, 교관은 우회전과 우측 뒤로 회전하거나 또 왼손을 앞으로 하여 행진할 때, 좌회전과 좌측 뒤로 회전을 위하여 모든 기병은 이 운동을 능숙하게 익힌다. 그 후에 손을 앞으로 하여 하는 우(좌)측 등 뒤로 회전과 우(좌)회전은 발자국을 따라 가는 행진을 한 번 더 거듭하는 것일 뿐 앞에서 제시한 말고삐 조작의 변환과는 다른 것이다.

◗ 第48장

잠깐의 휴식을 위해 교관은 모든 기병을 조마장 장측의 중앙에 도달했을 때 우회전 혹은 좌회전하여 발자국의 바깥에 멈춰 서게 한 후 좌회전이나 우회전을 다시 시작한다. 연습에 따라 교관은 모든 기병이 등자를 풀고 말에서 내려 열과 오를 해산하도록 한다.

나. 第2교

※ 第2교 第1부 포함 사항

박차, 오른손 혹은 왼손 앞으로 하여 행진, 병족에서 조족으로 변환과 조족에서 병족으로 변환, 조마장 가로길이 방향으로 직선변환, 조마장 세로 길이 방향으로 직선변환, 각자 빗겨 직선 변환, 원형 행진, 원형 행진중 고삐 조작의 변환

※ 제2교 제1부 포함 사항

등자[183]의 장단, 등자를 오른 후 두 다리의 자세, 행진 중 기병 1명을 우로 혹은 좌로 회전하기, 모든 기병이 정면행진 시 좌측 뒤로 혹은 우측 뒤로 회전하기, 모든 기병이 종대 행진 시 좌측 뒤로 혹은 우측 뒤로 회전하기, 종대 선두 끝부분에 있는 모든 기병의 순차 변환, 제자리에 서서 빠르게 걷기, 빠르게 걷다가 제자리에 서기, 빠른 걸음을 빠른 타조의 뜀걸음으로 변환과 빠른 타조의 뜀걸음을 빠른 걸음으로 변환, 빠른 걸음에서 뜀걸음으로 변환, 말머리를 담벼락 벽면 좌로 혹은 우로 횡보, 종대 우로 횡보 혹은 종대 좌로 횡보

◗ 제49장

모든 기병은 제반 연습을 위해 2열로 편성한다. 선두와 끝에 오장이 위치하거나 숙련된 병사를 그 선두에 둔다. 이 교련을 실시할 때 교관은 모든 기병의 말을 날마다 교환한다. 이것은 모든 말에 대해 움직임을 훈련시키기 위한 것이다.

◗ 제50장

휴식하는 중에 교관은 명령을 하달하는데 이것은 모든 기병이 날쌔게 내리고 날쌔게 올라타기 위한 것이다. 모든 기병이 날쌔게 내리는 것은 제30장(말에서 내리기)에 기재한 바와 같다. 왼손으로 양쪽의 고삐와 말의 머리털을 잡고 주먹을 굳게 쥐어 후려친다. 오른손은 안장의 앞 쪽의 수레에 놓고 몸을 일으켜 세워 오른쪽 넓적다리를 말의 왼쪽 옆구리로 옮긴다. 이를 유지한 채로 몸을 조금 뒤로 한 후에 조용히 말에서 지면 위로 내린다. 날쌔게 올라타는 것은 왼손으로 머리털을 잡아 후려치고, 오른손으로 양쪽의 고삐를 잡고 안장의 앞 쪽 쇠고리에 놓고 두 손을 신속하게 들어올린다. 이 자세를 유지한 채 몸을 안정시켜 안장 위에 앉는다.

---

183) 등자(鐙子)는 말을 타고 앉아 두 발로 디디게 되어 있는 물건. 안장에 달아 말의 양쪽 옆구리로 늘어뜨린다.(역자 주)

◗ 제51장

행진 간에 교관은 자주 잠깐 동안 쉬는데 이것은 급한 걸음을 한 후 그 말을 안정시키기 위한 것이다. 또한 기병의 굳은 자세를 풀기 위한 것이다. 그러므로 행진 간 잠깐 쉬는 것은 단지 휴식자세를 취한 상태에서 거리와 걸음의 속도를 보존하는 것이다 또한 양쪽 선두의 기병은 항상 정면을 향해 똑바로 행진해야 한다. 이 교련 중의 각종 운동은 오른손을 앞으로 하여 실시한다. 다시 왼손을 앞으로 하여 실시하는 방법은 단지 좌우가 반대로 바뀔 뿐이다. 교관은 곧 각종 연습을 오른손을 앞으로 하는 연습과 왼손을 앞으로 하는 연습 등 여러 과정으로 나눈다.

1) 제2교 제1부: 제52장 ~제68장

◗ 제52장

기병의 인원은 12명에서 16명으로 이 연습을 한다. 복장은 마구간 옷(廏衣), 약식 모자와 장화를 착용하고, 박차를 착용한다. 모든 기병은 2열로 배치하고 열과 열 사이는 6보 즉 일렬로 벌려 6미터의 간격이고 오와 오 사이는 1미터의 1/3이다. 오장은 앞에서와 같이 동일한 거리의 각 열 선두에 배치한다. 2열 편성이 기본이다. 교관은 제6장(승마)에서 기술한 바와 마찬가지로 곧 각 열의 기병을 4명의 기병 단위로 셈하여 말위의 등자에 오르게 한다.

가) 박차(拍車)

◗ 제53장

교관은 기병에게 박차의 조작과 효과에 대해 알려준다. 또한 말이 의도대로 잘 따르지 않을 때 두 다리를 조작하는 요령과 이어서 박차의 용도, 박차의 보조 기구, 드물게 사용되는 형틀기구의 용도에 대해 알려준다. 그래서 말이 기병의 의도대로 따르지 않을 때 즉시 강하게 사용할 기회를 놓치지 않도록 한다. 박차의 사용 방법은 상체와 몸통(中體)[184] 및 주먹을 움직이지 않고 양쪽의 넓적다리와 무릎과 양쪽의 장딴지를 말의 몸에 바짝 붙인다. 그 발끝을 조금 바깥으로 향하고, 그 주먹을 조금 아래로 내려서 박차를 말의 복대(腹帶)의 뒤를 강하게 누른다. 다만 이때 몸의 균형 상태를 조금도 잃지 않도록 해야 할 필요가 있다. 박차의 원래 용도는 말이 기병의 의도대로 따르지 않을 때 말이 머뭇거리며 망설이지 않도록 누르는 것으로, 말이 기병의 의도대로 잘 따르면 점차 두 손과 두 다리의 조작을 멈춘다. 기병이 사용하는 이 박차의 사용방법은 양쪽의 고삐의 고착여부를 비교하고 헤아려 박차를 사용한다. 그렇지 않으면 박차의 효과는 상반되므로 반드시 말의 진퇴와 기병의 박차 사용은 적절하게 잘 해야 한다.

◗ 제54장

모든 기병을 조마장으로 유도하기 위해 교관은 다음과 같이 명령한다.

제1령: 우(좌)로 연결(聯右(左)), 제2령: 가(進)

제1령: 말의 몸을 수축한다.

제2령: 각 열의 우익의 기병은 우회전을 하여 앞으로 직진한다. 제2열의 기병도 동일하게 움직여 1보 즉 1미터의 간격을 유지한다. 제1열의 기병은 둘이 함께 간다. 기타의 모든 기병은 똑같이 움직여선두의 기병 따라 우회전을 하고 정면으로 뒤따라간다.

나) 오른손 혹은 왼손 앞으로 하여 행진

◗ 제55장

기병을 조마장으로 행진을 유도하여 조마장 장측의 중앙에 이미 각 열의 선두가 도착하면 교관은 다음과 같이 명령을 내린다.

184) 어깨에서 아랫배까지의 신체 부위(역자 주)

제1령: 좌우로 돌아(廻左右)

제2령: 앞으로 가(前進)

이 제1구령이 끝나면 제1열 선두의 기병은 좌회전을 하고, 제2열 선두의 기병은 우회전을 하여 모두 새로운 방향으로 전진한다. 각 열 선두기병의 발자국이 2보앞에 도달했을 때 교관은 다음과 같이 명령을 내린다.

제1령: 우로 돌아(廻右)

제2령: 앞으로 가(前進)

이 제1구령이 끝나면 각 열 선두의 기병은 우회전을 하고, 제2열 선두의 기병은 우회전을 하여 새로운 직선 방향을 향하여 오른손을 앞으로 정면전진을 한다. 종대 중 간격은 앞말의 엉덩이와 뒷말의 머리 사이를 1미터에 1/3미터를 추가한 거리로 산정하여 넓게 벌린다. 각 열 선두의 기병은 자신의 말의 걸음속도를 정함과 동시에 조마장의 반대쪽 모퉁이에 이르게 한다. 따라서 제2열 선두의 기병은 항상 제1열 선두의 기병이 말이 걷는 속도를 느리고 빠르게 조절하는 것에 대비한다. 교관은 항상 모든 기병의 자세를 유지하고, 말 스스로 같은 빠르기로 행진하도록 두루두루 바로잡는다. 각 기병이 한 방향으로 행진하기 위해 그 앞의 기병은 항상 자신의 말이 똑바로 행진하도록 하고 서로 거리를 유지하도록 한다. 만약 거리를 지나치게 정하여 걸음의 속도를 잃게 되면 즉시 바르게 회복하는 것에 대해 특별히 관심을 가져야 한다.

◗ 제56장

말의 머리와 끝은 한 방향으로 똑바로 행진한다. 기병이 오른손을 앞으로 하여 행진을 할 때, 만약 그 말의 어깨가 우측으로 나오면 곧바로 왼쪽 고삐를 조금 벌리고 오른 다리에 힘을 주어 누른다. 만약 말의 엉덩이부분이 오른쪽으로 열리면 오른 다리를 말에 바짝 붙이고 왼쪽 고삐를 만진다. 만약 말의 발자국이 조마장의 안쪽 방향으로 벌어지면, 기병은 고삐를 바깥쪽으로 벌리고, 안쪽의 다리를 눌러서 이를 원래의 발자국으로 되돌린다.

◗ 제57장

조마장의 모퉁이를 통과하면 교관은 제36장(행진중 오른쪽 혹은 왼쪽으로 회전)에 기술한 바와 같이 우회전 혹은 좌회전의 조작을 특별히 지시한다. 그러므로 모퉁이에 도달하면 반드시 말의 몸을 수축시킨다. 모퉁이의 오른쪽을 통과하는 중 우회전 운동을 실시한다. 그러므로 회전을 위해 요구된 모퉁이 담벼락 울타리의 통과는 앞의 기병의 조작에 따라 모든 기병은 회전하는 장소까지 도달한다. 각자가 양쪽의 고삐와 두 다리를 조작하여 우회전 혹은 좌회전을 한다.

다) 병족에서 조족으로 변환과 조족에서 병족으로 변환

◗ 제58장

모든 기병이 조마장의 장측으로 종대 행진을 할 때 교관은 조족으로 변환시킨다. 병족에서 조족으로 변환은 느린 걸음을 급한 걸음으로 변환하는 것과 같이 항상 차례를 따라 조금씩 걸음걸이의 속도를 안정되게 변환한다. 모든 기병이 장측 방향으로 빠른 걸음의 종대 행진을 할 때, 교관은 병족으로 변환시킨다. 조족에서 병족으로의 변환은 차례를 따라 조금씩 걸음의 속도를 옮긴다.

라) 조마장(調馬場) 가로 길이 방향(短方)으로 직선변환

◗ 제59장

교관이 조마장의 짧은 쪽을 사용할 때 고삐의 조작을 변환한다. 이 직선변환을 한 종대의 끝부분에 있는 기병은 이 운동을 위해 서로서로 발을 지면에 댄다. 이 직선변환의 방법은 곧 종대의 끝에 있는 기병이 제자리에 멈춰 서서 걸음의 속도를 줄여 모두 같은 속도로 보조를 맞추어 행진하는 것이다. 또 선두의 기병은 두 손과 두 다리를 충분히 조작하여 보행속도를 단축하여 회전한다.

마) 조마장 세로 길이 방향(長方)으로 직선변환

◗ 第60장

이 직선변환은 앞에서 기재한 변환방법으로 실시한다. 다만 그 선두의 기병이 조마장의 모퉁이를 통과할 때 교관은 다음과 같이 명령을 내린다.

제1령: 돌아(廻)

선두의 기병이 조마장 짧은 쪽의 중앙 3보 즉 3미터 지점에 도달하면 교관은 다음과 같이 명령을 내린다.

제2령: 우(좌)로(右左)
제3령: 앞으로 가(前進)

이렇게 명령하면, 선두의 기병은 즉시 우회전을 하고, 각 열의 기병은 종대로 말의 발자국 위를 서로 닿도록 하여 행진한다.

제1령: 좌우로 돌아(廻左右)[185]
제2령: 앞으로 가(前進)

◗ 第61장

선두의 기병이 2번째 모퉁이를 지나쳐서 조마장의 장측을 행진할 때, 직선변환을 위해 비스듬하게 행진을 하려면 교관은 다음과 같이 명령을 한다.

제1령: 우(좌)로 돌아(廻右(左))[186]
제2령: 앞으로 가(前進)

제1령이 끝나면, 선두의 기병은 오른쪽으로 절반을 회전한다.

---

185) 원문에 이 제1령과 제2령에 대한 설명 내용은 없다.(역자 주)

186) 원문에는 '廻右左'로 기재됨(역자 주)

제2령이 끝나면, 그때의 방향은 조마장을 마주보고 비스듬하게 가는 방향으로 똑바로 행진한다. 각 종대는 서로 왼쪽 방향으로 통과하고 선두의 기병이 앞의 발자국에 이르렀을 때 다음의 구령과 같이 발자국 위를 다시 행진한다.

제1령: 좌우로 돌아(廻左右)
제2령: 앞으로 가(前進)

기타의 모든 기병은 선두기병이 회전한 지점에 도달하면, 축차적으로 같은 조작을 따라한다. 교관은 곧 선두의 기병을 좌로 반 회전 혹은 우로 반 회전을 하도록 하고 그 때를 놓치지 않고 전진하도록 명령을 내린다.

바) 각자 비스듬히 직선으로 변환

◗ 제62장

교관은 기병으로 하여금 조마장의 장측에서 이 직선변환을 하도록 하고, 직선변환을 한 그 선두의 기병이 조마장의 단측 중앙을 향하여 일직선으로 행진할 때 교관은 다음과 같이 명령을 내린다.

제1령: 종대로(縱隊), 제2령: 멈춰(止)

이 제1령에 의해 각 기병은 거리를 정하고 정면을 향해 제자리에 멈춰 선다. 교관은 목적지에서 좌로 1/4회전 혹은 우로로 1/4회전 하는 방법은 제26장(정지간 우로 1/4 혹은 좌로 1/4 회전)에 기재한 것과 같다. 이 1/4회전을 한 후 그 방향과 간격으로 빗겨 행진을 제대로 하기 위해 교관은 다음과 같이 명령을 내린다.

제1령: 기병 앞으로(騎兵前), 제2령: 가(進)

이 제2령에 의해 모든 기병은 동일한 걸음의 속도로 새로운 방향을 향하여 전진한다. 모든 기병은 이미 도착한 말의 발자국 1미터 지점에 도달하면, 교관은 다음과 같이 명령을 내린다.

앞으로 가(前進)

행진 중에 이 명령이 받으면, 좌측 방향으로 1/4 회전하여 말의 원래 자세를 회복하며, 두 손을 가볍게 들어 올리고 두 다리를 말에 바짝 붙여서 또다시 발자국 위를 따라 행진한다. 교관은 이 운동을 행진 중인 2열의 모든 기병에 대해 조마장의 장측 직선변환을 위해 실시한다. 각 종대는 조마장의 단측으로 방향을 바꿔 행진한다. 그 말의 머리와 꼬리가 장측과 일직선일 때 교관은 다음과 같이 명령을 내린다.

제1령: 우(좌)로 빗겨 가(斜行右左)

제2령: 가(進), 제3령: 앞으로 가(前進)

제1령: 말의 몸을 수축한다.

제2령: 1/4 회전하여 곧바로 새로운 방향을 대할 때 두 다리를 말에 바짝 붙여서 각 기병의 속도를 같게 하여 앞으로 똑바로 간다.

제3령: 이 명령이 끝나면 말은 다시 원래의 자세로 돌아온다.

◗ 제63장

앞에서 기술한 모든 장에서와 같이 직선변환의 방법은 정면에 있는 선두 기병의 줄과 대조하여 걷는 속도를 빠르거나 느리게 조절한다.

사) 원형(圓形) 행진

◗ 제64장

2열의 선두기병이 조마장의 장측 1/3 지점에 도달하면 교관은 다음과 같이 명령을 내린다.

제1령: 말을 타고 우(좌)로 돌기(輪乘右左)

제2령: 가(進)

제1령: 양쪽의 선두기병과 모든 기병은 차례차례 말의 몸을 수축한다.

제2령: 양쪽 선두기병이 양쪽 발자국의 사이로 하나의 원 모양으로 돌면 곧 다른 모든 기병도 정면으로 이를 따라 행한다.

◗ 제65장

그 원형의 방법으로 통과하는 이 조작을 위해 안쪽의 고삐로는 그 선을 정하고 안쪽의 다리를 말에 바짝 붙여 말의 몸이 그 원형을 따르도록 한다. 거듭하여 그 선을 잘 유지함과 동시에 바깥쪽의 고삐를 적절하게 잘 조작한다.

◗ 제66장

만약 안쪽의 고삐를 세게 잡아당기지 않으면 그 원형으로부터 이탈하기 쉽다. 또 바깥쪽의 고삐를 세게 잡아당기지 않으면 말의 원형 회전이 좁아지게 된다. 만약 두 다리의 접촉을 경솔하게 약하게 하면, 곧바로 말의 엉덩이가 먼저 원형의 동일선상을 넘게 된다. 또 바깥의 고삐를 제대로 유지하지 못하면, 곧바로 말의 엉덩이가 원형의 바깥으로 기울게 된다.

아) 원형 행진 중 고삐 조작의 변환

◗ 제67장

교관은 다음과 같이 명령을 내린다.

제1령: 우에서 좌로 돌아(廻右左)

제2령: 앞으로 가(前進)

제1령이 끝나면, 양쪽의 선두기병은 우회전을 한다. 제2령이 끝나면, 양쪽의 선두기병은 반대 지점을 향해 원형의 중앙을 똑바로 직진한다. 양쪽의 선두기병이 반대 지점에 도달하여 2보(2미터) 앞으로 나갈 때, 교관은 다음과 같이 명령을 내린다.

제1령: 좌에서 우로 돌아(廻左右)

제2령: 앞으로 가(前進)

제1령이 끝나면, 양쪽의 선두기병은 좌회전을 한다. 제2령이 끝나면 다시 새롭게 손을 앞으로 하는 원형행진을 한다. 다른 모든 기병은 선두의 기병과 같은 선을 따라 똑바로 가는 것이 중요하다. 교관은 앞에서와 같은 방법으로 빠른 걸음으로 돌아가도록 한다. 원형행진을 하는 동안 특별히 빠른 걸음으로 좁게 원형행진을 하려면 모든 기병은 그 말이 걷는 속도에 맞추어 바깥쪽 어깨와 허리를 조금 뒤로 끌어 당겨서 조금 기울게 한다. 교관은 이처럼 직선의 위치 여부에 대해 특히 주의한다. 원형으로 행진 중에 조마장의 장측에 도달할 때 양쪽의 선두 기병을 전진시키고자 하면, 교관은 다음과 같이 명령을 내린다.

앞으로 가(前進)

이 구령이 끝나면, 양쪽의 선두기병은 이전의 자세로 복귀하여 똑바로 행진한다. 다른 모든 기병 역시 정면을 향해 똑바로 따라서 행진한다.

◗ 제68장

마구간 안에서 말을 유도하기 위해 교관은 모든 기병을 병렬(竝列)로 나란히 세운다. 즉 말을 훈련하는 조마장의 짧은 쪽으로 직선변환을 하도록 각 기병은 2/3 미터 정도의 거리가 되게 하고, 양쪽 선두의 병사는 같은 선에 이르도록 한다. 각 열의 선두 기병은 서로 마주 보면서 조마장의 중앙으로 향하려면, 교관은 다음과 같이 명령을 내린다.

제1령: 좌우로 돌아(廻左右), 제2령: 앞으로 가(前進)

이 제1령으로 제1열의 선두 기병은 좌회전을 하고, 제2열의 선두는 우회전을 하는데, 이 두 열은 종대로 편성하여 그 열 사이는 서로 1미터 거리를 유지한다. 이 종대가 조마장의 바깥으로 나가기 위해 교관은 다음과 같이 명령을 내린다.

제1령: 정면으로(正面), 제2령: 멈춰(止)

제1령: 각 열의 선두 기병은 좌회전하여 앞으로 똑바로 간다.

제2령: 제1열의 기병은 제자리에 멈춰서고, 제2열의 기병은 제1열과 2/3 미터 정도의 간격을 띄워서 제자리에 멈춰 선다. 다른 모든 기병은 축차적으로 병렬로 좌회전을 하고 곧바로 직진하여 먼저 도착하여 제자리에 멈춰 서 있는 앞의 기병과 일직선이 되게 멈춰 선다. 교관은 연습을 종료하고자 하면 제30장과 제31장에 기재된 방법을 따르고 말에서 내린 후 열과 오를 해산한다.

2) 제2교 제2부: 제69장 ~ 제85장

가) 등자의 장단

◗ 제69장

이 교련을 시작하기 위하여 교관은 기병으로 하여금 우선 그 등자의 길이가 어느 정도가 자신에게 적합한지를 체험하도록 한다. 기병은 등자를 신고 일어서서 높낮이의 간격을 유지하여 등자 크기의 적합한 정도를 정한다.

나) 등자에 오른 후 두 다리의 자세

◗ 제70장

발을 등자에 1/3 정도 안에 넣고 양쪽 발의 발꿈치를 발끝보다 조금 낮춘다. 등자는 다리의 중량으로 기병의 앉은 자세를 유지한다. 마땅히 그 위치를 잃지 않기 위해 양쪽 다리의 자세를 적당히 조작한다.

발의 1/3 정도를 등자 속으로 넣는다. 기병이 만약 등자를 너무 얕게 신어서 당연히 그 말의 걸음속도가 빨라지면 자연히 발이 등자에서 벗어진다. 또한 너무 깊숙하게 신게 되면 양쪽의 다리가 수직하게 되어 자세를 잃게 된다. 양쪽의 발꿈치는 발끝보다 조금 낮춘다. 발을 등자 속에서 점차 빼는 것이 자연스런 자세이다. 또 다리의 관절은 특별히 속박하지 않고 자유롭게 놔두고 박차는 말의 몸에서 넉넉히 떼놓는다.

다) 행진 중에 기병 1명을 우로 회전 혹은 좌로 회전하기

◗ 제71장

교관은 제44장에 기재한 것처럼 다음과 같이 명령을 내린다.

제1령: 기병 1명, 우에서 좌로(一騎右左)
제2령: 가(進), 제3령: 앞으로 가(前進)

이 구령을 각 종대의 끝부분의 기병에 내린다. 두 번째 오의 기병은 기타의 다른 선두의 기병이 조마장의 장측에 도달하면 일직선으로 간다.

제2령: 동령을 나타낸다.

제3령: 각 기병은 그 방향과 걸음의 속도 및 간격을 바르게 하여 정면방향으로 똑바로 행진한다. 반대쪽의 장측에 통과할 즈음에 이르면 다시 종대 행진을 하고 그 처한 자리를 잘 살핀다.

모든 기병이 함께 그 사이를 통과하는 방법은 양쪽의 다리를 힘껏 눌러서 말의 속도를 단축하는 것이다. 교관은 이 운동을 하는 방법에 있어서 일반운동에 주목할 필요가 있다. 오직 각기병의 말은 유도규칙을 행하는 것이 가장 필요하다.

라) 모든 기병이 정면행진 시 좌측 뒤로 회전 혹은 우측 뒤로 회전하기

◗ 제72장

교관은 이 운동을 위하여 제42장(우에서 좌로 돌기와 우에서 좌에서 우로 돌기 위한 고삐의 조작)에 기재한 내용과 같이 하고, 또한 그 조작은 한결같은 규칙을 시행하는데 최대한 주의한다.

마) 모든 기병이 종대 행진 시 좌측 뒤로 회전 혹은 우측 뒤로 회전하기

◗ 제73장

교관은 이 운동을 위하여 제42장에 기재한 내용과 똑같이 한다. 2열 종대 행진을 할 때 이 운동의 시행은 그 시점에 선두종대의 끝부분에 있는 기병이 말의 속도를 단축하는데 최고로 집중하는 일이다. 모든 기병도 역시 걸음을 늦추지 않도록 하고 또한 다시 이 운동을 위해 앞 말의 발자국에 도달하면 모든 기병은 선두의 기병이게 제시한 주의사항 조항과 동일하게 한다.

바) 종대 선두의 끝부분에 위치한 모든 기병의 순차적 변환

◗ 제74장

모든 기병에게 말을 몰거나 부리는 일은 최고로 중요한 훈련으로서 이것은 두 다리와 양쪽의 고삐의 조작하고 움직임을 손쉽게 하는 것이다. 그러므로 교관은 선두의 기병을 각 기병과 여러 차례 서로 바꿔서 각 기병이 선두기병의 운동을 할 수 있도록 한다.

2열 종대의 선두기병이 조마장 장측의 중앙에서 함께 행진하면, 교관은 그 선두기병이 먼저 변환하도록 명령을 내리고 지도한다. 이 명령을 받은 2열의 선두기병이 각 종대의 끝부분 지점에 이르면, 말의 몸을 수축시켜서 행진을 한 후 기병은 말을 움직인다. 이 운동은 6보 원호를 그리고 나서 바깥쪽 다리를 눌러 등 뒤쪽으로 회전하고 곧바로 종대를 유지하여 같은 선으로 행진한다. 다시 2번째의 배면회전은 그 종대의 끝부분 기병이 1과 1/3미터 거리에 지점의 발자국 위에 이르면 이를 따라간다. 이 변환 방법의 절차는 선두기병이 마땅히 먼저 나아가고 이어서 다음의 기병이 말의 몸을 수축한 상태로 바깥의 고삐와 두 다리를 유지하여 유도하는데 집중하는 것이다. 교관은 종대로 변환한 종대의 선두기병을 반드시 모든 기병과 차례대로 교체한다. 행진을 한 후 뒤를 잇는 기병은 곧바로 거리를 촘촘하지 않게 한다. 교관은 모든 말을 촘촘하지 않은 간격으로 길들일 때, 그 기병이 일정한 간격으로 벌리도록 유지하고, 그런 다음에 앞으로 나아간다.

사) 제자리에 서서 빠르게 걷기

◗ 제75장

모든 기병이 조마장의 장측에 종대로 멈춰 서 있을 때, 교관은 다음과 같이 명령을 내린다.

제1령: 종대 앞으로(縱隊前),
제2령: 빠른 걸음으로(早足),
제3령: 가(進)

제2령: 각 기병은 말의 몸을 수축한다.

제3령: 두 손을 점점 아래로 내리고, 두 다리는 말을 압박하여 빠른 걸음으로 전진한다. 말이 처음부터 의도한 대로 잘 따르면, 두 주먹과 두 다리를 그때 이전의 위치로 복귀한다.

아) 빠른 걸음에서 제자리에 멈춰서기

◗ 제76장

모든 기병이 조족으로 행진하여 조마장의 장측에 도달하면, 교관은 다음과 같이 명령을 내린다.

제1령: 종대(縱隊), 제2령: 멈춰(止)

제1령: 말의 몸을 수축한다.

제2령: 힘차게 움직이는 것은, 말이 제자리에 멈춰 서 있을 때 그 말의 바로 옆을 벗어나거나 뒤로 물러나기 위한 것으로 보통 두 손을 위로 들어 올리고 두 다리를 말에 바짝 붙인다. 말이 처음부터 의도한 대로 잘 따르면, 제자리에 바르게 멈춰 서기 위해 두 주먹과 두 다리는 이전의 위치로 복귀한다.

자) 빠른 걸음을 빠른 타조의 뜀걸음으로 변환(早足早駝驅變換) 및 빠른 타조의 뜀걸음을 빠른 걸음으로 변환(早駝驅早足變換)

◗ 제77장

모든 기병이 조족행진으로 조마장의 장측에 도달하면, 교관은 다음과 같이 명령을 내린다.

보폭 늘려[187]

이 구령이 끝나면, 두 주먹을 조금 아래로 내리고, 또 두 다리는 말을 눌러서 말이 걷는 보폭을 늘린다. 말이 처음부터 의도를 잘 따르면 두 주먹과 두 다리는 점차 원래의 자리로 다시 위치한다. 교관은 모든 기병으로 하여금말의 보폭을 적절하게 늘릴 때, 몸의 자세가 잘 유지되는 지 여부를 주의 깊게 보아야 한다.

교관은 기병의 자세에 대해 특히 집중하여 그 자세는 무엇보다 먼저 상체를 수직방향으로 하고 반드시 두 손으로 양쪽의 고삐를 유연하게 사용한다. 두 다리와 양쪽의 넓적다리는 자연스럽게 수직으로 내려 조작을 정하기에 이르고 그 운동에 따라 잘잘못을 일깨우고 지도한다. 이 운동을 하는 동안 그 말의 앞발굽이 만약 뒤 발굽에 머뭇거리면 즉시 두 주먹의 고삐를 끌어 당겨 높이 든다. 또한 이때 두 다리는 말에 알맞게 붙인다.

교관은 말의 보폭을 늘린 다음 조마장을 향해 왼손 앞으로 혹은 오른손 앞으로 하여 말 발자국의 위로 1~2회 앞으로 나간다. 만약 그 말의 보폭이 늘어나지 않은 경우는 즉시 나머지 시간 동안에 다시금 모든 말의 걷는 보폭을 올바르게 조절한다.

◗ 제78장

빠른 타조의 뜀걸음을 빠른 걸음으로 보폭을 바꿀 때, 교관은 다음과 같이 명령을 내린다.

보폭 줄여(闔)

이 구령이 끝나면, 두 주먹과 두 다리를 점차 말에 붙인 후 보폭을 조족으로 전환한다. 말이 처음부터 의도한 대로 잘 따르면 즉시 두 주먹과 두 다리는 그 다음부터 이전의 자리로 다시 위치한다.

---

187) 여기서 보도(步度)는 걸음의 속도 대신에 걸음의 앞뒤 길이로 해석함(역자 주)

차) 빠른 걸음에서 뜀걸음으로 변환

◗ 제79장

모든 기병은 말안장 위에서의 위치를 올바르게 하여 견고한 조작을 할 때, 교관은 그 자세를 아주 견고하게 유지토록 하고 이어서 보폭을 뜀걸음(驅足)으로 바꾸어 1~2회 행진한다. 이 뜀걸음은 기병으로 하여금 보폭의 조작 훈련을 세밀하게 체득하도록 하여 각 기병이 말의 움직임에 따라 그 자세를 견고히 하게 한다. 교관은 이 뜀걸음의 연습을 종대의 제2열에 대해 시작하여 조마장에 도착시 그 종대에 대해 다음과 같이 명령을 내린다.

정면으로(正面)

이 명령에 의해, 종대의 제2열 기병은 정면을 향하고, 6보 96미터 지점에 도달하면 교관은 다음과 같이 명령을 내린다.

멈춰(止)

이 명령에 의해, 각 기병은 제68장에 기재한 것과 같이 격동하여 제자리에 멈춰 서는 것이다. 종대의 제1열은 제자리에 멈춰선 후에 다시 행진을 계속하는 즉시 교관의 구령을 잘 듣고 조족으로 전환하여 4보의 거리를 배회한다. 다시 교관의 구령에 의해 걸음걸이를 뜀걸음으로 변환한다. 모든 기병이 훈련장의 모퉁이를 향하면 먼저 말의 몸을 수축하여 조족으로 보폭을 늘리고 또한 왼쪽의 고삐를 조금 풀어 왼쪽 어깨를 잘 유지한다. 모든 기병이 훈련장의 모퉁이를 지날 때, 두 다리를 점차 말을 눌러 힘차게 움직인다. 말이 뜀걸음으로 달릴 때, 보폭을 유지하기 위해 양쪽 고삐에 붙여 두 손은 경쾌하게 사용한다. 1~2회 행진을 한 후 조족으로 전환하고 또한훈련장의 단측에 이르러 고삐의 조작법을 변환하여 병족으로 바꾼다. 다시 앞에서 기재한 방법을 따라 왼손을 앞으로 하는 운동을 시행한 다음에 교관은 종대의 제1열을 조마장의 단측의 정면을 향하여 제자리에 멈추게 하고, 종대의 제2열을 동일한 방법으로 운동하도록 한다.

타) 말머리를 담 벽면의 좌로 혹은 우로 횡보

◗ 제80장

병족행진을 하는 2개 종대가 조마장의 장측에 도달하면, 제71장에서 기재한 것과 마찬가지로 우로 회전운동 혹은 좌로 회전운동을 위해 말의 머리를 반대쪽의 담벼락을 향하고, 제자리에 설 때 교관은 다음과 같이 명령을 내린다.

제1령: 우(좌)로 횡보(右左橫步)
제2령: 가(進)
제3령: 기병(騎兵)
제4령: 멈춰(止)

제1령: 우측의 고삐를 벌리고 우측 다리를 누른다. 이 제1령의 조작은 단지 말의 어깨를 보고 행진하며 그 운동을 준비한다.

제2령: 우측 고삐를 벌려 그 말의 우측을 유지하고, 뒤쪽 부분의 운동을 위해 왼쪽 다리를 누름과 동시에 왼쪽 고삐와 우측 다리의 조작하여 적당히 옆으로 걷는다. 교관은 1~2보 옆으로 가기 위해 발자국 위에 멈춰 선다.

제3령: 오른쪽 고삐와 왼쪽 다리를 조작하여 조용히 멈추고, 왼쪽 고삐와 오른쪽 다리를 조작하여 똑바로 직진하도록 유지한다. 두 다리는 점차 이전의 자리에 위치시킨다. 좌측으로 횡보와 멈춰서기는 반대의 방법으로 실시한다.

◗ 제81장

교관은 이 운동을 1명의 기병에 대해 실시하여 그 말을 길들이는 훈련을 하고 그런 후에 이어서 각 기병이 다함께 이 운동을 실시한다. 말이 만약 비스듬한 방향으로 행진을 할 경우, 왼쪽 다리와 왼쪽 고삐의 조작을 증가하면 이내 말은 똑바로 간다. 만약 말이 담장정면이나 혹은 (조마장의) 뒤쪽 부분의 반대로 나갈 경우, 우측 다리와 우측고삐의 조작을 증가하면 말은 우측의 사선(斜線) 방향으로 간다. 말이 만약 급한 걸음으로 갈 경우, 우측 고삐와 좌측 다리의 조작을 줄이고, 좌측고삐와 우측 다리의 조작을 증가한다. 만약 말이 담장을 향해 갈 경우, 두 다리의 조작을 줄이고, 양쪽 고삐의 조작을 증가한다. 만약 말이 뒤로 물러날 경우, 두 다리의 조작을 증가하고, 양쪽 고삐의 조작을 줄인다.

카) 종대 우로 횡보 혹은 종대 좌로 횡보

◗ 제82장

말의 머리를 담장을 향해 횡보를 한 후 모든 기병은 다시 말의 발자국으로 진입하여 조마장의 장측 방향으로 오른손을 앞으로 하는 행진이나 왼손을 앞으로 하는 행진을 한다. 직선변환을 하여 종대의 2열이 서로 반대쪽의 중앙에 있을 경우, 교관은 우로 횡보 행진 혹은 좌로 횡보 행진을 위하여 제자리에 멈춰 선다. 모든 기병이 이미 횡대의 발자국에 도달했을 경우, 교관은 다시 제자리에 멈춰 선다. 이미 조마장의 발자국 위에 멈춰 서 있는 기병은 다시 움직여 조마장의 중앙에 도달한다. 모든 기병이 발자국 위 도달했을 경우, 곧바로 종대로 행진하기 위해 횡보운동으로 전환한다.

◗ 제83장

모든 기병의 말머리가 담벼락방향으로 횡보를 할 경우, 교관은 퇴각과 제자리에 멈춰서는 운동은 제28장에 기재한 바와 같이 한다.

◗ 제84장

모든 기병은 횡보 연습을 숙달한 후에 교관은 왼손바닥 안쪽으로 고삐를 열십자로 잡는 자세를 하여 이 조작으로 그 말을 유도한다. 이때 모든 기병이 안장 위의 앉은 자세가 올바르게 하는지 여부를 주의 깊게 보아야 한다.

◗ 제85장

교관은 이 교련을 마치고 부대로 복귀할 때 마땅히 제68장(연습의 종료)에 기재된 내용대로 행한다.

2. 포병 신병의 교련

◗ 제1조

이 신병교련은 말을 부리는 것과 병사들이 쓰는 무기 사용을 숙달하는 것이다. 이렇게 숙달함으로써 교관은 우선 포병 병사가 말 위에 있는 것이 편안하게 생각되도록 팔다리와 몸을 단련하고 또한 그 요령을 잘 지킬 수 있도록 말을 부리는 법과 그 사용 무기에 대해 절차에 따라 점차적으로 가르친다. 이때 병사는 6명 내지 8명을 대상으로 교련하는데 힘쓴다. 과업을 미리 가르치는 경우에 포병병사는 마구간 복장과 약식 모자를 쓰고 긴 가죽신을 신는다. 도보(徒步) 신병에서 제시한 기본 규칙을 승마신병 교련에도 적용한다. 과업간 교관은 포병병사의 잘못에 대해 순차적으로 설명하여 올바르게 바로잡아 기본규칙의 요령을 완전하게 이해하도록 하여 과업 수행 간에 막힘이 없도록 한다.

교관은 일정한 위치에서 그 운동을 간곡하게 여러 번 되풀이 하여 설명하는 데, 항상 그 자세를 바르게 하여 병사로 하여금 그대로 본받도록 한다. 교관은 연습을 시작할 때, 유순한 말을 가려서 수시로 포병병사에게 그 말을 교환해 준다. 교관은 과업 임무를 시작할 때 차렷 자세로 명령을 내리다. 이때 병사는 자세를 똑바로 하도록 하여 고삐를 내려친다. 또한 병사가 말에서 내려 휴식을 할 때에는 말의 고삐를 느슨하게 하지만 놓지 않도록 한다. 말이 보통걸음으로 행진간 휴식 시에 병사는 비록 휴식중일지라도 말의 걸음속도가 변하지 않도록 염두에 둔다. 처음에는 비록 여러 차례 반복하여 휴식을 하더라도 휴식을 할 때마다 매번 병사에게 이미 배운 학습내용에 대해 질문을 한다. 모든 연습을 하는 중에 교관은 여러 차례 반복하여 병사와 말의 속도를 변환하여 병사와 말 모두 피로해지는 시간을 제한하는 것이 필요하다.

※ 미리 가르칠 과업(豫敎課業)

- 말을 연습시키는 장소에서 말을 유도하는 법
- 날쌔게 말 위에 오르는 법과 날쌔게 말에서 내리는 법

- 말고삐를 잡는 법과 말고삐를 치는 법
- 승마하는 포병 병사의 자세
- 정지간 두 팔과 두 다리의 운동
- 행진간 두 팔과 두 다리의 운동
- 가볍게 말에 오르는 법

◗ 제2조

사전에 미리 배우는 과업은 신병의 팔다리와 몸을 단련하여 그 자세를 연습하고, 차례에 따라 교육과목을 옮기며 교육해 나간다. 두려움을 가지고 있는 신병에게 말고삐의 사용에 길들이도록 하고 또한 빠르게 익숙하게 한다. 교관은 마땅히 이 2가지 사항에 대해 집중한다. 예교과업의 연습은 교관의 생각에 의해 등급을 구분하여 순서에 따라 실시하고 교관의 의지에 위임할 필요가 있다. 다만 포병병사의 승마는 이어서 가르칠 주요항목으로 동작과 여러 종류의 말의 속도를 보조하는 것이 목적이다.

연마장 혹은 장마장(墻馬場)에서 실시하는 예교과업은 처음에는 병사가 연마장을 왕복하면서 그 말을 손으로 유도한다. 익숙해지면 승마동작 상태에서 말을 유도한다. 말안장과 부차적으로 재갈(銜)[188]과 말고삐를 위치시키고, 십자형 등자를 부착하여 안장의 앞쪽 시렁 위에 올려놓는 것이 좋다. 말고삐를 조절하는 과업은 말의 코를 구속하는 예비용 보조 재갈과 고삐를 쇠고리로 꿰어서 말의 고삐 조절을 함께 실시하여 말을 부리는 방법이며, 기본적인 교육지침에서 제시한 바에 의거하여 따른다.

가) 연마장에서 말을 유도하는 법

◗ 제3조

병사가 그 말을 연마장에 유도할 때, 오른손으로 고삐를 강 목덜미

188) 말의 재갈로 말을 부리기 위해 아가리에 가로로 물리는 가느다란 막대임(역자 주)

위로 올려 양쪽의 고삐를 잡아 손톱을 아래로 하여 말의 입으로부터 15센티미터 이격한다. 만약에 말이 튀어 오르면 손을 들어 말고삐를 견고하게 하여 이를 막는다. 연마장에 도착한 교관과 병사는 각기 3미터의 간격으로 중앙선 상에 도달하여 나란히 선다. 포병 병사는 말을 왼쪽에 두고 도보 병사와 같은 자세를 취한다. 교관은 그 말의 중앙선에 직각이 되게 똑바르게 서서 이를 점검한다.

◗ 제4조

말의 네 다리를 수직하게 하여 머리 부분과 말의 몸체를 같은 방향으로 하여 똑바르게 선다.

나) 날쌔게 말 위에 오르는 법(飛乘法)과 날쌔게 말에서 내리는 법(飛下法)

◗ 제5조

날쌔게 말 위에 오르도록 명령하면, 말의 왼쪽 어깨에 대하여 왼손으로는 그 말갈기의 끝을 잡고 새끼손가락 쪽으로 내민다. 오른손으로는 고삐를 잡고 안장의 앞 시렁 위에 의탁하여 힘차게 말안장 위로 가볍게 뛰어 오른다. 두 손으로 예비용 보조 재갈과 고삐를 잡고 모든 손가락을 오므려 주먹을 쥔다. 두 주먹은 마주 보게 하여 15센티미터를 떼어 놓는다. 고삐의 상단은 엄지손가락 방향으로 내민다.

◗ 제6조

교관은 날쌔게 말에서 내리도록 명령한다.

◗ 제7조

교관은 날쌔게 말에서 내리고, 날쌔게 오르도록 명령한다.

다) 말고삐를 잡는 법(執轡法)과 치는 법(捌轡法)

◗ 제8조

고삐를 왼손으로 쥐도록 명령하면, 오른손의 고삐를 왼손으로 이동하고 오른손은 옆구리 아래로 내린다. 말고삐를 치는 요령은 좌측의 손 안에 있는 오른쪽 고삐를 오른손으로 잡고, 고삐를 잡고 있는 오른손을 내려친다.

◗ 제9조

포병 병사는 고삐를 두 손에 분할하여 한 손의 엄지손가락과 집게손가락을 다른 손의 엄지손가락 위에 서로 닿게 하여 고삐를 한 군데로 모아 짧게 한다.

◗ 제10조

교관은 수시로 고삐를 놓거나 고삐를 쥐도록 명령을 내림으로써 고삐를 놓거나 잡는 것을 아무 때나 바로 시작할 수 있게 한다. 포병 병사는 수직하게 고삐를 떨어뜨리고 두 손은 옆구리 아래에 둔다.

라) 승마 포병 병사의 자세

◗ 제11조

통상 포병 병사가 앞으로 나가는 걸음인 이 자세는 몸의 각 부분을 점차 단련하여 체득한다.

- 두 팔은 똑같이 안장 위에 편안하게 놓는다.
- 양쪽의 넓적다리는 똑같이 힘을 주어 그 평평한 부분을 움직여 안장에 붙여 걸터앉고 정강의 무게는 수직하게 내린다.
- 양쪽의 무릎을 저절로 굽힌다.
- 양쪽의 정강이는 저절로 양쪽의 발끝에 가지런하게 자연스럽게 아래로 늘어뜨린다.
- 상체는 편안하게 바로 세우고, 양쪽의 어깨는 동등하게 뒤로 젖힌다.
- 머리는 곧바로 하고, 두 팔과 두 손은 자연스럽게 아래로 늘어뜨린다.
- 예비용 보조재갈과 고삐는 제5조에 있는 것처럼 두 손으로 잡는다.

◗ 제12조

이 자세는 마땅히 포병병사가 연습을 통해 몸의 윗부분과 정강이를 마음을 먹은 대로 동작을 할 수 있어야 한다. 덮어씌우는 동작시 혹시 말의 저항으로 인하여 포병 병사가 그 말의 격한 움직임을 받으면 반드시 안장 위에 견고하게 들러붙어 있어야 한다. 만약 포병 병사가 넓적다리를 심하게 뒤로 물러나면 말의 운동으로 인하여 뒤쪽 시렁에서부터 쉽게 손상을 받을 수 있다. 또한 몸의 윗부분이 앞쪽으로 숙여지면 반드시 안장에 곧바르게 앉는다. 또 넓적다리를 들어 올리는 운동은 제17조와 같이 여러 번 연습한다.

말의 몸이 움직이는 것에 맞추어 양쪽의 넓적다리를 움직여서 평평한 부분이 안장에 닿도록 한다. 대퇴부를 안쪽 방향으로 움직이고 나면 반드시 그 정강이를 벌려 아래쪽으로 내린다. 운동에 대해 착오 없이 이해할 수 있게 보조가 필요하다. 또 대퇴부가 바깥쪽으로 움직이면 뜻밖에 박차가 말의 몸에 닿게 되어 이에 무릎이 열리고 대퇴부의 고착상태가 감소된다. 이로 인한 것은 제18조(퇴전회법)의 방법과 같이 잘못된 점을 고쳐서 좋게 한다. 포병 병사는 떼 까마귀의 모양으로 대퇴부를 수직하게 바짝 붙여 걸터앉은 자세를 유지하고, 말의 운동은 각자가 자유로이 체득한다. 혹시 이렇게 잘못을 범하면 즉시 팔을 들어 제17조(대퇴부를 들어 올리는 요령)에서와 같이 잘못을 고치는 것이 좋다.

◗ 제13조

앞에서 기술한 포병 병사의 자세는 말이 제자리에 멈춰서 있도록 늘 집중을 한다. 그리하여 이 자세는 상황에 따라 일정한 간격으로 하는 방법(間歇之法)과 잇달아 하는 방법(連續之法)으로 변환한다. 포병 병사는 항상 일정한 위치를 점유하여 일정한 간격으로 하는 방법으로 이 자세를 바꾼다. 잇달아 하는 방법은 말의 앞몸과 뒤 몸에 자신의 체중을 맡겨 그 자세를 바꾼다. 또 말이 발을 차며 뛰어 오를 때는 자세를 바꿔 전방 혹은 후방으로 자신의 몸을 앞으로 하거나 뒤로 물러난다.

마) 정지간 두 다리와 두 손의 운동

◗ 제14조

이 운동은 예교과업과 도보신병의 교련에 견주어 한다. 병사는 말이 사지 운동을 할 때 한 손에 고삐를 잡고서 때로는 고삐를 내려치거나, 고삐를 놓았다가 또 다시 고삐를 잡는 등을 하는 것으로 마땅히 호령에 따라서 실시한다.

바) 팔 운동

◗ 제15조

팔의 운동은 허리를 앞뒤로 구부려 긴장을 적절하게 푸는데 집중한다.

◗ 제16조

의 윗부분은 안장에 가만히 앉아 있도록 힘쓰고, 손끝을 앞으로 젖히고, 무릎은 일으켜 세웠다가 뒤로 젖힌다.

사) 대퇴부를 들어 올리는 요령

◗ 제17조

양쪽의 대퇴부를 들어 올려 수평으로 가지런히 한다. 정강이와 발은 자연스럽게 아래로 늘어뜨린다. 교관은 병사로 하여금 대퇴부를 들어 올리고 손으로 앞쪽의 시렁을 잡고, 앞쪽으로 행진한다. 병사는 멈추라는 지시를 들으면 대퇴부를 다시 본래의 자리로 복귀시킨다.

아) 대퇴부를 움직여 돌리는 요령

◗ 제18조

무릎 아래를 벌리고 힘써서 대퇴부를 안장에 붙도록 한다.

자) 정강이를 굽히는 요령(脛屈法)

◗ 제19조

대퇴부는 불편하지 않은 쪽에 위치한다. 또 대퇴부가 말과 접촉할 때에는 양쪽의 정강이를 힘써 구부리고 몸의 윗부분을 곧바르게 유지한다.

차) 발을 움직여 돌리는 요령

◗ 제20조

자세가 불안하다고 생각하거나 혹은 어지러울 때 두 발을 천천히 같은 모양의 운동을 한다.

타) 걸터앉은 자세를 바꾸는 요령

◗ 제21조

우측 뒤로 혹은 좌측 뒤로 움직여 회전하는 연습을 행하고 그 몸을 다시 원래의 위치로 복귀한다.

카) 행진간 두 팔과 두 다리의 운동

◗ 제22조

행진을 위해 교관은 숙련된 포병 병사 1명에게 향도의 임무를 부여하여 발자국 위를 따라 가게 한다. 다른 포병 병사는 이 향도의 뒤를 따라 종대의 줄을 따라 곧바로 나간다. 교관은 말의 움직임과 제자리에 멈춰 세우는 데 반드시 필수적으로 요구되는 말부리는 요령에 대해 설명한다. 각 포병 병사는 반드시 앞에 가는 말을 뒤따른다.

정지 간에 실시하는 승마운동을 이미 숙달한 포병 병사는 행진 간에 두 팔과 두 다리의 운동을 반복하여 실시하는데 집중한다. 예교과업으로써 구보를 할 경우 각 포병 병사의 두 팔과 두 다리의 운동을 하는 자세는 몸의 균형을 온전하게 잘 유지하여 실시한다. 그 고삐를 놓고 양쪽의 어깨를 늘어뜨려 빠른 걸음을 취한다. 이때 포병 병사가 혹시 걸터앉은 자세를 잃게 되면 반드시 교관의 명령을 자세히 들어 이를 고친다. 교관은 행진 간에 말에 세차게 오르고 내리는 요령을 실시하는데 이는 그 과업을 연습하여 숙달시키기 위한 것이다.

하) 가볍게 말에 오르는 법(輕乘法)

◗ 제23조

가볍게 말에 오르는 것은 씩씩한 기개를 증가할 수 있도록 특별한 체조 연습을 통해 신병의 신체를 유연하게 하는 것이다. 숙련된 병사는 이러한 특성을 늘 가지고 있으므로 가볍게 말에 오르는 연습은 말의 고삐를 최상으로 조절하는 작업과 말발굽 자국 위의 작업을 함께 실시한다.

거) 정지 간의 과업

◗ 제24조

이 과업은 예비용 보조 재갈과 고삐를 말의 머리 부분에 매달은 1명의 기병에 대해 날쌔게 걷는 걸음 중에 실시한다. 1명의 조수를 반대 측에 있도록 하여 포병 병사가 각종 운동을 함에 따라 말에서 떨어지는 병사를 보호 할 수 있도록 준비한다.

너) 날쌔게 달리는(飛走)[189] 과업

◗ 제25조

가볍게 말에 오르는 요령을 수행하는 과업은 우선 포병 병사로 하여금 제5조에 기재한 바와 같이 날쌔게 말 위에 오르는 법과 날쌔게 말에서 내리는 요령을 오른손을 말의 어깨에 대고 실시한다.

◗ 제26조

말을 탄 채로 행진을 할 경우 정강이를 움직여 옮기는 요령으로 좌측으로 향하거나 혹은 후면을 향한다. 좌측으로 향하기 위해서는 곧 오른쪽 정강이를 말의 어깨 쪽 위로 옮겨서 그로 인한 몸의 앉은 자세를 똑바

---

189) 질주(疾走)와 같은 의미(역자 주)

로 하고, 후면으로 향하기 위해서는 곧 왼쪽 정강이를 말의 볼기 위로 옮긴다. 손을 써서 자신의 엉덩이를 돌린다.

◗ 第27조: 옆쪽으로 날쌔게 타는 법

날쌔게 탈 때에는 좌측에 기대어 가볍게 앉는다.

◗ 第28조: 옆으로 앉은 상태에서 장애물을 뛰어 넘는 요령

오른손은 말의 어깨에 따라 내리고, 왼손은 그 말의 갈기를 잡는다. 양쪽의 정강이를 말의 볼기 위에 끌어 올려서 우측방향의 지점을 좇아 뛰어 넘는다.

◗ 第29조

말이 장애물을 뛰어 넘는 요령(飛越法)은 말에 날쌔게 올라 자리를 잡고 말위에 있는 몸을 기울이면서 두 주먹에 의지하여 일어선다.

◗ 第30조: 한 손으로 날쌔게 말에 오르는 법

왼손은 그 말의 갈기를 잡고 오른 팔뚝은 말의 어깨 위를 따라 내린다. 오른 어깨는 뒤로 물리고 왼발을 앞으로 내보내 말의 좌측 어깨 앞쪽으로 위치시킨다. 다시 말의 오른 어깨를 앞으로 내보내기 위해 오른쪽 정강이를 벌리고 힘차게 말에 오른다.

◗ 第31조

이 모든 운동은 왼쪽을 실시한 후 다시 오른쪽을 실시하며, 안장의 장구류를 설치하고 재빠르게 말에 올라타는 운동(輕乘運動)을 실시한다.

◗ 第32조: 가위 모양 자세에서 걸터앉은 자세로 바꾸는 법

말을 탈 때 두 손으로 꺽쇠(鎹)를 잡고, 두 주먹에 의지하여 몸을 일으켜 세우고 정강이를 들어 올려 몸의 윗부분을 앞으로 구부린다. 양쪽의 정강이를 안장 위에 교차하여 몸을 날려 선회하는 사이에 꺽쇠를 놓고 곧바로 이어서 두 손으로 손잡이를 잡고 뒤쪽으로 움직인다.

◗ 제33조: 옆쪽으로 날쌔게 타는 법

몸을 일으켜 세우고 지면을 한 번 발로 차고 빠르게 달린다. 왼손으로 말의 어깨 위를 누르고, 오른손으로 말의 등에 대고 올라탄다.

◗ 제34조: 옆쪽의 말을 뛰어 넘는 법

이 운동은 앞의 조항과 동일하게 운동하여 포병 병사는 양쪽의 정강이를 우측 방향으로 옮긴다.

◗ 제35조: 말의 볼기 쪽으로 날쌔게 타는 법

두 손을 말의 볼기 위에 바짝 붙이고, 말의 복대(腹帶)의 앞으로 몸을 일으켜 세워 말을 타고 이때 발로 한 번 차고 달려간다.

◗ 제36조: 말의 볼기 쪽에서 날쌔게 타고 말의 어깨 쪽으로 내리는 법

날쌔게 말을 타는 것은 앞의 조항에서 기술한 바와 같이 하고 오른쪽의 정강이를 왼쪽으로 옮긴다. 아울러 왼쪽으로 붙여 지면에 내린다.

◗ 제37조: 말의 볼기 쪽에서 날쌔게 뒤쪽으로 타는 법

날쌔게 달리는 것은 앞의 조항에서 기술한 바와 같으며, 두 주먹에 의지하여 말의 목덜미를 교차되게 몸을 선회하여 뒤쪽 위에 앉는다.

◗ 제38조

말의 엉덩이 위에 양쪽의 무릎을 곧바로 세워 날쌔게 타는 법은 날쌔게 타는 운동과 동일하며, 그 정강이를 길게 쭉 펼 수 있도록 해야 한다.

◗ 제39조

날쌔게 달리는 임무는 말안장에 가볍게 재빨리 타는 법을 반복한다.

더) 구보 과업

◗ 제40조

이 과업의 처음에는 큰 복대(大腹帶)를 사용하여 행한 후, 말에 예비

용 보조 재갈과 고삐를 갖추고 말안장에 가볍게 재빨리 타는 것을 연속하여 행한다.

러) 대복대(大腹帶) 과업

◗ 제41조: 날쌔게 말 위에 오르고 내리는 법

왼손으로는 껵쇠를 잡고, 오른손으로는 앞쪽의 시렁을 잡거나 혹은 다른 껵쇠를 잡고 말의 좌측 앞발의 자리에 선다. 오른쪽 어깨를 잠시 뒤로 물러나게 하여 말이 걷는 속도를 따르다 말 위로 날쌔게 올라탄다. 또 두 주먹에 의지하여 몸을 일으켜 세우고 말의 어깨를 따라 날쌔게 말에서 내린다.

◗ 제42조

말 위에서 오른쪽 정강이를 말의 머리 위로 옮겨 날쌔게 내렸다가 곧바로 날쌔게 올라타는 요령은 껵쇠를 놓았다가 다시 잡고 날쌔게 내렸다가 곧바로 날쌔게 올라타는 것이다. 교관은 이 운동을 좌측이나 혹은 우측에서 날쌔게 내리도록 하고 좌측 혹은 우측에 올라타서 앉도록 변화를 주어 실시한다.

◗ 제43조: 말이 장애물을 뛰어 넘는 법

좌측에 앉아서 껵쇠를 잡지 않고 뛰어 넘을 곳의 좌우 지점의 형편에 따라 다시 말에 올라탄다.

◗ 제44조

이상에서 기술한 제반 운동에 가위 모양의 방법을 추가한다.

(제4책 제6권 끝)

부록 1

원문자료 제1책

제1권(군제총론)

제2권(보병조전 도설 및 도식)

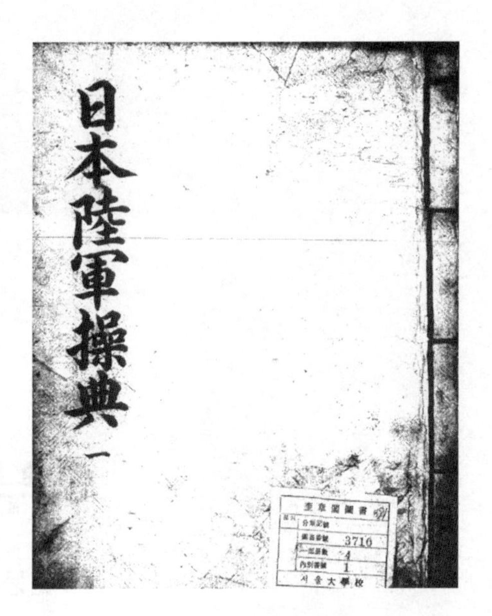
日本陸軍操典 一

日本陸軍操典目錄

1-1

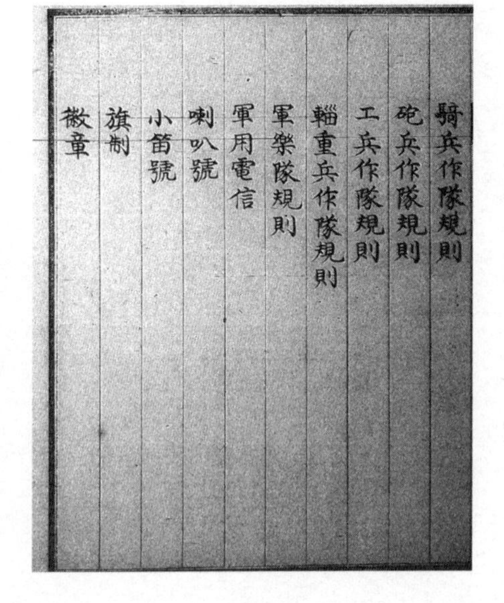

1-2

第九　第十　第十一　第十二
第十三　第十四　第十五　第十六
第十七　第十八

步兵操典圖式

中隊第一單設小隊圖
第二横隊之圖
第三排開横隊圖
第四横隊變為縱隊圖
第五横隊變為兩層縱隊圖
第六兩層縱隊變為四層縱隊圖
第七四層縱隊變為兩層分列圖
第八縱隊變為横隊圖
第九縱隊右轉變換方向圖
第十縱隊左轉變換方向圖
第十一横隊變為左轉縱隊圖
第十二縱隊變為右轉横隊圖
第十三四層縱隊變為八層縱隊圖
第十四八層縱隊變為四層縱隊圖
第十五戰鬪之圖

大隊第一排開横隊圖

1-3

第二横隊四中隊變成縱隊横隊圖
第三縱隊圖
第四重複縱隊圖
第五全距離縱隊圖
第六横隊變為縱隊圖
第七重複縱隊圖
第八四列横隊變成四層縱隊圖
第九縱隊變為重複縱隊圖
第十排開横隊圖
第十一縱隊中隊四列横隊圖
第十二四列横隊變為四層縱隊圖
第十三四層縱隊變成四列横隊圖
第十四四列横隊轉行斜立變換方向圖
第十五四層縱隊列開遠變四層縱隊圖
第十六縱隊中隊四列横隊變換方向圖
第十七縱隊中隊四層縱隊變換方向圖

1-4

第十八重複縱隊左轉爲重複縱隊變
換方向圖
卷之三
騎兵操典
乘馬小隊學 兼圖式
大隊學 兼圖式
卷之四
砲兵操典
乘馬小隊部 兼圖式
工兵操典

對壕之部
坑道之部
橋船之部
野堡之部 附地雷砲
測地之部
輜重兵編制
卷之五
步兵生兵操典
體操教練 附
卷之六

1-5

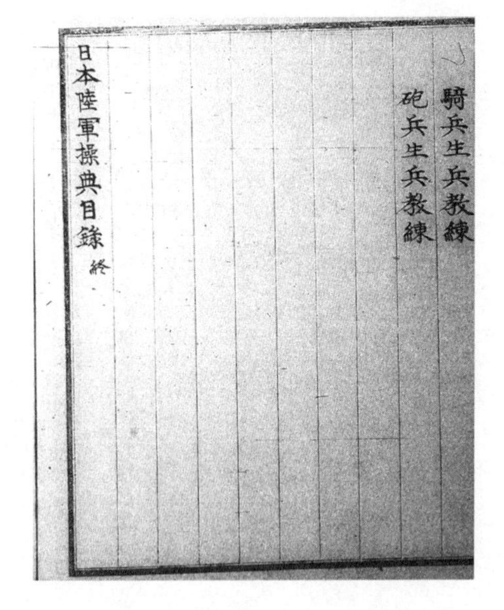
騎兵生兵教練
砲兵生兵教練

日本陸軍操典目錄 終

日本陸軍操典卷之一
軍制總論
軍制有三備五兵焉曰三備者常備豫備後備之謂
也曰五兵者步兵騎兵砲兵工兵輜重兵之謂也自
近衛至鎭臺部分區别各有節制盖其軍制由来多
沿革而及西舶来航始啓外交於是乎制度藝術取
諸泰西之法編成銃砲之隊全廢弓槍之用矣至壬
申破列藩爲府縣改兵部分設海陸兩省陸置六軍
管轄鎭臺而仍近衛一變其軍制於東京生徒而設
教導團士官而設士官與戶山之學校陸軍平時将

1-6

官及士卒凡四萬三千二百二十九馬二千八百五十八迄于戊寅新編五種之生兵始設三備之次第講究兮教授演習之方而研窮之奈至於徵養器械之規而修飭之以至攻襲營守之策與夫通信電線之具無不畢備焉內外常備兵卒摠計三萬四千三百四十有八鬘馬匹并恒留小者部分而課日教練中者聯合而式月演習考勤慢檢生熟大者以歲而統操定出審判官論決勝負此其操練之槩畧而近衛局及教導團東京鎭臺之凡係將卒具正服備武器一年一二度合設於教場只擧軍制進止之容大操畢仍行各鎭臺亦同此又觀兵之儀式云

近衛局軍制

步兵二聯隊各二大隊每大隊各四中隊騎兵一中隊合四小隊砲兵一大隊合二中隊每中隊各三小隊工兵一中隊合四小隊編制磨鍊摠計人員三千九百二十九馬三百六十匹士官從士官學校來下士從教導團來步兵每年八月抜擢於各鎭臺生兵之已爲演習三個月技藝精鍛身體壯健者以爲編入而其時各鎭臺闕額則以冣初徵兵時留置補充兵抽籤爲兵以充其數砲工每年九月騎兵每年十

1-7

月抜擢規則與步兵同砲工之四朔騎兵之五朔云者卽係演習之差難於步兵而然也每當各兵抜擢編入時本隊中若有再役之志願者則減新編之數於各鎭臺中移來者而俱用三分一法二年三年以爲次第役滿且或中間各兵有逬故之時則亦自各鎭臺兵卒中抄擇移充滿當備役三年則爲豫備軍又三年爲後備軍與各鎭臺兵同歸一地故近衛兵則無豫備後備之編而比他兵慇有三四五個月重役之論矣乃稍厚餼料以示勤勞

六管鎭臺軍制

壬申破列藩爲府縣設六管鎭臺曰東京仙臺名古屋大坂廣島熊本是也東京之佐倉高崎仙臺之青森名古屋之金澤大坂之大津姫路廣島之丸龜熊本之小倉乃步兵十四聯隊分列師管之所也各聯隊各三大隊每大隊各四中隊爲例營所五十有五而佐倉之宇都宮高崎之新發田大津之伏水廣島之山口丸龜之松山小倉之福崗冲繩七處則各自聯隊營分置步兵一大隊小倉之冲繩自福崗一大隊中分遣一中隊并與十四聯隊所設之營所合爲二十一處皆有設兵其外三十四處則待豫備後備

1-8

完足建築營所以各其地所居退休之豫備後備為
設兵以為兵農相資而今姑未設只有營所之名焉
三府中東京大坂自有鎭臺西京以伏水入於營所
而三十六縣則姑無設兵若當不虞先以各其營所
所屬縣內豫備後備兵招聚防禦次第報告於所管
鎭臺以為緊到兵卒此其論設兵之有無於一國者
也東京騎兵一大隊合二中隊每中隊各四小隊野
砲兵一大隊合二中隊每中隊各三小隊工兵一大
隊合二中隊每中隊各四小隊輜重兵一中隊合二
小隊大坂熊本各騎兵無砲工兵與東京同輜重兵

一小隊仙臺騎兵一大隊山砲兵一大隊工兵一中
隊輜重兵一小隊名古屋廣島各山砲兵一大隊工
兵一中隊輜重兵一小隊各鎭臺海岸砲九處由來
各以八十卒為一隊曰品川橫濱新瀉三隊東京之
所屬也曰函館一隊仙臺之所屬也曰川口兵庫二
隊大坂之所屬也曰下關一隊廣島之所屬也曰鹿
兒島長崎二隊熊本之所屬也至戊寅函館仍舊外
他革破而東京之神奈川大坂之兵庫熊本之長崎
三處先以本營砲兵中一小隊分遣排置其餘五處
姑未準備而神奈川者橫濱之地也各鎭臺平時合

1-9

計常備兵卒為三萬一千一百馬二千一百八十三
匹當戰時以豫備軍卒增員實數例為一萬四千二
百五十而又其多少在臨時增減焉

三備法式

六管鎭臺各兵編入之節自戊寅始設三備之稱每
年五月統合各兵額數許三分一於各其所管營所
五十五之府三縣三十七華士族平民中在第列不
孤之子年二十壯健未娶妻者抄出定額稱以生兵
演習六朔稱之以卒每年十月一日派遣檢閱使於
各鎭臺限十一月三十日回還而考察演習之生熟

其不熟者還稱生兵以至練熟是為常備役滿三年
年二十三之五月退歸農商亦許娶妻編豫備每年
三月大操時限十五日入參又滿三年年二十六之
五月編後備每年一度召聚於便宜之地復習技藝
又四年年三十之五月稱以國民軍年至四十之間
當不虞則入於召聚四十以後雖有大亂不參於召
聚以其氣血之衰也當大亂則全國男子年自十七
歲至四十歲之在兵籍者亦入於召聚此其定式之
大略也在戊寅各兵三分一編入時宿兵中考年先
退越己卯庚辰仍用此例至辛巳五月戊寅之編入

1-10

三分一各兵始為讓備蓋以此推之則十年之間讓
後備之數二倍於常備兵卒三萬四千三百四十八
又十年國民軍之數三倍於常備矣如是輪回則凡
二十年之間自二十歲生兵至四十歲國民軍者將
合計為二十萬六千八十八之演習精兵然後可以
論足兵之如何者耳

教導團規則

教導團設置於東京為全國陸軍隊下士可補者教
育之所也以長一員教官十員為教官精究其生徒
學術焉步兵一大隊騎砲工各一中隊軍樂一隊編
制磨鍊而抄擇生徒時大槩以近衛鎮臺役滿兵卒
之入團志願者及華士族平民之志願於陸軍出身
者年十八至二十五檢查官取用其合格者研窮學
術步騎十二月砲工十八月期滿卒業為伍長移近
衛及六鎮臺為下士七年後歸家三年內稱後備軍
員戰時出陣且卒業時擇其學術之秀逸行狀之方
正者轉入士官學校以為陞差於士官之任步兵隊
則喇叭卒三名移來於東京鎮臺二前導於教場出入
一當直于團內吹要食代騎砲工隊則各有喇叭生
徒二人焉合計人員一千二百七十六馬二百十三

1-11

匹

士官學校規則 附幼年學校

設置於東京教育士官之所也以長一員次長一員
教官十八員為教官管教育事務以步騎砲工合成
三中隊之一大隊生徒則下令于各府縣華士族平
民中陸軍士官出身志願之檢查合格者自十六歲
至二十二歲召聚而下士則或有過二十二歲者是
教導團合格移來者也且幼年學校中學術進步者
與各鎮臺之下士亦為移來此是陸軍全隊之精神
故其教育之法最難矣凡各兵之體操射的設各等
學科之目每小隊以二分隊為例而士官五員指揮
一中隊之生徒生徒有特科之目即砲工之稱也步
騎限三年砲工限五年卒業後為各鎮臺少尉之任
又三年後為中尉又幾年次第陞差大尉與大中少
佐喇叭卒六人自各鎮臺移來限一年卒業後為下
士之喇叭長蓋士官學校與教導團者俱是養成士
官下士之所也當戰時推補此兩任之欠缺而對敵
時偵察彼敵之動靜保護我軍之全安或探我軍進
路之險夷或察我軍退陣之廣狹凡干隊伍事務并
皆操飭警戒凡計人員三百三十六馬一百二匹

1-12

幼年學校設置於士官學校之內華士族平民中陸
軍出身志願之少年生徒及陸軍武官死没者之孫
子教育之所也年自十三至十六歲採用又採用檢
查官合格者并合七十人定數每年隨闕擇取而但
武官死没之孫子則減一等於檢查官定格之規置
教官生徒掛一員教授外國語學十人及士官預科
修學期限以三年為定而有事故者許延一年其中
學術進步者轉入於士官學校生徒講究技藝次第
陞差於士官之任

戶山學校規則

近衛與各鎭臺每一聯隊士官下士各五員喇叭卒
各一員合計士官八十下士八十喇叭卒十六每年
九月抄擇學術優等身體強壯者移來本校精究射
的體操之術業極致攻守戰鬪之蘊奥以盡軍隊之
全力擴張技藝為目的限以七個月還歸信地又為
輪回來番而來番時該營缺員不為充補焉士官下
士各為一中隊而以十六人為一小隊單四人為一
分隊為例校長一員次長一員教官二十八員為教
授之領以為勸奬考課焉戶山者因地而為名也

步兵作隊規則

1-13

一分隊

以二卒為一伍五伍為一分隊前後列疊立分隊長
在前列右頭

半小隊

以第一二分隊為右半小隊前後列橫着各一三五
七九為奇二四六八十為偶第一分隊前後列各三
奇二偶第二分隊前後列各三偶二奇第一分隊長
為奇第二分隊長為偶各置番號以別奇偶左半小
隊同右半小隊長在分隊長之右左半小隊長在第
三四分隊中後

一小隊

以右左半小隊合為一小隊而鍬卒二人在左半小
隊前後列左尾小隊長在右左半小隊中後近衛局
則加銃卒二人而鍬卒二人處於隊外

一中隊

以第一二三四小隊合為一中隊中隊長以下士官
及各下士實數見于第二圖說而近衛局則加銃卒
八人

一大隊

以第一二三四中隊合為一大隊大隊長一副官下

1-14

副官書翰掛計官附屬鍬兵長武器掛書記病室掛
喇叭長計官醫官副醫官看病人各一看病卒三鋭
工二縫工靴工各一合計人員七百五十七馬二匹
近衛局則大隊長以下至靴工實數與鎭臺同而以
四中隊銃卒各八合計人員七百八十九馬匹同

一聯隊

以第一二三大隊合爲一聯隊長一副官鍬兵司令
旗手計官副屬武器掛書記喇叭長醫官計官副醫
官看病人鋭工長各一合計人員二千二百八十五
馬九匹近衛局則以第一二大隊爲第一聯隊第三

四大隊爲第二聯隊每聯隊聯隊長以下至鋭工長
實數與鎭臺同合計人員一千五百九十二馬七匹

騎兵作隊規則

半分隊

以前列一二三四騎爲半分隊一三爲奇二四爲偶
後列同半分隊長無

一分隊

以前後列各一二三四合八騎爲一分隊分隊長在
隊內八騎中

半小隊

1–15

以第一二分隊爲第一半小隊第三四分隊爲第二
半小隊半小隊長成小隊後在嚮導與押伍同

一小隊

以第一二半小隊合爲一小隊分立於左右前後列
各十六騎第一半小隊前後列右第一奇第二半小
隊前後列左第四偶爲前後列翼有増兵擇熟兵一
名立於前列第八騎地是爲中心兵小隊長在中心
兵前嚮導第一半小隊長在小隊長之左同爲嚮導
第二半小隊長在後列之後中押伍列凡操練時從
其簡易只以三分隊之二十四騎編成小隊則中心

兵在前列第六騎

一中隊

以第一二三四小隊合爲一中隊中隊長一第一四
小隊長二第二三小隊長二小隊副長一半小隊長
八給養掛厩掛各一分隊長十六炊事掛一騎卒一
百八喇叭卒四合人員一百四十馬一百三十匹近
衛局則只有一中隊故士官以下名目加備焉下副
官武器掛書記病室掛喇叭長醫官馬醫官計官看
病卒各一蹄鐵工四鋭工鞍工縫工靴工各一騎卒
三十人合計人員一百九十一馬一百六十一匹

1–16

一大隊
以第一二中隊合為一大隊大隊長一副官下副官
計官附屬武器掛書記病室掛喇叭長計官醫官副
醫官馬醫官看病人各一看病卒三蹄鐵工八銃工
一鞍工二縫工靴工各一合計人員三百十九馬二
百七十三匹大隊長在中央前嚮導喇叭卒在大隊
長左傍

砲兵作隊規則

一小隊

前後列各一二三四為一分隊合第一二分隊為右

半隊第三四分隊為左半隊合右左半隊編成一小
隊前後列凡十六伍此三十二名之作隊也操練時
每從簡易以二十四騎為編制則當與騎兵三分隊
規例同照而騎兵則雖無碍於損益至砲兵砲門二
分在於右左半隊則不可增減故以前後列各一二
三為一分隊是為十二伍之小隊者也騎兵乘馬圖
式書一二三四數字而砲隊則不書其數為其辨或
六或八之不同也右半隊前後列先頭左半隊前後
列後尾各一伍為前後列翼高級兵擇熟兵一名立
於前列之自右至左第六騎騎或八地為中央兵小隊

1–17

長在中央兵前為嚮導砲車長二彈藥車長二照準
手二火工卒二砲卒十三馭卒二十二馬二十六匹
練習行進時亦有徒步作隊之例山砲只有駄馬故
至中隊始說規則

一中隊

以右左中央三小隊合為一中隊中隊長一右小隊
長一左中央小隊長二小隊副長一砲車長六武器
掛一給養掛一火工下長一彈藥車長六并乘馬照
準手六炊事掛一火工卒六砲卒三十九馭卒六十
八喇叭卒四乘馬挽車馬五十六匹合計人員一百

四十四馬八十山砲中隊人員與野砲同而但彈藥
車長無中隊長一右左中央小隊長三喇叭一等卒
一并乘馬駄馬二十一近衛局則野砲而加火工卒
二人砲卒七馭卒四馬匹同

一大隊

以第一二中隊合為一大隊大隊長一副官武器掛
下副官計官附屬書記病室掛喇叭長鍛工下長木
工下長鞍工下長各一鍛工卒木工卒鞍工卒各二
計官醫官副醫官馬醫官看病人各一看病卒三蹄
鐵工四縫工靴工各一合計人員三百十九馬一百

1–18

七十三匹十三匹大隊附官所乘山砲人負實數與
野砲同而減蹄鐵工一彈藥車長無與中隊同合計
人負三百六馬五十七匹五匹大隊附官所乘近衛
局則大隊長以下人負實數與鎮臺同而但鍛工木
工鞍工下長并無馬匹同

工兵作隊規則

一小隊

以右左半小隊為一小隊小隊長一半小隊長二分
隊長四以二卒為一伍五伍為一分隊前後列疊立
分隊長在前列右頭以第一二分隊為右半小隊三

四分隊為左半小隊分別奇偶各置番號與步兵作
隊同規士卒每以見習於木鐵工者充備隊內

一中隊

以第一二三四小隊合為一中隊中隊長一第三二
小隊長二第一四小隊長二小隊副長一半小隊長
八給養掛武器掛各一分隊長十六炊事掛一工卒
一百四馭卒十二喇叭卒四合計人負一百五十三
馬十二匹一匹中隊長所乘十一匹駕馱馬在小隊
時以五伍之四分隊編制為例而至四小隊之合成
中隊時兵卒難以分排或三伍或四伍隨時制定與

1-19

步兵之縱橫進止銃劍使用一體施行而每當工械
五部之役解銃劍裝于駕馱以為赴役役畢復作本
隊近衛局則只有一中隊故士官以下名目加備馬
書記病室掛馭卒長喇叭長各一工卒一百三十四
計官醫官馬醫官看病卒各一蹄鐵工二銃工鞍工
縫工靴工各一合計人負一百九十七馬匹同

一大隊

以第一二中隊合為一大隊大隊長一副官下副官
武器掛計官附屬馭卒長書記病室掛喇叭長計官
醫官副醫官馬醫官看病人各一看病卒三蹄鐵工

二銃工鞍工縫工靴工各一合計人負三百二十九
馬二十六匹二匹大隊長及副官所乘二十四匹二
中隊所屬

輜重兵作隊規則

一小隊

以騎卒五十六伍長八合六十四作一小隊以卒七
長一為前後列各四騎量度地形狹縱廣橫小隊長
一中尉一小尉二曹長一軍曹四給養掛廐掛炊事
掛病室掛喇叭長各一喇叭卒四醫官馬醫官計官
各一合計人負八十五馬八十五匹

1-20

一中隊
以小隊二合為一中隊中隊長一給養掛廐掛炊事
掛病室掛喇叭長醫官馬醫官計官各一具備合計
人員一百六十一馬一百六十一

軍樂隊規則
近衛局及各鎮臺置軍樂一隊為規則而人員未具
今姑未設先以一隊磨鍊編制屬置於教導團內隊
制則樂生十六人分隊二列疊立前後各八人有樂
長一次長一樂師樂手各十二合計人員為四十二
只用於觀兵宴樂之時不出於操練戰鬪之場而若
用軍團之時乃有叅屬之例樂器則其吹其打各有
制號而書以西音難譯漢文

軍用電信
電信隊別為設置建築卒自本隊徵編技手屬工部
肄業恒時修飾機具練熟法式平時大操與出戰時
輸運往來而建築之節量遠遠近或五十步或六十
步相連竪柱適宜設機以為偵察彼情之資焉旣有
隊號當論實數而此與五種兵有異只舉其略

喇叭號
凡軍進退不用金鼓等項只有喇叭為要運動時活

1–21

潑於肢體之柔軟者也各兵步度與音聲號令同調
發動短激一聲要各兵氣着延伸一聲要各兵運動
促吹要各兵速行與聚合又要騎砲戰隊乘馬下馬
放火止火委曲吹要轉身衙門內獨吹要食代縱隊
行進在先頭部隊之前橫隊行進在後方側面行進
時先行方陣時內入其制三曲長一尺二寸有纓掛
肩以便行用亦具鋭劒用喇叭時荷鋭於背囊之上
西法以後有樂隊之設而臨陣則只用喇叭若用軍
團則有樂隊

小笛號
是行軍時暗令也故本無定音至行軍時中隊長次
持約束以某聲以某聲知之不使敵人知我之命令
也其制長二寸上圓廣經二分下圓廣經五分上下
吹各通穴于中上吹聲弘亮可聞八九里下吹聲差
微如嘯

旗制
步兵第一大隊旗白質紅心而紅心如山字形第二
大隊旗白質兩心而兩心上紅下黑如山字形第三
大隊旗白質三心而三心上下紅中黑皆如山字形
其制長廣為一尺旗桿為二尺上下不用鎗鋒第二

1–22

隊給養掛錘于銃口以標隊號或整線路
聯隊旗白質紅心中央圓紅點四維各紅劃一四正
各紅劃三凡十六劃其制長廣為二尺旗桿為五尺
下有錘上無鎗別定少尉一員以為旗手立於第二
大隊第二中隊之左方以標聯隊之各號兼司一聯
之事務。近衛六鎮臺同制
鎮臺騎兵旗純紅其制幅長廣為一尺旗桿三尺上
無鎗下用錘生騎兵演習時揷旗教場以為區分合
操各兵則下士中定出旗手一員執旗秉馬以標騎
號小中大隊同

近衛騎兵旗幅廣二尺長四尺質用上紅下白紅白
相為凸凹如山字形白為三稜紅為二稜而半稜貼
於旗桿上下長末端作燕尾旗桿五尺上槍下錘各
兵執旗秉馬只佩劍不持小銃單演習時揷旗教場
以為區分合操與侍衛時并為執旗
砲工輜旗白質紅心而紅心圓一點經可三寸中橫
紅一劃貫圓點抵兩端其制長廣為一尺旗桿為二
尺上下不用槍錘凡操練時揷于車後傍以標隊號
小中大隊同制近衛砲工倣此

徽章

1-23

凡各兵衣上章標胷有五劃橫飾飾之以穗別之以
色步用紅騎用青砲用黃工用白輜用紫是謂正服
具正服時着正帽帽革制如胄胄上槍結白鬃毛繖
圓下垂

器械

士官單佩劍鞘用鐵造下士與各兵卒佩劍持銃而
以劍揷銃為飾放火時鮮劍納鞘鞘用革造銃槍製
用亦同此式騎兵佩劍持短銃製以各用劍不揷銃
步砲工輜各具背囊騎兵鞍掛受筒所入各具與背
囊同

背囊各具

衣具納于布帒絨刷毛子一箇拂衣所用磨刷毛子一箇
濯衣所用靴刷毛子一箇兼刷革具塗墨器一具添色所用磨汁擴垢
煉脂凍油筒一箇兩頭用鐵造分入兩種欄杙所用又燕口
帒、製用柔革其中納剪刀一具線牌一具製用曲腰
畫線著曲腰釺一錐一隱揷畫頭真梳一箇萬力一
箇製如執器分鮮具一箇銃鏁祿釺所鮮具囊製用木櫃分上下
層自衣帒至燕口帒并納于下層彈丸隨所用納于
上層

1-24

日本陸軍操典卷之一終

日本陸軍操典卷之二

步兵操典圖說

中隊第一

中隊操典爲諸軍之目的獨立或在大隊聯合之中其動作戰鬪之術皆載於中隊教授中隊教授實在於小隊之充分教授故步兵中隊之部設小隊一面於兩層目標之左示其充分教授之規則也但標層之數若土地廣闊或三百步或四百步行進則易致步調之誤謬故於近地易見之巖屋木草間因時爲標撰定線路於二三十步之間以爲次第行進而縱

1–25

橫轉曲斜側正直一從地勢之嚮導注意耳當在此圖行陣小隊長先行至各兵前面高聲飭向票標直行遲下信地是爲線路之末端也更令右半小隊長直行進步後起身至各兵中後八步地監視全一隊之步調精審左半小隊長押伍列在第二列後方四步地更進第二標目只守前行規則

第二

中隊者合四小隊之稱也鍬卒本是小隊中二名之充於分隊而不出於第一圖者有碍於奇偶信地之混也分隊長全管一分隊之軍務鍬卒分掌一小隊之事從自小隊而至中隊然後始成合陣故士卒之名目俱備焉小隊副長與給養炊事兩掛及喇叭卒之并入於編制而合數爲一百八十四也士官五下士十九卒一百六十各有挨次下士十九內八入於分隊之中喇叭卒在於分隊實數之外中隊長小隊長小隊副長只佩劒其外士卒俱銃劒及其臨敵也使用銃劒裝塡急放之法包在其中喇叭卒所在信地不出圖式而例在於第四小隊中央後押伍列下圖做此

第三

1–26

橫列乃編制之基本而教場內約行進於兩層標者
使各士卒順次排開習戰鬪梯陣之法也中隊長已
移立於中央後者使各小隊施行運動爲從標直進
之勢也至若運動行進之或斜或進或抗數伏臥與
夫停止行進間方向變換或右左連變或側面行正
面向或對翼旋軸旋迴俱從發號指揮而及於進翼
也隨其步長且於旋軸也隨其步短右左方向連變
時嚮導在一尺地對翼弧形旋迴時嚮導在二尺地
施行

第四

一路行軍遇敵列陣乃兵家之常經而或路值前狹
敵只在前面則使平列之兵量居地之形分爲幾層
以至二五若水之因地制流是隊之變橫爲縱者也
第二一小隊之變號一二者爲其貴速也第三四小
隊之次第運動者實是践跡也第一小隊初下時後
一番奇偶先下一步左轉身以間花法上下番奇兵
又一步斜行在偶地變作左右四列配立奇偶五層
再轉左斜三轉右斜仍以四列五層直行到第二層
信地斜上時正面依初下時間花例分立奇偶信地
與第一小隊距離間隔正面加六步第三四小隊轉

1-27

下倣此而只有右左轉之不同第三四小隊長本在
於後而轉下時半小隊長暫下在分隊長之後以爲
小隊長之嚮導移前時通路還爲移立於信地凡陣
縱橫行進俱用間花法例喇叭手速要轉位施行各
小隊押伍列運動後始得放火於新正面之敵戰時
行軍亦同平廣之地成列縱隊後若當四面敵至中
隊長別下命令喇叭手要速轉位則第二小隊右轉
身第三小隊左轉身一時變爲方陣而又或以橫隊
變爲方陣則第一小隊左轉身下爲右小隊第二小
隊在信地爲前小隊第三小隊右轉身下爲左小隊

第四小隊右轉身下爲後小隊列成方陣以便射刺
此隨機應變之道也故方陣之法雖不出於圖式實
包在於縱橫而不爲圓陣者使幾方之陣必無防害
於放火之時者也中隊長值在方陣則每移立於中
央之內以應四面指揮

第五

橫隊之兵變成兩層俱爲正面者乃敵在正面而若
當前後面敵至則下列層變轉背立俱爲向敵中隊
長在兩層之中央

第六

1-28

操兵時或左或右且橫且縱者示其分合之意也左
急則右援右急則左援擊首則尾至擊尾則首至紛
紛紜紜而不亂者平時體操是熟也故說第六圖於
第五圖左右兩層之後者爲其敵在前面之右面左
兩層之直下急於後援之計也

第七

敵先在前面之右見我軍後援更向前面之左又使
後援兩隊還到第六圖三四隊原地分列左右兩層
以爲合攻

第八

敵在前面路値平廣則使四層縱隊變爲排開橫隊
時先要各兵務從整頓故緣以嚮導步調精密直行
踐趾

第九

當移陣於右而中隊長先指目標定位則各小隊長
因其地勢之橫斜先唱各伍右側面齊頭整頓後第
一小隊移步旋軸至標下信地時右半小隊長脚下
只移步至標下轉身正面第二三四小隊嚮導旋軸
至標下信地各兵脚下轉身爲四層縱隊變換方向
隊間各相距六步

1-29

第十

以第九圖之右旋變作第十圖之左旋而距離爲稍
間地形爲轉曲故先設一標於一轉之地使各兵供
得到齊整頓後又設一標於再轉之地使之得到於
移陣之信地此中間立地之所由設也各小隊長面
於各伍先行之整頓線指揮其行進大約平行注意
於彎形中隊長在行進之翼嚮導步法於所畫環形
之左廣右狹使小隊注意於容易行進而先要第一
小隊運動直行旋軸兵步一伸一縮至於旋回第二
三四小隊準第一小隊之步法次第隨行其嚮導而

停止整頓一依號令施行方向變換編成圓形縱隊
後次用再轉亦同初法遂次運動行進至信地爲正
面縱隊各隊容間六步隨位整頓而行進時刀在銃
上故整頓後鮮刀裝銃俱向敵兵

第十一

第四圖以橫隊變爲直下縱隊而此中隊之變橫爲
縱者左旋變換方向者也中隊長下左旋令于第一
小隊長而指點目標則小隊長行斜線方監視整頓
換次令于右半小隊長右半小隊長只脚下移立於
信地第一分隊之第一二奇偶脚下左轉身正面立

1-30

信地三四奇偶差剩步度至左半小隊第四分隊長
尾偶兵爲開方之弦注意線標準隊兵步度鱗次側
面斜行進到信地爲第一小隊變換方面第二三四
小隊依第一小隊運動法次第隨行進到信地爲第
二三四小隊變換方向

第十二

第八圖之變縱爲橫自下而層上者也此中隊之變
縱爲橫開方而弦進者也橫隊之信地注意着在於
中央標線各兵之鱗次隨行一從右旋嚮導其他運
動行進之步度與夫變換方向之法例雖與十一圖

式相同及到各隊齊進其排開之前背面乃隨時應
機而行進時獨於此中隊別有逵上縱隊之例兵卒
始自移步隨意擔銃沈默同步第二列兵始爲短縮
步度自己與伍頭爲二尺三寸間隔或以銃負於背
囊之傍如生兵操典之例或以銃擔於右肩以爲步
調之揃列間距離閉縮步度爲一尺三寸之間隔復
取進步而惟從指揮不載圖式

第十三

路恒前狹則各小隊分鮮半小隊爲八半小隊縱隊
此特別時活用梯陣動作之法也小隊長先頭嚮導

1-31

半小隊時在右地二步一般監視半小隊長先爲移
立於半小隊中央前第一半小隊長準標直嚮導第
一二分隊兵運動時量置第二半小隊移立之地越
空直行聯續行進到第一層信地半小隊長移立於
第一分隊之右第二半小隊長觀第一半小隊足踏
第二層地後準標斜嚮導第三四分隊兵左轉身運
動斜行進到第二層信地右轉立半小隊長移立於
第三分隊之右第三四五六七八半小隊行進直斜
倣此而聯續運動各就信地若當道路愈狹則以一
分隊或四列二列編成縱隊

第十四

狹路行軍更當前廣分鮮爲四層縱隊則各小隊長
各就所占位地之前第一層小隊長使第二半小隊
長嚮導各兵準標側面斜行至第一層右邊編成第
一小隊第四六八半小隊逐次行進合成全距離縱
隊換立右左半小隊忽被騎兵四面突擊喇叭卒速
要轉位則第二小隊右轉廻第三小隊左轉廻以塞
第一四小隊之左右空間爲四方陣面皆向外中隊
長小隊長下士及喇叭卒入於部隊之內諸兵精心
沈着銃用一齊放火以防騎兵擊退後第二三小隊

1-32

還爲轉廻編成前信地縱隊
第十五
山路遇警戰鬪則先以第一小隊爲散開隊而隊內
先爲泒遣捜兵幾伍於前路次以兵卒擺列山谷行
狙射法又以第二小隊泒遣作增兵分列左右半小
隊爲列著斷崖疊伏森林之補備因勢助戰第三四
小隊依人家爲二層捜兵此一中隊獨立戰鬪之法
而以大隊當戰鬪則節制與中隊同以大隊當行軍
則第一中隊之第一小隊右半小隊之第一分隊六
兵分作斜行爲右左側兵三兵爲尖兵在前一兵留

餘尖爲第一層地右半小隊之第二分隊左半小隊
之第三四分隊作縱隊爲前衛尖兵在第二層地第
二三四小隊作縱隊爲前衛前兵在第三層地第二
三四中隊作縱隊爲前衛首部在第四層地以中隊
行軍則節制亦同此例以聯隊當行軍則第一大隊
之第二三四中隊作縱隊爲前衛前兵第一中隊之
第二三四小隊作縱隊爲前衛尖兵第一小隊在尖
兵信地泒遣尖側兵第二三大隊作兩層縱隊爲前
衛首部又以一中隊行軍當停止之時則於右左路
第一二小隊分列爲右左小哨各小哨信地內泒遣

1-33

一分隊布置於前爲步哨第三四小隊在後作兩層
爲大哨大哨內泒遣一分隊於狹路爲分遣哨喇叭
手在大哨之內以大隊停止亦同此例而以聯隊當
停止則以一大隊分作右左小哨二三大隊爲大哨
狹路分遣哨則大隊聯隊亦同中隊之例以旅團師
團軍團之衆當戰鬪行軍停止之法則凡奇正節制
之方雖與一中隊略相似焉其變化增減之道實惟
在於臨時措宜矣故於中隊始終之圖寓其曾無盡
萬之義使大小衆寡上下本末皆得以循環之無窮
第一圖之單設一小隊者其衆包在於寡也至此圖

而論大聯三團者以小而推其大也之所有以也
大隊第一
大隊者合四中隊之謂也以大隊動作戰鬪之指揮
爲諸軍行止演習之目的而前左右後變換縱橫之
隊線經劃也與夫銃之使用劒之欲着也大隊長下
號令或告諭於各中隊長則區分之內士卒衆寡難
以通徹其聲音士官中別置副官及下副官兵卒中
撰定傳令使（或定標兵）一二人以爲補助之任焉又定旗
手一員於第二中隊給養掛以標隊號或整線路焉
圖式中鼓手以節制之不便代用喇叭手平時教練

1-34

或值兵員欠乏則各一中隊以二箇小隊看做施行
焉大隊實數合爲七百五十七而士官中計官醫官
副醫官各一下士中書輸掛計官附屬餉兵長武器
掛書記病室掛看病人喇叭長各一看病卒中卒三
職工中銃工二縫工靴工各一合十八人員入於編
制而平時操練不參焉始自大隊以至聯隊各鎮臺
則合三大隊爲一聯惟近衛則合二大隊爲一聯矣
自聯隊而至旅團或三聯或二聯自旅團而至師團
或三旅或二旅自師團而至軍團或三師或二師自
軍團而至二軍三軍稱之以一軍焉大中小將次第

爲司令步騎砲工輜合并豫備之增員暨各部諸官
并屬於本營而在旅團則隨其時機只用單步之編
近衛各兵別成一師團此其戰時編制之概則也盖
此大隊第一圖之始起接手中隊第十五之終故摠
論其聯合三團之說以續夫小大寡衆之義云爾

第二

以橫列之四中隊每中隊變爲縱隊合成四列橫隊
各中隊橫隊變爲縱隊時第二小隊在信地第一小
隊左側面第三四小隊右側面行進與中隊第四圖
同第二中隊變成縱隊後在信地第一中隊變成縱

1-35

隊後左側面進向第二中隊之右第三四中隊變成
縱隊後右側面進向第二中隊之左并間隔二十四
步正面大隊長於各中隊變成縱隊時在中央後整
齊四中隊橫列縱隊後移立於中央前

第三

以大隊四列橫隊編成一縱隊區分後大隊長在中
央側方隔十五步地嚮導齊進則第一中隊第一小
隊隨線路嚮導先行第二三四小隊次第得嚮導測
寔行進至信地正面第二三四中隊逐次置縱位於
後方各中隊間加六步距離

第四

以縱隊大隊變爲兩列縱隊則大隊長側方來在先
頭部隊隔十步地先占左右位置間隔六步取相通
近發號嚮導挨次施行各進信地第一中隊在信地
第二中隊直上至第一中隊尾局間六步止第三四
中隊向左進至左列下更爲逐次直上合成重複縱
隊下副官在第二中隊之第四小隊右六步地者爲
其發號時補助也

第五

大隊縱隊同是一稱而其規則與第三圖式有相異

1-36

爲第三則各以中隊加小隊正面六步之間隔也此則使十六小隊用開伸法各加二步於小隊正面相連一規而爲縱故名之以全距離而別之實是野戰之勤務也喇叭手移在於先頭部隊前方二十步地要前兵行進先頭各小隊長進四步前俱用嚮導第一中隊準標直上第二三四中隊遂次行進至信地以各加二步適度

第六

以橫隊大隊變成縱隊大隊隊間相隔小隊正面各加六步第二中隊在信地變爲一中隊第一三四中隊之右左下轉入縱隊內信地與中隊第四圖規則略相似焉而右左直下線標至空位地有異且第一中隊前方線標不同盖此隊兵卒衆多之所由然也至第六而大隊長副官下副官及喇叭手之不出圖式者已有自一至五之依據照準也

第七

以橫隊大隊更成重複縱隊而與第四圖差異先於第二中隊之左直立線標一路隊令兩列運動之注意次以第三中隊之右開縮間隔六步以示下層嚮導之信地此其縱橫開閉之隨機應變者也第二一

1-37

中隊之變號一二與第六圖同

第八

以四列橫隊變成縱隊大隊而軸翼轉移之規則與中隊第九圖同惟在以一推四而但各隊距離容二十六步第四三二一中隊變爲一二三四中隊換立方向此其左右應變時貴速運動者也

第九

以縱隊大隊變成重複縱隊而先設直線於中央前者與第七圖運動之注意同第二中隊之直上第三四中隊之向左位地更爲直上與第三四圖變成亦同

第十

以四列縱隊橫隊變成排開橫隊則先爲劃定一條線路且小旗手立於線上以兩眼中間照準線標於下士後副官及下副官於各其兵前面通過間隔喇叭手於二三中隊通過間隔要諸兵速就新位地小旗手出前列大隊長以劒發號施行運動時給養下士倒銃上擧床尾先用嚮導各兵從嚮導同一線上并列排開與第一圖同而小旗手節制之諭旣詳且各中隊長在於各該隊中央合面區分挨次副官與

1-38

下副官待排開整頓後廵行點檢立於左右列末端
士官名目又出於第十圖式者示其與前在信地或
同或異之有別也

第十一

以各中隊縱隊編成四列橫隊與第二圖式相同而
惟其嚮導與運動之節不相似焉此其移陣之方非
排開橫隊信地之故也故各中隊給養下士四人倒
銃上擧床尾先占各第一小隊位地作一中隊據訖
方面置目標於整頓線上各中隊長依此互相酌量
其信地比準嚮導運動行進各他小隊逐次隨先行

小隊距離六步地成列整頓待大隊長令下以休憩
各士卒束銃成竪解背囊與武器各具置於銃傍携
列散休而喇叭手又要聚合則各兵一時齊到着於
最初撰定線上地位拾裝器具并列整頓若當非常
時機則各兵只待號令散開衆合施行放火而但常
時運動則必自第二中隊而先始小旗手出前列爲
目標則右兩列中隊長從前面移立於各其隊右上
各小隊長從後面移立於各其隊左邊大隊長移立
於中隊前凡各士卒進退前後方向變換轉回停止
一從指揮適度

1-39

第十二

以縱隊四中隊之橫隊變成四層縱隊而前面路值
轉曲難以直進必先定長綿於第二中隊之第一小
隊右側傍次定短線於第一中隊之第一小隊第三
四中隊之第四小隊右側傍以爲移立之信地而線
標之不劃前面劃於右側將再轉爲十三圖時地勢
之轉曲不得不如斯後行進者也各中隊第一小隊
長於先頭所在脚下轉廻行內部引卒各小隊長轉
軸近接隨步短縮連續行進翼中心如弧形間隔保
軸方

第十三

以四層縱隊變換四列橫隊而路值障碍難以通過
必先定長線於第二中隊之第一小隊左上次定短
線於各中隊轉移空位中央前以爲嚮導各中隊第
一小隊準第四小隊轉移規則第二三小隊連續隨
步轉軸至短線空位正直工行進到信地

第十四

以縱隊中隊之橫隊大隊行進停止間變換方向而
轉廻之路勢圜如弓弛所立之信地斜似梯側及其
運動以一推四與中隊第十圖式相同而中間之線

1-40

標一條差異且兵卒稠密難以告諭故兵卒中撰定
標兵二名分立於斜線第一中隊第一小隊信地左
右末端踏線直向副官立於斜線第四中隊第一小
隊信地左以爲上下限閾各中隊行進旋軸隨步伸
縮至斜線側整頓第一中隊左路加點劃以示第二
三四中隊隨步進止之例

第十五

轉廻路勢之點劃所立信地之斜線與第十四圖式
相同而但四列四層之地橫縱不同先第一中隊左
側面間花列開左伸右縮次二三四中隊隨步伸縮

旋軸行進止并左側面整頓斜線側變成四層縱隊
第一中隊左路無點劃以側面開伸與第十四圖之
直進差異而然也運動時間花列開斜立時分立成
縱與中隊第四圖式互相照者

第十六

第一中隊第一二三四小隊各伍右側面齊頭左旋
從路點劃至信地脚下轉身爲四列縱隊變換方向
與中隊第九圖同而但中隊長在第一列先頭左嚮
導至第一列先頭前左向直線立第二三四中隊逐
次隨行次第到信地合成四列橫隊標兵一名例在

1-41

於轉廻之地副官下副官旗手喇叭手所在信地已
有照準不出圖式下圖倣此

第十七

以第十六圖之右旋變作第十七圖之左旋規則與
中隊第九第十圖之互變相同而但兵卒衆多地勢
稍遠故先設兩位空地於中間又置目標之線以爲
繼次嚮導而前圖之以橫爲橫此圖之以縱爲縱也
變換方向亦相不同

第十八

以右邊之重複縱隊爲左旋之重複縱隊是變換方

向而使衆多之兵卒欲觀其步調之精密也第三四
中隊各一二三四小隊各伍一轉左側面再轉至標
路右側面左伸右縮旋軸行進至信地脚下左轉身
正面第一二中隊逐次隨行到信地合成重複縱隊
若忽被敵騎突擊則放火時與獨中隊第十四圖之
變成方陣有異此其兵卒稠密恐致射刺之相妨故
特此急下號令散開應敵之策惟在隨時制宜矣大
隊終圖當有聯合之論而旣槩略於第一圖說故只
擄操典中騎敵之如何云爾

1-42

步兵操典圖式

中隊第一單設小隊圖

右路兩層直線小隊以右左半小隊第一二三四分隊每分隊各五伍每伍以疊行爲例右半小隊第一二分隊前後列第一三五七九爲奇第二四六八十爲偶圖分空實以別奇偶左半小隊同小隊長在標路右半小隊長之後右半小隊長在第一分隊長之右左半小隊長在該三四分隊中後標以兩層爲半兵以直行爲例五伍依分隊長動作分隊長從半小隊長嚮導半小隊長聽小隊長發號指揮施行運動

1-43

第二橫隊之圖

右列第一半隊第一二小隊每小隊各右左半小隊第一二三四分隊爲例左列第二半隊第三四小隊同疊行爲伍前後面各八十分隊長各在隊內之右頭鍬卒并在左半小隊之第四分隊內左邊前後中隊長在第一小隊右半小隊長之右各小隊長在右左半小隊之中後小隊副長在第一小隊右半小隊第一分隊之右後半小隊長所在信地與第一圖同給養掛在第四小隊左半小隊第四分隊之左後炊事掛在小隊副長之右

1-44

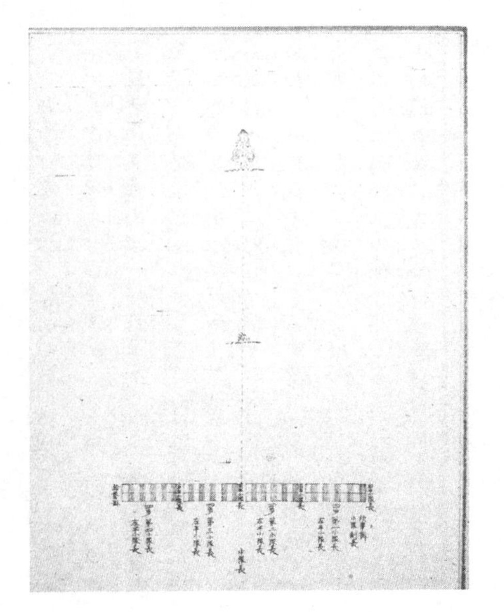

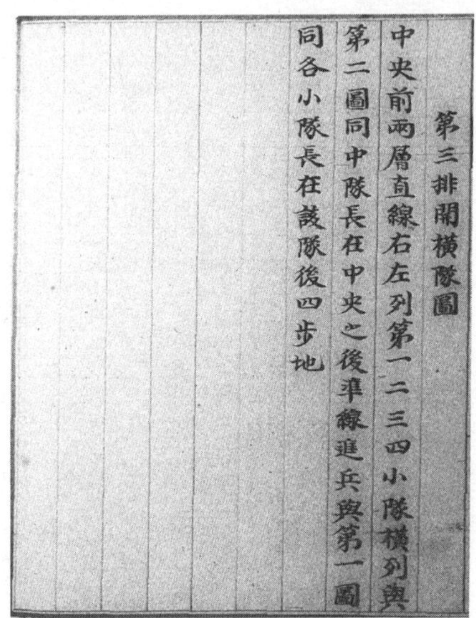

第三排開橫隊圖
中央前兩層直線右左列第一二三四小隊橫列與
第二圖同中隊長在中央之後準線進兵與第一圖
同各小隊長在該隊後四步地

1-45

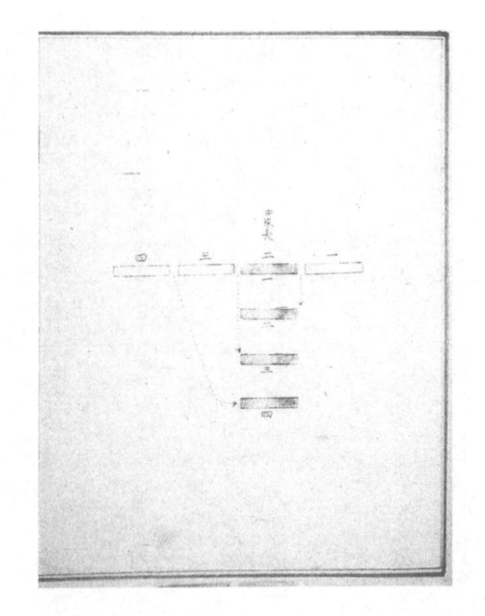

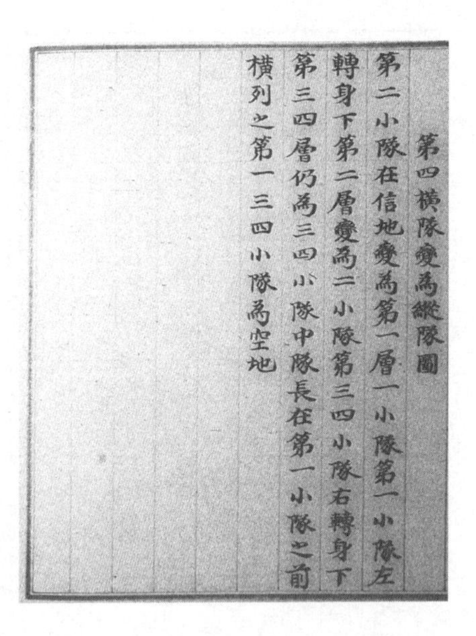

第四橫隊變爲縱隊圖
第二小隊在信地變爲第一層一小隊第一小隊左
轉身下第二層變爲二小隊第三四小隊右轉身下
第三四層仍爲三四小隊中隊長在第一小隊之前
橫列之第一三四小隊爲空地

1-46

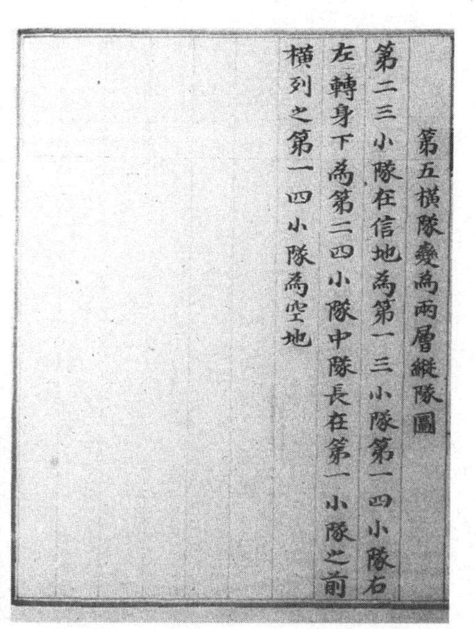

第五橫隊變爲兩層縱隊圖

第二三小隊在信地爲第一三小隊第一四小隊右
左轉身下爲第二四小隊中隊長在第一小隊之前
橫列之第一四小隊爲空地

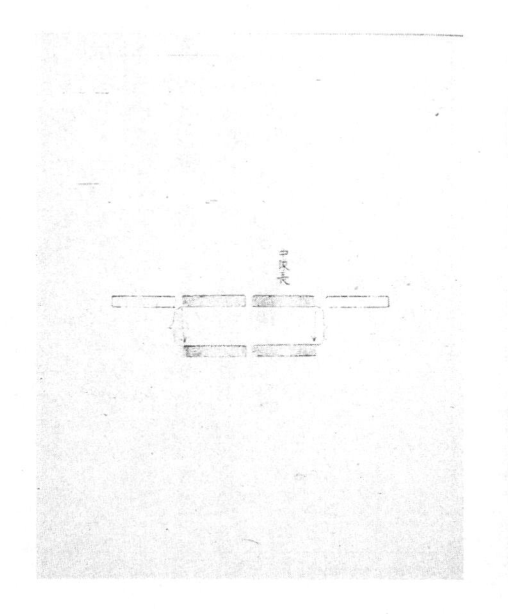

1-47

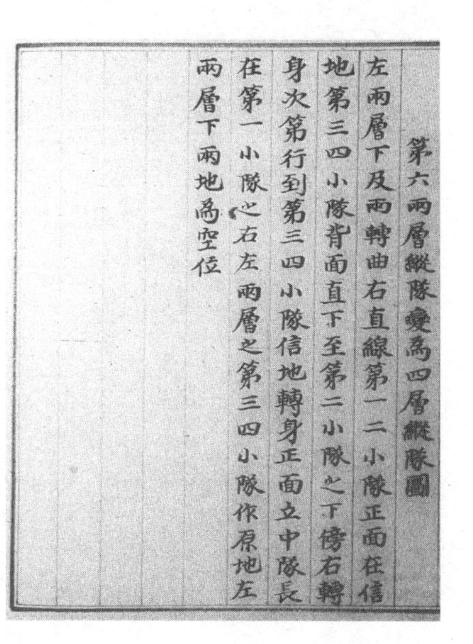

第六兩層縱隊變爲四層縱隊圖

左兩層下及兩轉曲右直線第一二小隊正面在信
地第三四小隊背面直下至第二小隊之下傍右轉
身次第行到第三四小隊信地轉身正面立中隊長
在第一小隊之右左兩層之第三四小隊作原地左
兩層下兩地爲空位

1-48

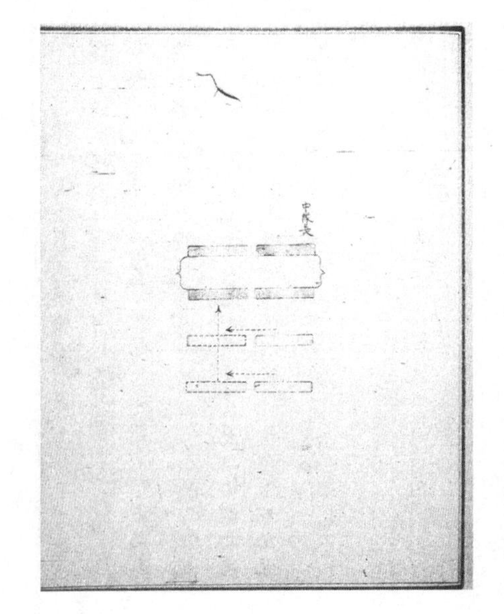

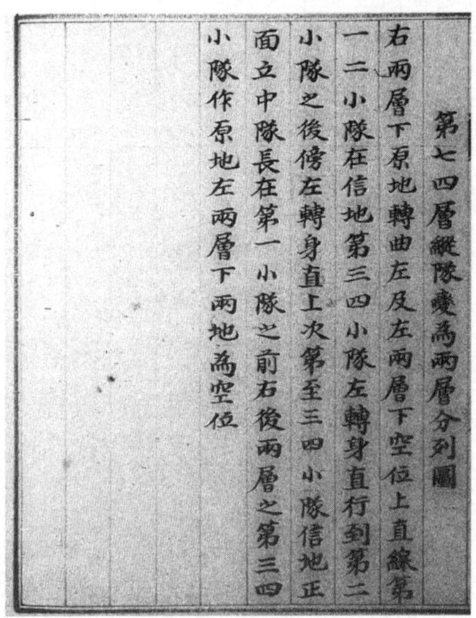
第七四層縱隊變爲兩層分列圖

右兩層下原地轉曲左及左兩層下空位上直線第一二小隊在信地第三四小隊左轉身直行到第二小隊之後傍左轉身直上次第至三四小隊信地正面立中隊長在第一小隊之前右後兩層之第三四小隊作原地左兩層下兩地爲空位

1–49

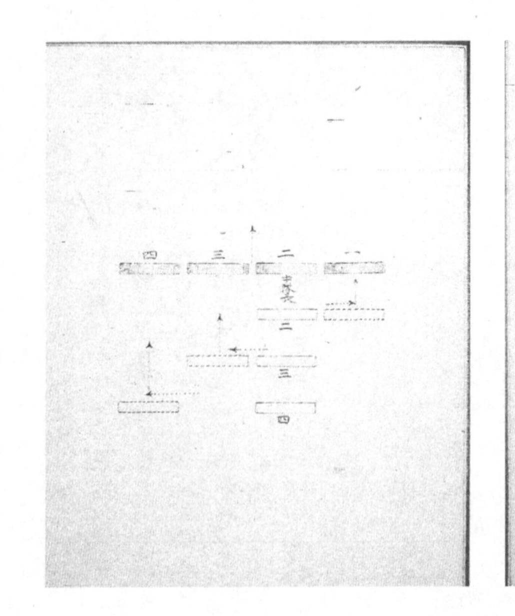

第八縱隊變爲橫隊圖

中央前直線第一小隊在信地變爲第二小隊第二小隊右側面直就標線前整頓左側面直上變爲第一小隊第三四小隊左側面直就線前整頓右側面直上次第爲第三四小隊中隊長在第二小隊之後中下三層之第二三四作原地第一三四隊下三地爲空位右左轉曲及空位上直線爲標路

1–50

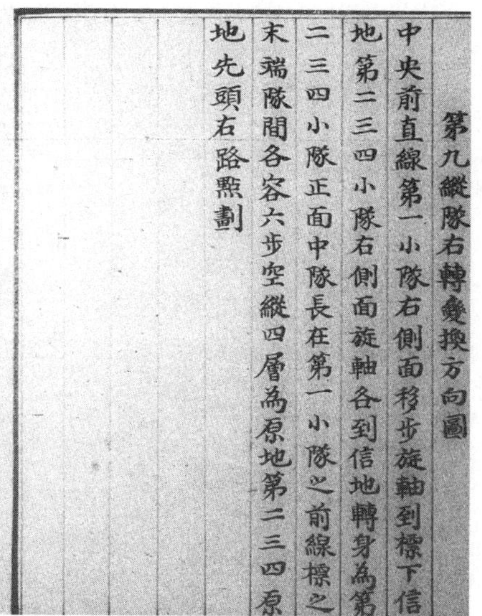

第九縱隊右轉變換方向圖

中央前直線第一小隊右側面移步旋軸到標下信
地第二三四小隊右側面旋軸各到信地轉身爲第
二三四小隊正面中隊長在第一小隊之前線標之
末端隊間各容六步空縱四層爲原地第二三四原
地先頭右路點劃

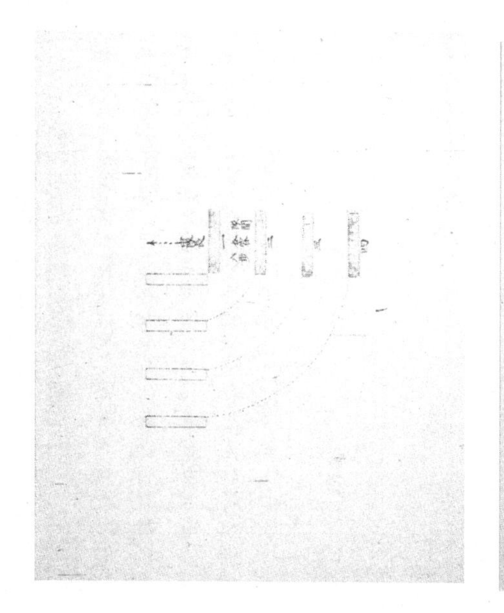

1-51

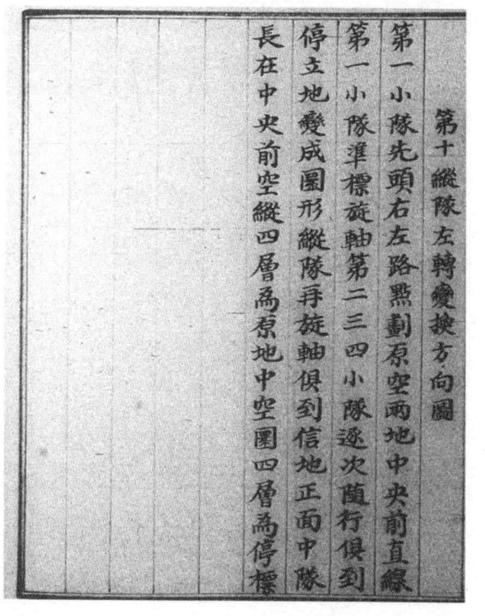

第十縱隊左轉變換方向圖

第一小隊先頭右左路點劃原空兩地中央前直線
第一小隊準標旋軸第二三四小隊逐次隨行俱到
停立地變成圓形縱隊幷旋軸俱到信地正面中隊
長在中央前空縱四層爲原地中空圈四層爲停標

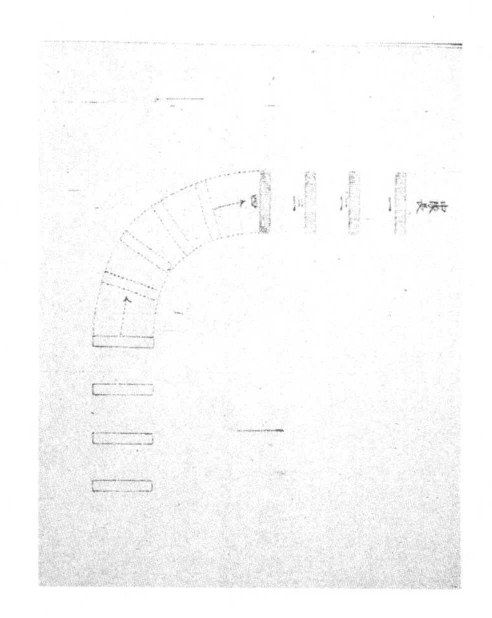

1-52

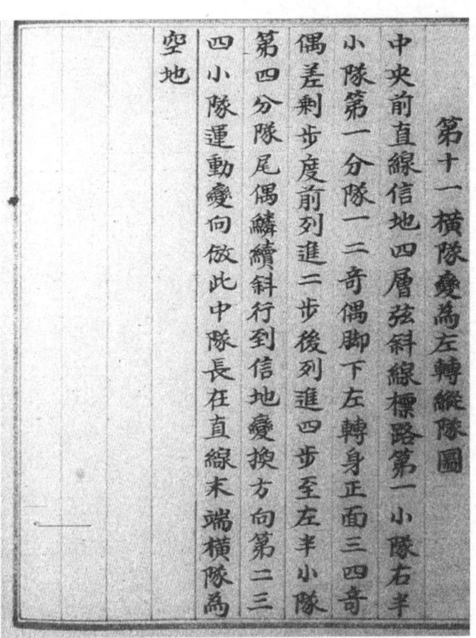

第十一橫隊變爲左轉縱隊圖
中央前直線信地四層弦斜線標路第一小隊右半
小隊第一分隊一二奇偶脚下左轉身正面三四奇
偶差剩步度前列進二步後列進四步至左半小隊
第四分隊尾偶鱗續斜行到信地變換方向第二三
四小隊運動變向倣此中隊長在直線末端橫隊爲
空地

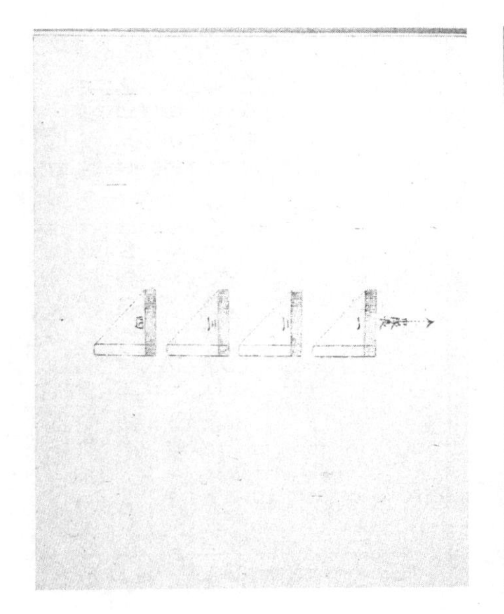

1-53

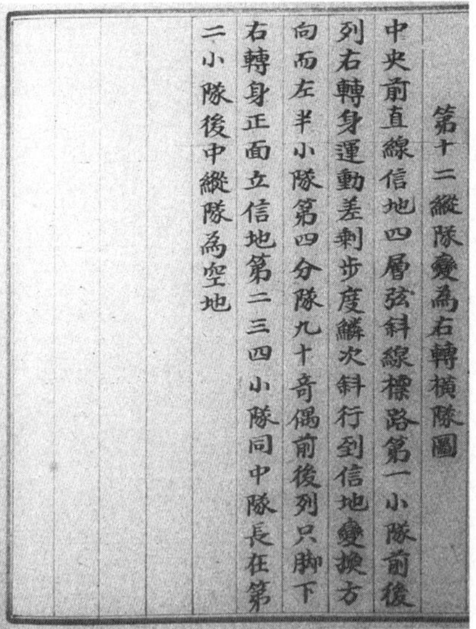

第十二縱隊變爲右轉橫隊圖
中央前直線信地四層弦斜線標路第一小隊前後
列右轉身運動差剩步度鱗次斜行到信地變換方
向而左半小隊第四分隊九十奇偶前後列只脚下
右轉身正面立信地第二三四小隊同中隊長在第
二小隊後中縱隊爲空地

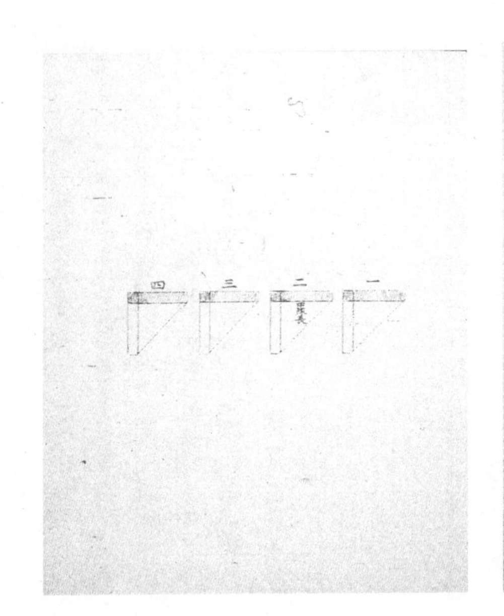

1-54

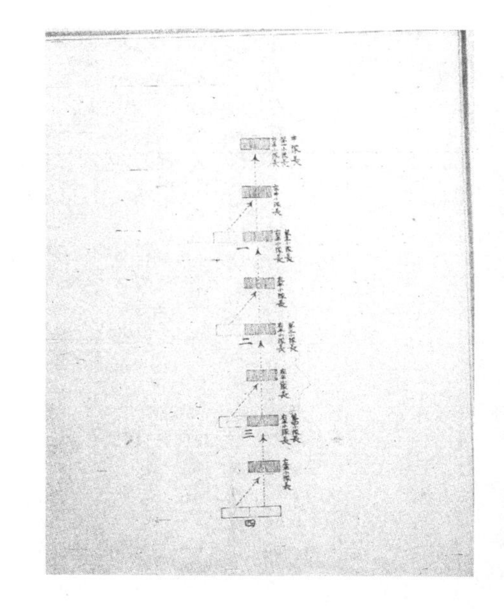

第十三四層縱隊變爲八層縱隊圖

第一小隊分解右左半小隊右半小隊直上爲第一層左半小隊鱗次左轉斜行到信地右轉位爲第二層第二三四小隊分解半小隊爲三四五六七八層行進直斜同半小隊長各在隊右小隊長各在第一三五七層半小隊長之右中隊長在第一層小隊長之右線標以直斜爲例第一二三小隊左半小隊第四小隊右左半小隊爲空地

1-55

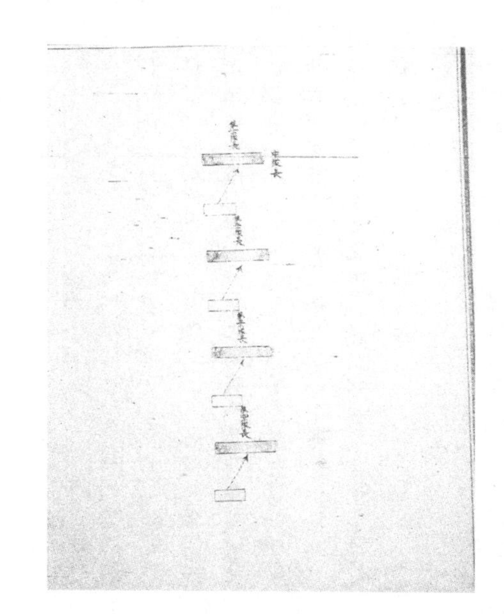

第十四八層縱隊變爲四層縱隊圖

第二半小隊準標側面斜行至第一層右邊換爲右半小隊合成第一小隊第四六八半小隊逐次行進各成第二三四小隊右左半小隊相換與第一小隊同中隊長在第一小隊之右小隊長各在該隊之中央前第二四六八半小隊爲空地線標以斜爲例

1-56

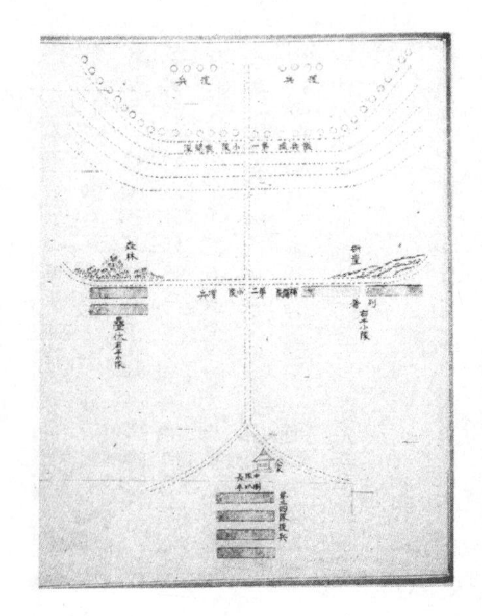

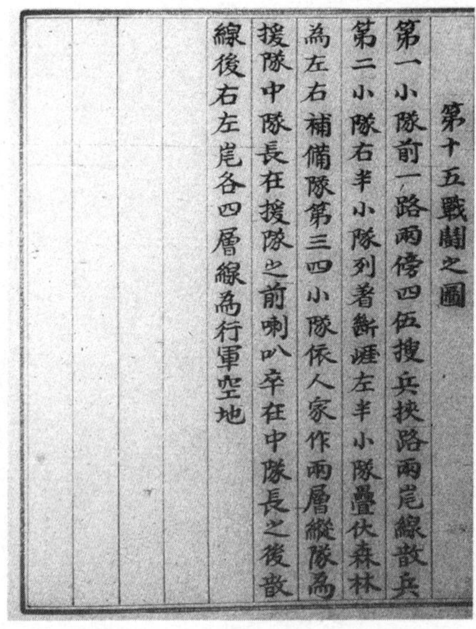

第十五戰鬪之圖

第一小隊前一路兩傍四伍搜兵挾路兩尾線散兵
第二小隊右半小隊列着斷涯左半小隊疊伏森林
為左右補備隊第三四小隊依人家作兩層縱隊為
援隊中隊長在援隊之前喇叭卒在中隊長之後散
線後右左尾各四層線為行軍空地

1-57

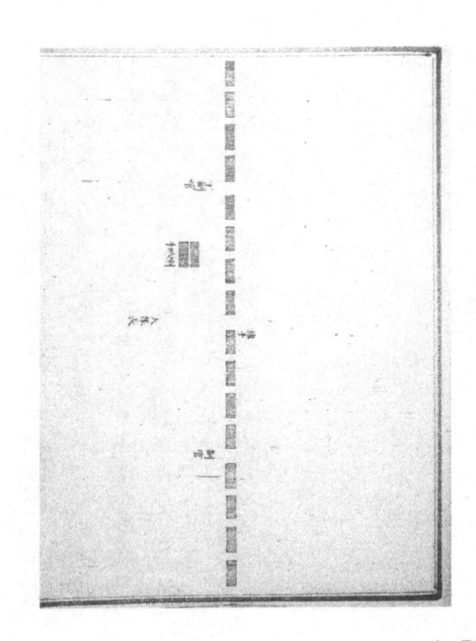

大隊第一排開橫隊圖

大隊隨各兵整成順次相準幷列排開為橫隊以四
中隊各四小隊為例各中隊士卒信地與獨立中隊
橫隊同右第一列第一中隊第一二三四小隊第二
列第二中隊左二列第三四中隊同大隊長在中央
後副官在第一二中隊之中後下副官在第三四中
隊之中後旗手在第二中隊第四小隊尾伍前列之
左喇叭手三十二名疊作前後列在第三中隊之中
後押伍列

1-58

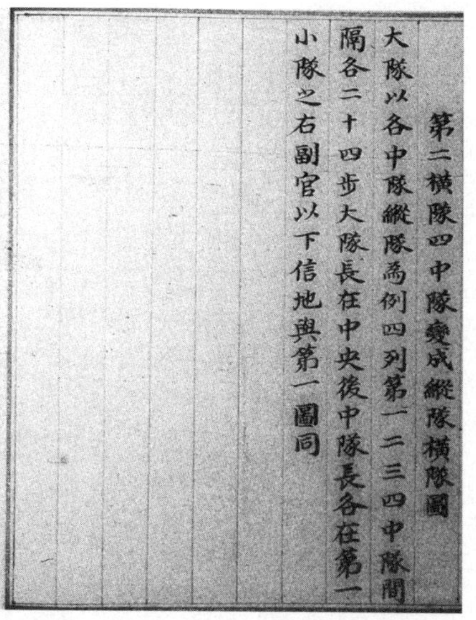

第二橫隊四中隊變成縱隊橫隊圖

大隊以各中隊縱隊爲例四列第一二三四中隊間
隔各二十四步大隊長在中央後中隊長各在第一
小隊之右副官以下信地與第一圖同

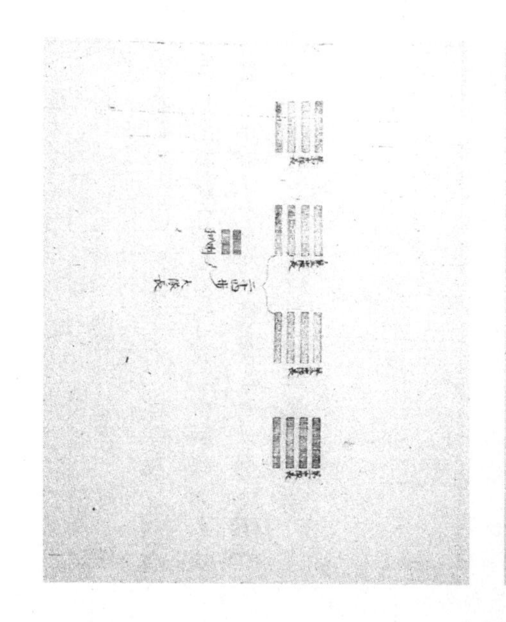

1-59

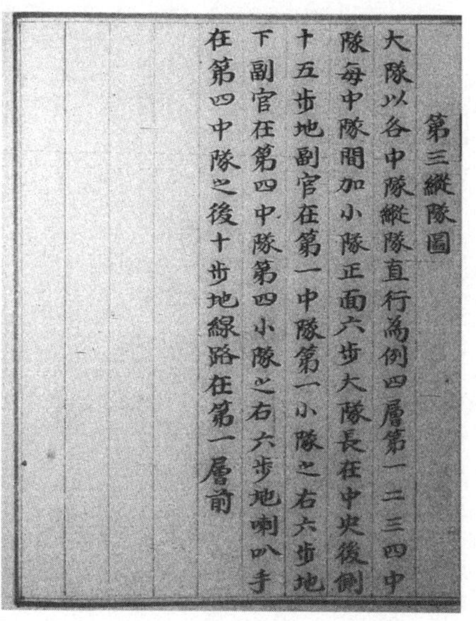

第三縱隊圖

大隊以各中隊縱隊直行爲例四層第一二三四中
隊每中隊間加小隊正面六步大隊長在中央後側
十五步地副官在第一中隊第一小隊之右六步地
下副官在第四中隊第四小隊之右六步地喇叭手
在第四中隊之後十步地綠路在第一層前

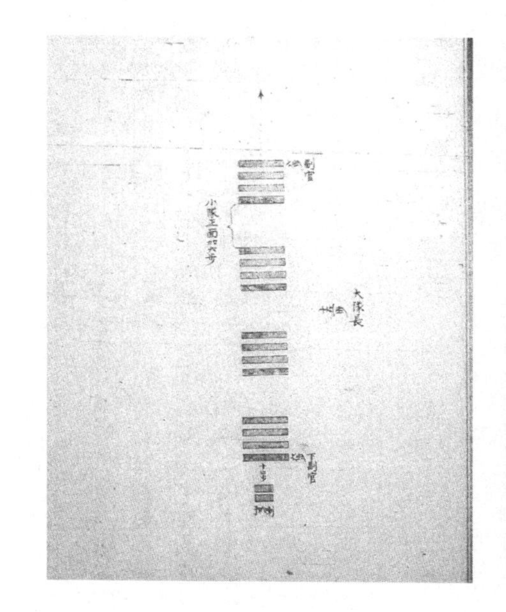

1-60

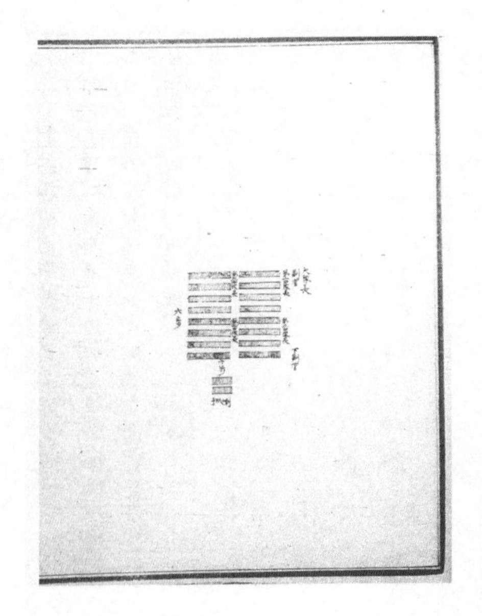

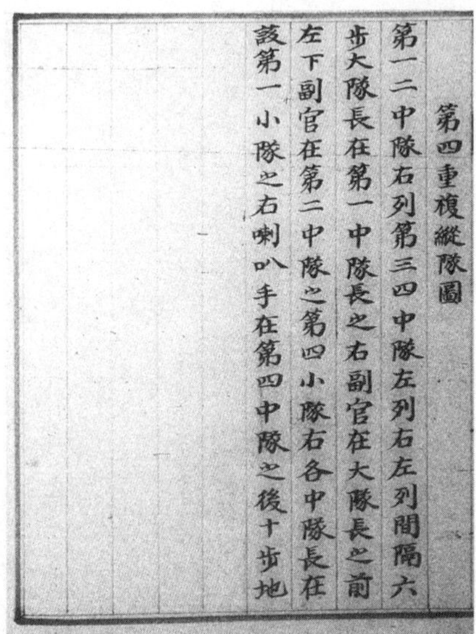

第四重複縱隊圖

第一二中隊右列第三四中隊左列右左列間隔六步大隊長在第一中隊長之右副官在大隊長之前左下副官在第二中隊之第四小隊右各中隊長在該第一小隊之右喇叭手在第四中隊之後十步地

1-61

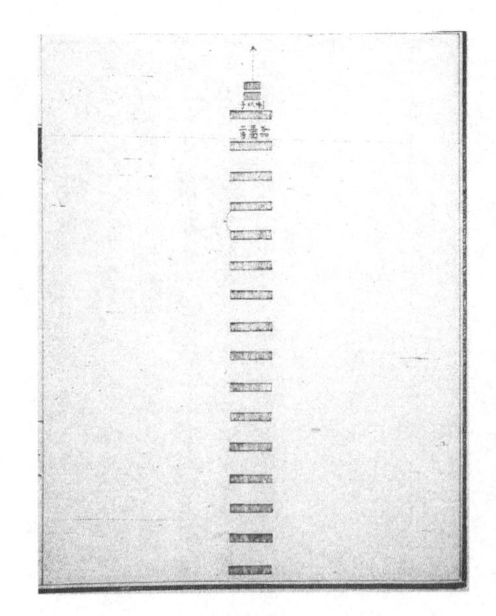

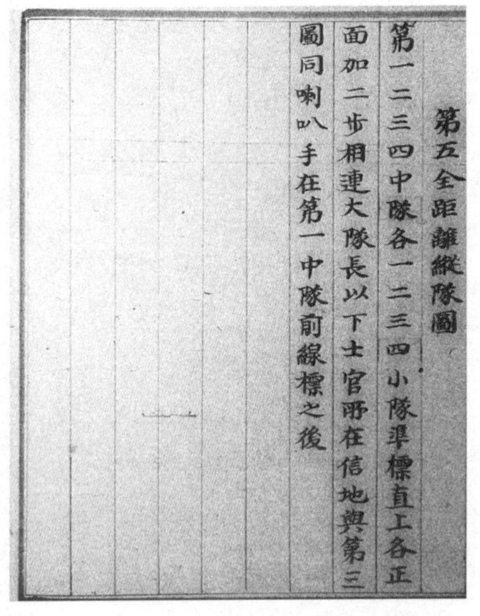

第五全距離縱隊圖

第一二三四中隊各一二三四小隊準標直上各正面加二步相連大隊長以下士官所在信地與第三圖同喇叭手在第一中隊前線標之後

1-62

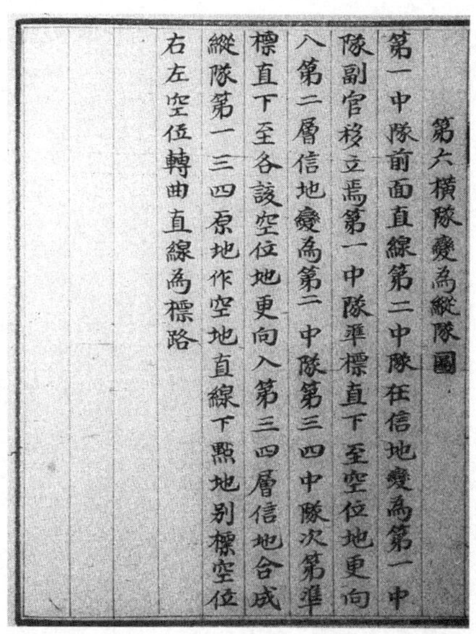

第六橫隊變爲縱隊圖
第一中隊前面直線第二中隊在信地變爲第一中
隊副官移立焉第一中隊準標直下至空位地更向
入第二層信地變爲第二中隊第三四中隊次第準
標直下至各該空位地更向入第三四層信地合成
縱隊第一三四原地作空地直線下點地別標空位
右左空位轉曲直線爲標路

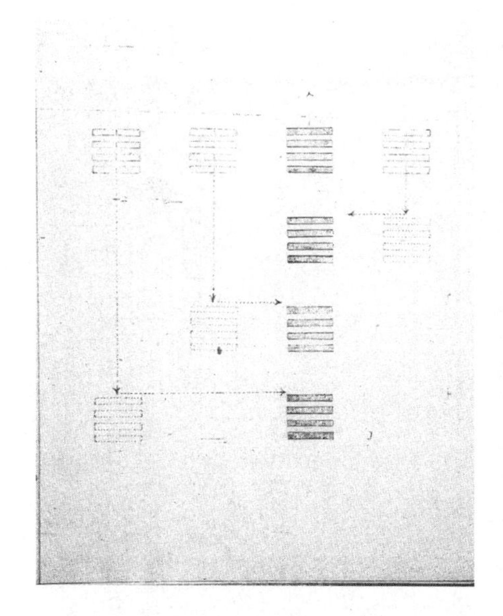

1-63

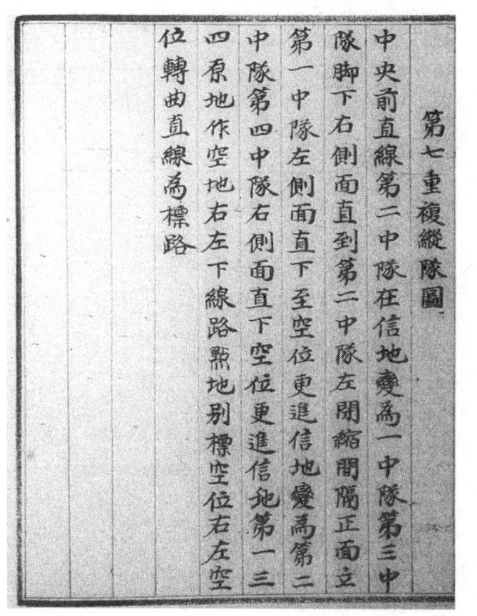

第七重複縱隊圖
中央前直線第二中隊在信地變爲一中隊第三中
隊脚下右側面直到第二中隊左開縮間隔正面立
第一中隊左側面直下至空位更進信地變爲第二
中隊第四中隊右側面直下空位更進信地第一三
四原地作空地右左下線路點地別標空位右左空
位轉曲直線爲標路

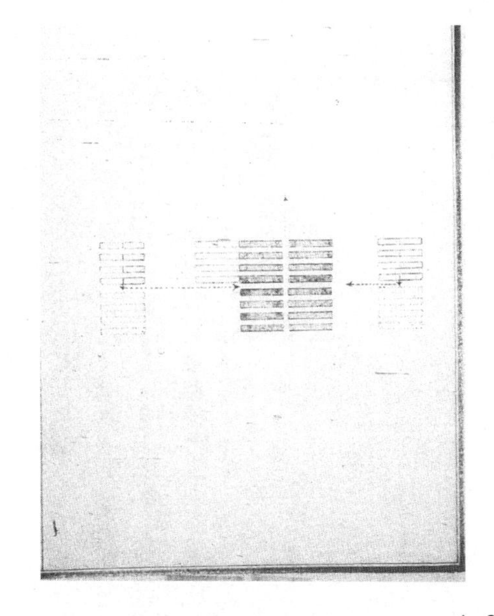

1-64

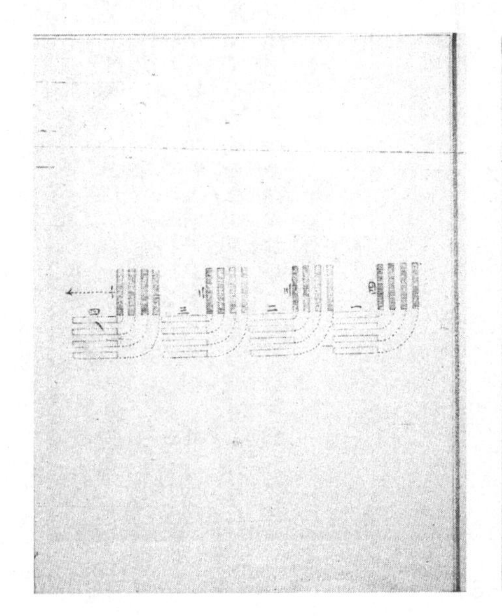

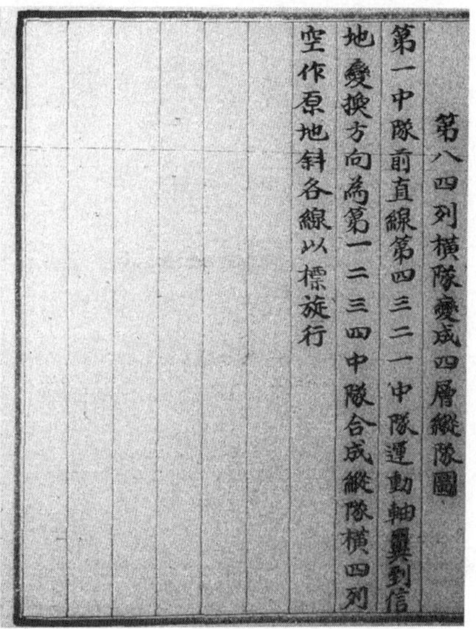
第八四列橫隊變成四層縱隊圖
第一中隊前直線第四三二一中隊運動軸翼到信
地變換方向爲第一二三四中隊合成縱隊橫四列
空作原地斜各線以標旋行

1-65

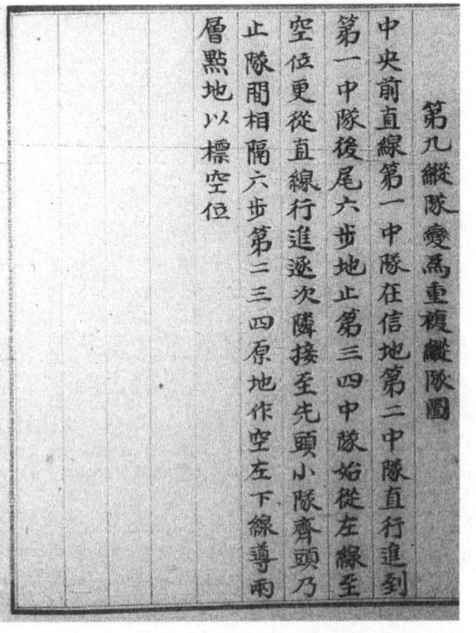
第九縱隊變爲重複縱隊圖
中央前直線第一中隊在信地第二中隊直行進到
第一中隊後尾六步地止第三四中隊始從左線至
空位更從直線行進逐次隣接至先頭小隊齊頭乃
止隊間相隔六步第二三四原地作空左下線導兩
層點地以標空位

1-66

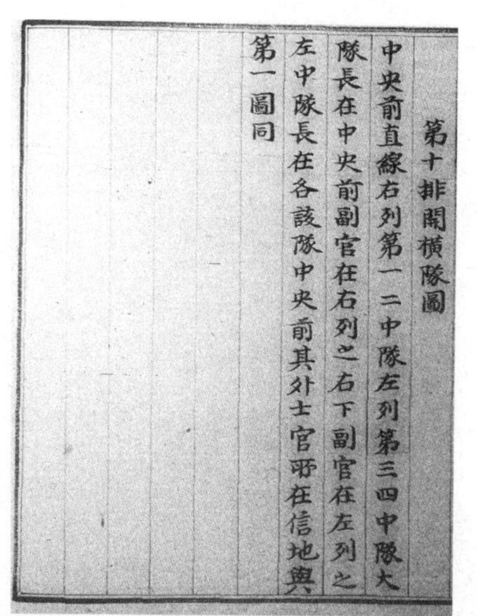
第十排開横隊圖
中央前直線右列第一二中隊左列第三四中隊大
隊長在中央前副官在右列之右下副官在左列之
左中隊長在各該隊中央前其外士官嚮在信地與
第一圖同

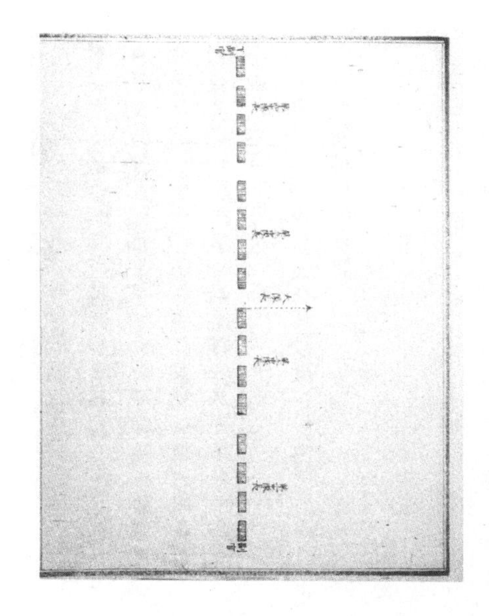

1-67

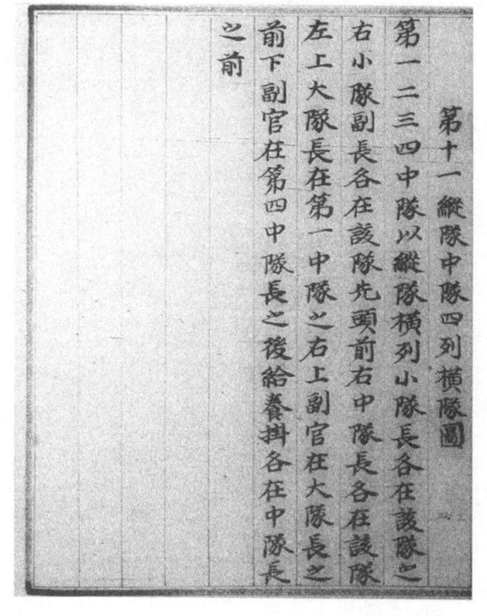
第十一縱隊中隊四列横隊圖
第一二三四中隊以縱隊横列小隊長各在該隊之
右小隊副長各在該隊先頭前右中隊長各在該隊
左上大隊長在第一中隊之右上副官在大隊長之
前下副官在第四中隊長之後給養掛各在中隊長
之前

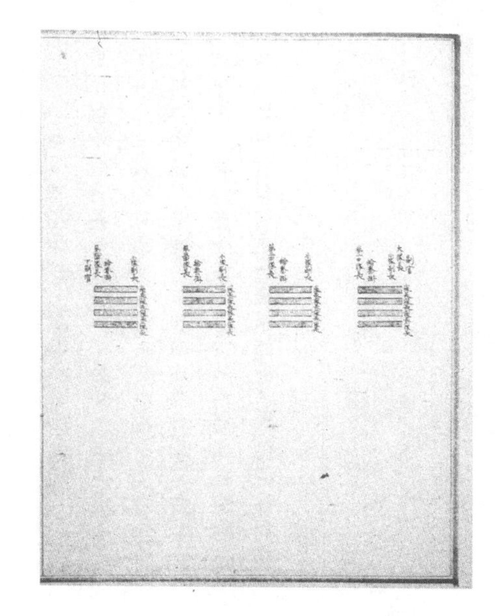

1-68

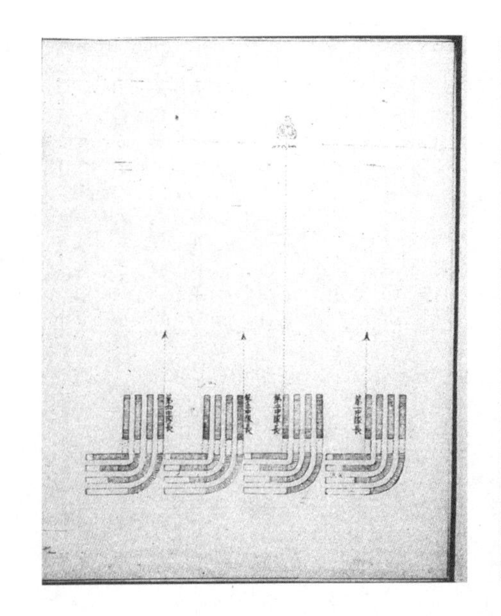

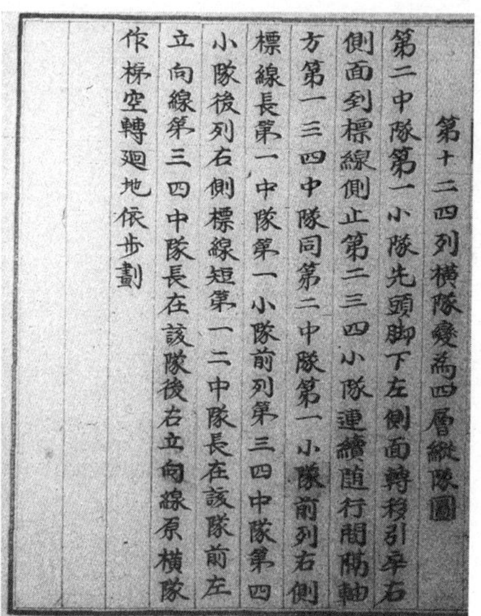

第十二四列横隊變爲四層縱隊圖

第二中隊第一小隊先頭脚下左側面轉移引卒右側面到標線側止第二三四小隊連續隨行間隔軸方第一三四中隊同第二中隊第一小隊前列右側標線長第一中隊第一小隊前列第三四中隊第四小隊後列右側標線短第一二中隊長在該隊前左立向線第三四中隊長在該隊後右立向線原橫隊作栫空轉迴地依步劃

1–69

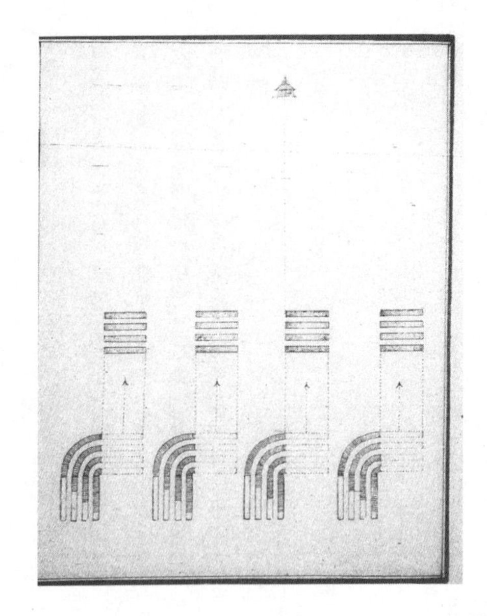

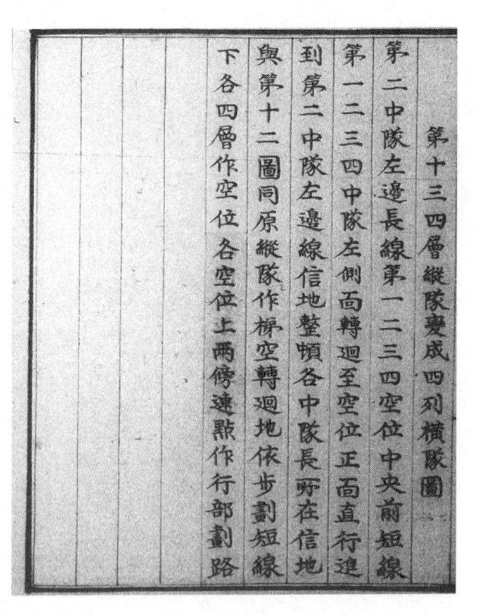

第十三四層縱隊變成四列横隊圖

第二中隊左邊長線第一二三四空位中央前短線第一二三四中隊左側面轉迴至空位正面直行進到第二中隊左邊線信地整頓各中隊長所在信地與第十二圖同原縱隊作栫空轉迴地依步劃短線下各四層作空位各空位上兩傍連點作行部劃路

1–70

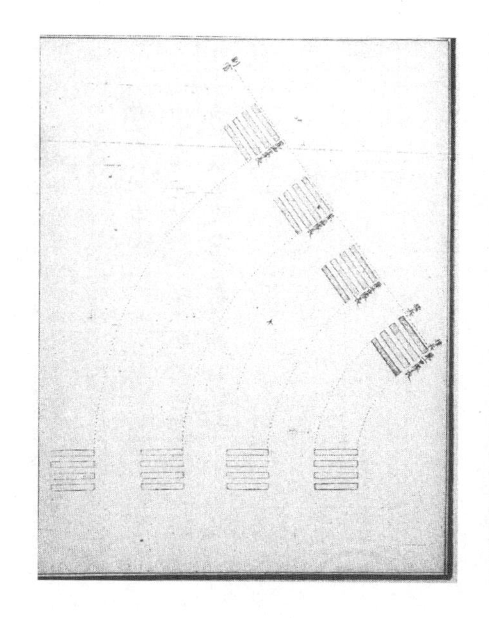

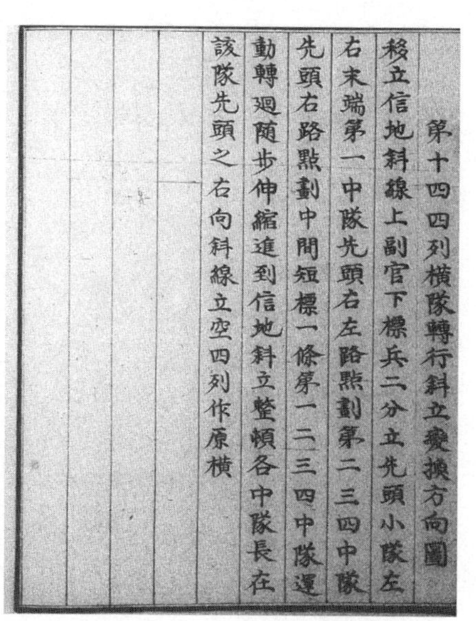

第十四四列橫隊轉行斜立變換方向圖

移立信地斜線上副官下標兵二分立先頭小隊左
右末端第一中隊先頭右左路點劃第二三四中隊
先頭右路點劃中間短標一條第一二三四中隊運
動轉廻隨步伸縮進到信地斜立整頓各中隊長在
該隊先頭之右向斜線立空四列作原橫

1–71

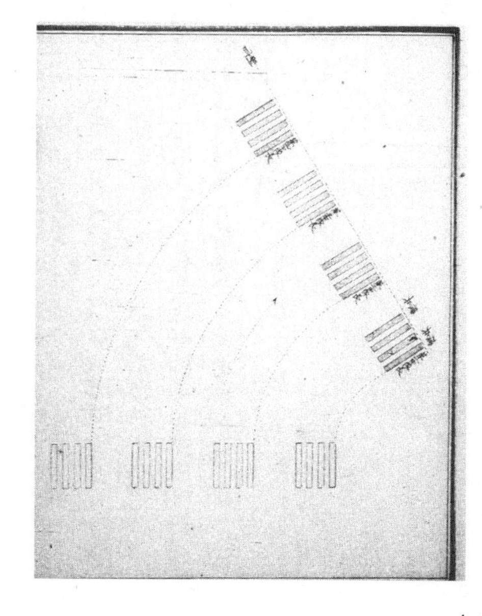

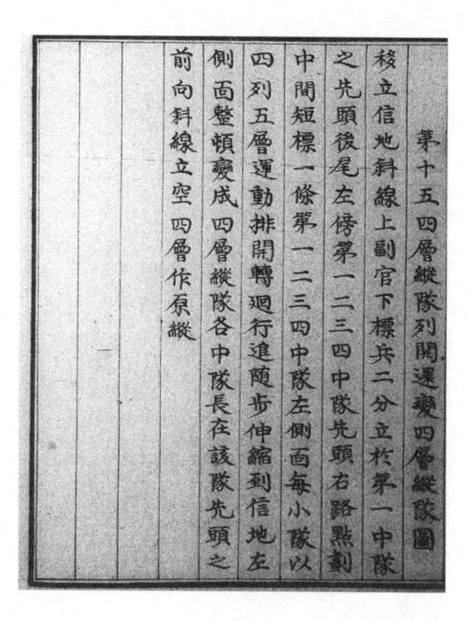

第十五四層縱隊列開還變四層縱隊圖

移立信地斜線上副官下標兵二分立於第一中隊
之先頭後尾左傍第一二三四中隊先頭右路點劃
中間短標一條第一二三四中隊左側面每小隊以
四列五層運動排開轉廻行進隨步伸縮到信地左
側面整頓變成四層縱隊各中隊長在該隊先頭之
前向斜線立空四層作原縱

1–72

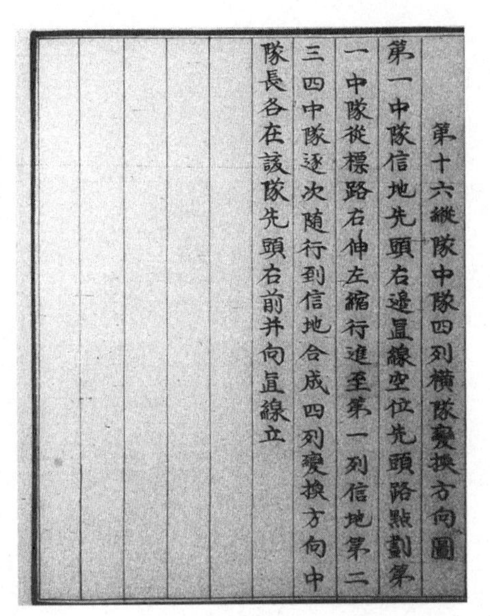

第十六縱隊中隊四列橫隊變換方向圖

第一中隊信地先頭右邊直線空位先頭路點劃第一中隊從標路右伸左縮行進至第一列信地第二三四中隊逐次隨行到信地合成四列變換方向中隊長各在該隊先頭右前并向直線立

1-73

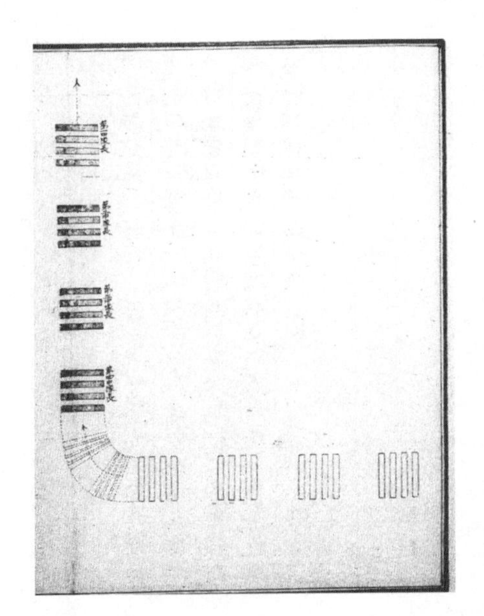

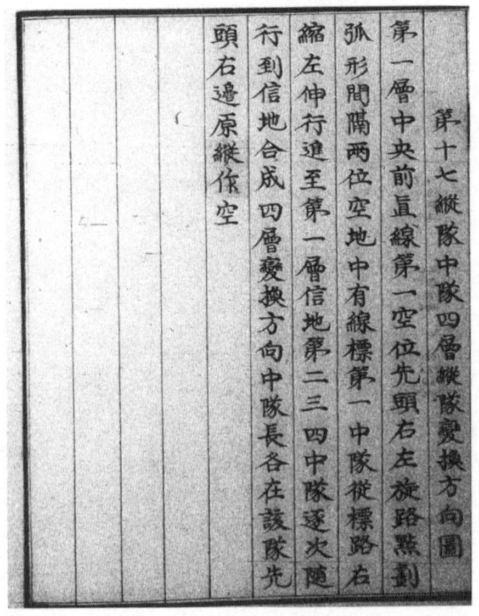

第十七縱隊中隊四層縱隊變換方向圖

第一層中央前直線第一空位先頭右左旋路點劃弧形間隔兩位空地中有線標第一中隊從標路右縮左伸行進至第一層信地第二三四中隊逐次隨行到信地合成四層變換方向中隊長各在該隊先頭右邊原縱作空

1-74

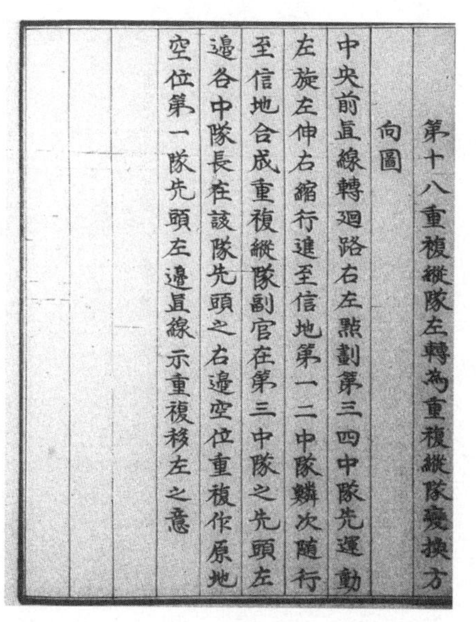

第十八重複縱隊左轉為重複縱隊變換方
向圖
中央前直線轉廻路右左點劃第三四中隊先運動
左旋左伸右縮行進至信地第一二中隊鱗次隨行
至信地合成重複縱隊副官在第三中隊之先頭左
邊各中隊長在該隊先頭之右邊空位重複作原地
空位第一隊先頭左邊直線 示重複移左之意

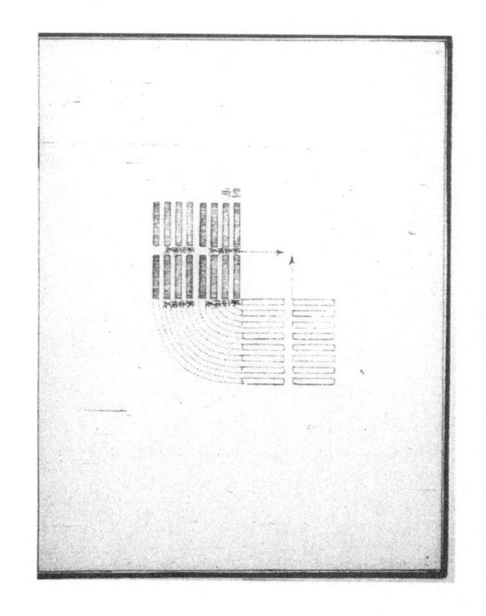

1–75

日本陸軍操典卷之二 終

1–76

부록 2

원문자료 제2책
제3권(기병조전)
제4권(포병조전,
공병조전, 치중병 편제)

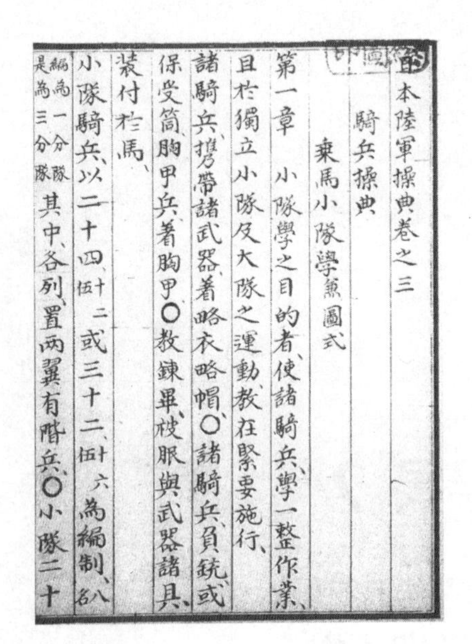

本陸軍操典卷之三

騎兵操典

乘馬小隊學兼圖式

第一章　小隊學之目的者、使諸騎兵學一整作業、且於獨立小隊及大隊之運動、教在緊要施行、

諸騎兵、携帶諸武器、着略衣略帽○諸騎兵、負銃或保受筒、胸甲兵着胸甲○教錬畢、柀服與武器諸具、裝付於馬、

小隊騎兵、以二十四、伍十二或三十二、伍十六為編制、八名編為一分隊是為三分隊其中、各列、置兩翼有階兵○小隊二十

2-1

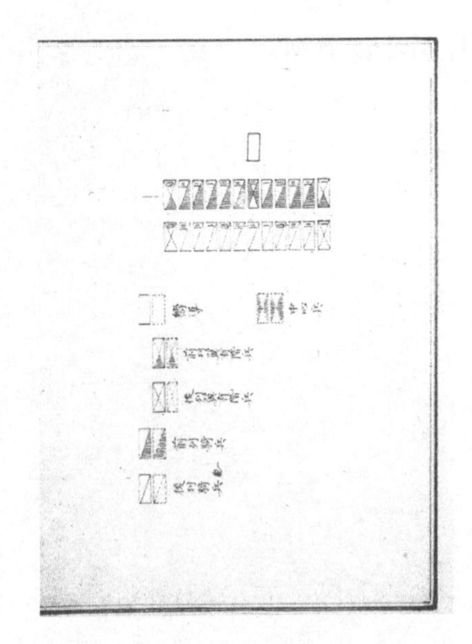

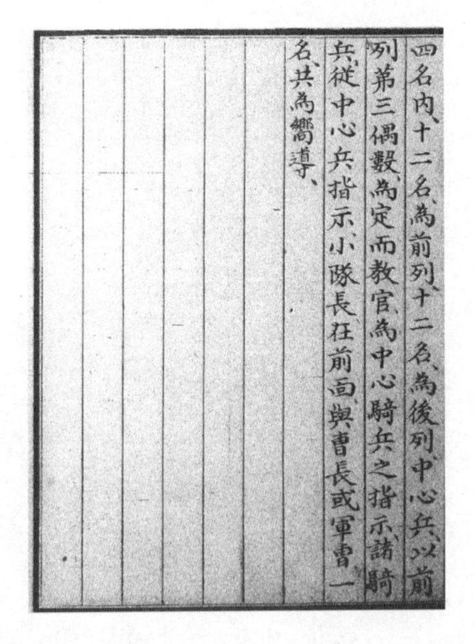

四名內、十二名、為前列、十二名、為後列中心兵、以前列第三偶數、為定而教官、為中心騎兵之指示、諸騎兵、從中心兵指示、小隊長在前面、與曺長或軍曺一名、共為嚮導、

2-2

小隊教練之法、以兩列、施行而一列內、增進減却、隨
時變通、各列、一從前列度、施行○諸騎兵、能了解運
動、始自占常驟、移於急驟、終至馳驟、以爲驟度而程
能必注意於速度○或以驟度移他驟度、必要漸次
變新驟度、變換急劇、若當小隊停止、以馳驟前進則
必要諸騎兵、先以其馬之常驟、連續發動、強手足之
操作、漸移急驟、其馬自然至馳驟、各騎兵、馳驟穩否、
關係於整頓、不失其注意爲可○馳驟時、若駐立於
急劇之行則漸次減縮其驟度、前後列騎兵、一時同
法、強手足之操作、其馬逐次減却驟度、然其減却之

間、以急驟、移常驟、終至於不動姿勢、○戰隊以縱隊
分解時、教授之要、先使數伍、置若干驟前、又更同列
數伍、出於後方、至於後尾、了解此動作○教官先定
自己所在、切要意思至於後列、諸騎兵取馬運動操
作之節、如此、注意之事、教授施行後、拔劒下號令○
嚮導以斜向旋迴減却驟度及駐立等事、一從教官
之令、指示於諸騎兵、爲注意之最要○諸騎兵從嚮
導指示施行運動
教練畢、嚮導職務、曹長或軍曹、移押伍列而小隊長
立於前面、指揮於嚮導、

2–3

乘馬及下馬
整頓
列開閉
退却
戰隊直線行進
旋迴
斜行進
四騎或二騎縱隊編制行進及擴張
襲擊散兵徒步戰鬪

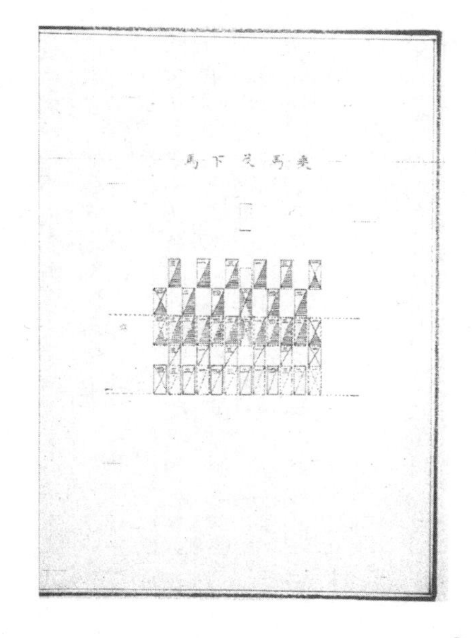

2–4

乘馬及下馬
第二章、小隊二列距離四米突、一米突為三尺三寸合十三尺二寸
嚮導、在中央前一米突五十珊知、十珊知為三寸三分合五尺量諸
騎兵、其馬首立、各馬間隔五十珊知、一尺七寸
四騎、一二三四前列為半分隊、一二三四後列為半分隊、一分隊、為八騎定
規則前後列二十四名、為三分隊之一小隊三十二
名、為四分隊之一小隊矣、合四分隊為一小隊則三
十二名、是為本式而平時操練則每以三分隊二十
四名、編制、戰時則以四分隊三十二名、為編制從其
簡易、操練時、一二三四、自右始起至左而前列、若有欠

伍則以後列騎兵中補闕、不錯前兵番號、前後列一
三、為奇、二四、為偶、是為第一分隊以前後列一騎為
一伍奇、是為第一番號也故四分隊一小隊、中心兵
為前列左第四偶而自右至左故稱左、
第三章　乘馬令、嚮導及各列第一三號騎兵、一馬
之長、以丈前進、諸騎兵、幷乘馬、第二四號騎兵各速
就位、前後列間距離五尺、
第四章　下馬令、嚮導及前列第一三號騎兵、一馬
之長、以丈前進第二四號後列第一三二四號騎兵、
動其位置、同時下馬、

2–5

第五章　更令乘馬、與第三章、同
第六章　更令下馬、與第四章、同、
整頓
第七章　中心兵、在嚮導後方五尺地、兩翼有階兵
準中心兵一直線、為小隊半正面、他諸騎兵、與中心
兩翼、注眼比肩、相見隣兵之胸部而已、後列諸騎兵、
與前列同距離五尺、幷不動姿勢、教官、到隊側方、點
檢整頓、
列開閉
第八章　後列各騎兵、退却二十尺、嚮導前進二十

尺與中心兵、相向押伍列於後列退却二十尺、是謂
開進、後列、更進、與前列間距離五尺、容收嚮導、更進
中心前、復位、押伍列、亦復定位、是謂開進、
退却
第九章　諸騎兵後進時、從嚮導止令、一整退却、
戰隊直線行進
第十章　地形、隔遠則嚮導誘行進於中心前、以家
屋樹木間直線、為標方向道路、甚遠則間置層標、嚮
導時以高聲指示則中心兵、依距離從嚮導、諸騎兵、
準中心兵騎度、一整前進若、中心兵、壓迫之則從反

2–6

對抗抵之、兩翼有階兵正其馳度從指示行進諸騎
兵、依此注意行進中、整頓式列中壓迫改急劇為徐
行、教官嚮導、在中央後、看守有階兵中心兵諸騎兵
行進○欲檢查其整頓、側面上適宜到地位、為可、
第十一章　行進中、若下止令嚮導及諸騎兵、駐立
一直整頓、
第十二章　小隊常馳行進中、進急馳、次進馳騁、馳
馳行進中、移急馳、次移常馳、一從令下而馳度變換、
常以順序、注意、當駐立則稍緩馳度、
第十三章　戰隊直線行進之務、在長線上施行而

屢為駐立為要、
第十四章　路當障碍處則押伍列號令一二騎兵、
駐立而通過障碍則增加馳度、還復舊位、
第十五章　路當障碍散蔓則諸騎兵、各擇其地、通
過駐立整頓伍間而通過時、嚮導若絶諸騎兵、正其
馳度整齊馬首以待嚮導、

2–7

第十六章　路當陜隘以縱隊、分觧、次第通過而嚮
導、在後方、通過後嚮導、與諸騎兵俱復舊位、
旋迴
第十七章　旋迴、有二法、一曰駐軸、二曰動軸、凡旋
迴處、伍間離隔注意為行、
駐軸旋迴
第十八章　行進或停止中、有三種馳度、是謂馳急
常也、準此施行、然但駐軸停止時則續行馳、馳與戰
隊直線行進、不同、
第十九章　當左旋則以駐立之小隊中、行半輪進

2–8

令諸騎兵運動相續旋迴當軸處有階兵運動旋迴翼諸騎兵以此為準

旋迴翼有階兵前進一二駢旋迴廣正面若弧形列中間隙壓迫時要整頓頭首注目回軸諸騎兵連接軸側隣旋迴翼短縮駢度與有階兵整頓諸騎兵始自旋迴以左脚接馬腰前後列一依距離短縮駢度相續旋迴

旋迴將終當駐立前後列各復其位復下進令一依戰隊直線行進規則前進

第二十章 旋迴終停止從嚮導施右旋

動軸旋迴

第二十一章 行進中旋迴時下左前進令嚮導以手指示諸騎兵增加駢度旋迴軸行進通過弧形之圜半經長十五米突（五十尺）中心兵從嚮導旋迴有階兵右翼駢度短縮左翼駢度延伸準中心兵隣軸諸騎兵駢度從多少增減進到新方向

第二十二章 諸騎兵一從嚮導教官指示變換方向整頓

2-9

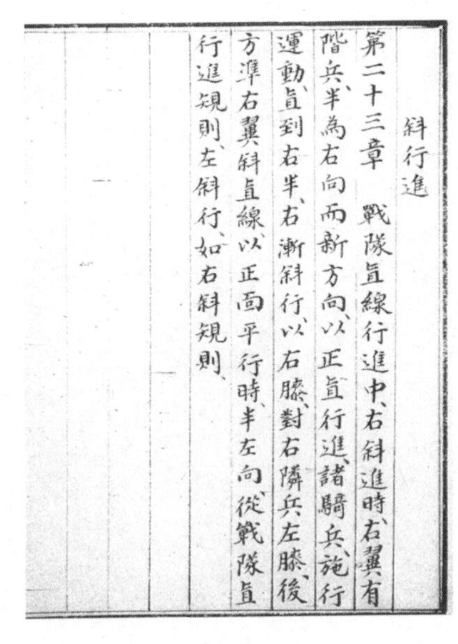

斜行進

第二十三章 戰隊直線行進中右斜進時右翼有階兵半為右向而新方向以正直行進諸騎兵施行運動直到右半右漸斜行以右膝對右隣兵左膝後方準右翼斜直線以正面平行時半左向從戰隊直行進規則左斜行如右斜規則

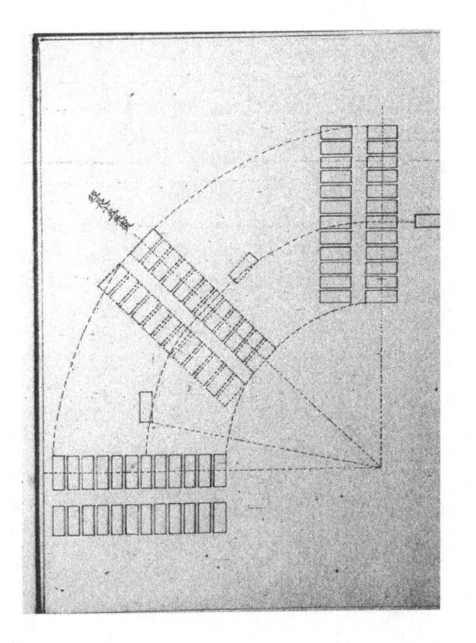

2-10

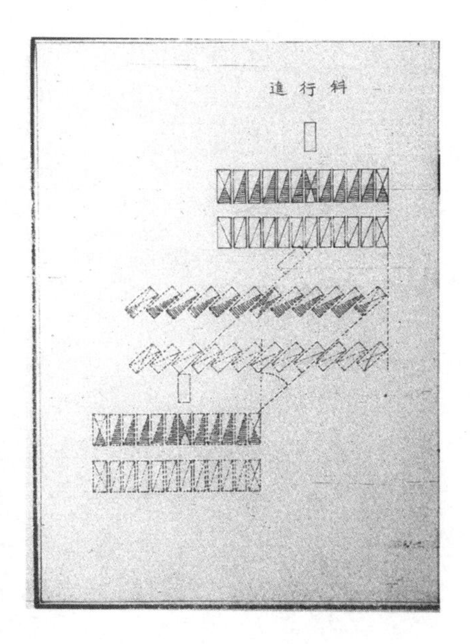

四騎式二騎縱隊編制行進及擴張

第二十四章　四騎、以二騎、縱隊則半減距離、爲二尺五寸之間隔、

四騎分解

第二十五章　分解小隊、必先右翼、

第二十六章　以縱隊編制時、嚮導先爲移立於第一四組中央前五尺地、諭導縱隊、

第二十七章　四騎前進時、第一四組、正直前進、第二四組馬首、與第一四組馬腰、同線到占、右斜行後、左斜行、其他四組、逐次照前運動、後列、依前列施行

2-11

運動間收半距離、二尺五寸之間、

第二十八章　分解時、若欲急騁馳騁、教官、先以騁度、指示、

第二十九章　正面迤線中、欲編制途上縱隊則先要第一四組分解、變換方向、他四組、從行、

第三十章　戰隊直線行進中分解則第二四組、從第一四組分解、倍增騁度、斜線分解、亦同而以馳騁行進則第一四組、其儘同騁、他騎兵、移急騁爲馳而斜直、同、

第三十一章　教官、下駐立之令、

縱隊行進

第三十二章　行進時、當道路陝隘則以縱隊、通過爲法、

第三十三章　縱隊一整前進常騁、○教官、指示方向標而嚮導、從戰隊行進規則、

第三十四章　諸騎兵、同騁度、不失距離間隔、無或右左突出而或當石塊凹凸難以直行、惟適宜通過、

第三十五章　行進騁度、從十二章規則、

第三十六章　方向變換、從二十一章規則、

第三十七章　斜行進時、半左右斜向側方、諸騎兵、

2-12

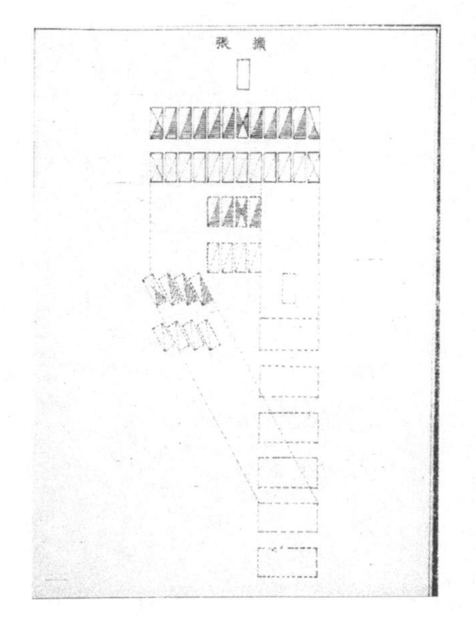

自先頭至後尾各列馬首占一直線、

增進及減却

第三十八章　縱隊當增進與減却則常騁急騁馳騁次第騁度、

第三十九章　四騎縱隊以二騎行進則分解從二十四章運動從二十七章規則、

第四十章　二騎縱隊行進中以四騎更令則先頭二組常騁移急騁次二組左斜行與先頭二組着同線常騁移急騁他騎幷前進而第三及第四號依第一二號定距離常騁移急同法逐次增進、

2-13

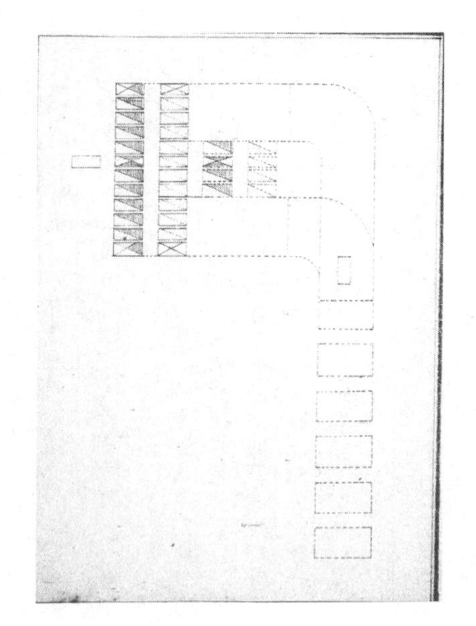

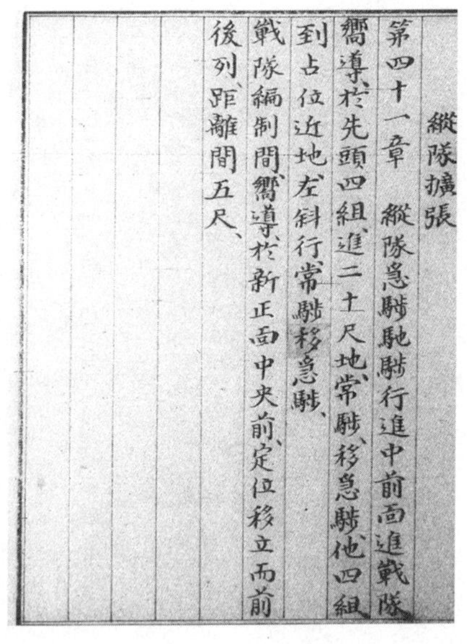

縱隊擴張

第四十一章　縱隊急騁馳騁行進中前面進戰隊嚮導於先頭四組進二十尺地常騁移急騁他四組到占位近地左斜行常騁移急騁、

戰隊編制間嚮導於新正面中央前定位移立而前後列距離間五尺、

2-14

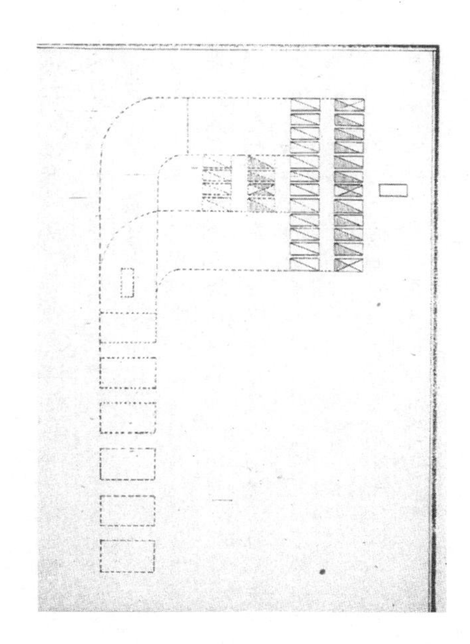

第四十二章　依四十一章規則、右斜行

2-15

第四十三章　行進中、左移於右則嚮導、於先頭二十步指示方向、旋迴行進後常駛、移急駛、其他四組逐次擴左而右旋、

第四十四章　停止與行進間、左右旋時、於二十步、嚮導、指示常駛移急駛施行、

第四十五章　欲駐立則嚮導、指示先頭四組、駐立、其他四組、同線上到、駐立、

第四十六章　常駛中欲以二騎、減却則駐立前、縱隊停止、又以四騎增進則以常駛、施行、

襲擊

第四十七章　教練中襲擊、最難、一部分二騎、為敵兵以決勝負、其行進之迅速衝突猛烈、為切要、方今火器功用益劇射程遠達、距離相對敵兵以遠距離行進迅速馳度為習熟緊要、

第四十八章　小隊長為誘導之一定目的、以小隊正面為標、分隔於二騎敵兵、

第四十九章　行襲擊時、對敵兵七百步、或八百步、馳騁攻擊、拔釖對敵兵六十步、或八十步、到地前後列姿勢執釖則諸馬、猶豫離散迅速馳騁則敵兵左右避去、擬敵兵先設標騎兵線、通過二十步而諸騎

2-16

兵、肩劒、短縮馳度、移急馳連續行進時、小隊長、在後
方、整隊列、更為襲擊、衝入敵中戰鬪、敵兵、退去、
第五十章　襲擊畢、聚合離散騎兵、
第五十一章　演習攻擊、標騎兵、駐立於敵兵之百
步或百五十步地、各騎兵、以半輪行進、小隊長、貫伍
間出先頭正面、㝡前攻擊、矩形或斜行馳騁、諸騎兵、
隨後連續行進、七百步或八百步經過、急馳追擊敵
兵所行之方、
第五十二章　襲擊節次之難事、次第增加施行、平
行攻擊、以中心兵、為準而或矩形斜面襲擊、或一翼

兩翼、只從敵方向、取點、
第五十三章　者察敵在、探索斥堠、派遣一二騎兵
於三十三尺地、確知敵在、始行襲擊而不意、反破敵
攻、急變距離、益加猛烈、以行襲擊、諸騎兵中勇悍兵、
雖單騎各自襲擊、以為奏効、
第五十四章　襲擊演習、以馳度迅速、為要、以至馬
力疲勞、

散開襲擊

第五十五章　諸騎兵多小廣、一線上散開攻擊、或
百米突、百五十米突廣、以扇形散布、前後列同伍、互

2-17

相維持、迅速馳騁時、吹喇叭、
第五十六章　敵在後方則吹喇叭、退歸密收、如矩
形或斜行、俱向敵兵、急馳攻戰、
第五十七章　襲擊前、馳騁通過、量射程遠近及彈
道高低、施行攻擊、以襲敵兵之不虞、

散兵

第五十八章　散搜敵兵、洞觀地勢而敵若知我兵
追之、必退歸隱匿、喇叭手、吹合駐、從嚮導指示、注意
於散兵之方面、又有援隊來應庇護、
第五十九章　散兵、狙密放火時、喇叭手、吹要止火、

曰令卽止、更吹要放火、亦卽一齊放火、潛匿沈著、或
小隊長、令二三騎兵、下馬狙射、
第六十章　停止散兵、負銃拔劒、馳騁向敵、
第六十一章　散兵襲擊進退、一從第五十五五十
六章規則施行、
第六十二章　散兵教練馳度常急馳、變換前向敵
兵行進、退歸與敵反對行進右左方向、變換始放火
或止放火俱以喇叭號音為準

徒步戰鬪

第六十三章　驅逐敵兵時、地勢、若不便馳度、令諸

2-18

騎兵先爲駐立、第一三號在馬上、第二四號下馬、纏越馬頸付於右隣兵之端末一尺地、爲掌握而下馬兵、於前列馬前十步地、一列編制散兵運動施行放火、後列騎兵準徒步兵適宜距離、倚地物潛匿、

第六十四章　喇叭手吹要乘馬小隊長到後方占前後列地六步間徒步騎兵捷徑到馬首負銃執韁速乘、

第六十五章　二騎縱隊當下馬戰鬪則諸騎兵下馬一依前章規則、

第六十六章　若當許多騎兵下馬之時則只第二號置馬上、第一三四號幷下馬而第一三號馬韁、相保、第四號馬韁結着於第三號馬匹纏項之轡上、或一列或半列下馬則先一騎兵下馬右手曲臂上高、保持諸馬之韁爲周迴輻湊、

乘馬大隊學科圖式

第六十七章　大隊學之目的者、以各小隊演習、同齊施行、獨立大隊或聯隊中運動諸要亦在教授之中○大隊舊式、合四小隊、爲一大隊合二大隊爲一聯隊而今則以四小隊爲一中隊以二中隊爲一大隊效鄰制圖式仍舊而大隊以中隊看做施行、

2-19

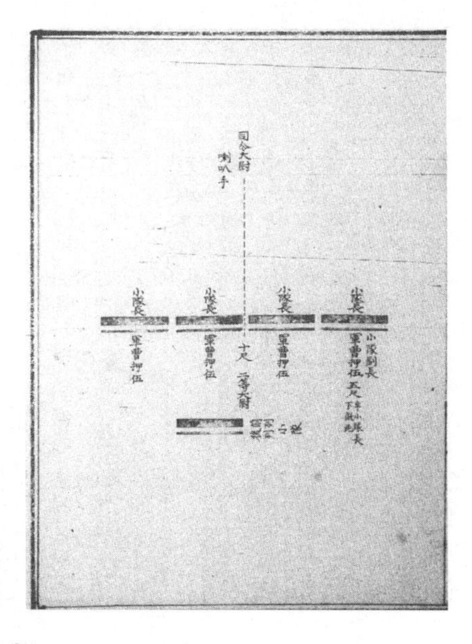

諸騎兵及諸馬携裝一依小隊施行、四個小隊間隔一線幷列、○司令大尉一員率喇叭手占位於中央前正面嚮導、二等大尉一員、在中央後距離十尺占位、小隊長各在該隊中央前小隊副長在第一小隊中央後、半小隊長各一員、在小隊中央後共五尺地距離、押伍列其他軍曹與伍長幷入於本隊兩翼、

2-20

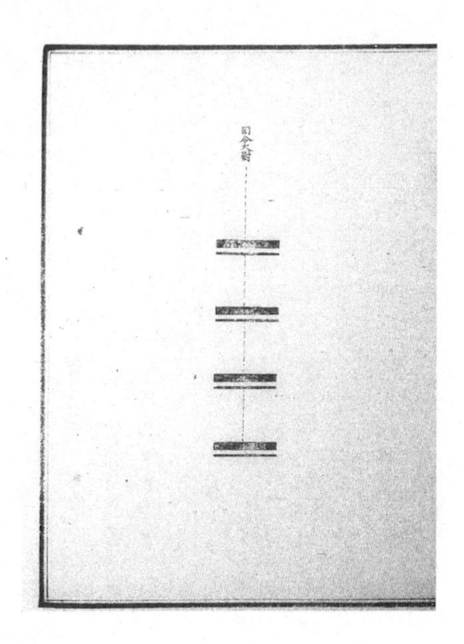

各小隊、逐次疊層正面同一距離作四層縱隊運動
變換時、各小隊長、注意於先頭小隊施行前進、司令
大尉下令時伸臂上劍尖於空中、發號指示方向則
諸騎兵拔劍從嚮導而斜向旋迴減却馳度或駐立
時從各小隊長指示若塵埃濃霧或暗黑中、不可以
指示動作則大隊長以下聲音相通、

整頓

戰隊直線行進

旋迴

斜行進

2-21

距離縱隊編制行進及擴張

途上縱隊編制行進及擴張

襲擊敵兵徒步戰鬪

第六十八章　大隊長筭各小隊四騎則各小隊以
右翼四騎定筭、

第六十九章　乘馬及下馬依小隊學規則施行距
離縱隊時若下馬則各小隊長到其側面、

整頓

第七十章　整頓節制與第七章同而第一四小隊
長準中心騎兵及兩翼有階兵、

第七十一章　列開閉與小隊學相同、

第七十二章　大隊退却後方二三馳則大隊長行
進於後、

戰隊直線行進

第七十三章　行進與小隊學規則相同大隊長在
中央前嚮導而中心兵以第二小隊左翼為定與大
隊長方向中取正行進各小隊準第二小隊長正方、
保開隔各小隊兩翼有揩兵各準該隊小隊中心兵
在小隊長後五尺地注意

第七十四章　大隊長欲離中央前地高聲指點方

2-22

向於第二小隊長二小隊長精密行進、
第七十五章 戰隊行進中二三騎兵、路當障碍則
其駐立通過、與第十四五章規則照準施行、
第七十六章 大隊進止之節、大隊長下令施行、
第七十七章 大隊戰隊行進中、若當駐立則各小
隊長準第二小隊長改正整頓、
第七十八章 馳度變換、一從小隊學第十二章記
載施行、
第七十九章 大隊當左旋則馳度從小隊學第十
九章規則停止則以右旋行進施行從小隊學第二
十章規則、
第八十章 戰隊在停止或行進中欲為後方行進
則各小隊依小隊學施行
第八十一章 大隊前進時若駐立則待各小隊畢
旋迴時期令下停止
第八十一章 各小隊以半輪旋迴施行運動間大
隊長通過於小隊間隙出新正面再占位於大隊中
央前時第一二小隊右半輪第三四小隊左半輪間
通過、

旋回

2-23

第八十三章 大隊在戰隊或駐軸旋迴停止行進
間運動、一從小隊學第十八十九二十章規則、
第八十四章 大隊縱隊變換動軸旋迴則從小隊
學第二十一章二十二章規則施行而但準第二小
隊、行進馳度、

斜行進

第八十五章 斜行運動與小隊學第二十三章規
則相同、

距離縱隊編制行進及擴張

距離縱隊編制

第八十六章 大隊戰隊成側方縱隊大隊長下令
以右左進則各小隊長指示方向駐軸旋回且旋回
畢或令前進則各小隊正直前進

2-24

第八十八章　以大隊戰隊成正面前距離縱隊則大隊長以前面進下令第一小隊正直前進第二小隊半右旋回續左右動軸旋回依第二十一章規則旋行隨行於第一小隊而第三四小隊全右旋回直行到前二小隊後方縱隊逐次左旋回

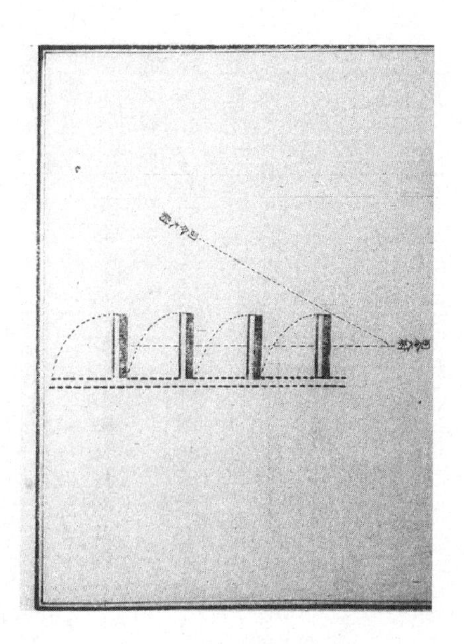

2–25

第八十八章　大隊左前面縱隊則左方前方分解

第八十九章　急馳或以馳騁運動則先示動令指示馳度

第九十章　戰隊行進中欲行分解則與停止同法更為指示其馳度

距離縱隊行進

第九十一章　距離縱隊行進則大隊長在先頭小隊長前正面距離若離其定位則指示於先頭小隊長指點方向嚮導縱隊各小隊連接距離同時運動一齊馳度若或馳度失誤則每要改正

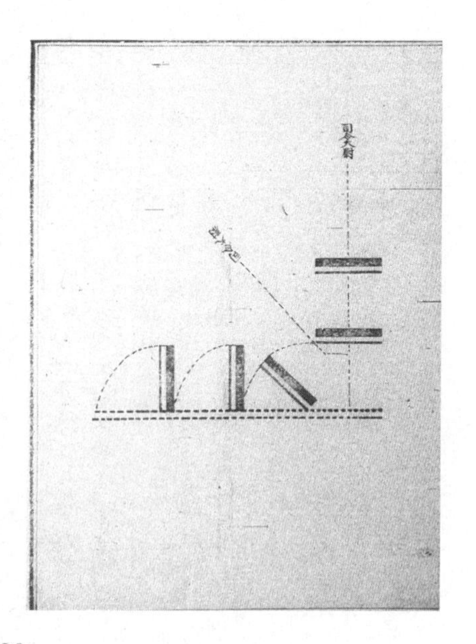

2–26

第九十二章 若當狹隘則縱隊通過、與第十六章同、
第九十三章 以距離縱隊、變換方向則各小隊逐次動軸、旋回、
第九十四章 變換方向、與第二十二章同、
第九十五章 斜行進、與第二十三章同、
第九十六章 距離縱隊行進中左前進則先占側方地位、各小隊依令施行運動、
第九十七章 距離縱隊後方行進則各小隊、半輪先左進前作行、

距離縱隊擴張

第九十八章 距離縱隊正面、或平行、或斜行、矩形擴張、
第九十九章 縱隊停止常駈行進中欲為一側方前面擴張則左前面戰隊、急駈以馳駈下令先頭小隊正直行進他各小隊側方斜行到信地後方直線行進、

2-27

第百章 縱隊急駈或馳駈行進中、擴張同前章法、
第百一章 凡擴張編制後中心兵縱行占位於方向線上、
第百二章 各小隊分離線上來準其間隔、
第百三章 縱隊斜行時大隊長在直線行進各小隊直其斜行乃得側方擴張其運動之節、一依第九十九章施行、
第百四章 縱隊斜線上擴張時大隊長令下以每小隊半右左戰隊、急駈進馳駈旋回畢先頭小隊、正其駈度於正面幅丈行進後常駈移急駈他各小隊

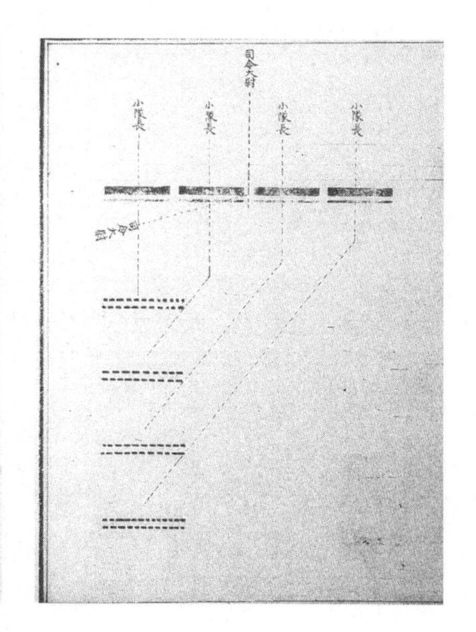

2-28

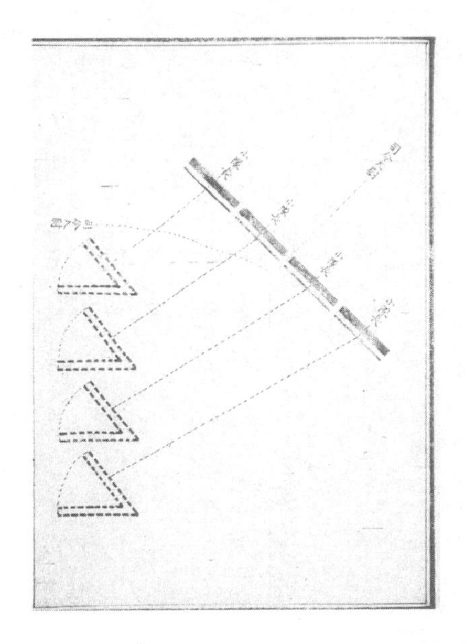

依指示方向到列線行進、

2-29

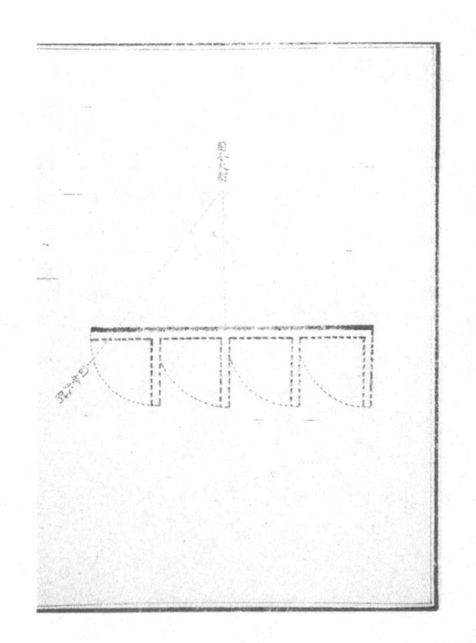

第百五章　擴張畢、欲駐大隊則先定戰隊線指示於先頭小隊長、先頭小隊長來此線駐立、他各小隊、同線來、編成戰隊、

第百六章　各小隊距離適過擴張時、急駈以馳駈定則施行然、或定則外、欲以常駈運動、或常駈行進中、欲停止縱隊則以所定戰隊之線指示於先頭小隊使之常駈駐立、

第百七章・縱隊側方擴張時、急駈馳駈之節、與第九十九章同

2-30

途上縱隊編制行進及擴張

第百八章 大隊戰隊之節、一依小隊學規則而先以右方四騎、或二騎、分解縱隊、但第一小隊、依第二十七章規則、他三小隊依第二十九章規則分解、先頭小隊長占位於第一四組中央前、他各小隊長左側縱隊時立於該隊中一四組前列同線施行、大隊長、在線頭定位、二等大尉、乃押伍列、在右側而上、

第百九章 大隊左方分解時、第四小隊、依第二十七章規則分解四騎、各小隊依第二十九章逐次分解、但以先頭小隊、第一四組後列戰隊線運動離起、為注意、

第百十章 大隊長以急駈為馳駈分解、

第百十一章 途上縱隊行進時、增進減却、一依小隊規則施行、

第百十二章 途上縱隊行進中、前方及左右側方擴張之節、一依小隊學施行、

第百十三章 急駈馳駈常駈之節、一依第百六章施行

第百十四章 途上縱隊時、直擴張則減却一度、距[illegible]

2-31

第百十五章 途上縱隊移距離縱隊時、司令大尉、令下、以各小隊之急駈作馳駈行進、

第百十六章 途上縱隊分解時、先令第一小隊、直分解他小隊、須要地位、逐次分解、

第百十七章 途上縱隊停止時、以常駈、駐先頭小隊、各小隊長隨先頭小隊常駈、直定距離、六駈間扱、

第百十八章 途上縱隊、若通過陝隘後、欲移距離縱隊則先為令下於先頭小隊、直定編制、他各小隊、隨先頭之出陝隘、逐次行進、合成距離縱隊、

第百十九章 途上縱隊行進中、前方後方間欲為一側面行進則令下集合以速成戰隊編制施行、

第百二十章 諸將兵、齊一集合、側行戰隊後、還成距離縱隊則指示駈度、無相錯亂、

第百二十一章 襲擊敵兵、徒步戰鬪與小隊學諸規、相同、

2-32

日本陸軍操典卷之三 終

日本陸軍操典卷之四

砲兵操典

乘馬小隊部 兼圖式

第一章 小隊教練使諸砲卒學一齊動作在獨立小隊又大隊爲教行緊要諸運動者

砲卒着畧衣畧帽携帶兵仗又教練之終教裝置被服其他必用之諸具于爲

小隊於其兩翼令位置合箕高級兵而以二十四名 伍十二 或三十二名 伍十六 之砲卒編成右小隊中二十四名之人員不在時前列列十二名之砲卒可欠後

2-33

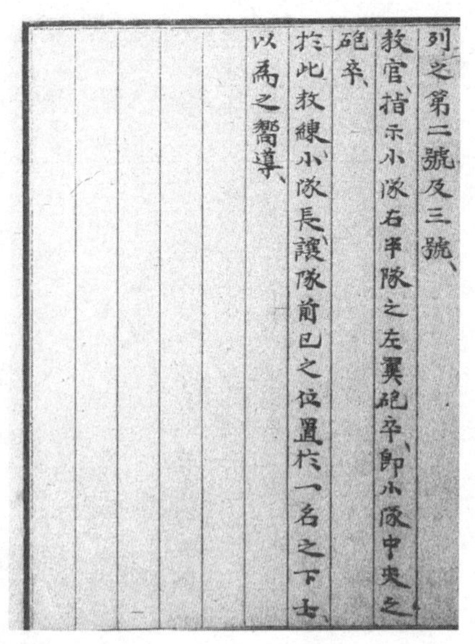
列之第二號及三號

教官指示小隊右半隊之左翼砲卒即小隊中央之砲卒

於此教練小隊長讓隊前已之位置於一名之下士以爲之嚮導

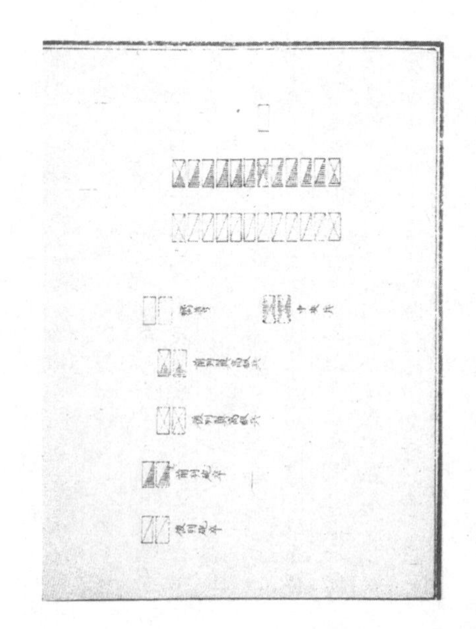

2-34

小隊教練以二列施行前以一列行之雖然分解及
編成之運動除之此時各列如全備小隊之前列可
編制
諸運動其能迨至了解以常步行後移急步遂以驅
步此用終步可注意其度令取適宜於路上縱隊殊
爲然
行諸運動縱依命之步度不可起急激故小隊在靜
止時砲卒要驅步進出時以常步起其步不絕由補
助之動作漸次延伸步度而移急步可使其馬至取
自驅步此時砲卒不係移其馬驅步否可注意係整

頓
在驅步時令駐立急卒不可行之漸次要減縮步度
故砲卒其馬漸次自急步常步終迨至駐立可注意
補助之作用
此要領以適應於諸運動一從隊之正面愈愈廣大
或其深愈愈增加要愈愈注意
教官若思切要時有設節段而令行諸運動又教官
雖不定其位置殊爲監視諸運動之施行并各砲卒
馭其馬方法占位於小隊之後方爲良
諸號令教官爲之而拔刀者爲此一人而已

2-35

嚮導有前進旋回步度之減縮及駐立之號令以手
號示之砲有此同運動無號令只從手號於
小隊常爲用浮體急步者教官欲令取沉體急步時
例外而可爲其告諭
砲卒飛越於障碍物各個放列及使用兵仗屢屢演
習刀之演習記乘馬生兵教鍊可從其側
終小隊教鍊時任嚮導之職下士移押伍列小隊長
占位隊前自取方向而可爲其隊之嚮導
號令應隊而以音調手號方向線及馬之步度小隊
長應其時機而各個用或合其一二而可用又熟鍊

之隊當變換其方向無號令要隨從於其隊長
乘馬及下馬
整頓
開列及開收之法
退却
横隊行進
旋回
斜行進
四伍或二伍縱隊之編制行進及排開
乘馬及下馬

2-36

第二章 小隊開列四米突之距離、嚮導乘馬而位置其隊之中央前一米突五十珊米之處各砲卒屬間隔互存五十珊米而在其馬頭時四個數之令各砲卒從其占位、置自各列之右方左方、筭一二三四、若在欠伍時後列之砲卒可唱其前列兵之番號、

第三章 乘之令嚮導及各列之一號三號前進其一馬之長而諸砲卒乘馬二號四號直進入其間隙中而後列自前列開列一米突五十珊米、

第四章 小隊開列時下之令嚮導及前列一號三號前進二馬之長前列二號四號及後列一號三號一馬之長同時前進後列二號四號止於定位、如斯編制四列諸砲卒下馬嚮導不有休之令無為下馬、教官在此位置小隊更令乘馬、

2-37

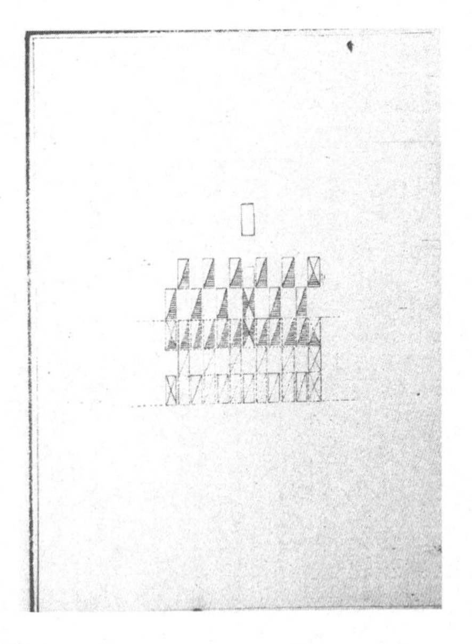

第五章 小隊下馬而在四列時教官欲之編制開列之二列復列令此令各列二號四號復其間隙中而準一號三號整頓、

第六章 以一列編成隊令下馬為小隊後列可準載處之者、

整頓

第七章 準之令中央砲卒及兩翼高級兵於嚮導之後一米突五十珊米之處占位於一線上、中央砲卒正在嚮導方向中兩翼高級兵從嚮導取其半小隊面之幅他砲卒占位此三点間能注目左右而其

2-38

肩、齊中央砲卒之肩與其側方高級兵之肩定眼於
眼線上、只見隣於已、第二砲卒之胸而已、雖近接中
央方隣兵、爲存於列中遊隙不可、雖壓迫而諸砲卒
其馬、可置正面矩形、
後列砲卒、其前列兵後而與之於同方向中、正占位、
可存一米突五十糎米之距離、
亘之令、砲卒、可取不動之姿勢、
爲正小隊整頓之可否、教官至隊側方與之可位置
矩形、
使小隊、不係嚮導之位置如何、只以簡率告諭教整

頓於嚮導之後、是爲使其隊隊長之占有位置及其
方向、即於諸景況可小隊之領位置及方向能了解
也、砲卒正熟整頓、教官非要時不令整頓、每小隊駐
立、諸砲卒依高級兵之監視自可改良其整頓、
開列及閉收之法
第八章 小隊在於横隊時後列開進之令後列各
砲卒保其前列兵之方向退却六米突嚮導前進六
米突而可面小隊中央
後列閉進之令後列自前列閉收一米突五十糎米
小隊之中央復於其本位

2-39

押伍後列開進之令、自後列退却六米突、後列閉進
之令、可復於定位、
退却
第九章 小隊後進之令、嚮導及諸砲卒、迨小隊止
之令、可退却陸續、
横隊行進
第十章 占位於小隊中央前嚮導爲行進之誘導
故、教官爲示其方向占、於遠隔地見易物體、即如鍾
樓、家屋、樹木、可與目標、
嚮導以手號指示方向占而於其中間、可取標占、

教官、有使嚮導撰方向占、此際嚮導以高聲可示之、
小隊前進之令、諸砲卒、一擧可起運動、
中央砲卒、保其距離、隨行嚮導、他砲卒、準中央砲卒、
以同一步度直進於前方、而自中央來壓迫讓之、自
翼之壓迫、可抗之、
兩翼之高級兵、嚴保同一步度、在其方向、專守行進
之基、則又在已與中央砲卒之間、可注意於砲卒、
行進中改正與整頓列中之遊隙、不爲急激以漸可
行、
教官、爲定嚮導兩翼之高級兵中央兵及諸砲卒正

2-40

行進占位、小隊中央後又撿整頓、可占位側方、
在小隊行進時、小隊止之令、嚮導及諸砲卒駐立、小
隊無號令可整頓、
橫隊行進以諸種之步度務於長線上行、要不令屢
屢駐立、
第十一章　小隊常步行進時急步驅步進之令、初
移急步、次轉驅步、又急步常步進之令、移急步次可
復常步、又移自常步驅步及自驅步常步、必爲變步
度記可注意於順序、在靜止小隊、小隊前急步驅步
進之令急步或驅步、令前進令注立以此步度行進、

小隊、自急疾之步度、移遲緩之步度、嚮導可擧臂、
第十二章　若小隊之前方有障碍物妨若干砲卒
之前進時、此砲卒無號令駐立而移押伍列經過障
碍物增加步度可復其舊位
小隊經過障碍物之散布地時各砲卒互無相接近
擴張正面而各自甚無亂整頓、可撰進路、嚮導、不絶
正步度可誘導小隊、
小隊保正面、不能通過、過於隘路時、教官方解之於
路上縱隊、不考適宜使砲卒集嚮導之後方、通過隘
路

2-41

右方法、雖從時機變、隨意之告諭行之、列之告諭、復
於本位、此時、教官可正取各砲卒、囊須位置否、

旋回

第十三章　旋回、區別、二種卽駐軸旋回及動軸旋
回是也、
所行旋回之隊、注意其整頓、一齊可行此運動、

駐軸旋回

第十四章　駐軸旋回、小隊在靜止、或行進時、以三
種之步度行、雖然自靜止進出驅步非爲續、橫隊行
進時、不可施行、

第十五章　小隊、在靜止時、小隊右左小隊、廻右左
小隊半右左進之令、嚮導及砲卒、進其馬於前方、續
可始旋廻、

2-42

軸之高級兵無退却在定位旋回準行進翼令接近
砲卒於己可令取方向、
行進翼之高級兵旋回前若干步前進而列中注意
不生遊隙又壓迫時時旋頭於軸方注目列整頓應
正面之廣可畫弧線、
砲卒連接於軸方應自行進翼遠而縮駸度又整頓
於兩翼自軸方之壓迫讓之行進翼之壓迫可抗之、
後列砲卒始旋回時以右左脛偏馬髖自其前列兵
二砲卒丈行進翼之方可斜倚、
始此運動時嚮導小隊旋回之後可行進方向以手

2-43

號示又終旋回時保己之距離正如在小隊之中心
減縮駸度而可為旋回、
方轉回嚮導可行教官右左向二回如續令時、
為監視旋回教官可占位軸方前列延線中、
行進翼將達新正面線時教官令止此令砲卒駐立
後列砲卒可復其前列兵後、
若無之駐立令前進時教官下前之令此令後列砲
卒復我前列兵後小隊以旋回之駸度從橫隊行進
之基則可前進、
総旋回後亂整頓時小隊於嚮導之後可正其位置、

第十六章 小隊在橫隊行進時行此旋廻以同號
令軸從上載基則駐立行進翼以與旋廻前同駸度
運動砲卒及嚮導可以行靜止同法、
又示新駸度而有令為旋廻、

動軸旋廻

第十七章 動軸旋廻非行進中無行
廻右左前之令嚮導以手號示其運動如使軸保囊
行進駸度增加其駸度而可轉廻。

2-44

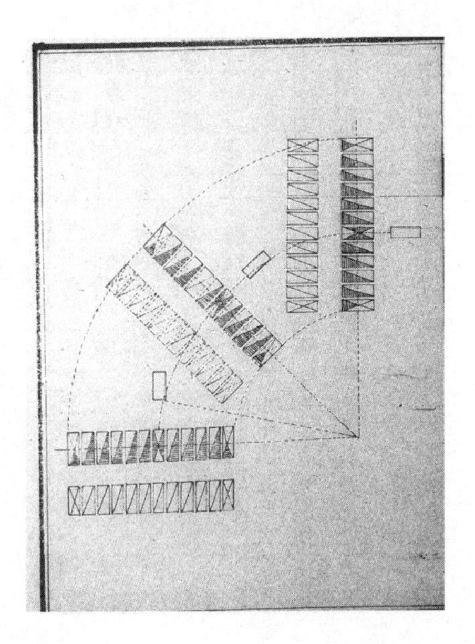

可嚮導之經過、弧線由時宜、雖可變易半經十五米突之弧線、善運動施行最適當、故演習常要用之、中央砲卒、隨行於嚮導行進、翼高級兵、依時宜增伸馳度、而準中央砲卒、諸砲卒、遠軸從增其速度、可整頓於中央之方

嚮導達新方向時、教官、下前之令、此令、嚮導及諸砲卒以旋迴前行進馳度可前進

第十八章 教官單以告諭示欲令進其隊方向、而令變換之、然時嚮導從上載基則、進於新方向、小隊可之隨行

2-45

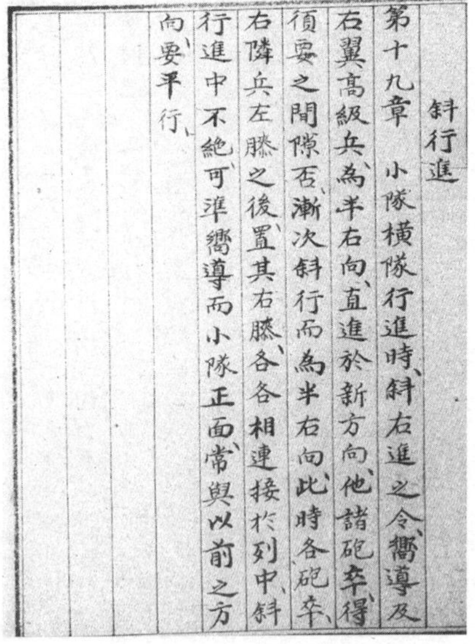

斜行進

第十九章 小隊橫隊行進時、斜右進之令、嚮導及右翼高級兵、為半右向、直進於新方向、他諸砲卒、得須要之間隙否、漸次斜行、而為半右向、此時各砲卒、右隣兵左膝之後、置其右膝、各各相連接於列中、斜行進中不絶、可準嚮導、而小隊正面、常與以前之方向、要平行、

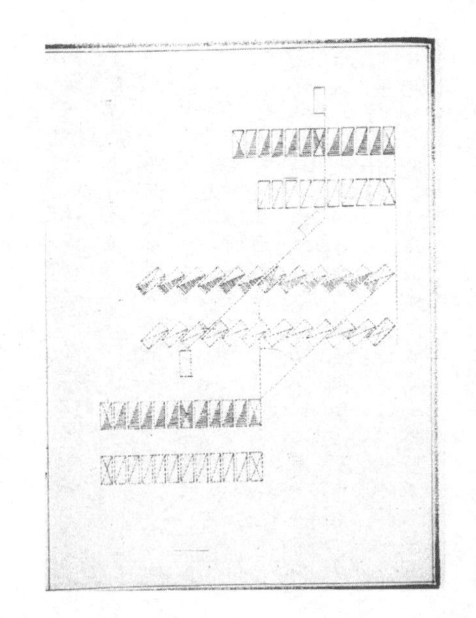

2-46

前之令、嚮導及諸砲卒、直向其馬、小隊從橫隊行進
之基則可前進、
左斜行進、斜右進前之令、從上同基則、可施行、
斜行進以諸駛度行、又示新駛度而令行之、為令此
運動容易可注意斜行翼之砲卒初駛少延伸、反對
翼之者、短縮之、
元來半右向或半左向、雖斜行、程度應時宜此度可
有多少增減、
四伍或二伍縱隊編制行進及排開
第二十章　四伍、二伍、縱隊列間距離減少半、代一

米突五十珊米七十五珊米、
為省反復、辨解此運動、啻就四伍說明、教官、以二伍
進之令、從同基則令施行二伍之分觧、
四伍之分觧
第二十一章　分觧依小隊右翼而已為行者、
為使小隊縱隊行進分觧之時、嚮導位置第一伍中
央前一米突五十珊米而可導縱隊、
第二十二章　小隊在靜止時四伍進之令、右方四
伍直進於前方後列自前列間收於半距離而其他
四伍先於已四伍之後列之馬髖與我前列之馬頭

2-47

到齊高時起運動右斜向而可為縱隊、迄到位置前
進、此方向既至其位置直進、以可入縱隊列、
急駛或驅駛、欲令分觧示動令後可示駛度、
第二十三章　教官、小隊面之延線中欲令行進於
路上縱隊分觧第一四伍時之令、變換方向、其他四
伍方向變換應為於右或左、以多少速度分觧可隨
行第一四伍此運動於靜止間而已為行者、
第二十四章　小隊橫隊行進時分觧為靜止間載
可行依號令、
小隊常駛或急駛行進時、第一四伍倍駛度他四伍

逐次取先頭四伍之駛度得其間隙直斜行而可為
縱隊、
小隊驅駛行進時第一四伍以同駛度行進他四伍
移急駛得其間隙直可復驅駛、
第二十五章　編制於縱隊時教官停止之以縱隊
止之令、
縱隊行進
第二十六章　四伍或二伍縱隊可用於路上行進
縱隊前進之令縱隊以常駛起行進其方向点如於
橫隊行進指示嚮導從橫隊行進之基則先頭伍隨

2-48

行嚮導他砲卒、在先行兵之後方、可保其距離
綫列間距離、又全失之、且有抽出於先行砲卒之左
右、在列中、避激動能以保同齊步度可為者、
縱隊行進中例通過車跟、或碌石等多土地時、為避
之砲卒、適宜開列不絶、可注意我馬、
教官、為監視行進、常可占位縱隊之側面上、
諸種步度、為橫隊行進、第十一章可準載者、
第二十七章　方向變換、為小隊橫隊載者第十七
章及十八章、以同令同基則行軸、以同步度旋廻行
進翼、伸其步度、或可倍之、

嚮導之通過弧線、為半徑五米突、先頭伍隨行嚮導、
其他於先頭伍之旋廻地、逐次可旋廻、
第二十八章　斜行進於縱隊、如於橫隊、以同號令、
行嚮導及諸砲卒、同時行半右向半左向、斜行側方
之砲卒、保馬首於一直線、各列諸砲卒準之、可整頓
為糺斜行進之整正否、教官可占位縱隊最尾、
分隊及併合
第二十九章　分解縱隊、常步以急步、急步以駈步、
其步度無示之、
第三十章　小隊在四伍縱隊行進時、二伍進之令、

2-49

第一四伍砲卒、為小隊分解、第二十四章如載、分解
於二伍、次伍砲卒、以其定距離、分解於二伍、得樞要
之地、直同運動、可逐次施行、
縱隊在駈步時、嚮導及第一四伍之一二伍、以同步
度、陸續行進、其他伍移急步、而至分解度、可復駈步
第三十一章　小隊在二伍縱隊行進、在急步或駈
步時、四伍進之令、先頭二伍移常步、次二伍迄至先
頭二伍之高、左斜行、達其高、移常步、其他諸伍、續直
進三四伍一二伍、殆至定距離、移常步際、以同法逐
次可行併合、

縱隊在常步行進時、併合於四伍、急步駈步進之令、
先頭二伍、在常步、其他以急步或駈步可行、
排開
第三十二章　縱隊以急步或駈步行進時、前面橫
隊進之令、嚮導及先頭四伍、六米突行進後、移常步、
他各伍小隊中可占為至位置、左斜行、達其地時、可
移常步、
此編制之間、嚮導占位新正面之中央後列、可保一
米突五十珊米之定距離、

2-50

第三十三章 縱隊以常駛行進、或在靜止時、前面橫隊急駛駈駛進之令、縱隊取所示駛度、嚮導及先頭四伍六米突行進後移常駛、自餘之運動、如載第三十二章可行、

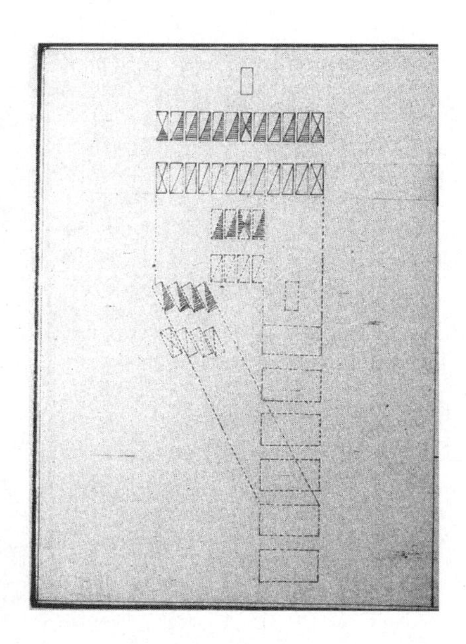

2-51

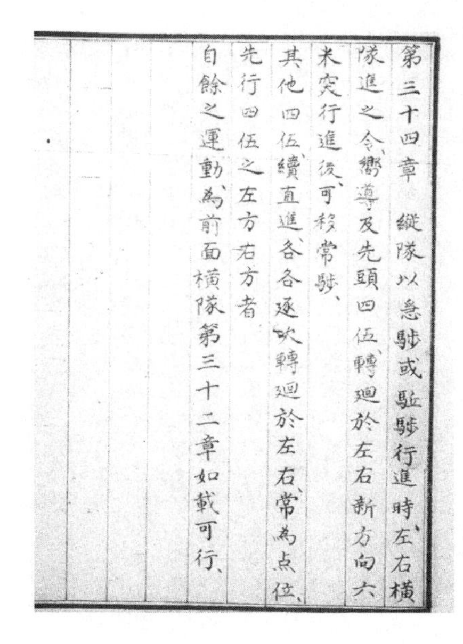

第三十四章 縱隊以急駛或駈駛行進時、左右橫隊進之令、嚮導及先頭四伍、轉廻於左右新方向六米突行進後、可移常駛、
其他四伍、續直進、各各逐次轉廻於左右、常為点位、
先行四伍之左方右方者
自餘之運動、為前面橫隊第三十二章如載可行、

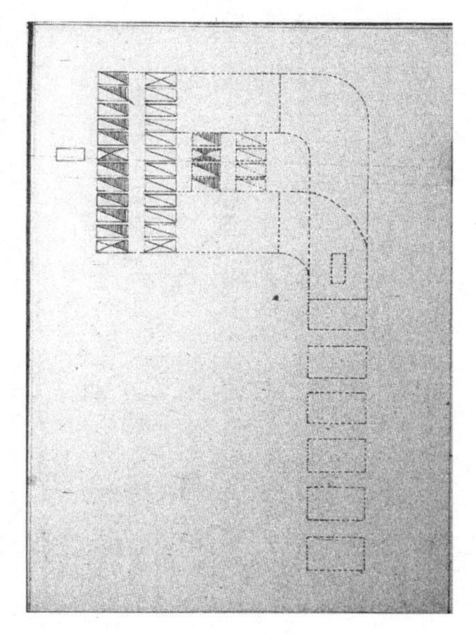

2-52

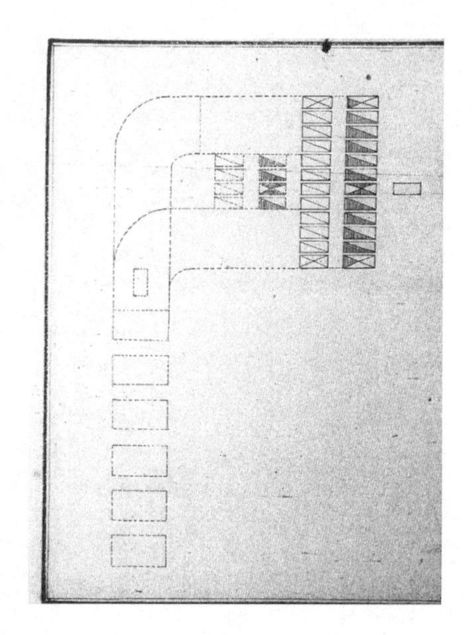

第三十五章　縱隊以常步、行進、或在靜止時、左右
横隊、急步駈步進之令、縱隊移所示步度、嚮導及先
頭四伍左右轉廻新方向中六米突行進後、移常步、
自餘之運動、如載第三十四章可行、
第三十六章　教官、不終此編制前、欲令駐立之時、
小隊可編制点示嚮導、然達此点、嚮導及既至横隊
線先頭伍駐立、其他與之至齊頭面、可点位、
第三十七章　教官、由時機以常步、欲令分解於二
伍時、下其運動之號令、前縱隊令駐立、又以常步欲
令行四伍併合、或横隊編制時、縱隊在靜止或常步

2-53

行進時、不令步度而適宜之点、可令駐立縱隊之先
頭、
凡一小隊以砲門二、磨練而右左中央三小隊之一
中隊、第一二中隊之一大隊、乗馬節制、卽與小隊規
則相同、故只說小隊一部、以為自小推大而徒步戰
隊亦、與步騎迭相照行、山野使用、并與海岸互有差
異、山野則繫駕運動、攻破敵陣、或以鏡劒、敵開襲擊、
海岸則曰地等臺恒時設砲、若當不虞、以備防守、此
其一砲而三名者也、其彈丸則有子母丸、又有大中
小輕重之別、而其遠近、一以照準、為的、

工兵操典

凡工兵之體操射的及野戰要領、并與步兵規則互
相照看而工械學術有五部焉一曰對壕之部、二曰
坑道之部三曰橋船之部四曰野堡之部五曰測地
之部對壕者塡塞彼壕掘開我壕之謂也坑道者掘
地埋火之謂也橋船者路當川流以舟為橋之謂也
野堡者營壘城柵之謂也測地者度筭圖寫之謂也
盖此五者俱係攻襲營守之所由設也而平時操練
以五部學術區分演習焉其器械則物目甚為浩多
故只以各部中區分教法條列于下而對壕部逐條

2-54

論說、槩舉其略、野堡中地雷條別附一說、撮其緊要
對壕之部
當攻擊城地、委任小隊對壕手以十六教區分作業
施行、
第一教、攻圍具廣設束柴以資越壕、
第二教、單塹溝設掘閱法以斷敵路、
第三教、急造對壕連接堡籃以防霰彈及小銃彈、
第四教、單全對壕及半全對壕深塡堡籃以掩頭
首、
第五教、重全對壕及半重全對壕連接堡籃以掩
左右
第六教、全對壕之臨時操作、隨地傾斜、束柴沙囊
以變堡籃形狀、
第七教、相對進出、連接二個單全對壕、連塡堡籃、
以設重壕、
第八教、全對壕之旋廻、左右堡籃、以變方向、
第九教、單全對壕或重全對壕、進出爲本部對壕
之開口、均塡堡籃入于塹溝、依內崕置開口、以爲塡
實、
第十教、砂囊全對壕、及用匙全對壕、當巖石與固

2-55

地、砂盛于囊、用匙補隙、以築胸墻、
第十一教、塹溝封堠、束柴塡溝、積堆成墻、以爲內
崕、
第十二教、覆道冠塞、左右傾斜、以便放火、
第十三教、壕中之至盲障降路、別作盲路、以通砲
車、
第十四教、壕中之至地中降路、外崕高方、以設降
路、
第十五教、覆道之降路、開天降路、以通斜面、
第十六教、壕之通路、降路開口、以便通行、

坑道之部
當攻擊城地、設掘地埋火之策、以坑道十四教區分
作業施行、
第一教、預定名號及義解、
第二教、尋常垂坑路構築、
第三教、本坑路構築、
第四教、本坑路移轉變向移轉直回坑路、
第五教、斜回坑路、
第六教、本坑路間隔分賦、阿蘭式枝坑路、英式縱
直、最小枝坑路、板直垂坑路、本坑路直櫃修理、

2-56

第八教、藥室築設及塡塞、
第九教、炮坑抗敵井、炮坑抗敵井、并塡塞後塡實
築設藥室
第十教、穿坑、
第十一教、火藥點火法、
第十二教、電氣柱用法水中藥室、
第十三教、坑路中火氣更換、
第十四教、電炮由坑道穿墻破壁法、

橋艄之部

行進與臨敵時當川流以橋艄法十教區分作業施
行、
第一教、軍橋各種就預言川流各質應採用施行
法須要物品及木材
第二教、築橋用綱繩結束、
第三教、基始作業測深法橋礎及張綱設置錨及
龍錨投下航艇法
第四教、架橋構造及毁解
第五教、筏橋構造及毁解、
第六教、舟橋及奧地利式橋、
第七教、杭橋

2–57

第八教、飛橋滑綱橋操綱橋、
第九教、橋破壞、
第十教、橋修理

野堡之部

當野外委任野堡手設野營堡塞以十二教區分作
業施行
第一教、堡塞經始及斷面法
第二教、堆土施行
第三教、斜面被覆
第四教、堡塞補備
第五教、堡塞閉鎖
第六教、横墻下通路木造堡塞火藥庫木舍、
第七教、地雷 別附一說
第八教、塹溝堡息造施行
第九教、砦柵及卧柵破壞并門户及柵門穿破
第十教、堰堤及水堤築造
第十一教、軍隊野營築法
第十二教、野營經始

地雷

尋常地雷、堡塞前方之地下裝置火藥塡實之筐敵

2–58

兵過其地之時使之噴火、
等設此地雷應堡塞之位地定塲所掘小井、從此點
火之處掘溝深六十珊知米突互相連接其井底置
火藥筐其溝中裝置其導火囊及導火囊室可發見
坑道之部次而其井其溝容塡充之恐敵兵或知火
藥在所其地面中可鋤碎若干廣徑之土
炸彈地雷以水平扁板、分備本製筐爲上下兩室其
上室、以同徑之四炸彈眼孔向下方而列置其信火
管通扁板之孔中而於下室中置若干珊知米突可
抽出之點火綿絲以通火藥此火藥不以導火囊點

火、
不關炸彈中塡實之藥量其筐之下室則噴破地面
而敵兵所在中央地面噴出炸彈使之破裂要火藥
十分塡實火藥筐并導火囊如前設置、
擲石地雷此地雷侵擊堡塞之時向行進之敵兵隊
投擲夥多之石者而於新拓之地穿半漏斗形其軸
心爲擲射準方向小傾其底塡實若干量火藥以木
板覆蓋之積石於其板上使火藥爆發投擲其石於
前方、
擲石地雷分爲四種如左

2-59

第一掘地擲石地雷如漏斗形其軸心與水平爲四
十五度之傾斜其頰部與其軸心爲二十六度半之角
度自軸心所通鉛垂面中有兩中等線一爲鉛垂線
一爲水平線成三分一之傾斜○於地上漏斗形之
基面如楕圓然準圓錐表面掘開之時其操作極困
難故此表面爲方形面而此等法其施行單簡而且
圓錐形與掘地地雷同一呈投擲之力、
爲設掘地擲石地雷地面下至火藥中心尋常爲深
一米突八十珊米、
使地雷操作之力應各人欲望之目的能用意於總斜

面而不要截斷然於實爲充足此景況可不害其作
業之連成
此地雷之施行長四十米突乃至五千米突繩一條
米突尺一個矩一個長三十珊知米突乃至五十珊
米之杭十五本匙鍬六個鶴嘴鍬六個鐍鍬二個木
椎一個
地雷之築造配置六人二人在地雷先頭之近處二
人從前二人間二百四十米突之處二人在地表坑
底交功之線上○此人爲除地、從而掘斷頰部而造
斜面自此爲一分六之傾斜占位於除地前部之二

2-60

人能注意作工至坑底、爲三分一之傾斜、且以其頰
部、掘斷一分六之斜面、可進從作工手之方、
於除地之施行、斜頭平面、注意截絶、且置擲射板平
面高幅各有百米突四十五度之傾斜方向線及十
分畫線、須更不可不注意、
地雷掘坑、以其土、堆積地雷頭端發射方向線之後
方造堆壘、以此反抗其方向爆發之力、爲擲射其前
方之石、
地雷完坑之時、掘開藥室、與之六方形、其各測塡實
地雷裝藥常量之火藥、此藥室其四面皆四十五度

平面爲畫線、如在其中心發射線之上、不能不注意
設造、
除地地雷之施行、必用十貟、乃至十二貟之人、以精
熟之工手九時間完城其作業、置火藥筐、塡充石子、
如上條所示、
裝藥及點火法、火藥筐以其蓋之上面置四十五度
平面之上而與扁可觸功、
以導火囊點火之時、以導火囊容於導火囊室中、可
參見坑道之部、將此導火囊室、設於頭部之平面置
溝中、通過扁板之下方、以火藥使入其筐中、

2-61

欲藉電氣而傳火之時、先裝置導電線、以方法備點
火之用、但要其裝器自作業之始、以此裝器置其場
所使之通過于積地堆土之中、
臨須要之時、塡實火藥、設於頭部平面、又於坊鈌中
之鉛畫、設導火囊室、通貫扁板、自火藥筐之上角脊
入其筐中、火藥自導火囊室注入、如上所示、以方法
點火於此、
射擲扁板、此板各側一米突、厚十珊知米突、乃至十
五珊米、
或堅剛木、以爲重板、縱横交叉、固着釘而搆成、

積地地雷、設擲石地雷、掘開土地、迄二百珊米之深
如上條除地地雷之施行、從地面至火藥中心、深可
百米突、乃設積地地雷、當爆發之時、爲防障其後方
及側方之飛石、側方及頰部、必要爲積地、蓋其積地
火藥之中心、定一百八十米突之深、地面所呈之抗
抵、不使小弱、其漏斗孔、要容石之塡積、
爲積地則以地雷掘開之土、於火藥中心之周圍發
火之半經外、掘深一米突之環壕、其頭部及頰部、編
條或束柴、被覆之保柱、其指定之傾斜、

此地雷之需用品列于左

2-62

索繩一條 長三千米突、乃至四千米突、
米突尺 一個
矩 一個
備於經始之用者、杭五十本 長三米突、乃至
四十米突、
抑柱杭七本 長一百五十米突、乃至一百六
十米突、
二本 長一百十六珊米、乃至一百三
十米突、
五本 長八十珊知米突、乃至百米突、

強紮帶 四十條
尋常編條 六個 長二米突、高八十珊知米
突、
束柴二十二把 長二米突
大木椎 三個
小木椎 一個
鴉嘴鍬 二十挺、乃至二十五挺、
匙鍬 應工手之數二十挺、乃至二十五挺、
鎒鍬 一二挺
地雷之築造經始畢功之時、直為積地、其環壕之場

2-63

所分配工手、以掘開之土、成頰部頭部平面之被覆、
此時六負、為除地、位置積地之場、所他之工手為補
助掘開、隨設被覆、植立柱、抑被覆之杭、製紮帶、纏杭
之周圍、使之固結、
地雷頭部至近之處、積地、離平面、大約一百五十米
突高、其積地之上面、如第四十二圖之所示、為繆形
圓、或如四十三圖之所示、為截頭錐形、無論彼此之
場合、此積地則十分齊整、而地雷坑軸心之各側、一
揉分置抑柱杭、能攖周圍之土、固於此不可不注意、
以二十五負、或三十負、三時間築成、或以十二負、六

時間築成、而以熟練之工手、為之則二時半、可得築
成、
積地地雷之裝藥及其石之填積等、與除地地雷、無
異、其點火亦同、以方法施行、其爆發之力、與除地地
雷同、堅硬之土、亦為劃裂、
平坦地雷、為填實其石、設發射之具、而為不知地雷
之所在、平其跡於地面、故填充雷坑之後、以餘土、可
散布於隣周之地上、
於平坦地雷、以其發射、為二分三之傾斜而扁板、垂
在發射之方向、故與水平線、為三分二之傾斜、

2-64

以三負、備除地之用、四時乃至五時間可得施行、
扁板、以方形、間其各側七十米突、藥室間其各側二
十六米突而七十七吉羅米突、受容、火藥、筐點火、與
他地雷、同、
石之成填積時、配置其石、須臾不可不用意、即擲此
石於前方之時、以不固之土、充填、堀抗、對火藥爆發
之力、以最少之抗抵、置于發射心軸之方向、為配置
石之肝腰、
其他、隨其堀開、量壁間所在石之立方積、與積地之
立方積於其割合對藥室之鉛垂、不論其土之硬固

凝集、只論其發射之力、火藥中心之深、可一米突五
十珊米、或二米突餘、
驅射地雷、此地雷、以側防堡塞之壕、為本旨而設於
外崖斜面對壕之處、以石、能固其側傍、又其側傍、自
斜面之前方、迄一百米突或二百米突、堆積其土、以
糾草被覆其上、其軸心與水平、為二分之一之傾斜、
射擲之石、為落於堡塞之中、不要落於壕中及外崖
前方、故常在延線之前、應對向而裝置之、
地雷之經始、延伸內崖之脚、以可設地雷之側面外
崖、會合其基脚、將此線、為發射之方向、

2-65

地雷之頰部、附一分六之斜面、在此頰部之一外崖
圓部之側方者、如除地地雷、斷設於外崖堆土之中
故、此頰部、不要其被覆、然、他頰部、以糾草被覆堆土
之高可支柱積石、故部分其外崖高、大約一百五十
米突、厚且六十米突至其端本則其高減五十米突、
其幅、減三十米突、
火藥及石之填實、點火、與他地雷、無異、
驅射地雷之施行、多有弊害、一時用人、不得過於四
負、故、此作業、大約費九時、且其壕幅狹小而外崖之
高五十珊米或低在堆土、故、不容易近壕、遐棄內崖、

欲行發射地雷之時、為不受其灾害、堡塞之守兵、退
於踏垜之基脚、不得有守防之不便、
擲石地雷所關之一般備考
惡地頭部平面之築造、因地質自然地中之斜頭平
面、不得截斷之時、迄地之表面、積堆糾草而築造其
平面、
防濕氣、預備築造地雷而直不用之時、火藥筐并導
火囊室、塗瀦、以防濕氣、
爆發之後、修理而備再度之用、築造地雷地質善良
則一回爆發之後、無修理而可備再用、然、此操作、唯

2-66

除地積地兩地雷而施行、困難費久久時間、
修理地雷之時、搗打坑底之土、距其表面、附四十五
度之傾斜以五珊米之連接厚板、直角交叉、以其二
層掩其表面、次而於其傾斜面上、置火藥筐、其筐之
中心、如初度之爆發而其周圍以土或糾草、塡充而
搗打之、平面上、置射擲扁板、

測地之部

此測地之法、以八教、區分學術施行、
第一教　地理圖學旨趣○平面測量及水準測量
區別○平面測量基礎要領○縮尺○縮圖法

第二教　距離測量、用器具、測鎖畫度定規直畫㻼
屹工水準器○此諸器具使用水平距離或鉛直距
離測量法
第三教　測地術用公法○多角形圖根○多角形
圖根以測圖施法○多角形三角形分解法、交互線
道線○米突尺及測地測圖法○測地法
第四教　測圖○解説及其用法○道線法及交互
線法、賴測圖○交互線法本性及濶大土地、測圖操
作○諸種使用○太陽等陰鑑、視子午線畫法
第五教　測圖○其解説及其用法○地上操作記

2-67

簿○圖解操作圖標定
第六教　家屋測面○平面截面高面斷面○其適
度○總圖及碎密圖○應用器具○標高學圖○圖
之淨畫及其編成
第七教　水準測量○水準表面○比較表面○眞
高○測深○現見水準面○比較平面○屹工水準
器○氣泡水準器○水表水準器○標尺○水準測
量實行○道線法及半經線法因水準測量○操作
簿箋○檢定法○目標○碎密水準測量
第八教　水準測量續○斷面因水準測量、幷水平

曲線、因水準測量○斷面賴水平曲線定法○平地
水準測量○除地結合

輜重兵編制

輜重兵作隊規則、見於第一卷而每鎭臺、各有一小
隊、獨於東京鎭臺、置一中隊者、以近衛局一小隊合
倂編制者也、平時操練、不為出衆只於觀兵時、具器
械、出教場若當戰時則給養等四掛、醫官、馬醫官、計
官、喇叭長等、四合八負、臨時確定、分掌該隊之事務
焉、

2-68

日本陸軍操典卷之四 終

2-69

부록 3

원문자료 제3책

제5권(보병 생병 교련)

日本陸軍操典卷之五

步兵生兵操典

一第一部 一般規則及區分

第一條、凡生兵以教練爲目的而諸中隊大隊及聯隊操練之法實由於此也、不可不使士卒中習知教訓基礎之最精密者、着意教授其散戰法及係戰鬪諸般時機適應運動、努力得知是爲緊要、

第二條、諸般運動法、教官、的功明瞭說去而先示其要領、使兵卒、執其姿勢、凡進止間惟求綿密整肅、又活潑聲音、不令梳其注意、

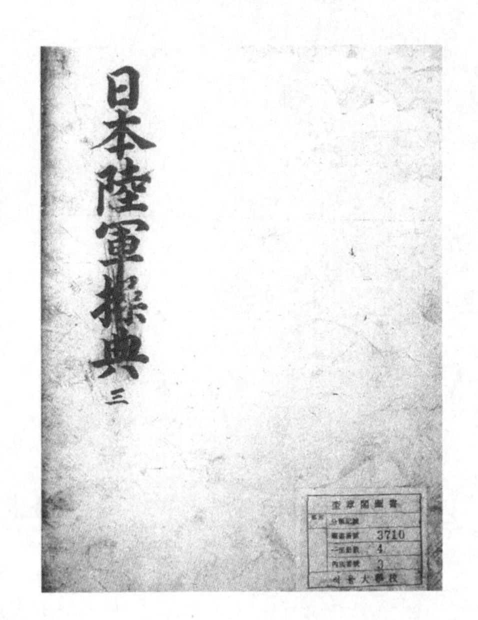

3-1

第三條、凡號令有二種、一曰豫令、二曰動令、

第四條、豫令及第二部號令、書草書、平行以示高音聲而小長緩揚一音、

第五條、發動號令、部分書楷書、各斥以示、簡短音調而活潑其唱、

第六條、凡生兵操典、分二部、各部分二章、各章、分六教、而第二部第二章、只有四教、

第一部第一章教授兵卒執銃、第二章教授兵卒用銃、

第二部第一章、述練兵場散兵運動機關、第二章、述諸般地形、活用演習、

第七條、凡生兵操典中諸條、教官、熟知其意味、能使其了解注意、

第八條、凡第一部諸教中、示其要領注意、故教官、當教授其兵注意於此、能研究其活用、

第一章

一般規則

第九條、凡第一部第一章中、第一教第二教及第三教勉兵卒三名或四名、同時教授而但柔軟演習、不在此限、

3-2

此、諸兵卒、其右隣兵左拳、當於腰上帶革、其右臂以
觸右隣兵左肘如一、并列諸兵、大約存四吋量間隙、
補注、拳當帶革者、拳握拇指、外手甲、向於外面而
諸指第二節、當於革帶、肱正面向側方也、
柔軟演習及同章中終三教生兵人員、應分隊見做
處、自八名、乃至十五名、編制羣數而其各輩、附分隊
長一名、使半小隊長、監視、受其教授擔當、
柔軟演習於諸兵距離三步布置二列又互取三步
間隔
終三教初歎、先以間隔、示諸兵、一列布置、次二列施行、

各列中附諸兵番號、常右始左終、
第一教
兵卒執銃姿勢
第十條、教官、下左令、
氣着
第十一條、兵卒、留意此令、次取姿勢、
第十二條、兩踵置一線上、應兵卒之骨組、勉之近
附兩足尖、如矩形而同等、少狹開向外面、伸兩膝強
硬、至體、腰上托、正直而少前傾、退兩肩、垂兩臂、成自
然態、兩肘、着體、掌、少向外面、小指、着袴縫目後、頭則

3-3

正直強硬、使兩眼、直視前地、
第十三條、兵卒休憩之令、教官、下左令、
其場 [草書下做此]
休 [楷書下做此]
第十四條、休令、兵卒、不動而莫着意姿勢、止立其
場、
第十五條、柔軟演習
此條、別有以體操書、故、叓畧之、
第二教
右向　左向

第十六條、教官、下左令、
右左向
右左
第十七條、右左令、左足尖、右足少上、左踵、圍四分
一右左轉回、右踵、傍附左踵、置同線上、
半右向　半左向
第十八條、教官、下左令、
半右左向
右左
第十九條、此運動、右左向施行時、併兵卒、圍八分

3-4

一轉向、
右轉廻
第二十條、教官、下左令、
廻
右
第二十一條、右令時、左踵、半右向、右足、矩形開大約闊三寸三分、其中央、左踵對、膕伸、兩足尖、少上、兩踵、轉廻向背面而後、速右踵、左傍附着、
第三教
諸步度要領

早足
第二十二條、早足長、甲踵乙踵間二尺許、其速、一分時、百三十步、
第二十三條、教官、於兵卒前、十步或十二步所立之面、說示步法、同時自除步、示其軌範、次下左令、
前
進
第二十四條、前令、使兵卒、體重、托右脚上、
第二十五條、進令、左足、前出、足尖、少外向、右踵、上重全體、地上踏着、托足莫叩地、右足、離二尺許踏着、

3–5

第二十六條、兩令、兵卒、右脚、前出、右足、近過地上、旣左足就、同置距離而莫爲兩脚交叉、莫爲兩肩進退、兩臂、自然委搖動、頭常正直、一兩令、如斯行進聯續、
第二十七條、欲停止、教官、下左令、
分隊
止
第二十八條 止令、從左右足、着何地時之發唱、兵卒後足、前足傍、引附、不可叩地、
第二十九條、始教官、使諸兵卒、正規步長以行進

習、習然後、諸兵、能習得此步度、漸逐終、一分時間、至三十步、步調可速也、
第三十條、教官、以充分之意、爲步調整且精密、前足體重、托適應時機、他足踵上體、勿左右傾、勿低注意適應時機、後足踵上、容易體重、托于前足、
第三十一條、諸兵、定規、如正步速長而習熟之、教步步用節度而唯折觸、左足地着一唱之、右足地二唱之、以音調活潑、示前進演習、
第三十二條、分隊長、第二十七條及第二十八條載之方法號令、以止分隊、但止令、右足或左足、將

3–6

着地唱之、

退步

第三十三條、兵卒停止、教官、下左令、

後

進

第三十四條、進令、兵卒、速引左足後方、甲踵乙踵相離一尺所踏着、又右足同法而以至令迄續行、但欲下止令、先分隊號令唱之、

兵卒、止令、無踏躍前足停引着地足止之、

第三十五條、教官使兵卒、眞直退却之令注意其體勢之不亂而此步調與早足同、

第三十六條、最初演習於兵卒、不强求要整頓惟步法之長短遲速齊一慣熟自得整頓、

第三十七條 早足兵隊以常用步為之而其他步調號令時不加語於早步、

驅步

第三十八條、驅足甲乙踵間長二尺五寸量則其速、一分時行百八十步、

第三十九條、教官、下左令、

前

3-7

驅步

進

第四十條、前之令、兵卒、體重托右脚、

第四十一條、驅步之令、兵卒屈兩手指爪內向、兩肘、後引兩手、可置於腰高、

第四十二條、進之令、兵卒、折左脚膝少上、左足前出、右足二尺五寸量於其足尖下、踏付右足於左足、同法可行進、但如此踏付於地脚上、移體重運動自然之調子、振動臂良、

第四十三條 令停止、教官、下左之令、

分隊

止

第四十四條、止之令、置後足於前足之側垂下兩手於列中、為不執銃兵卒之姿勢、

第四十五條、諸兵卒、裝着屬具時驅足之令以左手、握劒鞘前出而止之令、開左手放劒鞘、

第四十六條、教官、左足之着地時、一唱之號令、右足之着地時、二唱之號令、可示步度之合調、

第四十七條、驅足之度遲速大異、最急疾調子、每分時間、百八十步以上至、

3-8

第四十八條、驅足者、告諭兵卒、勉口閉而鼻可呼
吸、係經驗從此要領、永堪驅足之少疲勞、
注意
第四十九條、路步要領、與早步、無異、雖其速、遲次
增加時、一分時有至百五十步、抑於此步、不要合調、
又不須要諸兵卒同足行進
第五十條、襲步要領、與速步同然、其速度則一分
時間、百五十步、
足踏
第五十一條、兵卒行進、教官、下左令、

足踏
進
第五十二條、進之令、足將着地時、唱之、兵卒、無進、
取兩足交踏、步之合調、
補注、足踏、於驅足得行、
第五十三條、教官、欲使兵卒、再行進、下左令、
前
進
第五十四條、進之令、如上令、唱者而、兵卒、隨早足
步法、

3-9

步法變法
第五十五條、兵卒行進、教官、下左令、
踏替
進
第五十六條、進之令、足將着地時、唱而隨之、兵卒、
連引付後足於踏付足之側、踏付足、再前踏出、
第四教
頭首右左運動
第五十七條、教官、下左令、
頭

右左
直
第五十八條、右左之令、諸兵卒、遷之莫為運動不
亂兩肩之位置、眼注於同列兵之眼線、頭可少回左
右、
第五十九條、直之令、首復正直之形、是兵卒之平
常姿勢、
整頭
第六十條、教官、明了解諸兵卒之整頓要領、為之
各個整頓演習、教官、以左之號令、右左二兵、三步前

3-10

進、
右左
二人三步前
進
此二名、着整頓線、置左拳腰上帶革者、教官之整頓
令後、惟各兵番號而已、呼此二名、以示整頓線、所着、
為可、
補注、教官、併列二名兵、正其整頓、
第六十一條、各兵卒、呼其番號、如上示、第五十七
條、右左頭回、眼注三步前進、但最後一步、縮新整頓
線、大約五寸量後方、止、决不可越其線而新整頓線
五寸量後方、止、前條、既說明、如左拳、置腰上、次伸膕
少步倉卒運動、不可不正、無亂置其頭位、眼線肩線
之方向、與隣兵齊保、其隣兵肘觸、如靜、可着整頓線
第六十二條、教官、見諸兵整頓了、下左令、
直
第六十三條、直之令、兵卒、左手、下列中、再保頭形
正直、
第六十四條、諸兵卒、若一人、或精密整頓、未熟、以
左令、一時整全列、

3–11

右左準
第六十五條、此令、整頓之基礎、除前置二名外、全
列、皆速步、移上新線中、從第六十條及其次條要領、
敎定位置、
第六十六條、教官、列前十步、或十二步所在之面、
運動注目而次整頓基礎、翼移、整頓改正、
第六十七條、教官、見兵卒之過半整頓、下次令、
直
補注、直令、在正面下之、
第六十八條、次教官、見不正整頓者、何番後何番
前呼、兵依呼、為定其兵卒、進退之度、頭少整頓翼方
回、靜線中移、次、復正面、
補注、呼兵、無舉拳、
第六十九條、後方整頓、從同法、此時兵卒、些整頓
線後退而、次上、從第六十條及其次條要領、些前進
整頓、
第七十條、教官令下、右左二名、四步、退却、設整頓
標基後、下左令、
後右左
進

3–12

注意

第七十一條、教官論兵卒氣附可箇條如左、
兵卒徐移整頓線上可也事、
兵卒體勿後倒亦頭勿前倒可也事、
兵卒之頭轉度勉見隣兵眼線之亘、且幾其整頓可方、
已自第二番目見兵之胷為限可也事、
整頓線踏越堅禁事、
直之令、兵卒縱未整頓、得不可動搖事、
何番後何番前只惟令是從如其不呼者決不可動
搖事、

後方整頓、兵卒整頓線必踏越可事、
第七十二條、教官又諸兵二列布置右左二伍採
設整頓標基行整頓、

第五教

正面行進

第七十三條、教官於列兵正整頓欲得置其嚮導
右左側熟練兵卒一名附之而下左令、

前
嚮導右左
進

3-13

第七十四條 進之令全列左足速進出嚮導正直
行進其兩肩着意正保、
第七十五條、教官各兵卒常於嚮導方隣兵及自
已間隔保存注意左件可也、
各兵卒順嚮導方押來之時他方押來抵抗事、
各兵卒若失其間隔為之徐復事、
嚮導在何方不問各兵卒頭保眞直事、
各兵卒徐進過或遲滯整頓線離時徐步長伸縮復
整頓線事、

斜行進

第七十六條、兵卒既熟正面行進教官使斜行進
法習之為全列行進時教官下左令、

斜右左
進

第七十七條、右左足將着地之時發唱進之令各
兵卒半右左向后正直新線中行進右左隣兵肩線
眼注步法加減以己肩平行其隣兵肩以其頭如掩
他同列兵頭為可總兵卒心用步法揃其斜度必齊
一為可、
第七十八條、復欲正面行進教官下左令、

3-14

前進

第七十九條、右左足將着地時、發唱進之令、各兵卒、半左右向而后、從正面行進法、正直行進、

第八十條、兵卒、既此種要領了解、其姿勢步動長短速度等、至習熟、教官早步驅步、移而交番其步法、變換、

第八十一條、全列早步行進、教官下左令、

驅足
進

第八十二條、進之號令、左足或右足將着地時、唱之、隨全列驅步、初諸兵卒、驅步要頋守、列不顛而行進、保守其整頓、

第八十三條、復欲早步之時、教官下左令、

早步
進

第八十四條、進之令、左足或右足將着之時、唱者而從、復全列早步步法、

第八十五條、列兵行進、教官既示上條號令法、從之、

3–15

第八十六條、列兵早步行進、教官既示上條號令法、以足踏及踏替行令、

第八十七條、列兵以早步或驅步行進時、教官止後方為進、以左號令、為轉廻、

廻右
進
嚮導左右

第八十八條、左足上之時、唱進之令、兵卒左足着地、兩足尖旋後向、此新向在先、左足進出、

第八十九條、列兵行進時、教官以左號令轉廻後止之、

廻右
止

第九十條、左足將着地時、發唱止令、兵卒左足右轉廻、右足置左足線上、

第九十一條、列兵停止時、教官以左號令、退步、

後
嚮導右左
進

第九十二條、進之令、兵卒從第三十三條以下要

3–16

領退步、
第九十三條、諸兵卒、一列行進、極巧施行、得至教
官之二列布置、號令要領、同以行進演習、第二列兵
正在前列兵背後行進、常其前列兵已存着意距離
一列二列布而又之復一列法、
第九十四條、諸兵、一列在時、教官、下左令、
二列右
右
進
第九十五條、右之令、嚮導不動、總列兵、右向而後

偶數兵其前面在、奇數兵右傍到之、共二兵作一伍、
第九十六條、進之令、第一伍、正面向、他伍前進、其
間隔編然後、正面整頓、
補注、全整頓後、教官、宜令下、但嚮導、左拳上革帶
部、
第九十七條、諸兵、二列在時、教官下左令、
一列右
進
第九十八條、一列右之令、右嚮導、爲右向、
第九十九條、進之令、從右嚮導、第一列方向伸、從

3–17

線行進、
第百條、第一伍、嚮導、同時行進、始其第一列兵、初
步進時、右向嚮導隨行、其第二列兵、第一列兵置舊
伍、頋後之隨行、第二伍及其他各伍、第一伍、爲說明
法、以第一列兵、宜其右隣伍第二列兵、始隨行、如逐
次行進、
補注、教官、最後行進、最後兵、始分隊、留正面向、令
各兵整頓後、宜令、下、
第百一條、前條示編成法、右翼施行、雖常例、教官、
以左翼施行、欲轉廻之時、嚮導、以前左翼處右翼二

列以前、第二列處第一列附之、
第百二條、第一列就同然後、施行要領、號令、以此
編成爲其運動左伍爲右伍、又各伍中、第二列兵、爲
第一列兵、先始者爲之而編成終、教官、爲令列兵轉
廻、
解列及分隊再集
第百三條、分隊二列正面、教官下左令、
解
進
第百四條 諸兵、携帶其銃分散、

3–18

第百五條、又分隊編成、教官、以擧其號、下左令、

集

第百六條、此令、諸兵、離教官四步地對向、其番號
順次、從二列編制、
補注、此時兵卒、右整頓、教官、直令下、
止立或行進、分隊折斆或伏卧法、

第百七條、分隊、折斆、分隊長、下左令、

折斆

第百八條、此令、諸兵、膝射狙法、示、姿勢、取之、

第百九條、分隊伏卧令者、分隊長、下左令、

伏

第百十條、此令、第一列兵、二步前進、次二列諸兵、
第二百四十一條、如說明伏卧、

第百十一條、分隊長以左號令、折斆或伏卧、分隊
起立、令、

立

第百十二條、伏處、分隊起立、第二列起立、后列、閉、
復正距離、
補注、起立者、必右整頓、

方向變換

3-19

第百十三條、方向變換、施行於止立間及行進間

止立間方向變換

第百十四條、列兵止立時、教官、下左令、

分隊右左

進

第百十五條、進之令、右左翼兵、止、儘為右左向、其
他兵、為半右左向、逐次速列線、就、注意、捷徑、從經其
線而上示處要領、各右左方、準整頓、右左隣兵、併立、
補注、此運動中若在嚮導軸翼、為軸兵右左向、
隨退其右左位、其軸兵、併列在外翼時、外翼兵、
共着新線、

第百十六條、教官、監視整頓而最後兵、到着其線、
下直之令、

第百十七條、直之令、諸兵、左手、下列中、頭則正直、

行進間方向變換

第百十八條、列兵行進時、教官、置嚮導左右翼、下
左令、

右左方向變

進

第百十九條、豫令列兵、變換其方向、點四步前發

3-20

者、
第百二十條、 進之令嚮導方向變換點到着時可發此令旋軸在兵六寸六分步長行進翼而從運動前進旋點外小曲線畫此運動初當嚮導宜其行進可地注目運綿二尺許步取其第一步發時少外方之肩前時眼注列中以列兵其保間隔得如行進整定、
兵卒頭行進翼方廻其方間隔保其旋軸愈近者其步長愈縮為從嚮導運動者、
列之中央少後方彎曲令為可、

第百二十一條、 方向變換終而教官下左令、
前
進
第百二十二條、 此豫令方向變換終而唱於四步前、
第百二十三條、 進令之方向變終時唱者而此令嚮導眞直前進在旋軸兵及其他列兵二尺許步長復為頭眞直、
第百二十四條、 方向變換同上要領從之以駈步施行、

3-21

第百二十五條、 方向變換之上示法號令以二列布置諸兵亦行之令、
第六教
側面行進
第百二十六條、 列兵止立正整頓時教官下左令、
右左向
右左
前
進
第百二十七條、 右左之令列兵右左向常於重複整頓線內方為之而重複伍互相無距以寄數之一兵其次偶數之一兵為編成者也其例第一兵第二兵第三兵第四兵第五兵第六兵互相重複如列兵側面向之時其二兵中背後之一兵於其前面之兵為重複規則、
第百二十八條、 進之令諸兵之速左足進伍伍整頓能保其距離諸兵卒各列中以其直先行兵頭遞蔽先行兵頭就其後方行進、
第百二十九條、 教官附熟練兵一名全列先頭兵側以正步法之嚮導亦命此兵先頭肘肘相接行進、

3-22

第百三十條、教官、常在於諸兵側面五六步所、以
伍伍之距離、取行進正否而亦時重複移列後停立、
全列、十五步或二十步進行、令以諸兵、精密相重行
進與否、捻之、
第百三十一條、諸兵、二列布置、第一列、從上法重
複、第二列、右一步讓同法、以重複、成其運動、諸伍、互
相無距、第一列爲方準整頓、四兵編成者、
諸兵、重複及側面行進要領、能熟知、教官、以左號令
重複後、直演習行進、
右左向前

進
進之令、諸兵卒、右左側面向後、從第二十五條要領、
進出左足、
行進間解諸伍及重複法
第百三十二條、教官、下左令、
伍解
進
補注、此分解及重複法、一列在時、不爲施行、
第百三十三條、進之令、重複諸伍、步、縮、諸兵、常作
列、可兩隊兵間入其列、復以第二列諸兵、前列兵隊

3-23

就、爲偏移可、
第百三十四條、爲伍重複令、教官、下左令、
伍併
進
第百三十五條、進令、諸伍、如第百二十七條所示
之重複、
列、停、正面法、
第百三十六條、教官、下左令、
分隊
止

左右
正面
第百三十七條、止之令、列兵停時、各兵卒、俟令、先
其距離、決不可動、
第百三十八條、正面令、令各兵卒、方向正面、在後
方兵卒、同時諸伍重複、解速列中、復舊位、
補注、正面後、直嚮導方、整頓、教官、直令下之、
第百三十九條、諸兵、此運動、熟練後、教官、以左號
令、停止後、爲直正面而令演習、
左右向

3-24

止
止之令、列兵、停止而直令、為方正面
第百四十條、不為側面向、前既諸兵、二列布置第
二列第一列、如重複解正面、次其距離、閉枳、
各伍方向變換
第百四十一條、兵卒既熟側面行進、教官各伍方
向、變法、即是令、如左、
伍左右
進
第百四十二條、進之令、先頭一伍、圓小弧、盡左右

方向、變換此伍二名或四名、第一列方、準保其整頓
行進翼兵、常同步長之速、以在行進翻兵、最初三四
步五六步、縮之、各伍、其先行伍、同處旋回、常保伍間
距離、行進間諸兵、止足踏、或有突當等時、不如步度、
第百四十三條、教官、為行進間右向及左向、下左
令、
右左向
進
第百四十四條、進之令、右向之時左足、將執地、前之
唱、左向之時、右足將着地、前唱而兵卒、從此令體轉、

3–25

擧足置新方向他足、踏出、保之合調無變、各伍、重複、
或分解、
第百四十五條、教官、行進間右左向、續行令度數、無
過不及、是為兵卒意中運動、勿生混雜也、
第百四十六條、馳步、以側面行進、諸要領、與早步
無異、唯教官、先唱馳步之令後、下進之令、
第百四十七條、教官、諸兵、一列或二列布置、伍為
複演習、側面行進然第百六條及其以下示號令、用
之預告諸兵、不可重複而注意步調、勿失距離、
第百四十八條、此行進要領、無於他處者也、當方

向變換、唯諸兵一列之兩列中、最首兵之步、合調長
短、勿變後、可方向變換、
第二章
総則
第百四十九條、第一教、教室內學科、教授於諸兵卒
者、
第百五十條、第二教、第四教及第五教及第六教
四名集合、既如上示、可教授、一列布置而諸兵、能各
熟練要領、至集合分隊兵、編成同畢、而置二列後、右
五教、復習令、尚無異於第一章終五教、

3–26

第百五十一條、銃鈎法、非銃之交叉時、與銃鈎術
行之則以鈎、嵌着于銃口、
第一教、銃分解及結合、
補注、此第一教所持銃、分解結合等方法、不係
目下必用者故、以之畧示、此下八條、依補注、以百六十條、編之、
第二教、銃使用、
第百六十條、●執號令、就行之下節行之者而分每
節之幾動、使兵卒、能為其作業了解、
第百六十一條、凡一動之速、除後條別示者外、一
分時、九十分一定然、初兵卒、不令疲勞、為之守要、此

運動之行、徐徐慣之、漸使用至熟後、行之、
第百六十二條、銃鈎嵌脫等舉動、有上云、如急速
難行又一樣速定之、亦不能施故、從右挽、乃可行之
者、不但其舉動、成太急速、且正專一焉己矣、教官、深
此用心、
第百六十三條、各節第一動、其號令結尾、從迅速
行之、其他舉動、二三應行之令則兵卒、其一節中、了
解各種舉動、至一動、每無停滯而以銃使用注目於
作業功實、蓋所謂使用之法、最防舉動錯亂、
銃携法

3-27

第百六十四條、如第一部第一教中所說、置兵卒、
教官、令右臂少曲、次令從法持銃、
第百六十五條、銃置右臂內、托銃身後口於肩曲
而直立、殆伸右臂、以右手、握擊鐵用心金、拇指、當用
心金上、食指、致用心金下、加小指擊鐵頭上、其餘指
下銃尾、平置右股副之垂左臂、得令自然姿勢、如第
一部第一教所示、
第百六十六條、銃使用藝技、隨左順次教之者、
捧
銃

一節二動
第一動
第六百十七條、右手銃、對體中央前、垂直持來、棚
杖、為前面全時左手、速握照尺部、拇指、對銃床、銃身、
沿伸、前臂、輕體着之、手肘、同為高、
第二動
第百六十八條、右手、近握用心金下、
肩銃
一節二動
第一動

3-28

第百六十九條、右手、撤之而握擊鐵用心金、垂直
右臂之銃持来以左手、揷上肩高伸諸指而并殆伸
右臂、
第二動
第百七十條、左手、速下列中、
立
銃
一節二動
第一動
第百七十一條、右手之銃離體而左手、速擧肩高

握之、右手放左手之下、右手再下帯上部、握之小指
當銃身後口、為垂直銃而右手、着腰骨銃尾踵向右
足尖側令左手速下列中、
第二動
第百七十二條、置銃尾踵無打地全伸右臂而執
立銃姿勢、
第百七十三條、右手、下銃身、置於栂指食指間而
沿伸其指於銃床其餘三指并伸之銃口及右臂、在
五栂知米突、栂杖前之、置銃尾踵右足尖側、保銃之
垂直、

3–29

第百七十四條、休憩令、教官、下左令、
休
第百七十五條、此令、諸兵卒、銃添右臂、伸之、其體
依托不動、要取姿勢、
第百七十六條、復為取不動姿勢之令、教官、下左
令、
氣着
第百七十七條、此令、諸兵卒、立銃姿勢、
肩
銃

一節二動
第一動
第百七十八條、右手、以銃、真直右乳、高擧肩對、體
離事五栂知米突、肘附于體、左手、握直右手下、右手
下、握擊鐵用心金銃支于肩、殆伸右臂、
補注、左手、握右手下左拳向右腋窪之令、
第二動
第百七十九條、速左手、下列中、
着
釖

3–30

一節三動
第一動
第百八十條、右手、銃、體少離、左手、速擧、肩高齊握之、
第二動
第百八十一條、銃自右手、離左手之下體、對中央、爲棚杖後口、銃尾踵、在兩足間而莫叩地、銃爲正直而銃口、離胸十珊知米突、以右手、握上帶、左手、翻摑銃鎗柄、
補注、左手、翻摑鎗柄、左掌之左方向外面、鎗鞘

火後方出、押其柄、
第三動
第百八十二條、左手、以拔銃鎗嵌口、伸左手握銃、右手止上帶上、
肩
銃
一節二動
第一動
第百八十三條、左手、以擧銃、持來右肩、同時右手、下握擊鐵用心金、殆伸右臂、

3-31

第二動
第百八十四條、速左手、下列中、
第百八十五條、兵卒、立銃姿勢在時、敎官、欲銃鎗之嵌令、下左令、
着
鎗
一節一動
第百八十六條、左手、以摑上帶下、兩手以持來銃體中央、爲棚杖後口、置銃尾兩足間、銃身垂直而其口端、離胸十珊知米突、左手、翻拔鎗銃、嵌銃口而再

立銃、復姿勢、
補注、銃鎗之嵌時、決不可變右手位置、
第百八十七條、兵卒肩銃在時、敎官、下左令、
防
鎗
一節二動
第一動
第百八十八條、右手銃、上、左手、下帶下部、握之、拇指、置于銃身上面、次右手、握銃把、左踵、爲半右向、同時右足左足後方三十珊知米突、右方二十五珊知

3-32

来突處、踏闕、其足尖、步内方向、
第二動
第百八十九條、銃倒兩手、銃身、上左肘體、右拳、依
托腰骨、釼尖高齊眼、
肩
銃
一節二動
第一動
第百九十條、正面向時、速以左手、托銃右肩、硼杖、
前之、右手、翻握擊鐵用心全、左手則肩高摺上、并伸

諸指、殆伸右臂、
第二動
第百九十一條、左手、速下列中、
脫
釰
一節三動
第一第二動
第百九十二條、釰欲時、第一第二動、相如而但第
二動之終、右之拇指、置銃釰撥子上、左手、摑釰柄銃
身為異、

3–33

一第三動
第百九十三條、右之拇指、押撥子、脫釰倒右方而
為尖下、鍔對右手下、右拇指、初二指、伸之、挾持釰刃、
他指、付銃、左手翻添釰柄、收釰鞘以左手、握銃而伸
其臂、
臂
銃
第百九十四條、第百八十三條及第百八十四條
所示、同、
第百九十五條、兵卒、立銃在時、教官、欲脫銃釰如

第百八十六條所示之行令、但右手拇指、置銃釰撥
子、以左手、握釰柄銃身、從第百九十三條解說行之
而立銃姿勢、後令、
擔
銃
一節三動
第一動
第百九十六條、右手、銃之垂直、對肩上之、棚杖則
前向、左手、握照尺部、其高、與肩齊至、銃上之時、右手、
置銃床尾面、其食指中指間、挾床嘴、其他諸指、置床

3–34

尾面、
第二動
第百九十七條、以銃、滑走於左掌中、負擔於右肩
而上其槓杆、
補注、擔銃后、左掌開置銃床表面、
第三動
第百九十八條、速左手、下列中、
肩
銃
一節三動

第一動
第百九十九條、速伸右臂充分、搠杖則前向、銃則
垂直立、同時、以左手、握照尺部、
第二動
第二百條、銃床尾、離右手、直其手、握擊鐵用心金、
左手、摺上肩高、諸指并列伸之、
第三舉動
第二百一條、速左手、下列中、
第二百二條、諸兵卒、立銃姿勢在時、欲為擔銃令、
教官、以肩銃、在此運動行令、同法同號令、

3-35

立
銃
一節三動
第一動
第二百三條、如第百九十九條所示、
第二舉動
第二百四條、右手、放銃床尾左手、以體接銃下、右
手、以握下帶之上部、速左手、下列中、
第三動
第二百五條、如第百七十二條所示、

隨意
銃
一節一動
第二百六條、兩肩差別擔銃、銃口、向上方、
補注、此業行軍等專行者、技藝中不常行之、
肩
銃
第二百七條、復肩銃姿勢、
負革以銃負令法
負

3-36

銃
第二百八條、負革以銃懸右肩、右手、結合床尾翻
環、握負革一端、銃身後方、向保持垂直、
第二百九條、下手、保銃身垂直、以對革負銃、正格
姿勢、以演習中逐歩行進、得採用可者也、
在險難地負銃時、諸兵卒手下、銃之垂直、不及保持、
唯銃口上向、以足為之、
第二百十條、兵卒、在二列、嵌着銃釦、立銃姿勢之
時、欲令銃之交义、教官、下左令、
組

銃
第二百十一條、此令、偶數伍之前兵、其銃、已前出、
左手、握上帯之下、其銃尾踵、置左隣兵右足尖瞄、銃
身、右方向之、偶數伍之後列兵、銃渡其前列兵時、
此前列兵、以右手握其銃之上帯下而其銃床尾出
于列線前凡八十五珊知米突所、對右肩、令銃身少
斜右方、列中向己方傾銃口、交义、両銃釦鍔、後列兵
之鍔、下之、○奇數伍之前列兵、以両手、握銃之上帯
下帯間、其釦鍔以交义所之両釦鍔、抱合而両足間、
置銃床尾、○銃之交义後、奇數伍之後列兵、其銃、移

3-37

于左手、前倒銃身、既交义之銃、托之、
補注、此後列兵、銃已交义為托銃時、左足、一歩
踏出、
第二百十二條、交义銃之解令時、教官、下左令、
解
銃
第二百十三條、此令、奇數伍之後列兵、取其銃、交
义、偶數伍之前列兵左手已握銃之上帯、右手握其
後列兵之上帯下、○奇數伍之前列兵左手、以握銃
上帯下、此両名交义、擧解之、○偶數伍之後列兵、其

前列兵之手、已取銃而各兵、復立銃之姿勢、
注意
第二百十四條、諸兵卒、能肩銃之姿勢及銃之使
用練熟時、更為第一章終五教、復習令、○諸兵卒、銃
為携帯、或在肩銃立銃、右向左向回轉及行整頓令
而但在立銃、諸兵卒、以右手、上銃、又在整頓、直令、銃
下地上、○行進方向變换及第一章中第六教所載
之諸運動、肩銃、或擔銃、施行為者、○駈足行進、在駈
足令、諸兵卒、自銃、右肩、負擔、諸兵卒、銃之擔右肩、
止令、有為停止、同時、為肩銃、

3-38

第三教、
五段及隨裝塡、
五段裝塡
第二百十五條、兵卒、肩銃在時、教官、下左令、
五段區方
區
銃
一節二動
第一動
第二百十六條、左踵、爲半左向、右手、擧銃、左手、拇

指、握照尺部、此沿伸手肘、水平直右手、以摑銃把、同
時、右足後方三十珊知米突、右方二十五珊知米突
開足尖、少向內方
第二動
第二百十七條、以兩手倒銃、左手拇指、添伸銃上、
其餘諸指、緣銃床上出莫觸銃身、令床尾下右前臂、
銃把、附體右乳凡十珊知米突下、銃口齊肩高右手
拇指掛擊鐵頭其他指置用心金後方、些擧其肘、
擧
擊鐵

3-39

一節一動
第二百十八條、響明亮迸鉤擧擊鐵以右手握槓
杆爪、上、
閉
藥室
一節一動
第二百十九條、槓杆右左迴靜後方、引其手、撮彈
藥筒之藥部、
彈
筒

一節一動
第二百二十條、彈藥筒入底筒之半圓中、彈丸以
前、拇指正送藥室、食指來針管頭端、不以針挺出、右
手、握槓杆、爪則向體之方、
閉
藥室
一節一動
第二百二十一條、強押遊底、彈藥筒、納全藥室、同
時、右倒槓杆、右手、握銃把、食指、沿用心金、伸之、○兵
卒立銃姿勢在時、教官、欲行五段裝塡之令、教官、下

3-40

左令、

五段區方

區

銃

一節二動

第一動

銃擧右手齊肩高左手握照尺部右手下銃把右足
開後方三十珊知米突右方二十五珊知米突足尖
少内方向、

第二百二十二條、 銃之裝塡時欲爲肩銃令教官

下左令、

肩

銃

一節一動

第二百二十三條、 肩之令解準備爲此動作兩眼
注底筒上以右手握槓杆之轉廻其安静之功段截
開表面之底筒向中央栂指擊鐵上十字置之食指
引金鉤餘諸指置用心金之後方引金引逆鉤外擊
鐵安静之功段掛之以右手握銃把銃之令銃速起
肩爲銃姿勢、

3–41

隨意裝塡

第二百二十四條、 隨意裝塡如五段裝塡之行兩
但每節無分續行、

補注此業最初十四動分之教、

第二百二十五條、 諸兵卒肩銃或立銃在時教官
下左令、

隨意區方

區

銃

第二百二十六條、 銃之裝塡時教官下左令、

肩

銃

第二十二十七條、 同第二百二十三條、
注意

第二百二十八條、 二列在行裝塡時五段區方或
隨意區方之令第二列之兵卒無論肩銃在立銃在、
十五珊知米突移右方兩肩銃之運動行了後再其
前列兵背後占位、

第二百二十九條、 勉銃之裝塡爲令發射行際、
彈藥筒脫出

3–42

第二百三十條、証閱銃底、不挺出針、置銃尾踵兩
足間、使銃身少前傾、槊杖拔之腔中、入之自上而落
下、此時、放其手、避不虞危害、然後、収槊杖、

射手之姿勢

立射之姿勢

第二百三十一條、諸兵卒裝塡銃肩銃、或立銃之
時、敎官、下左令、

立射構

銃

一節三動

第一第二動

第二百三十二條、裝塡第一節之第一第二動、同
也、

第三動

第二百三十三條、銃之準備、右倒槓杆、右手、以握
銃把、食指、添伸用心金、

補注 此業、最初六動分敎而膝射構、亦同、

肩

銃

第二百三十四條、如第二百二十三條之示、

3-43

膝射姿勢

第二百三十五條、諸兵卒裝塡銃、肩銃在時、敎官、
下左令、

折敷構

銃

一節三動

第一動

第二百三十六條、左踵爲半右向、右足中央、左踵
後方、凡三十粍知米突左踵左方、凡十五粍知米突
之所、置之而但斟酌其人體格應之、同時左手、以握
劒之鞘、出前方、轉兩肩頭爲正面、

第二動

第二百三十七條、右膝、着地而地莫衝突銃尾踵、
下之體托右踵之上、放劒鞘而其末端前之左手、以
握照尺部右手、以握銃把、

第三動

第二百三十八條、兩手以倒銃、左前臂、置左股上、
左股令觸床尾銃爲準備、以右手、倒槓杆右方、握銃
把、食指沿伸用心金、

肩

3-44

銃

第二百三十九條、肩之令、鮮準備、握銃把、直起銃
之令、起立執肩銃之姿勢、可也、
第二百四十條、立銃之姿勢、膝射之姿勢、移令時、
最初之二動中銃尾踵、置其儘地上、

伏射姿勢

第二百四十一條、此姿勢、在兵卒伏臥、起兩肘勉
近寄之、以銃口、不令觸地、且他物殊不入於腔中口
部、如是支銃可也、銃腔內口部、他物殊入則有銃身
破裂、

注意

第二百四十二條、若兵卒、有不裝塡銃時立射或
膝射姿勢之第三動裝塡為之、
第二百四十三條、諸兵卒、二列在時、第二列之諸
兵卒、擔立打、或擔折敎之令、論有銃在立銃在右方、
大約十五珊知米突移之、又為肩銃後、再其復前列
兵之背後、

第四敎

射擊豫行演習

第二百四十四條、諸兵卒射擊、最為緊要照準及

3–45

發射之術、為豫令演習、先授其第一第二兩演習於
諸兵卒、而令布列照準架之周圍半圓形、第三第四
之兩演習、令有一步之距離、令一列布之、可也、

第一豫行演習

第二百四十五條、以二百米突之照準線、照準於
架上、○教官、置銃照準架上、而各兵卒、定照準線、示
兩點、此兩點、照門底及照星頂也、○又此兩點、正取、
且銃莫傾左右、同一直線上狙法、須要說明然後、教
官、二百米突之照準線、以銃標點上導然后、各兵卒、
斯銃之向狙、可撿知、令取為次之姿勢、○左眼則閉
之、頰則輕觸床尾、令右眼、貫線、通過床尾上照準線
照門底照星頂其狙定、迄標點延伸、○兵卒中有不
能閉左眼者、令容易閉得迄習、
第二百四十六條、諸兵卒、正至照準、取得、教官、鮮
銃之位置、逐次其指示點、示諸兵卒狙定而其正照
準方、若有誤者指示其照準取方不善、又其標的導
方、不善熟考、○諸兵卒正確之行、得迄自令改正然
後、教官、次者代令前銃位置、鮮之、
第二百四十七條、然后教官、令照準兵卒一名、正
其照準方、諸兵卒、逐次檢知、令諸兵卒、銃向左右無

3–46

傾、又其指示照準線點、無論左右上下、并問之可也、
諸兵卒、小音考己思述、教官、此等彼等之照準方、逐
次正之而指示其誤謬、〇諸兵卒順序、逐呼出待、

第二豫行演習

第二百四十八條、教官、諸種之照準線、以第一演
習反復、此時教官、令各兵卒、學照尺使用、及發射規
則、可也、
第二百四十九條、照尺使用、教官、諸兵卒使用
滑板、種種用照準線、逐次學之、為令示之、切實、可也
第二百五十條、距離之指示、從表尺、前後倒右之

拇指食指、以緣撮滑板之上下、可定其位置、又其指
示所為應距離起表尺、
第二百五十一條、發射規則諸兵卒照尺之使用
熟時教官之發射五則教之即如左
第一、二百五十米突以迄二百米突照準
標的中心、或人帶部徂法、
線
第二、二百五十米突、三百五十米突間、以
三百米突照準線、
第三、三百五十米突、四百五十米突間、以

3-47

四百米突照準線、
第四、四百五十米突、五百五十米突間、以
五百米突照準線、
第五、五百五十米突以上諸距離、於每百
米突之距離、在滑板之左右、上緣表尺之左
方、刻線送之、每百米突以內之距離、在其右
方、上緣表尺之左方、刻線送之、
第二百五十二條、諸種之照準線、以照準法、教
官、第二百四十五條及次條規則示之、從諸兵卒諸
種距離照準教之、其最初、表尺之左方、刻距離、教而

右右方刻中間距離、教之、
第二百五十三條、從架上之照準法、發射之規則
令、為活用、某距離所置之標的照準、為令諸兵卒學
之而土地之都合宜時、指示距離標的、置照準令、須
要為之、〇此場合標的之中心黑點、此黑點之下際、
照準之發射中、銃之振動、依銃口、射兵之眼、照準點、
勿令為掩也、
第二百五十四條、肩銃接法、裝填之姿勢在時、
教官、來其兵卒之右方、槓杆之下、執其執銃而自然
垂臂、起右肩前出、左肩靜定、示置其后教官、堅固置

3-48

其床尾鈑於其左手保支叺之肩對其銃尾踵緣肩
之上、稍稍近附床尾鈑之端對神縫之目內、銃爲水
平、勿令左右傾然教官其兵卒右手以握銃把、左手、
以握照尺部自支保其銃止其兵卒此姿勢令銃於
肩對堅固保持、
第二百五十五條、教官以一兵卒移他兵卒之姿
勢指示而自能得至止令、教官若干時間自學之而
修正其姿勢、
第二百五十六條、諸兵卒肩銃之附方、能學得教
官、先取二百米突之照準線一點之導正、保持習熟、

第二百五十七條、以諸種之照準線、演習此諸兵
卒反復而五百米突以上之照尺用時、頰銃之着方、
變、其距離之遠從其肩肘及床尾之下而取照準線、
注意無仰頭、

第四豫演習

第二百五十八條、兵卒銃之頰着、且狙定取知點
上照準線教官、爲發射豫學引金引指之作用而兵
卒、先裝塡終姿勢而后、令學引金引之動作、如左、°
右手、握銃把、食指之第二節引金鉤、兩眼、注擊鐵上、
漸次閉指、至擊發、

3-49

第二百五十九條、教官、取兵卒立射之姿勢、先用
二百米突照準線後、逐次用諸種之照準線此時教
官、過諸兵卒之前、其取示照準線兵卒、銃付頰、因其
振動標的之黑點下、照準線之生齟齬、支之後、能漸
次閉指、取照準線於瞬間、擊發而擊發之后、銃尚付
頰置以狙定、貫點上照準線、爲証、
第二百六十條、此演習時、教官、其指示點、能狙定、
且擊發之際、點上銃保持爲証、屢屢自右眼狙定而
擊發之後、教官、試問兵卒、取照準不失歟、
第二百六十一條、諸兵卒、照準發射之豫行演習

熟練時、教官之左法以此運動、施行、

第五教

照準及發射

第二百六十二條、諸兵卒銃、爲裝塡在立射姿勢
時、教官下左令、

何米突

第二百六十三條、指示所距離、應之、裝置照尺、

狙

一動一節

第二百六十四條、徼莫動作、兩手、以擧銃而體、畜

3-50

直、床尾強對肩保持左肘垂之右肘則肩高閉左眼
照準線標的為導適宜頭傾前方右方以右食指之
第二節引金鉤、

打

一節一動

第二百六十五條、體頭不動食指靜閉擊發

第二百六十六條、諸兵卒發射后教官下左令

填

一節一動

第二百六十七條、銃速下裝填取第一節第二動
姿勢而行隨意裝填、

第二百六十八條、銃無裝填欲令肩銃教官下左
令、

肩

銃

一節一動

第二百六十九條、肩之令取裝填之第一節第二
動姿勢擊鐵安靜之功段置而握銃把銃之令復肩
銃姿勢、

第二百七十條、諸兵卒執狙之姿勢時教官下左

3-51

令、

故

銃

第二百七十一條、故之令食指沿伸用心金銃之
令執再裝填末節之姿勢、

第二百七十二條、諸兵卒執膝射之姿勢時教官
以左之號令演習發射、

何米突

第二百七十三條、指示所距離應之裝置照尺、

狙

一節一動

第二百七十四條、左肘近膝置股上同時左手摺
上銃對用心金拳稍向內方保其銃拇指他指間此
諸指及右手近接床尾對肩保持照準線導標的適
宜頭傾右方前方右食指之第二節引金鉤、

打

第二百七十五條、如第二百六十五條之示行發
射、

注意

第二百七十六條、兵卒膝射之姿勢在令如第二

3-52

百五十四條及次條之示、銃之頰附及為發射學豫
行演習、兵卒自其銃付肩、不充分其姿勢之所正改
而右脛上體委而左脛、只銃之重量、支之、如立射之
姿勢、床尾附肩、頭稍前方傾等、注意、
第二百七十七條、膝射之姿勢、得發射之精密、射
兵自己掩匿之有利益者故兵卒、容易取此自在姿
勢、又此姿勢在速為裝塡可得學人之體格、因此姿
勢要斟酌、
第二百七十八條、發射之後、銃之裝塡教官、下左
令、

裝

一節一動

第二百七十九條、銃速下、在膝射之姿勢、為裝塡、
第二百八十條、銃無裝塡為令肩銃、教官、下左令、

肩

銃

一節一動

第二百八十一條、肩之令、準備銃第三動之姿勢、
第二百三十八條叅照執之徐弛撃鐵、握銃把、立之
銃之令、起體執肩銃之姿勢、

3-53

第二百八十二條、諸兵在狙之姿勢、教官、下左令、

故

銃

諸兵卒、執再準備銃之第三動姿勢、
第二百八十三條、在兵卒伏射之姿勢、教官、為發
射之銃、頰附及在此姿勢、為教裝塡銃者、各兵卒支
其體于左之前臂、

改

銃

一節一動

第二百八十四條、兵卒、裝塡第一節第二動之姿
勢、開藥室部、撃鐵撃發溝下、針挺出、握銃把、
第二百八十五條、教官、通過列前、逐次檢查諸兵
卒之銃、諸兵卒、許行過已之前、兩手、以起銃藥室部、
前出而向前面○教官檢查之後、兵卒、示第二百十
六條姿勢、開藥室部鮮準備然后、執立銃姿勢、

第六教

銃剱術

第二百八十六條、兵卒一列并、互取四步之間隔
以為容易飛廻、

3-54

補注、取間隔爲左之令、右左四歩開進、
第二百八十七條、兵卒、肩銃在時、教官下左令、
構
銃
一節二動
第一動
第二百八十八條、兩踵半右向、右足及左足、爲矩
形、右手以揚銃、握銃把、左手、以同時握下帶之下、
第二動
第二百八十九條、兩手、以倒銃銃身、上左肘、體支

同時右手、握銃把、支腰骨、銃刃尖齊于眼高、同時右
半體退、隔右踵五十珊知米突、置左踵延線上、兩膕
少折、體之重齊托兩脛上、
肩
銃
第二百九十條、後肩銃之姿勢、第百九十條及第
百九十一條、參照執之
第二百九十一條、兵卒、在構之姿勢、爲左之運動、
右左向
右左

3-55

第二百九十二條、左足尖少擧、其踵、廻右左面、同
時右足五十珊知米突後方移、
右廻
右
第二百九十三條、左足尖少擧其踵右廻銃之保
方、無倒右足左足五十珊知米突後移後方面、
左廻
左
第二百九十四條、前條之法、以左踵左廻、
一歩前

進
第二百九十五條、右足進左足附速左足五十珊
知米突前方進、
一歩進後
進
第二百九十六條、左足退右足附速右足五十珊
知米突後方退
一歩右
進
第二百九十七條、右足五十珊知米突右方移、同

3-56

方向、置之、次左足右方向移之、以前之距離位置、無
變、
一步左
進
第二百九十八條、左足五十糎知米突左方、移之、
速右足左方、引以前之距離位置無變、
二步前
進
第二百九十九條、右足左足五十糎知米突前、進、
又速左足右足之前方五十糎知米突、進防守之構、

無變、
二步後
進
第三百條、左足右足三十糎知米突、退、速右足、左
足之後方五十糎知米突退、防守之構無變、
右左飛迴
進
第三百一條、左手、以銃附體、銃身左肩倚之、右手
之位置無替、右足尖、右左迴、左足真直五十糎知米
突後方、移之次左足尖飛迴、右足後退之、定置距離

3–57

而同時、復防守構、
第三百二條、兵卒、在構之姿勢、諸種之進退步及
飛迴、正之、且容易行得至教官、攻擊及防禦銃之使
用、教之、
左防
銃
第三百三條、右手之位置無變左手、以銃口三十
五糎知米突上、同時大約十五糎知米突左方倚之、
遮防為之後保此姿勢、
構

銃
第三百四條、再構之姿勢、復之、
第三百五條、教官、為兵卒遮防并衝突、每其動作
終、構銃之令下之、防守之構復之、
右防
銃
第三百六條、同左防之運作而唯遮防不為左而
為右、為異、
頭防
銃

3–58

第三百七條、伸兩臂以兩手遮蔽銃上頭、橫杆體
向、頭上置之假令劒尖少左偏者、尚以銃劒將為突
擊前面敵之勢、
補注右手握銃把、左手其指不可出銃床之上方、
頭右左防
銃
第三百八條、左右肩前出、如防頭銃上防右左方
前突
銃
第三百九條、伸右膕屈左膕、體之上部前出之、銃

身為上、銃以兩手活潑突出銃、
補注右之前臂支銃床尾、
頭防突
銃
第三百十條、頭防伸右膕屈左膕銃以兩手活潑
突出、
拋突
銃
第三百十一條、體之上部前出屈左膕伸右膕右
臂充分伸之左手銃向敵活潑拋突而再復防守之

3-59

搆、
第三百十二條、兵卒之用銃劒步兵對其胸騎兵
對其馬首之高又突出騎兵之側面
第三百十三條、兵卒諸種之進退步並遮防衝突
之業熟達教官此種種合業進之令下之一齊行例
如左、
二步前頭防突
進
第三百十四條、二步進頭防突擊搆之姿勢復之、
第三百十五條、兵卒一人同時二三敵向已防者、

擬諸種之運動并衝突重複行以精巧且令迅速為
熟次舉其一例、
一步前之拋突右飛廻
右防突
進
第三百十六條、前進拋突飛廻左防突擊後搆之、
姿勢復之、
第二部
散開順次教練一般要領
第三百十七條、散兵係生兵操典之目的在散開

3-60

順次之動作法戰鬪法各兵及分隊之教、
第三百十八條、散兵適宜携持其銃不及勉取步調亦不極要正整頓也、
第三百十九條、散兵線之運動要如列間密杈不要兵隊之齊整唯應地形戰開之機變施行為可者又非駈足非常之時無用於敵之近傍及開闊地等、不可不速為通過、
第三百二十條、號令以聲音為常而所要之時半小隊及分隊長復令之又吹小笛諸散兵着意令記號以有號令然此笛號必要非不得已無用若不得已有用笛號散兵線中相繼無為復吹者、
第三百二十一條、教練在正規則定其順序應軍人階級守各權限獨斷專行兵隊之各部隊及総人員互心一之正規之諸件勉施行順序之正整人人之沈着要保又嚴正軍紀巧於地理之活用以為致綿密火擊之功可者有時機之要開散兵隊至其時機止時直為集合教習凡為教官者應諸般之時機百方盡力、

第一章

一般規則

3-61

第三百二十二條、第一章不論地形及戰開之機變唯主教新兵號令之意味編隊之方法運動之機關故不為舊兵之要也、
第三百二十三條、新兵之集演習場分之八員乃至十五員為羣而此各羣着做分隊為分隊長一名之指揮半小隊長一名之監視○小隊長統轄此教練第四教及第六教半隊長一名一時訓練二分隊
第三百二十四條、一分隊中諸伍之間隔定以通常之六步分隊長常取定間隔之方向為標準可示定一伍、

第一教

散開

第三百二十五條、分隊正面為停止或行進分隊長下左令、
散
第三百二十六條、中央之伍行進分隊長之指示方向其他諸伍行進中左右取開六步間隔既定各伍之間隔第二列兵占位於其第一列兵之左方、
第三百二十七條、分隊其占領可線到分隊長左之號令以之止

3-62

止

第三百二十八條、停止散兵、可也、

第三百二十九條、分隊、就中央伍、常為散開、雖右左方之伍就之散開為有利時、分隊長、豫為告示分隊、

第三百三十條、分隊正面、為停止、或行進之時、欲側方散開、伍長下左令、

右左向散

第三百三十一條、中央之伍、不動、或停止、他之諸伍、無重複為進右側面向、或左側面向取六步之間隔、右方之伍左方之伍、伍長指示所為占、向進各伍取其間隔、從停止前方、面而第二列兵占位於第一列兵左方、

第三百三十二條、從前條之要領、用左號令、就右方伍、或左方伍、行側方散開

右左向

第三百三十三條、分隊側面在時、首伍就之、欲齊頭面散開、同上法、以左號令、為之、

右左散

補注、行進中、行此運動、停止首伍、

3-63

第三百三十四條、諸伍、欲異常行之間隔、伍長、下左令、

何步散

或

右左向何步散

第三百三十五條、散開之法、如上示、唯其令取所之間隔、為異而已、

第三百三十六條、凡分隊、不論其編制之如何、以上條之法、能之前面、或得右左側面、散開而令其長豫之右左側面向、為要、

第二教

間隔開闔

第三百三十七條、分隊散開之、停止、或行進時、分隊長欲開伸間隔、或開縮、下左令、

何步開闔

第三百三十八條、分隊長、未為取間隔、標準、不可伍之前面占位、速行其位置之占、

第三百三十九條、示諸伍側面、或斜面行進、距離間隔開伸、或開縮、

第三教

3-64

行進
第三百四十條、分隊散開後、伍長下左令、
前
第三百四十一條、伍長、撰定方向標準、指示一伍
停行之方向、
第三百四十二條、散兵、取伍長之占位方、準方向、
其間隔、保存行進、
第三百四十三條、為退却令、伍長下左令、
後
第三百四十四條、諸兵卒、背後面、從正面行進之

法、退却、
第三百四十五條、右左側面行進之令、伍長下左
令、
右左向
第三百四十六條、分隊長、速行右左方兵之傍、指
示方向、為各兵卒右左向、保存其間隔、踐先行兵之
趾、行進、
第三百四十七條、分隊前進、退却、或為停側面行
進、分隊長、下左令、
止

3-65

第三百四十八條、諸兵卒、停止而前面向、
第三百四十九條、散開分隊、或停止行進時、分隊
長欲變換左右方向、下左令、
右左向變
第三百五十條、分隊長、右左方之一伍、置新方向、
其他諸伍、速取步度、從生兵操典稠密演習之要領、
標準之準一伍之運動、又因角度大小、必要分隊長、
右方或左方之一伍、新方向內、待移轉停之、他諸伍
亦齊頭面來着停止、而後再行進、
第四教

散兵交換及增加
第三百五十一條、以他分隊交代散開所之分隊
時、新分隊之運動、如散兵線之後方、散開、交代舊分
隊、舊分隊則退却後集合、
第三百五十二條、舊散兵、若退却之際代者、分隊
則散開舊散兵之線後方、踰之、舊散兵踰新散兵之
線後集合、
第三百五十三條、舊散兵線長無變增加散兵之
法有二、節如次示二條、
第三百五十三條、散開分隊、不放火時、散兵線之

3-66

一端、閉縮其間隔、增補之分隊占如舊分隊之設空
地、行進中、散開、
第三百五十五條、在放火中、增補之分隊、行進中、
散開其諸兵、入舊分隊之間隔中、舊分隊長、既略授
照尺度及射擊之目標、更指示而新散兵、始放火、各
分隊長、指揮散兵線之一半後、未的之分隊長、必指
揮左方之一半、
第三百五十六條、增加分隊而長散兵線、散開增
補之分隊、舊散兵線之右方或左方之延線上、置此
運動爲散兵線之放火、

第五教

放火

第三百五十七條、凡放火、必停止間可行者而或
散兵線中、僅限數名行之、或全線之兵盡徐徐行之、
或急神速行、或一齊行、諸兵射擊之要旨從沈着照
準、習熟記臆其發射彈數、就中緊要彈數、以分隊長、
尋問其兵、又射擊之目標及照尺度示之而屢令變
換、
第三百五十八條、分隊長僅以線中數名、欲行射
擊、呼其名命之兵則最沈着、隨意行放火、又分隊長、

3-67

斟酌射擊之緩急、或增減射手之數、加減大力、
第三百五十九條、全正面之兵、欲悉行射擊、分隊
長、下左令、

何未突

打

第三百六十條、此號令、唯許射擊而已、諸兵沈着、
始隨意放大、
第三百六十一條、增充分大力、分隊長、下左令、

急打方

第三百六十二條、此令、諸兵卒、神速擊射、不蹉漏

照準、注意此放大、二百米突照尺、用之施行、可也、
第三百六十三條、分隊、聚合一列、或二列編制時、
分隊長時以生兵操典第一部載之號令以之行、一
齊放火、
第三百六十四條、前進或退却間、放大、先上記載
法、以行之則諸兵停止打加之令、數發彈射後、分隊
長又前或後之令、下之、此令、諸兵、遏發射、初行進、分
隊長、下止之令、又停止、待別令之下、爲再放火、如斯
連續運動施行故行進間之放大、即逐次位置、轉行
放大、

3-68

第三百六十五條、欲止放火、分隊長、下左令、
打方止
第三百六十六條、此令、冝止放火、分隊長、此命令、
着意嚴行諸兵、裝填銃、
第六教
併合及集合
併合
第三百六十七條、分隊長、併合其分隊、高擧所携
之銃而下左令、
第三百六十八條、諸兵、随分隊長之指示形狀、宜

線、或圓形、其周圍神速、聚合然、徒拘泥順序之整不
整、莫過運動之神速
第三百六十九條、併合散兵脉、停止時、將久為下
停止令、或為行進令、施行者也、又散兵脉、行進之停
止、或連續行進、亦有併合為之、
集合
第三百七十條、線脉上之兵、散開若不取定規之
編成、合併時集合、分隊長、生兵操典第一部第百五
條示法從之
第三百七十一條、為增加散兵、分隊重複時、亦之

3-69

行進放火、得併合及集合施行、然教官、下號令、各分
隊長、一時指揮其部下所屬線脉之一半諸兵、諭屬
何分隊而在最近分隊長之傍、併合、然在集合之處、
為分隊伍長傍、集合之、
第二章
一般規則
第三百七十二條、第二章之目的、第一章之規則、
諸種之地形、活用、在教授諸兵、
第三百七十三條、此教練、逐次要授於困難地勢
者而教官、豫偵知諸般運動之施有最利、撰定、又諸

兵、了知百般地勢、習熟眼力之活、為屢變地形之
要
第三百七十四條、散兵若其不能見分隊長或
不能聞聲音時、其隣兵、且低聲互相通號令、
第三百七十五條、若干之舊兵卒、假定以敵兵
官士官、指揮彼我之二枝隊、如斯教授演習、續為
行、或每次新始者、
第三百七十六條、放火、不用一般藥筒、彼我兩
之位置、宜明、且該演習有利益而諸兵之氣充分
勵時、用藥筒、

3-70

第三百七十七條、彼我兩隊、不可近接百米突間
隔、不可損害地方、只要遵奉命令、
第三百七十八條、新兵之區分編成之羣、自八名、
乃至十五名、此各羣着做分隊伍長一名指揮、下士
一名覽視而士官一名、特此擔任教練、
第三百七十九條、凡運動旣教習諸兵卒、先行使
新兵卒、傍觀之、次其所觀之者、活用而教官爲其所
任、正其誤謬、說明所要與其能了、得至運動、反覆施
行、
第三百八十條、所緊要者、必多行運動適合時機、
應用道理、運動、在巧施而此教練、愈爲精密、反覆參
實功、大者而假令何程、精密、幾回反覆、必不過當、此
教練、如實戰之豫教、凡兵卒、充分此教練習熟、教卒、

豫教演習

地形識別

第三百八十一條、此演習之目的、土地形狀難易
如何之應用法一切遮蔽物及他遮蔽物之移法、教
諸兵、
第三百八十二條 凡遮蔽物中如刈集穀草生籬
小藪生長、掩蔽我兵、避敵之洞見、防止彈丸、教官、諭

3-71

兵、在遮物之背後放火時、可屢轉其位地、
第三百八十三條、又是反遮敵之洞見、且防上彈
丸之遮蔽物有之、教官、教之活用法、如左右垣、巖石、
積堆、石土等、其據在石端之後方、在街路、據在左側
之家窓、爲良、爲令勉身體之少觸敵眼、
在堆土、壕或畝後方、折數、或卧伏而當爲射擊、僅起
身、又在高原、勉少露其身體於敵之方、伏其頂端之
後方、可注視敵方之斜面、
有不綠森濠、或堆土而虞砲彈之破裂時、領最外樹
之後方、又無虞砲彈之破裂時、占領其後方、若干距
離之地、爲可、然最要能得洞視前方之地、
凡散兵、在開闊之地、卧伏而必其銃之可委托之物、
要覓而據樹木後方之時、委托其銃於樹枝、或樹幹
之右側、
第三百八十四條、教官說明破毁高墻之上端法
及其造過高時階段、或鑿銃眼法、總教諭兵卒、不可
妨充分放火之功力、或不得容易超越前進、決擬遮
蔽物之後方、
第三百八十五條、教官旣對要地所擬之敵、爲掩
身體利益之位地占法、教兵卒、各兵點自己所在十

3-72

五步、乃至二十步圈內、撰定其位地、
第三百八十六條、 敎官、勉散兵、不觸敵彈而已、亦
能敵、不使洞見所爲、若有錯誤、正之、又敵兵、對我直
視其身體、或令斜視、注意有誤謬、且樹下等伏卧、直
斜二放火、共障避之法、敎之、可也、
第三百八十七條、 次敎官、敎兵、勉隱匿其身、或從
地形匍匐、或屈身、或危殆間快走、一凡遮蔽物、他之
遮蔽物、移轉等爲之、
第三百八十八條、 敎官、集兵卒三名或四名、以共
同法、習熟正面行進、此時諸兵、活用土地之高低遮

蔽其身、相共動作、爲其隣兵注目、若過度前進、停止
之、其後至直又發進、有利之遮蔽物、有其背後、聚合、
經過開闊之地、始散開、

第一敎

散開

第三百八十九條、 凡散開、土地機會適應、以至行
快速方法、又如整頓及間隔正之常散兵隣兵、保其
長之連絡、兼注目敵兵、不可不得令嚴行要領、
第三百九十條、一敎官、第一章所示方法、以爲令散
開者也、雖第二列之兵、必其位置第一列兵之左方、

3-73

唯應其時機所在點、三步以內地、取得後方、處左方
位置、
第三百九十一條、 在最始、每散開之後、敎官、集合
分隊、開闊之地射擊法及集合火力、所以了得增加
兵隊之勢力、又背後在砲兵之射擊、爲在前面之敵
兵、不有危害、能令曉解、
第三百九十二條、 敎官、就分隊之占領地、說明得
失、施行運動間、示各兵之爲誤謬、然後、更停止間之
散開占領同一之要地、以檢知諸兵卒之諭言、實行
與否、

第三百九十三條、 敎官、於戰爭作業、須要敎諸兵
卒、占領戰鬪之要地、待時機之來、爲不觸敵眼、令分
隊、習知可在要時集合分隊、不爲全敵所見、勉間兵、
二名、或三名、避敵之展望及彈丸占領、可送次線上、
分隊、其散開要地而分隊長注意、不爲敵之所見、習
知正線上之錯誤、又得目標之占、爲步以測線脉前
方之距離、令以此時、兼演習諸兵、距離目測、

第二敎

間隔開闔

第三百九十四條、 此運動、既如第一章所示施行

3-74

者而遮蔽物之在背後、時時相接觸、至得間隔閑綿、
又分隊長、指揮其分隊、不可姑至決間隔閑伸、
第三百九十五條、　散兵遮蔽或非恐敵之大力大
時、不以側面運動、間隔閑闊、

第三教

行進

第三百九十六條、　既示行進及方向變換、以之行
號令、
第三百九十七條、　分隊、或集合行進、或分散行進、
或以正規之步調前進、或漸逐一進一止而蓋前進、

分隊長命快速行進停止、交番施行、一之要地、他之
要地、云移漸逐一進一止而有非格段之好機會、其
一進地長、五十米突以上、不可凡緊要所為、在達運
動之目的、為達運動之目的者、無為損大兵危陷、又
無錯亂兵隊之順序、掠取上地云、
第三百九十八條、　分隊長、差圖行進、諸兵卒、反省
他形時機之如何、勉守上載要領、從所示命令、方向、
向進、又無過當其方向、左右遠隔、無行進遲滯、避敵
之洞見火擊、防止彈丸、可撰障碍物向進、生長耕食
物、在背後、屈身低地及彎曲狀之地形、如斯快速隨

3-75

行進、一之遮蔽物、他之遮蔽物、轉移、停止、直目視其
長及隣兵、潛伏廣大開闊之地、若干距離、每伏卧、神
速經過、但若干距離、每伏卧、唯於命令有時、為之而
已、殊在森林中、不失自己及隣兵之連絡、勉其見失、
時時互呼合、
第三百九十九條、　方向斜至及方向變換時、分隊
長、其諸兵之前條記載法、着意活用、在兩翼兵側面、
占遮蔽物、為其分隊之占領地過大、為制、
第四百條、　分隊長、聚合兵卒二名、或散開、分隊先
行此二名之搜兵、撰定遮蔽物、其分隊之逐次一進

一止間可據利點標亦者、
第四百一條、　分隊散開、或集合時、伍長方向内、欲
置新要之地、分隊全部同時施行其運動、或每伍、或
每兵之行、分隊長、指示運動施行方法及分隊之可
進向場所以分隊長之命兵而已、先始其運動、其他
之兵、既先兵之標示要地、速為占領、抑此運動、最大
功者故盡其充分智力、正之順序施行、

第四教

散兵交換及增加

第四百二條、　與敵交戰之際、不得為散兵交換者、

3-76

事頗困難然此運動、其交戰烈時、得施行、遵守上示
要領、交換時機之行無妨、分隊既據要地、踰前方、
第四百三條、散兵之增加、以之行上記之種種法、
就中重複得非伸長線脉、或閉縮間隔、無爲施行者、
第四百四條、重複終後、在線各區隊之長其新指
揮所屬之諸兵、敵之位置距離及爲占自己之位置、
適宜等、注意其互相通知、

第五款

放火

第四百五條、巧行放火、定準備戰鬪之結局、屢有

以制勝故、斷注意放火、敎練上、尙可如戰場者而兵
卒、其令可會得大功、分隊長以第一章所記法方、行
放火、其受命令時、機依放火之方向、緩急定之、
第四百六條、敎官左記載距離遠隔、行放火一般
不有利者說明、

一 離散遮蔽物、據散兵、二百米突、
一 見渡得散兵脉或離散騎兵、三百米突迄四百米突、
一 羣集援隊、五百米突迄六百米突、
一 豫備隊、八百米突、

3–77

一 集團兵隊或砲兵大隊、一千米突、

右指示、殊更授兵卒見計時機之可變者、唯士官若
見計時機、指示右之變時、其士官目標、照尺度、要定、
第四百七條、行放火時、不爲放火者、掩身聽指示、
第四百八條、線脉、悉徐行放火、諸兵卒、其射出彈
丸之功、現可時、待其放驗、眼注前方之土地、如能見
得居位、非放火無妨時、無據遮蔽物、覓其武器委托
物、敵之羣集或士官殊乘馬者、如不狼狽行隨意放
火、
第四百九條、急放火、非小距離、不爲者故、各兵、取

二百米突照尺、指示方向、勉徂定、速射擊、
第四百十條、容閑分隊間隔、一列二列、一齊放火、
以之行生兵操典、第一部記載號令、
第四百十一條、行行進放火間、分隊長、到有利之
要地注意停線脉、在開闊之地、停止敵兵、每臥伏、又
兵數、爲令可放火時、先用搜兵之任被者、
第四百十二條、凡有種種放火分隊射擊、分隊長
指示目標導之、又分隊長檢知其指定照尺之用否、
諸兵、其射出彈數胴亂及知背囊中所殘彈數、要得
確答、又時而可限定伍長射出之彈丸、

3–78

第四百十三條、打方止之令、諸兵卒、宜止打方、伍
長、勉嚴行該命令、
第四百十四條、能畜置火力、授好機會、敵苦其兵
力、彈藥至無所餘、令兵隊之利益、而反兵隊先時機
費彈丸、敵之所希望、其火勢甚盛、而不有屢效、教官、
勉能會得、
第四百十五條、教官、終線脉轉移之運動後、依其
運動生新射擊狀態、檢知各人、又覆縱前面、尚能得
為目標、依敵兵斜射擊目標大小遠近、豫筭放火之
效驗、定射擊之速、兵卒、習知在實地、修正射擊教注

眼彈着之點、

第四教

併合及集合

第四百十六條、併合、從上記要領行之、分隊長、線
脉上、或其前方、最有利點、撰定而此點、置前方、寧置
後方為勝、分隊長為前進、為防禦、退却、或停止、其防
禦停止可盛、為放火、最適當編制、令分隊、可執、
第四百十七條、二分隊相混用時、屢行此運動、慣
併合諸兵司令長官之傍、遂得至瞬間閉合、
第四百十八條、為防禦騎兵、不要用併合、其防迫

3–79

擊、能考定得失、其地之障碍物、或將其突擊之適時、
伏卧地上、以常足、能為令散兵會得、
第四百十九條、行集合、如第一章示之、

一般補注

第四百二十條、生兵操典、猶如他之操典、最精密
散開順次演習之終、行成列順次之運動、
反覆成列順次之運動、行最精密目的、令其一致人
心、可守順序軍紀、令兵卒慣習無失、

生兵操典教法目次

生兵操典、可嚴守左之規則、由從隊長之所定目次
教授、
最初惟於演習塲訓練兵卒、其可演習、如左、
第一部之始、同第二章之第二教、迄次第一部之殘
部分、略銃劒術、同時行第二部第一章之第一教第
二教第三教第四教、
其次射手之姿勢、射擊之要領、及并非終徂術、火術
後、不行散兵放火、不終第二部第一章之諸教、着意
不行、其第二章之諸教所變地形、可始行教練、但此
教練、引續同時行演習塲之教練、
教練之最初、新兵則行柔軟演習、又生兵操典第一

3–80

部之各習、會之復行、

體操教練 附

基本術

教則之區分

第一教 臂之運動

第二教 脚之運動

第三教 臂與脚之運動

第四教 臂體及脚之運動

第五教 正面或側面行進而臂體及脚之運動

隊之編成

3-81

隊之編成者、如載步兵操典編成分隊見做處之八名、乃至十五名之羣數、個令擔當其各羣、付分隊長一名、爲教官、受半小隊長之監視其教授而諸兵互存十二珊知米突之間隙、編一列若二列、每列自右迄左附番號、自之以上之兵、不得不演習時、隊爲數列、又之附番號、

教官之注意

教官之言語明亮、使兵卒了解、易其演習之旨意、務運動爲活潑、唱擧動高聲、可不錯亂注意若兵卒中有拙劣之者、或怠慢而不熟運動者、時之出列編成

特別區隊、可令嚴密教練、

凡行基本術教官、下氣着之令其爲施行所之演習、旬區分擧動而徐先行之使兵卒亮解其順序各兵當初進之令、速起運動、且以高聲可唱擧動此唱擧行一演習數回中、步唱其一半者而其一半直之令止擧動陸續爲行運動者、

止及止之令、止運動直令爲不執銃兵卒之姿勢、運動中兵卒、有一二之誤謬、不正之、終演習而後可釐正之而休憩者、一教若一教中之演習、非半終不與者也、又其運動多不整時之反覆施行、可令至得宜

3-82

握掌而為於運動、將拳開四指、置拇指于中指之上、
堅固令握之左、不可不注意之令、施行諸運動活潑
之源由也、

間隔之排開

開大間隔法

區隊在二列整頓時、教官之欲令、自右左排開大間
隔、使前列取三步之距離而下左令、

一 右左具儘

二 右左大開隔

三 進

四 直

第二令、各兵、爲正面、儘右手、握右隣兵之左掌、
第三令、各兵、同一頭、火轉右、左方、其爲所示方、速爲
排開而至其臂之全伸止、保兩臂于水平、開諸指少
懸右左隣兵之左右指上、右左指爲整頓、自左令排
開、以右同法行、
第四令、活潑下兩手于列中、同時、頭保正直、爲不執
銃兵卒之姿勢、

開小間隔法

令開小間隔、換大間隔之令于小間隔而各兵、可其

3-83

排開、曲反對方之肘、置右左指于右左隣兵左右肩
之縫目上、其他、同開大間隔法、
此小間隔之排開者、區隊之人宜衆多時施行者、

間隔之閉收

閉間隔法

欲令閉收排開伍間、閉收後列而下左令、

一 右左閉

二 進

第二令、爲右左向、各伍以驅足、爲所示方、閉間隔而
正面、右左整頓、

第一教

臂之運動

第一演習

曲臂法

一 氣着

二 初

三 直

四 上

此四令、各演習、皆以同令、以下、略不記、

第一動、 接肘於體而曲前臂、以拳、打肩窩之下邊

3-84

脉部令相對、
第二動、肘付體無離、前臂、下前方、以拳、打外股、

第二演習
伸臂而上下法　一段二動
第一動、臂無曲伸真直於頭上、爪爲内拳、令相對、
第二動、臂無曲下之前方、以拳、打外股、

第三演習
曲臂而上下于圈形法　一段三動
第一動、旋拳於内方、擦股及胁上、以前臂、打胸與
腋下、

第二動、伸臂於頭上、爪爲内而拳令相對、
第三動、旋拳於外方、伸臂儘畫左右於圈形而下
之、以拳打外股、

第四演習
曲臂而上下法　一段四動
第一第二動、第三演習第一第二動仝、
第三動、曲肘無之、下拳對耳而下于肩上、
第四動、拳擦體下之股側令向掌背於前方、

第五演習
以拳打胸法　一段二動

3-85

第一動、接肘於體、以右拳、打左乳之上部、
第二動、下右臂而止于外股、以左拳、打右乳之上
部、

第六演習
動臂於平法　一段一動
第一令、兩臂出前方水平、内爪、拳令相對、
第一動、接肘於體引于後方而曲之、明胸部而又
速伸兩臂於前方、在實際、以二拳動施行、

第七演習
曲臂而伸屈法　一段四動

第一動、第三演習第一動、仝、
第二動、伸臂於前方水平、内爪拳相對、頭及體移
傾前方
第三動、曲前臂、當拳於胸令脉部相對、接肘於腋
下同時體傾後方
第四動、肘無離體、前臂、下前方、以拳、打外股同時、
起體、

第八演習
曲臂而伸開法　一段四動
第一第二動、第七演習第一第二動仝、

3-86

第三動、開臂於左右、爲之肩高、尒向上、體傾後方、
第四動、隸拳伸臂、儘下之、打外股、同時起體、

第九演習

曲臂而上伸法　一段五動

第一第二動、第四演習第一第二動、仝、
第三動、開臂於左右、爲之肩高、尒向上、
第四動、曲肘、對拳於耳而下于肩上、
第五動、第四演習第四動、仝、

第十演習

曲臂而伸上法　一段五動

第一動、第九演習第一動、仝、
第二動、開臂於左右、爲之肩高、尒向上、
第三動、臂伸眞直於頭上、內尒而拳令相對、
第四第五動、第四演習第三第四動、仝、

第十一演習

曲臂而伸左右法　一段四動

第一第二動、第十演習第一第二動、仝、
第三第四動、第九演習第四第五動、仝、

第十二演習

曲體於前後法　一段二動

3-87

第一令、令足尖、接着
第一動、膝無曲、曲體之上部於前方、伸兩手而令觸指、先于地、向掌體之方、
第二動、伸兩臂、儘起體之與頭、共傾後方、上迨指先於眼線後、握掌引肘於後方、置腕于髖骨上脉部、接體、

第二教

脚之運動

第一演習

曲脚法　一段二動

此演習、以并足及早足之步調施行、

一氣着

本敎中、此令、使各兵置手於髖骨上而又第六第九及第十二演習、自左足行、

二進

三直

四止

此四令、各演習、皆以同令、以下、略不記、以并足之步調行、
第一動、曲左脛於後方、務如打臂上、其踵、自膝以

3-88

上、無動、
第二動、下左蹠於故地、 右足亦以同法行、
以早足之步調行
第一動、并足步調之第一第二動、以左足行、
第二動、行以右足、與左足同法、
第二演習
曲脚與脛法
此演習、以并足及早足之步調施行、
以并足及早足之步調施行、
第一動、上左膝與股水平、脛垂自然下、足尖少向

外方、置上體于臗骨上、
第二動、下左蹠於故地、
右足亦以同法行
以早足之步調行
第一動、并足步調第一第二動、以左足行、
第二動、行以右足、與左足同法、
第三演習
曲以驅足脛及曲股與脛法 一段二動
此演習、以驅足之步調、行第一第二演習、
第四演習

3-89

曲左膝於前而伸法 一段二動
第一動、第二演習、第一動、仝、
第二動、傾體於後方、同時、伸脛於前方、保足尖於
水平、
第三動、膝無曲、下蹠故地、同時、起體、
第五演習
曲右膝於前而伸法 一段二動
第四演習、仝、只以右足行、
第六演習
曲左右之膝而伸法 一段六動

此演習、合第四及第五演習而行、
第七演習
曲左膝於左側而伸法 一段三動
第一動、曲左膝於左方、如觸蹠於右膝之內側、
第二動、伸脛於左方、水平、向足尖於左、體傾右、
第三動、無曲膝、下蹠於故地、起體、
第八演習
曲右膝於右側而伸法 一段三動
第七演習、仝、只以右足行、
第九演習

3-90

曲左右之膝於左右之側而伸法　一段六動
此演習、合第七及第八演習而行、
第十演習
開左脚於左側法　一段二動
第一動、蹈出左足於充分、右側曲膝爲脛、右垂直
伸右膝而體之上部、向同方、
第二動、伸左膝起體、引左蹠于故地、爲正面、
第十一演習
開右脚於右側法　一段二動

第十一演習、全只以右足行、
第十二演習
開左右之脚於左右之側法　一段四動
此演習、合第十及第十一演習而行、
第三教
臂與脚之運動
第一演習
開臂與脚右側法　一段三動
一氣着
本教中、此令、握掌而又自第五演習以下、握掌、同時

3-91

開延夫、
二進
三直
四止
此四令、各演習、皆以同令以下、畧不記、
第一動、旋右拳於內方、擦股及脚上、以前臂打胸
與腋下、
第二動、蹈出右足於充分、右側曲之、伸左膝、伸右
臂於頭上、爲上脉部、上體直立而注眼于拳、左臂、自
體少離、

第三動、伸右膝起體、引右蹠于故地、下拳而打外
股、
第二演習
開臂與脚右側法　一段三動
第一演習、全只左方而行、
第三演習
開臂與脚於左右之側法　一段六動
此演習、合第一及第二演習而左右方行、
第四演習
曲股與脛以左右之拳打胸法　一段二動

3-92

第一動、按肘於體以右拳、打左乳之上部、同時上
左膝、與股水平、
第二動、下右臂而打外股、下左膝于故地、同時、以
左拳、打右乳之上部、上右膝、與股水平、

第五演習
屈膝伸臂於前方法　一段三動
第一動、屈膝揭踵自地、以足尖、保體重、垂臂自然
第二動、起體出兩臂於前方、水平、内爪拳令相對、
第三動、無曲臂下之、以拳打外股、
第六演習
屈膝伸臂而上下法　一段三動
第一動、第五演習第一動仝、
第二動、起體無曲臂伸真直于頭上、爲爪内拳相
對
第三動、行第一教第二演習第二動、
第七演習
屈膝曲臂而上下圓形法　一段四動
第一動、第六演習第一動仝、
第二動、起體旋拳内方、擦股及脇上、以前臂、打胸
與腋下、

3-93

第三第四動、行第一教第三演習第二第三動
第八演習
屈膝曲臂而上下法　一段五動
第一第二動、第七演習第一第二動仝、
第三第四第五動、行第一教第四演習第二第三
第四動、
第九演習
屈膝曲臂而伸屈法　一段五動
第一第二動、第八演習第一第二動仝、
第三第四第五動、行第一教第七演習第二第三
第四動、
第十演習
屈膝曲臂而伸開法　一段五動
第一第二動、第九演習第一第二動仝、
第三第四第五動、行第一教第八演習第二第三
第四動、
第十一演習
屈膝曲臂而伸左右法　一段五動
第一第二動、第十演習第一第二動仝、
第三第四第五動、行第一教第十一演習第二第

3-94

三第四動、

第十二演習

屈膝伸臂下圓形法　一段四動

第一第二第三動、第十演習第一第二第三動、仝、

第四動、伸臂、儘如畫頭上於圜形下之、以拳、打外股、

第四教

臂體及脚之運動

第一演習

迴體左右法　一段二動

一氣着

本教中、此令、第一第二第三演習、各兵、置手于腕骨上、第一第二演習、同時開右脚、凡四十珊知米突、右方、自第四演習以下、無上手於腕骨上握掌當末動、上體直立、

二進

三直

四止

此四令、各演習、皆以同令以下、畧不記、

第一動、不變足尖之方向、延兩脚而轉、向上體于

3-95

右方、

第二動、以同上之法、轉向于左、

第二演習

曲體左右法　一段二動

第一動、傾上體右側、無屈兩脚、托體之上部於腕骨上、

第二動、以同上之方法、傾左、

第三演習

左股之上伏體法　一段二動

第一動、踏出左足前方曲之、伸右膝、上體伏前、胸部、接股、

第二動　起體傾後方伸左膝右膝少曲、

第四演習

右股之上伏體曲臂法　一段三動

第一動、踏出右足前方曲之、伸左膝、上體伏前、握掌拳如着地、伸臂、

第二動、起體傾後方、伸右膝、少曲左膝、曲前臂而以拳、打肩窩之下邊、令脉部、相對

第三動、行第一教第一演習第二動、

第五演習

3-96

左股之上伏體伸臂而上下法 一段三動
第一動、第四演習第一動仝、只以左足行、
第二動、起體傾後方伸左膝少曲右膝、無曲臂伸
眞直頭上、內爪拳手令相對、
第三動、行第一教第二演習第二動、

第六演習

右股之上伏體曲臂而上下圜形法

一段四動

第一動、第四演習第一動仝、
第二動、起體傾後方、旋拳於內方而擦股及耳上、
以前臂、打胸與腋下、
第三第四動、行第一教第三演習第二第三動、

第七演習

左股之上伏體曲臂而上下法 一段五動
第一第二動、第六演習第一第二動仝、只以左足
行、
第三第四第五動、行第一教第四演習第二第三
第四動、

第八演習

右股之上伏體曲臂而伸屈法一段五動

3–97

第一第二動、第六演習第一第二動仝、
第三第四第五動、行第一教第七演習第二第三
第四動、

第九演習

左股之上伏體曲臂而伸開法一段五動
第一第二動、第七演習第一第二動仝、
第三第四第五動、行第一教第八演習第二第三
第四動、

第十演習

右股之上伏體曲臂而上開法一段六動
第一第二動、第八演習第一第二動仝、
第三第四第五第六動、行第一教第九演習第二
第三第四第五動、

第十一演習 一

左股之上伏體曲臂而開上法一段六動
第一第二動、第九演習第一第二動仝、
第三第四第五第六動、行第一教第十演習第二
第三第四第五動、

第十二演習

右股之上伏體旋臂于圜形法一段二動

3–98

第一動、第十演習第一動、
第二動、起體伸臂、儘上頭上畫左右圜形而旋之
後方、以拳打外股、

第五教

正面或側面行進而臂體及脚之運動

本教、自第一教第一演習、迄第十一演習及自第四教第三演習、迄第十二演習行者而其擧動於靜止間、同行者而脚廣闊之、爲進者、

日本陸軍操典卷之五 終

3–99

以左手十字執韁法
兩手執韁法
以右手十字執韁法
韁之操作
兩脚之操作
兩韁兩脚之操作
行進
駐立
靜止間右或左回轉
靜止間右或左背面回轉

靜止間右或左四分一回轉
退却及駐立
下馬
列伍潰散
第二部
右或左手前行進
行進中右或左回轉
駐立再行進
幷足復早足早足復幷足變換法
手法變換

4-3

行進中左或右執韁及兩手分法
行進中一騎右或左回轉
正面行進中一騎左或右背面回轉
縱隊行進間一騎左或右背面回轉
第一教
第一部
第三章、此第一部每教諭一名、是為易會得之端
故、凡教練之初、教師一負、執此教操之節、騎兵不過
四負而一線配列、三米突間隔、設立標旗、以別區分
騎兵備略衣略帽、着長沓及拍車、裝置鞍具、繩紐長

韁、着於鞍之後輪環在處、長垂之、是為鞭類、
附記、此教練之書中、為避重復故、乘馬或下馬
等之動作與武器携帶及二列編制之演習之
大畧、加之此部矣、教師之教諭、不要部分、又武
器之不常用者、要省於諸部演習以下諸教部、
適合揭示而教部以外之事、每於平行低二字
書之、以分記載之有別、
馬之誘導
第四章、騎兵為誘導其馬、沿兩韁於馬之平頸、貫
其端末於鞍後輪之左環、以右手、執兩韁而高擧之

4-4

米突也
騎兵若携帶武器之時劍可掛鉤
槍隊
槍則騎兵握其上端一米突之三分二處伸拇
指沿柄以食指及諸指握柄石突則至地五珊
知米突間可擧
旣到調馬場劍胱於鉤槍建於左側足傍

乘馬前騎兵之姿勢
第五章騎兵立于馬之左傍以右手握其馬頤之

線對兩韁爪下至馬口離十六珊知米突
騎兵置兩踵於一線成丈之地足尖正角稍狹開伸
膝重體而上體稍前傾又開兩肩垂左手於脇下手
掌稍向外方小指着於服引之縫目頭容正直
騎兵若携帶武器之時右手則沿劍垂下槍則以
左手握之手高於胷襟之前臂沿於槍柄直立石
突距左足尖三珊知米突之地置在
一乘馬

第六章教師下左令
乘馬用意　二節終二動

4-5

足六步四米突之前而保其間隔
槍則石突至地爲五珊知米突則其擧之高爲
二夫又旁
第二節之第一動騎兵右踵着後於左踵八珊知米
突之距乃引兩踵右方一百三十五度回轉右回轉尙其半
轉加回後置右足于前而放右韁只延左韁於右手之
內右足進二步後左足尖右回轉騎兵之右側倚對
於馬之脇服則右踵乃差後於左踵八珊知米突之
距離以右手執韁之上端置于後輪之上槍立于左

足側傍地
第二動右足之三分一納鐙中鐙共附接於馬肩右
手爪立成丈伸左手越兩韁握其鬃其鬃先出季指
之側此時槍放於手中
乘　二節
第一節強引其鬣以右足刎上又以右手壓鞍是防
鞍之傾回而體保直立
第二節伸右足觸馬臀越靜體坐鞍右手放韁左擧
置銃囊上以掌壓之諸指向外方復以兩手執韁右
足先履鐙中

4-6

手腕則附脇而垂下、

槍隊

以右手、握槍左手、放韁、槍則放越馬首高擧槍

下石突八寸受箇、以右手、握之高於衣襟、

列返

此令之終節、乃各列之第一號第三號、擧拳(卽執韁之手)

而附接其兩脚、以防踶蹶、各列之第二號第四號、靜

入於第一號第三號之伍間、

旣爲編制、第二列距第一列一米突之三分二量、離

立、

建槍

第七章、教師及其乘馬下令時、其勢節間量其餘

時之如何、使騎兵上鐙正直駐立、

教師對騎兵靜坐鞍上以右手擧韁、

教師對騎兵擧鐙以十字形揖馬之頸上右下左上、

乘馬騎兵之姿制

第八章、尻置鞍上成丈前坐鞍、

兩脚之內面自然附接馬鞍

兩脚自然垂下、

兩手、執兩韁拇指、伸於韁上、兩拳之間、爲十六珊知

4-7

米突、諸指須方相對於鞍之上端

尻等鞍上安置、是騎兵體制之基本、體之全重、惟托

於身體堅固正直、

頭爲鉛直而若不直、乃傾體勢、

兩肩自在回旋、體且運動、是爲自己之運動、

頭首右左

第九章、隨時回旋、自有節次、

韁之伸長

第十章、教師下左令、

左右韁伸　一節二動

此令之終節、拳必須方正直以右手之拇指及食指、撮

左韁

第二動、半開左手、撮韁處放而閉手、兩拳、置復元位、

韁之短縮

第十一章、教師下左令、

此令之終節拳必須方正直以右手之拇指及食指、

撮左韁、

第二動、半開左手、引上放韁再閉左手、置復元位、

右韁之伸長短縮同左韁只以反對之法施行、

4-8

第十二章、教師下左令、

執左韁 一節

此令之終節左拳致體之中央、半開合右韁於其中、
右手、垂於脇下、

兩手執韁法

第十三章、教師下左令、一

分韁 一節

此令之終節左手半開、以右手、握右韁、韁離于左手
十六栅知米突置復元位、

以右手十字執韁法

第十四章、教師下左令、

執右韁 一節

此令之操作以第十二章所記之法、反對為之、
此操作為其易會得教師以操作為教諭、

韁之操作

第十五章 韁從馬之諸種運動且駐立之操作為施
行而其操作漸次要兩脚之操作等事、
韁之操作要得每手柔軟練達其運動有拳、

兩脚之操作

第十六章、兩脚進馬前左右回轉、次第壓脈帶之

4-9

後、應其馬之強弱、為其操作之緩急、此操作當得於
兩脚屈伸膝上之事、又排開此操馬既從意徐徐馳
之、

兩韁兩脚之操作

第十七章 兩拳、稍擧而上、又兩脚、附接於馬體、漸
得聚縮、右韁之開以右脚壓馬右回轉、左韁之開、以
左脚壓馬左回轉稍下 兩拳馬自前進而以兩脚、壓
之共促前進

行進

第十八章、教師下左令、

一 騎兵前

一 進

第一令、為聚縮馬體、稍擧其兩拳附接其兩脚、
第兩令兩拳稍下名為慢弛云而應馬之強弱兩脚
之壓量緩急增減馬既從意漸次止其操作、
第十九章 騎兵若示動令、聚縮馬體時、第兩令中
諸種運動之事、或早過、或遲過、若當運動之令、兩拳
下時自有馬前進法、

駐立

第二十章、騎兵數步行進後教師下左令、

4-10

一 騎兵
二 止
第一令、以步度之將短縮、更聚縮馬體、
第兩令、伸上體而保韁、同時次第擧兩拳、壓兩脚、駐立其馬將為退却、馬既從意則以兩拳兩脚置復前位、馬不從意則應其感觸、以右韁或左韁、交互緊引、
第二十一章、騎兵兩股兩脚之強壓也、惟難駐馬之事而若緊引兩韁、仍壓兩脚馬必正直駐立、騎兵極力并引兩韁、或以次第引之之時、自有馬速駐立與退却之法

靜止間右或左回轉
第二十二章、教師下左令、
一 一騎右左
二 進
三 止
第一令、聚縮馬體、
第兩令、開右韁、次第壓右脚、且以圓形、狹進三米突間盡弧圓狀、而此運動之將終也、減右韁右脚之操作、以全左韁左脚之操作、乃終其運動、
第三令、稍擧兩拳、又壓兩脚駐立其馬於新方向之

4-11

地而兩拳、次第復置於前位、
第二十三章、如上記之盡弧圓狀、是不失其運動狹進之法、此運動之將終時、減右韁右脚之操作、用左韁左脚之操作、馬乃右向過、
靜止間右或左背面回轉
第二十四章、教師下左令、
一 一騎半輪
二 進
三 止
此運動之時、示其右或左回轉之法則、以六米突間弧圓盡、為背面向
第二十五章、騎兵之運動精密、會得於第二十二章及第二十四章之所記、而教師從馬肩沿示盡弧圓狀、如運動之法以教諭之、
靜止間右或左四分一回轉
第二十六章、教師下左令、
一 斜右左
第一令、聚縮馬體
第兩令、稍開右韁、壓之右脚、右四分一回轉、而同時、為左韁左脚之操作、保斜向正度、

4-12

第三令、稍擧兩拳、附接兩脚、駐立其馬於四分一
方向而兩韁兩脚、漸漸置復於前位、
敎師、下第兩令後、又直下第三令、始自運動之時、
而告諭、會得斜行之度、其餘細事、要精密辨解、
第二十七章、如第二十二章第二十四章及第
十六章所記之精密、右運動後、左轉施行、乃相反
回轉之法則、
退却及駐立
第二十八章、敎師、下左令、
一 騎兵後

二 進
三 騎兵
四 止
第一令、收縮馬體、
第兩令、堅固其體、高擧兩拳、仍壓兩脚、馬旣從意、漸
次下兩拳、或兩拳上擧之事、爲其慢弛駐立也、
第三令、爲用意駐立、
第四令、乃下兩拳附接兩脚、使馬駐立、馬旣從意、兩
拳及兩脚、復置前位、
第二十九章、騎兵之坐體、若不堅固之時、因馬之

4-13

動、至傾體勢、
下馬
第三十章、敎師、先命兩鐙、下左令、
一 下馬用意 二節
第一令、第一列之第一號及第三號、六步間（六米突）
之、第二列之第二號及第四號、四步間（四米突）退却、
其間隔、各列之諸騎兵、皆右準、移右韁於左手、
端、側出於柤指、
槍隊
擧其右手、拔槍平直、自韁體之間、越馬頸之、

投之地上、設前一勢節、如是活潑、抛於地上、以
右突、置於馬右前足一米突之三分一間、直移
左手、
以右手、附接於左手之拇指、握兩韁之上部、右
拳、更置於銃筒之上、脫右鐙、以左手、把鬣、由韁
上握之手、不放槍
一 下馬 二節終二動
第一令、履左鐙中、以右脚、觸馬之臀、左股越接右股
保體制、同時、以右手、移其韁、置於鞍後、
第二節、微動其足、投於地上、體保正直、兩韁置之一

4-14

線、放左手所把之轡、以右手、執轡之上端、拌於後鞍
之左環直執左轡、
　槍常高執於胷襟前、
第二動、左向爲之、左足進、二步、移左轡於右手而至
馬口十六珊知米突之間、握其兩轡、如乘馬前體制、
教師、下此令者、爲其最精密、如第七章所記、
　列兩轡返
此令之終節、各列之第一號第三號、爲防馬蹄之蹴、
右手稍上之、第二號及第四號、沈靜之、槍之右突、浮
地上距五珊米突之間後、如第五章之所記、再置地

上、
　列伍潰散
第三十一章、教師、下左令、
　一　右左列散
　二　進
第一令、鈎掛其銅、以兩手腕腮鎖、再以右手、握兩轡、
左手垂於脇下、槍隊則以左手、擔槍於肩、四鈎掛於
鈎兩手腕腮鎖、再以右手、握兩轡、如第四章所記、左
手握槍、
第兩令、各列之右翼騎兵、將爲前進、四步前進、右回

4-15

轉、其向新方、擧拳而堅固執轡、以防馬之飛躍、各列
之諸騎兵、逐次同爲運動、而但見前騎兵、旣四步前
進、然後、始爲運動、左列之散、亦同方法、
　第一教
　　第二部
第三十二章、第二部之演習、則騎兵八員、過之一
線、配置隻方間隔爲三米突、而教師則騎兵乘馬後、
十字履足於鐙上、
伍長二員或熟練兵二員、置列之左右、爲先頭、但此
二員、先爲着鐙

　右或左手前行進
第三十三章、教師、下左令、
　一　一騎右左
　二　進
　三　前兩轡進
第一第兩令則諸騎兵之靜止間、左右回轉、如第二
十二章之記載施行、
第三令之終節、兩拳下之、又兩脚壓之、從先頭兵、正
直前進、
先頭之騎兵、旣至右回轉信地、則他諸騎兵、從先頭

4-16

兵右手前行進馬首指立於前馬之臀後距離為一
米突之三分之一
第三十四章 騎兵右側對向調馬場之內右手前
行進云若其左側對向調馬場之中央則左手前行
進云
第三十五章 教師從諸騎兵蹄迹之側趣之
諸騎兵之通過也其姿制之精密銘銘教諭尤要理
會之易得
行進中右或左回轉
第三十六章 諸騎兵從先頭兵至調馬場隅角時

行進間為右或左回轉之操作此回轉之時教師於
騎兵前外肩內屈從馬之諸運動為和
駐立再行進
第三十七章 諸騎兵到調馬場長側時教師下左
令
一 騎兵前
二 止
諸騎兵之駐立如第二十章所記而為再行進下左
令

4-17

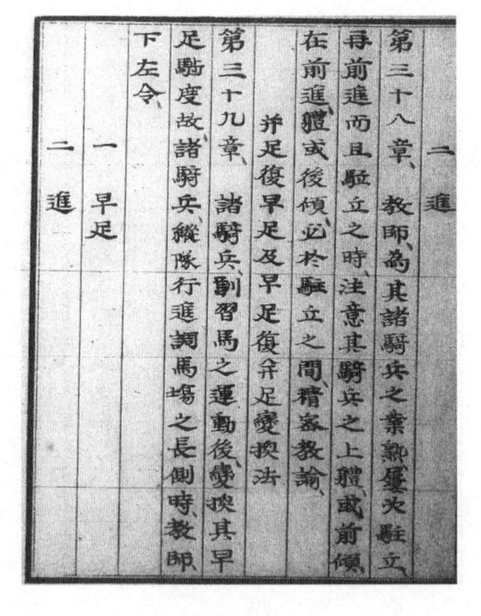
二 進
第三十八章 教師為其諸騎兵之棄熟屢次駐立
再前進而且駐立之時注意其騎兵之上體或前傾
在前進體或後傾必於駐立之間精密教諭
并足復早足及早足復并足變換法
第三十九章 諸騎兵馴習馬之運動後變換其早
足駈度故諸騎兵縱隊行進調馬場之長側時教師
下左令
一 早足
二 進

第一令駈度增進事收縮馬體
第兩令稍下兩拳從馬之強弱兩脚壁之移駈度早
足馬既從意以兩拳置復前位
第四十章 早足演習之初教師漸次緩為早足是
慮其諸騎兵之或失體制
教師見騎兵之體制或失則并足駐立
第四十一章 早足之變換為并足教師下左令
一 并足
二 進
第一令緩其駈度聚縮馬體

4-18

第兩令、次第擧兩拳、變換馳度、爲并足而且爲防其
驟立、兩脚、壓之、馬旣從意、兩拳及兩脚、置前位
手法變換
第四十二章、諸騎兵、右或左手前一二回行進時、
驟立於調馬場之長側、爲其手法之變換、教師、下左
令、
一　回右左
二　前進
第一令之終節、先頭兵、右回轉、
第兩令之終節、先頭兵、通過於調馬場之中央、正直

前進則他諸騎兵、正面隨行、
一　廻左右
二　前進
第一令之終節先頭兵、左回轉、
第兩令之終節、再蹄跡、正直行進則他諸騎兵、至先
頭兵之回轉地、逐次同爲運動回轉、正直隨行、
教師於此手法變換之時、兼爲并足及早足之法、
行進中左或右執韁及兩手分法
第四十三章、教師、於諸騎兵行進時韁執十字及
分兩手操作之法、如第十二章第十三章及第十八

4-19

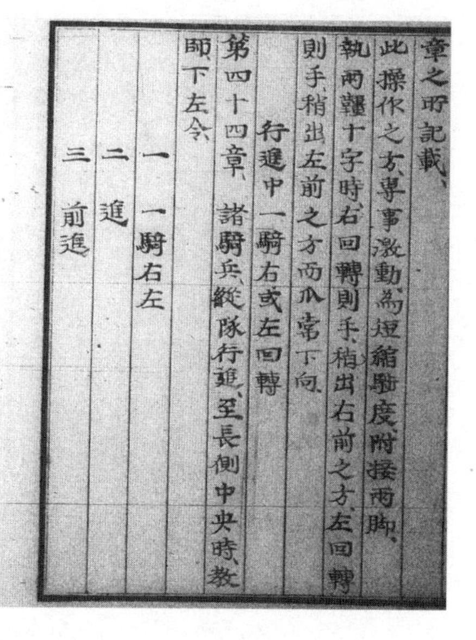
章之所記載、
此操作之方、專事激動、爲短縮馳度、附接兩脚、
執兩韁十字時、右回轉則手、稍出右前之方、左回轉
則手、稍出左前之方而爪常下向、
行進中一騎右或左回轉
第四十四章、諸騎兵、縱隊行進、至長側中央時、教
師、下左令、
一　一騎右左
二　進
三　前進

第一令、聚縮馬體、
第兩令、各騎兵、行進間、右回轉、
第三令之終節、各騎兵、正直前進、旣至反對之蹄迹
二米突之地時、教師、下左令、
一　一騎右左
二　進
三　前進
第一令、聚縮馬體、
第兩令、各騎兵、以前同法、右回轉、
第三令之終節、再蹄迹、正直前進、教師、使諸騎兵、以

4-20

前之順次、再為運動、
正面行進中一騎左或右背面回轉
第四十五章、 如前記右回轉旣至反對之蹄迹時
教師下左令、
一 一騎半輪右左
二 進
三 前進
第一令、聚縮馬體、
第兩令、各騎兵行進間右背面回轉、如第二十四章
所示、

第三令之終節、各騎兵、正直前進、教師則騎兵、旣到
蹄迹二米突之地發唱進令、其後一騎、左或右運動、
反對之蹄迹上得行縱隊編制、
縱隊行進間一騎左或右背面回轉
第四十六章、 騎兵、縱隊行進、先頭兵、到調馬場之
長側隅角、教師、下左令、
一 一騎半輪右左
二 進
三 前進
第一令、聚縮馬體、

4–21

第兩令、行進間、右背面回轉、
第三令之終節、諸騎兵正直行進、到着反對之蹄迹、
先頭號令左回轉、教師使諸騎兵以前之順次復為
反對之運動施行、
第四十七章、 行進間左右回轉及左右背面回轉
之運動此教操中、諸騎兵訓練馬之諸種之操作故
教師此運動并足施行、此時、諸騎兵就一般之動靜、
注意而各個之運動行止亦加最密注意、
騎兵、右手前行進時、教師為右回轉及右背面回轉、
又左手前行進時、為左回轉及左背面回轉而諸騎

兵、熟練此運動後、手前為右或左背面回轉及右或
左回轉再蹄跡行進則是自異於上示之手法變換
第四十八章、 為休憩教師到諸騎兵調馬場長側
之中央時、為右或左回轉駐立於蹄跡之外、再運動、
始為左或右回轉、
旣從演習、教師與諸騎兵、卸鐙下馬潰散列伍、
第二教
第一部
拍車
右或左手前行進

4–22

并足早足及早足并足變換
調馬場短方直線變換
調馬場長方直線變換
各個斜直線變換
圓形行進
圓形行進中手法變換
第二部
鐙之長短
鐙中兩脚之姿制
行進中一騎右或右回轉

諸騎兵正面行進時右或左背面回轉
諸騎兵從隊行進時右或左背面回轉
縱隊之先頭結尾諸騎兵之順次變換
駈立早足
早足駈立
早足早駝驅及早駝驅早足變換
早足驅足變換
馬首牆壁面右或左横步
縱隊右或左横步
第四十九章、諸騎兵二列編制為諸演習置首尾

4-23

伍長或熟練兵為其先頭、
此教練施行之時教師日日交換諸騎兵之馬是為
諸馬之操作馴諫、
第五十章、休憩之間教師下令是為諸騎兵之飛
下及飛乗、
諸騎兵飛下如第三十章所記左手執兩韁把髮掴
手拳堅固握之右手置鞍之前輪舉體移右股於馬
之左脇此保姿制稍體後静地上下馬
飛乗則以左手把髮掴之以右手握兩韁置鞍之前
輪兩拳迅速舉之此保姿制之稍體静坐鞍上、

第五十一章、行進間教師屢為休憩是急步之後
沉静其馬且為軟和騎兵之凝固姿制故於行進間
之休憩只保距離步度以執休憩姿制又兩頭兵常
要正為行進此教練中諸種之運動右手前施行每
左手前施行其方法只在右左反對
教師則分諸種之運動數科為右手前及左手前等
演習
第二教
第一部
第五十二章、騎兵之人員以十二員乃至十六員

4-24

為此演習、其服裝則着襤衣冪帽及長靴、亦着拍車、
諸騎兵、配置二列、列間、為六步則排開六米突之間
隔而其互伍間、為一米突之三分一、以伍長置前同
距離各列之先頭、示二列編制之基本、
教師則各列之騎兵、算以四騎乘馬上鐙、如第六章
所記、

拍車

第五十三章、 教師告示騎兵拍車之操作、及功用、
又為騎兵兩脚之操作、馬不從意時、乃用拍車、
拍車、乃扶助之器械、刑戒之器械、用之其稀然、馬、不
從騎兵之意、失其機會、則亘強用之、
用拍車之方、固定上體中體及拳而兩股兩膝及兩
腨、附接於馬體、其足尖稍向外方、其拳稍下而以拍
車強壓服帯之後、但此時必要少不失體制、旣用拍
車、馬不從騎兵之意、決事躊躇壓之、旣從其意、漸次
止其兩拳及兩脚之操作、
騎兵用此拍車之方較量兩韁之固着若何、其固着
兩韁與用此拍車、功用相反、故能以馬進退、又騎兵
用此拍車、必適宜其要用
第五十四章、 為諸騎兵之調馬場誘導、教師、下左

4-25

令、
一 聯右左
二 進
第一令、聚縮馬體、
第兩令、各列右翼之騎兵、右回轉、直前進、第二列之
騎兵、同為操作、而一步則保一米突之間隔、第一列
兵、雙行、
他諸騎兵、遂此同為操作、右回轉、互先頭兵、正面隨
行、
一
右或左手前行進
第五十五章、 騎兵、誘導於調馬場、行進其長側之
中央、旣到各列之先頭中央地時、教師、下左令、
一 迴左右
一 前進
此第一令之終節、第一列之先頭兵、左回轉、第二列
之先頭兵右回轉、共向其新方前進、各列之先頭兵
蹄跡、到二步(二米突)之時、教師、下左令、
一 迴右
一 前進
此第一令之終節、各列之先頭兵、為右回轉向其新

4-26

方直線右手前正面前進、
教師於縱隊中之間隅前馬之臀後馬之首實一米
突叉又其三分之一、為距離排閱、
各列之先頭兵、並其馬之馳度、互同時、要到調馬場
反對之隅角、故第二列之先頭兵、常準第一列之先
頭兵、以為緩急馳度、
教師常保諸騎兵之姿制、彌正、得自在同調之馳度、
行進、各騎兵、為一直線行進、其前騎兵、常以其馬、正
直行進、又互守距離、保有、若過守距離失度則直回
復為之、與殊為注意、

第五十六章、 馬首尾、一直線正直行進、
騎兵、右手前行進時、若其馬之肩右出則稍開左韁
壁之右脚、馬若其臀右開時、附接右脚、感觸左韁、
馬若開蹄跡於調馬場內面之方時、騎兵開外韁、壁
內脚、回復其元蹄跡、
第五十七章、 通過調馬場之隅角、教師、殊告諭右
或左回轉之操作、如第三十六章之所記、故到其隅
角、必收縮其馬、
隅角右、通過行進間、施行右回轉之運動、故通過隅
角墻壁之處、為要回轉、諸騎兵、準前兵之操作、到回

4-27

轉地、以各個兩韁兩脚之操作、要右或左回轉、
并足早足及早足并足變換
第五十八章、 諸騎兵、縱隊行進調馬場之長側時、
教師、為早足變換、
騎兵、為并足早足之變換、如緩步急步之變換、常漸
次沉靜、變換馳度、
諸騎兵、縱隊行進長側、早足時、教師、為變換并足、
為早足并足之變換、漸次示其馳度之移、
調馬場短方直線變換
第五十九章、 教師於調馬場之短側、用手法變換

此是直線變換兩縱隊之結尾兵、至相觸地、為此運
動、
此直線變換之方則縱隊之結尾兵、駐立及馳度短
縮之事、同調行進、又先頭兵、兩手及兩脚之操作、十
分為之、以馳度短縮、回轉、
調馬場長方直線變換
第六十章、 此直線變換、以前所記載變換方法、施
行、但其先頭兵、通過調馬場之隅角時、教師、下左令
一 迴
先頭兵、出調馬場短側之中央三步、到三米突之地

4-28

時教師下左令、
二 右左
三 前進
此令則先頭兵右回轉各列之兵縱隊互觸蹄跡上行進、
一 迴左右
二 前進
第六十一章 先頭之騎兵過第二隅角長側行進時斜行進為直線變換教師下左令
一 迴右左

二 前進
第一令之終節先頭兵右半回轉、
第兩令之終節其時方向對調馬場斜行正直行進、各縱隊互通過左方先頭兵旣至先度之蹄跡時如左號令再蹄跡上行進
一 迴左右
二 前進
他諸騎兵到先頭兵回轉之地逐次同為操作隨行、教師則先頭兵旣為左或右半回轉不失其時前進下令、

4-29

各個斜直線變換
第六十二章 教師於此直線變換以騎兵為調馬場之長側直線變換而其先頭兵向調馬場短側之中央行進一直線時下左令、
一 縱隊
二 止
此第一令各騎兵更距離正直駐立、
教師於信地右或左四分一回轉其方法如第二十六章記載、
為此四分一回轉後其方向間隔正得斜方行進教師下左令
一 騎兵前
二 進
此第兩令諸騎兵其向新方以同調之馳度前進諸騎兵旣到蹄跡之前一米突之地教師下左令
前進
此令之終節行進中左方四分一回轉後馬之元姿制兩兩手輕擧兩脚附接而再蹄跡上行進、
一
教師施行此運動行進間兩列諸騎兵為直線變換於調馬場之長側各縱隊轉向調馬場之短側行進

4-30

其馬首尾長側一直線時、教師下左令、
一 斜行右左
二 進
三 前進
第一令、扠縮馬體、
第兩令、四分一回轉、直為新方向對時、附接兩脚、同
調各個馳度、正直前進、
第三令之終節、復馬之元姿制、
第六十三章、如前諸章直線變換之方、教師則緩
急其馳度、照先頭兵線、正面、

圓形行進
第六十四章、兩列先頭之騎兵、到調馬場之長側
三分一地時、教師下左令、
一 輪乘右左
二 進
第一令、兩先頭兵及諸騎兵、逐次扠縮馬體、
第兩令、兩先頭兵馬兩蹄跡之間、一圓形輪乘則他
諸騎兵正面隨行、
第六十五章、通過其圓形之方、馬體應其圓形、為
此操作、以內韁曳其線、附接內脚、仍保其線、又同時、

4-31

為外韁之操作、得其適宜、
第六十六章、若不緊引內韁則過時、易離其圓形、
又不緊引外韁則馬其狹回圓形、
若輕兩脚之感觸則馬臀先得過圓形之同線、又不
係外韁則馬臀傾於圓形之外、
圓形行進中手法變換
第六十七章、教師下左令、
一 迴右左
二 前進
第一令之終節、兩先頭兵、為右回轉、

第兩令之終節、兩先頭兵、向反對之地、正直行進於
圓形之中央、兩先頭兵、到反對之地、進二步(二米突)時、
教師、下左令、
一 迴左右
二 前進
第一令之終節、兩先頭兵、為左回轉、
第兩令之終節、再新手前圓形行進、
他諸騎兵、要正為隨行於先頭兵之同線、
教師以前同法、復操早足、
圓形行進間殊狹早足圓形行進時、諸騎兵應其馬

4-32

之驅度差傾外肩及外腰引之後方以為直線置之
與否教師殊注意
圓形行進中前進之兩先頭兵到調馬場之長側時
教師下左令

前進

此令之終節兩先頭兵之馬以前姿制復為正直行
進他諸騎兵亦正直隨行
第六十八章 諸騎兵并列為厩中誘導而教師則
距離各騎兵一米突之三分二間隔到兩先頭兵同
線之地為調馬場之短側直線變換

各列之先頭兵既相對向調馬場之中央時教師下
左令

一 廻左右
二 前進

此第一令第一列之先頭兵左回轉第二列之先頭
兵右回轉二列成縱隊編制其列間互保一米突之
距離
此縱隊既出調馬場之外教師下左令

一 正面
二 止

4-33

第一令各列之先頭兵左回轉正直前行
第兩令第一列之騎兵駐立第二列之騎兵保第一
列距一米突之三分二間隔駐立
他諸騎兵逐次并列為左回轉直前進既至前騎兵
駐立之一線為駐立
教師既終演習從第三十章及第三十一章之記載
分法為下馬然後列伍潰散

第二教

第二部

鐙之長短

第六十九章 始為教練教師使騎兵先驗其鐙之
長短適度長短既準度騎兵起立於鐙中保得高低
之間隔

鐙中兩脚之姿制

第七十章 足入三分一於鐙中兩踵則稍低於足
尖
鐙保脚之重量而騎兵之騎坐宜不失位置從兩脚
之姿制適當為其操作
足之三分一入于鐙中者騎兵若淺履於鐙中當其
驅度迅速之時自然足脫於鐙而又或深履其鐙則

4-34

兩脚、垂下、至失姿制、
兩踵、稍低於足尖者、其足、漸脫於鐙中、是自然之勢
且脚之關節、自在而拍車、十分離馬體、
行進中一騎右或左回轉
第七十一章、教師、下左令、如第四十四章之記載、
一 一騎右左
二 進
三 前進
下此令、各縱隊結尾兵、第二伍之騎兵、到他先頭兵
調馬場之長側、一直線行、

第兩令、示動令、
第三令、各騎兵正直前進、正其方向、馳度互為間隔、
通過至反對之長側、再縱隊行進、注目位地、
諸騎兵、互通過其間隔方、兩脚、壓之短縮馳度、
教師、以此運動之方、要注目於一般運動、唯各騎兵
之馬、如誘導之規則、以為行、最是緊要、
諸騎兵正面行進時右或右背面回轉
第七十二章、教師、為此運動、如第四十二章之記
載、且其操作、一如規則施行、最為注意、
諸騎兵縱隊行進時右或左背面回轉

4-35

第七十三章、教師、為此運動、如第四十六章之記
載、
兩縱隊行進時、施行此運動而現在先頭縱隊之結
尾兵、最注意短縮馳度之事、諸騎兵、亦不遲滯、且再
為此運動、至前蹄跡時、諸騎兵同先頭兵示條、注意
事要、
縱隊之先頭結尾諸騎兵、順次變換
第七十四章、諸騎兵、馭馬之事、最要副練而兩脚
兩韁之操作、又使容易運動、故教師、屢屢交換先頭
兵、各騎兵、互為先頭之運動、

兩縱隊之先頭兵、互為行進調馬場之長側中央時、
教師、變換其先頭兵、先下告諭之令、
受此告諭之令、兩先頭兵、至各縱隊之結尾地、收縮
馬體、且為行進後次騎兵、運動馳度、此運動、為六步
(六米突) 弧圓盡而壓外脚、背面回轉、直保其縱隊、同線
行進、再為第二背面回轉、至蹄跡上、距其縱隊結尾
兵一米突又三分一之地、隨行、
此順次變換之方、令先頭、將進、次騎兵、收縮馬體、保
外韁及兩脚、注意誘導之事、
教師、變換縱隊之先頭、必交替諸騎兵之順次、以為

4-36

行進後、次兵宜定距離寄収、
教師、又劃諸馬、寄収間隔時、保其騎兵之疎闊距離、
次第行進、

駐立早足

第七十五章、諸騎兵縱隊、駐立調馬塲之長側時、
教師、下左令、

一 縱隊前

二 早足

三 進

此第兩令、各騎兵、収縮馬體、

第三令、漸漸兩拳、下之、兩脚、壓之、早足前進、馬既從
意、兩拳及兩脚、次第復置於前位、

早足駐立

第七十六章、諸騎兵、早足行進、到調馬塲之長側
時、教師下左令、

一 縱隊

二 止

第一令、収縮馬體、
第兩令、激動之事、是為駐立而避其馬之側傍、或為
退却、常上擧兩拳、附接兩脚、馬既從意、正為駐立、兩

4-37

拳及兩脚、次第復於前位、
教師、下、諸騎兵之進令、一齊早足前進、又下止令、一
齊激動駐立、

早足早駝驅及早駝驅早足變換

第七十七章、諸騎兵、早足行進、到調馬塲之長側
時、教師、下左令、

駈度伸

此令之終節、稍下兩拳、又壓兩脚、伸長其駈度、馬既
從意、兩拳兩脚、漸次復置前位、
教師、使諸騎兵、伸駈度適宜時、其體制之能保與否、

注意着了、
教師、殊注意騎兵之姿制、其姿制、先為鉛直上體、輕
用兩手、必以兩韁軟和為之、而兩脚及兩股、自然垂
下、乃至操作之停止、從其運動告諭、
騎兵為此運動之際、其馬之前蹄若躅於後蹄則高
擧引韁之兩拳、又兩脚適宜附接
教師、伸駈度後、左或右手前向調馬塲蹄跡上、一二
回行進、若其駈度、不伸則餘時、更正諸馬之運動駈
調、
第七十八章、為早駝驅早足之駈度變換時、教師、

4-38

下左令、

駸度闔

此令之終節、兩拳兩脚漸次附接後、早足轉換其駸度、馬旣從意則兩拳兩脚、次第復置前位、

早足驅足變換

第七十九章 諸騎兵正其位置於鞍上操作、凝固早足行進時、最保其姿制之堅固、教師乃以驅足轉換駸度一二回行進

此驅足之運動、教師使騎兵要得駸度之調馴操作之精密而各騎兵從馬之運動堅固其姿制

始爲驅足之演習、教師於第二列縱隊之到調馬場長側時、面其縱隊、下左令

一 正面

此令、第二列縱隊之騎兵、正面向到六步(六米突)之地、教師下左令

二 止

此令各騎兵激動駐立之事、如第六十八章記載、第一列之縱隊駐立後、復續行進則聽教師之令、早足轉換排回於四步(四米突)之距離、再以教師之令、轉其駸度、驅足變換、

4-39

諸騎兵、於隅角之方、先伸早足、以縮馬體而且保右肩、稍張左韁、

諸騎兵、通過隅角時、兩脚、漸次壓之而激動、馬旣驅足之時、爲保駸度、輕用兩手、附接兩韁一二回行進後、轉換早足、又移并足於調馬場之短側、爲手法變換、再從前記之方法、左手前運動施行、其後教師以第一列縱隊、正面向調馬場之短側、駐立、第二列縱隊以同法爲運動、

馬首墻壁而右或左橫步

第八十章、并足行進、兩縱隊、旣到調馬場之長側時、教師如第七十一章之所記、爲右或左回轉之運動、馬首、面於反對之墻壁、駐立時、下左令

一 右左橫步

二 進

三 騎

四 止

第一令、開右韁、壓右脚

此第一令之操作、只看馬肩行進、用意其運動、第兩令、開右韁右保其馬、壓左脚、爲後部之運動、同時、左韁及右脚之操作、適宜橫馳、

4-40

蹄跡上爲一二步橫馳後、教師、駐立、
第三令、靜止右轡及左脚之操作、以爲左轡及右脚
之操作、保得正直、兩脚、漸次復置前位、
左橫馳及駐立、施行相反之方法、
第八十一章、　教師、始爲此運動、一騎、得其馴練則
各騎兵、一齊同爲運動、
馬從騎兵之操作、激動馳度、
馬若斜向線行進時、增左脚及左轡之操作、馬乃正
直馳度、
馬若墻壁正直面、或出後部之反對時、增右脚及右轡

之操作、馬爲右方斜線行、
馬若爲急橫馳時、減右轡左脚之操作、增左轡右脚
之操作、
馬、若向墻壁行進時、減兩脚之操作、增兩轡之操作、
馬若退却時、增兩脚之操作、減兩轡之操作、
　縱隊右或左橫步
第八十二章、　馬首墻壁面橫步後、諸騎兵、入再蹄
跡、右或左手前、行進調馬場之長側、直線變換而縱
隊兩列互爲相對於中央時、教師、駐立爲右或左橫
步之運動、

4-41

諸騎兵、旣到橫隊之蹄跡時、教師、再爲駐立、
旣駐立於調馬場之蹄跡上、騎兵、再爲運動、到調馬
場之中央、
時、諸騎兵、到蹄跡上、直爲縱隊行進、轉成橫步之運
動、
第八十三章、　諸騎兵之馬首、墻壁面橫步時、教師、
爲退却及駐立之運動、如第二十八章所記、
第八十四章、　諸騎兵、熟練橫步演習後、教師、以左
掌內十字執轡之姿勢、誘導其馬爲此操作而注意
看諸騎兵之正坐鞍上與否、

第八十五章、　教師、終此教練、將歸其營、如第六十
八章之記載、行之、

4-42

砲兵生兵教法

第一條、此生兵教練、熟達馬之制馭及兵仗之使用、

此結果、教官先使砲卒、練和肢體、在馬上安意且守漸次要領、授其馭馬方法、兵仗使用、

此授兵卒教練之務、旨六名、乃至八名、

砲卒之服既衣冠略帽履長靴、在用預教課業、

徒步生兵教練示基則適用於乘馬生兵教練、

課業間教官於砲卒過誤、順次說明正之而基則中、舉要領了解、必勿拘泥、

教官、定位而其運動、丁寧說明而教官、常端正姿勢要使砲卒、模範、

始爲演習也、撰用柔順之馬而教官、時時與砲卒交換其馬、

始爲課業也、教官之氣着、令此砲卒正其姿勢、捌其韁、又下砲卒休令、使緩韁然、勿放棄之、

常駈、行進、休憩時、砲卒則雖休、着意勿變駈度、

最初則雖屢屢休憩、每休憩時、質問砲卒之已所學教法、

諸演習中教官、屢屢變換駈度而砲卒及馬、如疲勞、

4–43

要制限其時間、

預教課業

馬導演馬場法

飛乘及飛下法

執韁及捌韁法

乘馬砲卒之姿勢

静止間四肢運動

行進間四肢運動

輕乘法

第二條、預教課業生兵之肢體練和、演習其姿勢

第四十四條、上之諸運動、加鋏形之法、

日本陸軍操典卷之六 終

4–44

續次爲教移、
調馬韁之使用、爲生兵、懷恐怖、且速習熟、教官宜注
意此二件、
預教課業演習級次、要順序施行而教官之意任預
教課業、只砲卒乘馬而次教要自補助働作及諸種
駛度目的、
預教課業、演馬場或牆馬場施行而砲卒於演馬場
往復之初、手導其馬、以熟從導之乘馬、
置馬鞍副銜韁、着鐙十字、載鞍前橋上、可也、
調馬韁課業、拘要用之、又副銜韁之而鐶貫調馬韁、

共得施行而馭馬之法、就示教導基本、

馬導演馬場法

第三條、砲卒誘導其馬于演馬場之時、移韁頭上、
以右手執兩韁而爪下、離馬口十五珊知米突、馬若
躍飛、手上固韁防之、
到演馬場、教官砲卒、各隔三米突到中央線上、列立、
各砲卒保徒步砲卒之姿勢、在馬左方、
教官正立其馬于中央線直角而檢之、
第四條、馬之四肢、垂直、頭頸及體、同方向正立、置
之、

4-45

飛乘及飛下法

第五條、飛乘之令、對馬之左肩、以左手握其鬣、其
端出少指之方、右手保韁、托鞍之前橋上、快活躍跳、
輕工鞍乘之、
兩手執副銜韁、閉諸指、依拳、兩拳隅對十五珊米、韁
之上端、出拇指之方、
第六條、教官下飛下之令、
第七條、教官下飛下飛乘之令、

執韁及捌韁法

第八條、左韁執之令、右手之韁、移于左手、右手、脇
垂之、
捌韁之法、左手中、右韁執於右手、
右手、執韁、又捌之、
第九條、砲卒韁揃、兩拳相接、以一手之拇指食指、
接他手之拇指上、撮韁而短縮之、
第十條、教師隨時下放韁及執韁之令、使之放執
而始令時、砲卒落韁而垂兩手於脇下、

乘馬砲卒之姿勢

第十一條、凡此姿勢、砲卒之進步、從體之諸部、漸
漸練和由得

4-46

臂同等於鞍上、安成丈前、
兩腿、用刀轉其平部、同等接鞍兩跨、脛重從垂、
兩膝、自在屈曲、
兩脛、自在而兩足尖齊之、自然垂下、
體之上部、安然直立、兩肩、同等退後、
頭容正直、兩臂、自在而兩手、自然垂下、
副銜轡、如第五條所示、執以兩手、
第十二條 此姿勢則體之上部及脛、以其自在之働
作、應砲卒之演習、
蓋働作時、或因馬之抵抗、砲卒受其微動、必要固着

鞍上、
若砲卒、甚退臂後方則沿馬之運動、由後橋、易受損
傷、且體之上部、俯至前方、故必正直坐鞍、且屢屢舉
臂運動、如第十七條演習、
腿轉其平部、以為接鞍、應馬體之運動、
腿轉內方則必開其脛、作下部之補助、要得運動之
無錯、
又腿或外方轉、意外拍車、觸馬體、乃開膝、減腿之固
着、由第十八條方法、改良此失誤、
腿乃垂直接着、砲卒、以鶯尾狀、保其跨勢、自由得馬

4-47

之運動、而或此失誤則舉臂運動、由第十七條改良
為可、
第十三條、 上記砲卒之姿勢、馬為駐立、每加注意
然、應此姿勢景況、間歇之方法、及連續之方法、以為
變換、
砲卒、常占其定位、以間歇之方法、變此姿勢、
砲卒、托其體量於馬之前身及後身、以連續之方法、
變其姿勢、又馬之跳躍時、前方或後方進退其體、以變
姿勢、

静止間四肢運動

第十四條、 此運動、准預教課業及徒步生兵教練、
砲兵於四肢運動、一手執轡、或捌之、或放之、又還執
等事、須要因號令、施行、

臂之運動

第十五條、 臂之運動、注意其緩和之節度、

腰之前後屈法

第十六條、 體之上部、務静坐鞍、手支前傾、膝起後傾、

腿舉法

第十七條 舉兩腿、保等水平、脛足、自然垂下、教官
使砲卒、舉腿而手握前橋、前方行進、砲卒、聽止之之告

4-48

踰、腿復本位、
腿轉回法
第十八條、開膝下之、務要腿接其鞍、
脛屈法
第十九條、腿之位置、方不便、且馬觸之時、務屈兩
脛、保正直其體之上部、
足轉回法
第二十條、惟恐姿勢或亂、以兩足、徐徐作同形之
運動、
跨勢變法

第二十一條、砲卒、行左之演習、右後或左後轉回
其體、復於本位、
行進間四肢運動
第二十二條、爲行進、教師、嚮導而指示熟練之砲
卒一名、以之蹄跡上從行、他各砲卒、隨此後方、縱隊
線直行、教官於馬之運動及駐立、須要馭馬之要領、
說明各砲卒、必隨先行之馬
砲卒、已熟乘馬之運動、此是教官、於靜止間施行者
而四肢運動、於行進間反復施行、注意各砲卒之姿
勢、驅馳時四肢運動、以預教課業、保持體制施行

4-49

放其韁、垂兩肩、以取急馳、而此際、砲卒或失跨勢、則
必聽令改良、教師、於行進間、施行其飛乘及飛下之
法、是爲熟習其業也、
輕乘法
第二十三條、輕乘者、柔軟生兵之身體、學習特別
之體操、以增勇氣、故熟兵、每有此性質、輕乘演習、最
爲調馬韁之作業、而且蹄跡上之作業、俱爲施行、
靜止間課業
第二十四條、此課業、飛步中施行、一兵、以副銜轡
付着於馬之頭部、

一名之助手、在反對側、從砲卒之諸運動、準備其落
墜兵保護之節、
飛走課業
第二十五條、輕乘課法、先行飛乘飛下、而砲卒、以
右手當馬肩、如第五條所載施行、
第二十六條、乘馬行進時、於左向或後面向、有轉
移其脛之法、爲左向則右脛轉移于馬肩上、因正體
坐鞍、爲後面則左脛轉移于馬臀上、手助而旋回、自
己之臂、
第二十七條、側方飛乘法、飛乘之時、只憑左側

4-50

輕坐、
第二十八條、側方坐時馬飛越法、右手、沿馬肩、左手、握其鬣、兩脛、延於馬臂上、從右方地、飛越、
第二十九條、馬飛越法、占位飛乘、體傾於馬上則賴兩拳起立、
第三十條、一手飛乘法、左手、握其鬣、右腕、沿於馬肩上、退右肩進左足、占位於馬之左肩前、更為進右肩開右脛、活潑飛乘、
第三十一條、此諸運動、左方施行後、更於右方、裝置鞍具、施行輕乘之運動、

第三十二條、由鋏形變跨勢法、乘馬時、以兩手、握鬣、賴兩拳起體、舉脛前俯體之上部、交叉兩脛於鞍上、飜身旋回之際放鬣乃以兩手、握把子而後面運動、

飛走課業

第三十三條、側方飛乘法、起身飛走於地、一蹴、左手、壓馬之肩上、右手、加馬之背而乘之、
第三十四條、側方馬飛越法、同一前條之運動而砲卒、移兩脛於右方、
第三十五條、從馬臂飛乘法、走行一蹴、以兩手、

4-51

接着馬臂上、起身腹帶前、乘之、
第三十六條、從馬臂飛乘從馬肩下馬法、飛乘、如前條之所記而轉移右脛於左、併接左方、下地、
第三十七條、從馬臂飛乘背面法、飛走、如前條之所記而交叉其頸、賴兩拳、旋回其體、背面上坐、
第三十八條、馬臂上、直立兩膝飛乘法、同一飛乘之運動而惟延伸其脛、
第三十九條、飛走課業、反復於輕乘鞍法

驅馳課業

第四十條、此課業之初、以大腹帶行之後、以輕乘鞍、續行而馬裝副銜韁、

大腹帶課業

第四十一條、飛乘及飛下法、左手、握鬣、右手、握前橋、或他鬣、立於馬之左前足處、右肩、乍退後方而沿馬之馳度飛乘馬上、又賴兩拳、起體、從馬肩飛下、
第四十二條、馬上、轉移右脛於馬頭上、飛下還直飛乘法、右脛、轉移而放鬣、再握飛下飛乘、教官、變此運動、左或右飛下、左側或右側坐、
第四十三條、馬飛越法、坐於左側、握鬣猶豫而從左右飛越之地、再為乘馬、

4-52

옮긴이 **조필군**

현 광주대학교 교수
항일무장독립전쟁의 군사사학적 연구-청산리 전역을 중심으로(2011)
항일무장독립군군사교범 『보병조전초안』의 현대적 해석과 군사사학적 함의(2018)
만주지역 독립군 군사교육 자료의 현대적 해석과 함의(2017)외 다수

한국연구재단 학술명저번역총서 동양편 800
일본육군조전

초판발행 2021년 8월 30일

옮긴이 조필군
펴낸이 안종만·안상준

편 집 한두희
기획/마케팅 노현
표지디자인 이미연
제 작 고철민·조영환

펴낸곳 (주) 박영사
서울특별시 금천구 가산디지털2로 53, 210호(가산동, 한라시그마밸리)
등록 1959.3.11. 제300-1959-1호(倫)
전 화 02)733-6771
f a x 02)736-4818
e-mail pys@pybook.co.kr
homepage www.pybook.co.kr
ISBN 979-11-303-1281-1 94390
979-11-303-1007-7 94080 (세트)

정 가 25,000원

이 책은 2018년 대한민국 교육부와 한국연구재단의 지원을 받아 수행된 연구임
(NRF-2018S1A5A7033174)